普通高等教育机电类专业系列教材

河南省“十二五”普通高等教育规划教材
经河南省普通高等教育教材建设指导委员会审定

机械设计基础

主　　编　上官同英　薛培军
副 主 编　苗雅丽
参　　编　刘冬敏　刘继军　刘瑞娟　孟雅俊
审定人员　胡修池

机械工业出版社

本书以培养学生初步建立工程概念、了解和掌握机械基础知识、具备设计简单机械传动装置的能力为目标，将机械原理和机械设计的内容有机地整合，加强了机械设计理论和实践的联系。全书从机械系统的角度，重点阐明了机械系统中常用机构、一般工作条件下的常用参数范围内的通用机械零部件的组成及工作原理、功能特点、选用原则、基本设计计算方法等内容，共分为13章，围绕每章所介绍内容，都配有一定量的习题供选用。

本书主要用作高职高专院校、成人高校的机械类和近机械类等专业机械设计基础课程的教材，也可供有关工程技术人员和大、中专院校师生参考。

本书配有电子课件，凡使用本书作为教材的教师可登录机械工业出版社教育服务网（http://www.cmpedu.com）注册后免费下载，或发送电子邮件至 cmpgaozhi@sina.com 索取。咨询电话：010-88379375。

图书在版编目（CIP）数据

机械设计基础/上官同英等主编. —北京：机械工业出版社，2016.7（2024.1 重印）

普通高等教育机电类专业系列教材　河南省“十二五”普通高等教育规划教材

ISBN 978-7-111-53842-4

Ⅰ.①机…　Ⅱ.①上…　Ⅲ.①机械设计-高等学校-教材　Ⅳ.①TH122

中国版本图书馆 CIP 数据核字（2016）第 120124 号

机械工业出版社（北京市百万庄大街22号　邮政编码100037）
策划编辑：王海峰　王英杰　责任编辑：王海峰　王英杰　张丹丹
版式设计：霍永明　责任校对：刘志文
封面设计：鞠　杨　责任印制：李　昂
北京捷迅佳彩印刷有限公司印刷
2024年1月第1版第5次印刷
184mm×260mm · 18.75 印张 · 459 千字
标准书号：ISBN 978-7-111-53842-4
定价：49.80元

电话服务
客服电话：010-88361066
010-88379833
010-68326294

网络服务
机　工　官　网：www.cmpbook.com
机　工　官　博：weibo.com/cmp1952
金　书　网：www.golden-book.com
机工教育服务网：www.cmpedu.com

前言

本书是根据高等职业院校机械类和近机械类各专业“机械设计基础”课程的教学改革需要，体现高职院校特色专业建设和精品课程建设的成果，结合编者多年的教学实践经验和同行专家的意见编写而成的。

本书突出高等职业教育的特点，按照职业岗位技能要求，以培养应用型人才为目标，重点介绍机械系统中常用机构、一般工作条件下的常用参数范围内的通用机械零部件的组成及工作原理、功能特点、选用原则、基本设计计算方法等内容，教会学生在设计中如何正确使用标准、规范和手册等设计资料。考虑到在实际工作中，高职学生大多在一线工作，所以本书删除了许多公式理论的推导，直接切题，从实际出发，使学生建立起能够满足工作需要的知识结构和能力结构。

本书在编写过程中注重突出以下特点：

(1) 注重知识的应用性和技术性，理论联系实际。本书摒弃了传统教材简单地将机械原理和机械设计基础内容组合在一起的做法，而是有机地将这两部分内容结合成一个整体，并尽量保持其原学科的系统性。同时在每章中根据其应用角度，设计了适量的例题和习题，加强了学生实际应用能力的培养。

(2) 知识深浅合理，语言简洁易懂。在本书的编写中充分考虑了高职高专学生的认知水平和已有知识、技能、经验，在语言表达上力求通俗、新颖，便于讲授和自学；在内容上以“必需”“够用”为原则，以讲清概念、强化应用为重点，对课程的知识体系进行了整体优化，精选整合教学内容，突出编写特色。

(3) 全书采用最新国家标准。机械设计基础这门课程涉及的技术标准较多，像制图、公差、标准件等标准。本书所涉及的标准全部是现行的最新标准，让学生更好地适应岗位需要。

全书共分 13 章。参加本书编写的有刘冬敏（第 1、8 章）、刘瑞娟（第 2、3 章，10.1 ~ 10.4）、刘继军（第 4、11 章）、苗雅丽（第 5 章，6.12 ~ 6.13、13.2 ~ 13.3、10.5）、上官同英（6.1 ~ 6.11、6.14）、薛培军（第 7 章）、孟雅俊（第 9、12 章、13.1）。本书由上官同英、薛培军担任主编，苗雅丽担任副主编。

在本书编写过程中，编者参阅和引用了部分院校的教材、有关机械设计手册和网上相关精品课程资料，谨向相关作者和出版社表示诚挚的谢意。郑州机械研究所的教授级高级工程师杨顺成对本书的编写提出了很多宝贵意见和建议，在此深表感谢。

由于编者的水平有限，虽然几易其稿，但仍难免存在错误和不当之处，恳请广大读者和同仁批评指正。

编　者

目 录

CONTENTS

CONTENTS

CONTENTS

CONTENTS

第1章 绪论

1. 明确本课程的研究对象和内容。
2. 理解机器、机构的特征和组成原理，掌握机构和机器的区别。
3. 明确本课程的地位和学习任务，掌握正确的学习方法。
4. 了解机械零件的失效形式及设计准则、机械零件常用材料及其选用原则。
5. 了解机械摩擦、磨损的概念及常用润滑方式。
6. 了解机械零件设计的工艺性及“三化”意义。
7. 了解机械设计的基本要求和一般程序。

1.1 本课程的研究对象

机械设计基础课程的研究对象是机械。机械是机器和机构的总称。

1.1.1 机械

机械是人类用以转换能量和借以减轻体力或脑力劳动、提高生产率的重要工具。当今社会高度的物质文明是以近代机械工业的飞速发展为基础建立起来的，机械工业是国民经济的支柱工业之一，也是社会生产力发展水平的重要标志。

人类在长期的生产实践中创造和发展了机械，如图 1-1、图 1-2 所示。远在古代，就已将杠杆、斜面、滑轮应用到蒸汽机、内燃机、电动机的发明上。中国是世界上机械发展最早的国家之一。中国古代在机械方面有许多发明创造，在动力的利用和机械结构的设计上都有自己的特色。许多专用机械的设计和应用，如指南车、地动仪和记里鼓车等，均有独到之处。

现代机械在社会生活的各个领域都被广泛应用，如卫星、航天机器人等使探索太空的脚步更轻盈；汽车、飞机等拉近了人们相聚的距离；精密的数控机床和测量装置使生产的产品形状更美、性能更好；计算机、打印机使工作的效率更高；洗衣机、缝纫机等把人们从琐碎的家务劳动中解放出来……所有的这一切都表明：现代机械不仅是人体力的延伸，而且也是人脑力的延伸！机械科学与技术的发展或许是人们限定思维所难以展望的，但人们在机械创新的漫漫征程中所积累的机械设计基础知识为人们提供了认识和改造客观世界的基础。

图 1-1　1898 年问世的“雷诺”牌汽车

图 1-2　国际太空站

1.1.2　机器和机构

1. 机器的组成与特征

机器的种类繁多，根据工作类型的不同，一般可以将机器分为动力机器、工作机器和信息机器三大类。动力机器的功用是将某种能量转换成机械能，或将机械能转换成其他形式的能量，如内燃机、电动机等；工作机器的功用是完成有用的机械功或搬运物品，如金属切削机床、起重机、运输机和各种食品加工机械等；信息机器的功用是完成信息的传递和变换，如数码相机、打印机、传真机等。

虽然种类纷繁多样，但就其组成而言，一台完整的机器主要有以下几个部分：

（1）原动机部分装置　原动机部分装置是机器的动力来源，其作用是把其他形式的能转变为机械能，以驱动机器运动并做功，如电动机、内燃机。内燃机主要用于移动机械，如汽车、农业机械等，大部分现代机器的原动机采用电动机。

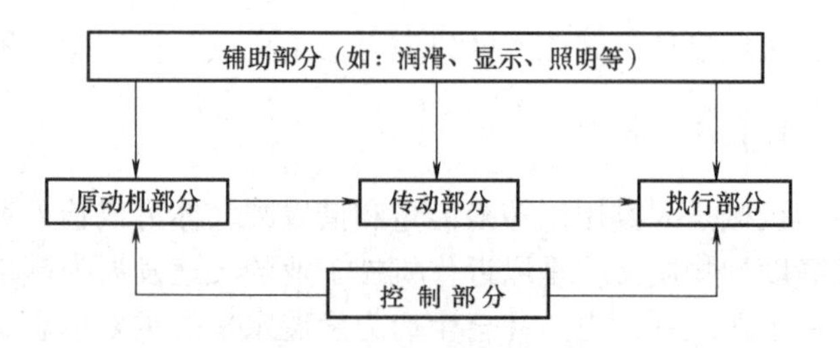

图 1-3　机器的组成

（2）执行部分装置　执行部分装置是直接完成机器预定功能的部分，其作用是利用机械能去变换或传递能量、物料、信号，如机床的主轴和刀架、起重机的吊钩、工业机器人的手臂等。

（3）传动部分装置　传动部分装置是将动力部分的运动和动力传递给执行部分的中间环节，其作用是把原动机的运动形式、运动和动力参数转变为工作部分所需的运动形式、运动和动力参数，如减速器将高速转动变为低速转动，螺旋机构将旋转运动转换成直线运动等。

（4）控制系统及辅助装置部分　控制系统用来控制机械的其他部分，使操作者能随时实现或停止机器的各种预期功能，如机器的开停、运动速度和方向的改变及各执行装置间的动作协调等，显示和反映机器的运行位置和状态，控制机器正常运行和工作。这一部分通常包括机械和电子控制系统。辅助装置主要包括照明、润滑和冷却等装置。随着机电工业的高速发展，操纵控制及辅助装置部分在机电一体化产品（如加工中心、数控机床、工业机器人）中的地位越来越重要。

机器的组成不是一成不变的，有些简单机械不一定完整具有上述几部分，有时甚至只有动力部分和执行部分，如水泵、砂轮机等。

尽管各种机器的功用、性能、构造、工作原理各不相同，但所有机器都有着一些共同的特征。

图 1-4 所示的单缸内燃机主要由缸体 1、曲轴 2、连杆 3、活塞 4、进气阀 5、排气阀 6、推杆 7、凸轮 8、齿轮 9 和 10 等组成。当燃气推动活塞在气缸内做往复移动时，通过连杆使曲轴做连续转动，从而把燃料燃烧产生的热能转换为机械能，可燃混合气定时进入气缸、废气定时排出气缸，是通过曲轴上的齿轮 10 带动凸轮轴上的齿轮 9 使凸轮转动，控制气门启闭来实现的。这样通过燃气在气缸内的进气-压缩-爆燃-排气过程，将燃烧的热能转变为曲轴转动的机械能。图 1-5 所示的全自动洗衣机主要由机体、电动机、波轮、传动带和控制电路等组成；当接通电源后，操作控制按钮，驱动电动机经带传动、减速器使波轮回转，搅动洗涤液实现洗涤。一旦设置好程序，全自动洗衣机就会自动完成洗涤、清洗、甩干等洗衣全过程。

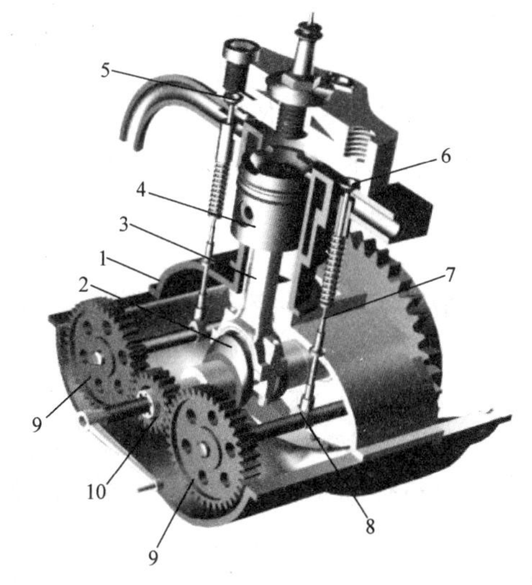

图 1-4　单缸内燃机

1—缸体　2—曲轴　3—连杆　4—活塞　5—进气阀　6—排气阀　7—推杆　8—凸轮　9、10—齿轮

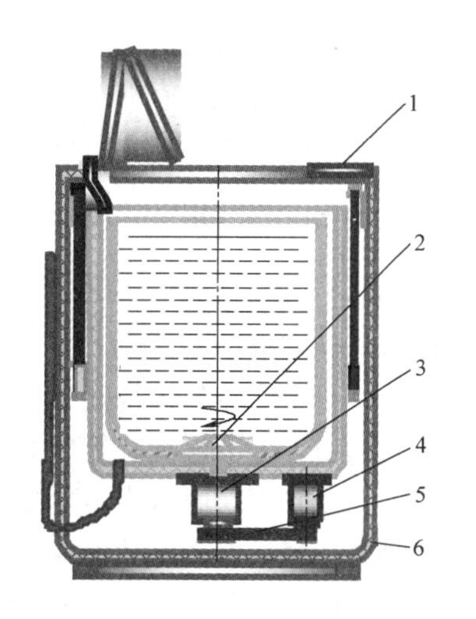

图 1-5　全自动洗衣机

1—控制器（控制）　2—波轮（执行）3—减速器（传动）　4—电动机（动力）　5—传动带（传动）　6—机体

由上述实例可看出，这种根据某种使用要求而设计的执行机械运动、用来变换或传递能量、物料与信息的装置就是机器。从其组成、运动与功能角度来看，所有的机器都具有以下三个特征：

1）由许多实物组合而成。

2）组成机器的各实物之间具有确定的相对运动。

3）能够转换和传递能量、物料及信息或完成有用的机械功，代替或减轻人类的体力或脑力劳动。

同时具备上述三个特征的实物组合称为机器。

2. 机构

在图 1-4 所示的内燃机中，活塞、连杆、曲轴和缸体（连同机架）组合起来，将活塞的往复移动变成曲轴的连续转动；凸轮、进排气推杆和机架的组合，可将凸轮的连续转动变为进排气阀推杆的往复移动，且从动推杆在凸轮廓线的控制下实现预期的运动规律。在工程实际中，人们常常把这些由若干实物用一定连接方式组成，用来传递力、运动或转换运动形式的具有确定相对运动的系统，称为机构。

由此可以看出，机构只具有机器的前两个特征。

图 1-4 所示的内燃机中，其主体部分是曲柄滑块机构，进排气控制部分是凸轮机构，传动部分是齿轮机构，所以整台内燃机是由齿轮机构、凸轮机构和连杆机构等组合而成的。像这样的一部机器是多种机构的组合体，但有的机器也可能只含有一个最简单的机构，例如人们所熟悉的发电机，就是一个只由定子和转子所组成的基本机构。从机器的运动原理角度分析，机器的主体通常由一个或几个机构组成，而机构则是机器的运动部分，在机器中仅仅起着运动传递和运动形式转换的作用。

若撇开机器在做功和转换能量方面所起的作用，仅从结构和运动的观点来看，机器与机构之间并无区别。因此，通常把机器和机构统称为机械。但机械与机器在用法上略有不同，“机器”常用来指一个具体的概念，如内燃机、压缩机、拖拉机等；而“机械”常用在更广泛、更抽象的意义上，如机械化、机械工业、农业机械等。

机器的种类很多，但组成机器的机构并不太多。各种机器中普遍使用的机构称为常用机构，如连杆机构、凸轮机构、齿轮机构和间歇运动机构等。本书主要介绍常用机构。

1.1.3 构件和零件

机器中的各个机构是通过有序的运动和动力传递来最终实现功能变换，完成预期的工作过程，所以从机械实现预期运动和功能的角度来看，机构由一些相对独立运动的单元体组成，这些作为一个整体参与机构运动的刚性单元（即运动单元）称为构件。从制造加工的角度来看，机构由许多不可拆分的独立加工的基本制造单元体组成，这些单元体称为零件，如单个的齿轮、凸轮等。通常为实现某一功能把一组零件组合起来而形成的独立装配体称为部件，如联轴器、减速器、滚动轴承等。

构件可以是单一的零件，也可以是若干零件的刚性组合体。如图 1-4 所示内燃机中的齿轮，它一般用平键与轴刚性地连接在一起，工作时，齿轮、键和轴之间无相对运动，而成为一个运动的整体，也就是一个构件，因此，构件是机构中最小的运动单元，零件是最小的制造单元。

零件和部件统称为零部件，机械中的零部件按其功能特点可分为两类，一类是通用零部件，指在各种机器中都被普遍使用的零部件，如螺栓、齿轮、轴、滚动轴承等；另一类是专用零部件，指仅在某些特定机器中才能用到的零部件，如曲轴、吊钩、叶片等。

应该明确的是：机器是由机构和零部件组成的整体，设计出的机器的功能大小、性能好坏完全取决于所选择或设计的机构和零部件，组成机器的各个机构和零部件是互相关联、彼此影响的，它们必须受到全局的制约，共同作用实现机器预期的各项功能。所以在设计时，只有具备全局的设计观念，才能正确地设计或选择出恰当的机构和零部件组成满足要求的机器。

1.2　课程的内容、地位、学习目的和方法

1.2.1　课程的内容

本课程的基本内容是将机械专业的两大专业基础课程，即机械原理和机械零件设计中的基本知识加以有机的组合，综合应用各先修课程的基础理论知识，结合生产实际知识，介绍机械中常用机构的组成原理、传动特点、运动特性、设计的基本理论和方法；同时研究一般工作条件下的常用参数范围内的通用零部件的工作原理、结构特点、应用和基本设计理论、方法，研究机械设计的一般原则、设计步骤及设计过程中如何运用标准、规范、手册、图册等有关技术资料，研究常用零部件的选用和维护等共性问题以及有关的国家标准和规范。

1.2.2　课程的地位

本课程属于机械类、机电类和近机类专业的一门必修技术基础课。本门课程一方面要综合运用从理论力学、材料力学、金属工艺学、公差配合、机械制图等课程中所学到的知识，解决机械设计中的问题，较之以往的先修课程更接近工程实际；另一方面，本门课程又不同于机械制造技术、数控编程与操作等专业课程，它研究的是各种机械所具有的共性问题，是从基础课到专业课之间的联系环节，起着承上启下的作用，在机械类和机电类专业的课程体系中占有非常重要的位置。

1.2.3　学习本课程的目的和方法

1. 学习本课程的目的

在科学技术飞速发展的今天，掌握机械设计的基本知识、基本理论和基本设计技能不仅仅是机械设计专业技术人员必备的基本素质，也是各类工程技术人员必须具备的基本素质，只是专业化程度不同而已，只有拓宽知识面才能触类旁通。“机械设计基础”课程就是一门担负着培养学生具有一定机械基础知识和初步机械设计能力的专业技术基础课程。

通过本课程的学习，学生应达到以下基本要求：

1）掌握常用机构的性能、工作原理、应用场合、选择原则、设计方法等基础知识。

2）熟悉通用零部件的工作原理、结构特点，掌握常用机械零件的类型、代号等基础知识。

3）学会使用手册和有关规范，初步具备设计机械传动装置和简单机械的能力。

4）能够分析和处理机械中常用机构和通用零部件经常发生的一般故障，获得常用机械设备正确使用与管理维护以及故障分析等方面的一些基本知识。

5）为学习有关专业机械设备和参与应用型设计工作奠定必要的基础。

在学习的过程中，不断提高分析能力和综合能力，特别要注重实践能力和创新能力的培养，加强技能训练，全面提高自身素质和综合职业技能，为今后从事机械技术工作打下基础。

2. 学习本课程的方法

要想学好本课程就要多观察、多分析日常生活和工程实践中的机械实例，要理论联系实际。深入到工厂了解和熟悉生产一线常用零部件的材料、加工方法、选择原则及设备的维护方法等生产实践知识；同时要明确设计并非简单的计算；更要认清范例并非标准。由于工程实际中的问题非常复杂，很难用纯理论的方法来解决，因此，常常采用一些经验公式、数据以及简化计算的方法，这导致了设计计算结果的多样性，所以设计结果并不是唯一的。

1.3 机械零件的失效形式及设计准则

机械零件在预定的时间内或规定的条件下，丧失预定功能或预定功能指标降低到许用值以下的现象，称为失效。零件出现失效将直接影响机器的正常工作，但失效并不等于破坏。有些零件（如齿轮、轴承等）在已出现表面失效的情况下，还能继续运转，但其工作不安全，或虽仍能安全工作，但工作状况却不能达到预定满意的指标。

零件的失效形式与许多因素有关，具体取决于该零件的工作条件、材质、受载状态及所产生的应力性质等多种因素。即使是同一种零件，由于材质及工作情况不同，也可能产生不同的失效形式，如轴工作时，由于受载情况不同，可能出现断裂、塑性变形过大、磨损等失效形式。为保证机械按预定的功能指标正常工作，就要求机械中的各零件都有一定的对抗失效的能力，因此研究机械零件的失效及其产生的原因对机械零件设计具有重要意义。

1.3.1 机械零件的常见失效形式

零件常见的失效形式主要有：断裂、表面破坏、过大的残余变形和破坏正常工作条件所引起的失效。

1. 断裂

断裂是严重的失效，有时会导致严重的人身和设备事故。机械零件的断裂主要有以下两种形式：

1）在工作载荷的作用下，特别是冲击载荷的作用下，一些零件会由于某一危险截面上的应力超过其强度极限而发生断裂，这种断裂称为整体断裂，一般多发生于脆性材料。

2）在循环交变应力的作用下，零件危险截面上的应力超过其疲劳强度而发生断裂，称为疲劳断裂。它是大多数机械零件的主要失效形式之一。

2. 过大的残余变形

零件承受载荷工作时，会发生弹性变形，如弯曲变形、扭转变形、拉伸变形等。在允许范围内的微小弹性变形，对机器的工作影响不大。但过量的弹性变形，会影响机器和零件的正常工作，甚至会造成较强的振动，致使零件损坏。如机床主轴的过大弯曲变形不仅产生振动，而且造成工件加工质量降低。

机械零件在外载荷作用下，当其所受应力超过材料的屈服强度时，就会发生塑性变形。机械零件发生塑性变形后，其形状和尺寸产生永久的变化，破坏零件间的正常相对位置或配合关系，产生振动、噪声，承载能力下降，严重时，机械零件甚至机器不能正常工作。故机械零件一般不允许发生塑性变形。例如，齿轮的轮齿发生塑性变形后，将不能满足正确啮合条件和定传动比传动，在运转时将产生剧烈的振动和噪声；弹簧发生塑性变形后，直接导致丧失其功能。

3. 表面破坏失效

机械零件的表面破坏失效指磨损、腐蚀、胶合和接触疲劳等失效。

腐蚀是发生在金属表面的一种电化学或化学侵蚀现象。腐蚀的结果是使金属表面产生锈蚀，从而使零件表面遭到破坏。对于承受变应力的零件，还会引起腐蚀疲劳。处于潮湿空气中或与水、汽及其他腐蚀性介质相接触的金属零件均有可能发生腐蚀现象。

加工后的零件表面总有一定的粗糙度，摩擦表面受载时，实际上只有部分峰顶接触，接触处压强很大，当压力与滑动速度较大，并且润滑与冷却不良时，由摩擦所产生的热量不能及时散去，从而使接触表面的金属材料发生熔接，继而又撕裂，严重时摩擦表面可能相互咬死，这种磨损形式称为胶合。

零件表面的接触疲劳是受到接触变应力长期作用的表面产生裂纹或微粒剥落的现象。

磨损是两个接触表面在做相对运动的过程中表面物质丧失或转移的现象。所有做相对运动的零件接触表面都有可能发生磨损；实际工程中，零件的磨损并不是简单的物理现象，而是非常复杂的物理-化学过程。影响磨损的因素有很多，如载荷的大小和性质、相对滑动速度的大小、润滑剂的化学性质和物理性质等，但又不能准确地估计出来，因此现在按磨损计算零件的方法只能是条件性的，不能十分精确。常用限制接触面之间的压强以及限制发热量等方法来减轻零件表面磨损。

4. 破坏正常工作条件引起的失效

有些机械零件必须在特定的工作条件下才能正常工作，一旦工作条件被破坏就会出现失效。例如，液体摩擦的滑动轴承，只有在存在完整的润滑油膜时才能正常地工作；对于带传动，只有在传递的有效圆周力小于临界摩擦力时才能正常地工作等。如果破坏了这些必备的条件，则将发生不同类型的失效。例如，滑动轴承将发生过热、胶合、磨损等形式的失效；带传动将发生打滑的失效等。

1.3.2　机械零件的设计准则

在设计机器时应该满足的主要要求是：在满足预期功能的前提下，性能好、效率高、成本低；在预定使用期限内，应安全可靠、操作方便、维修简单以及造型美观等。对于机械零件的主要要求是：要有足够的强度和刚度、有一定的耐磨性、无强烈振动以及具有耐热性等。如果上述某些要求得不到满足，机器就不能正常工作，常称之为失效。对机械零件的这些要求通常被视为衡量机械零件工作能力的准则。以防止机械零件产生各种可能的失效，使之能够安全、可靠地工作为目的，在进行设计工作之前，首先拟定的以零件工作能力为计算依据的基本原则，称为零件的设计准则。

在设计零件时进行计算所依据的准则是与零件的失效形式密切相关的。同一种零件可能有多种不同的失效形式，那么对应于不同的失效形式就有其不同的设计准则。一般来讲，大致有以下几个准则：

1. 强度准则

强度是机械零件应满足的基本要求。强度是指零件在载荷作用下，抵抗断裂、塑性变形及表面失效（磨料磨损、腐蚀磨损除外）的能力。强度准则针对的是零件的断裂失效（静应力作用产生的整体断裂和变应力作用产生的疲劳断裂）、塑性变形失效和点蚀失效。强度

准则的设计表达式为

$$\sigma \leqslant \frac{\sigma_{\lim}}{S} = [\sigma] \tag{1-1}$$

式中 σ——零件工作时危险截面或工作表面的工作应力；

$\sigma_{\lim}$——极限应力，针对强度的四种失效，其取值也不同：为防止整体断裂，极限应力 $\sigma_{\lim}$ 为零件材料的强度极限 σ_B，即 $\sigma_{\lim}=\sigma_B$，为防止疲劳断裂，极限应力 $\sigma_{\lim}$ 为零件材料的弯曲疲劳极限应力 σ_{Flim}，即 $\sigma_{\lim}=\sigma_{\mathrm{Flim}}$，为防止塑性变形，极限应力 $\sigma_{\lim}$ 为零件材料的屈服强度 σ_s，即 $\sigma_{\lim}=\sigma_s$，为防止疲劳点蚀，极限应力 $\sigma_{\lim}$ 为零件材料的接触疲劳应力 σ_{Hlim}，即 $\sigma_{\lim}=\sigma_{\mathrm{Hlim}}$；

S——安全系数，以考虑各种不确定因素和分析不准确对强度的影响。

2. 刚度准则

刚度是指零件受载后抵抗变形的能力，其设计准则为：零件在载荷作用下产生的弹性变形量应小于或等于机器工作性能所允许的极限。刚度准则的设计表达式为

$$y \leqslant [y], \theta \leqslant [\theta], \varphi \leqslant [\varphi] \tag{1-2}$$

式中 y、θ、φ——零件工作时的挠度、偏转角和扭转角；

$[y]$、$[\theta]$、$[\varphi]$——挠度、偏转角和扭转角的许用值。

3. 耐磨性准则

耐磨性准则针对的是零件的表面失效，它要求零件的磨损量在预定期限内不超过允许值。腐蚀和磨损是影响零件耐磨性的两个主要因素。目前，关于材料耐腐蚀和耐磨损的计算尚无实用有效的方法。因此，在工程上对零件的耐磨性只能进行下述条件性计算：

$$p \leqslant [p] \tag{1-3}$$

$$pv \leqslant [pv] \tag{1-4}$$

式中 p——工作表面上的压强；

v——工作表面线速度；

$[pv]$——pv 的许用值。

4. 振动稳定性准则

机器发展的趋势是提高工作速度和减轻结构重量，这样，在机器中就容易发生振动现象。振动准则针对的是高速机器中零件出现的振动和共振，它要求零件工作时的振动振幅应控制在允许的范围内，而且是稳定的，对于强迫振动，应使零件的固有频率与激振源的频率错开。对于强迫振动，通常应保证如下条件：

$$f_n < 0.85f \text{ 或 } f_n > 1.15f \tag{1-5}$$

式中 f——零件的固有频率；

f_n——激振频率。

5. 寿命准则

为了保证机器在一定寿命期限内正常工作，在设计时必然要对机械零件的寿命提出要求。机械零件寿命主要受腐蚀、磨损和疲劳的影响。由于磨损、疲劳和腐蚀是三个不同范畴的问题，所以它们各自发展过程的规律也就不同。对于腐蚀和磨损，目前还没有提出实用有效的寿命计算方法，因而也就无法列出其计算准则。对于疲劳寿命，通常是求出使用寿命时的疲劳极限来作为计算的依据。需要说明的是，在机器寿命期限内，零件是可以更换的，即

某些机械零件的寿命可以比机器的寿命短。

6. 可靠性准则

可靠性是产品在规定的条件下和规定的时间内，完成规定功能的能力。产品的质量一般应包含性能指标和可靠性指标。机械产品的性能指标是指产品具有的技术指标，如机械的功率、转矩、工作力、工作速度等。如果只有性能指标，没有可靠性指标，产品的性能指标也得不到保证。例如，一台技术先进的飞机，如果可靠性不高，势必经常发生故障，影响正常飞行和增加维修费用，甚至可能造成严重的事故。

对于其他失效形式，设计时还可以确定相应的设计准则，如精度准则、散热性准则等。机械零件可能有很多种失效形式，在设计零件时，只是针对零件可能发生的主要失效形式，选用一个或几个相应的判定条件，确定零件的形状和主要尺寸。

1.4　机械零件常用材料及其选用原则

工程中，机械零件所使用的材料是多种多样的，其中应用最多、最广的还是金属材料，尤其是黑色金属材料。此外各种新技术材料，如纳米材料等，在机械中的应用也将逐渐增多。

1.4.1　机械零件常用材料

随着机械工业朝着高速、自动、精密方向迅速发展，机械零件的材料和热处理已是影响机械零件和机械设备质量的重要因素，想要设计出好的机械产品，就必须重视零件材料和热处理的合理选择。机械零件的常用材料主要可分为三大类：金属材料、非金属材料和复合材料。

1. 金属材料

（1）钢铁　纯铁呈灰白色，强度不是很大，故用处不大。通常所说的钢，其实是铁碳合金（碳的质量分数小于2.11%的铁碳合金称为钢，碳的质量分数大于2.11%的铁碳合金称为铸铁），或者另外加入了锰、铬、镍、钨、钼、钛、硅等元素。钢铁由于具有较高的强度，较好的塑性、韧性、弹性等力学性能，且价格相对低廉、品种多、适用范围广，在工程领域得到最为广泛的应用。钢可分为碳素钢和合金钢两大类。合金钢由于具有优良的力学性能、工艺性、化学性能等，在要求高强度、受冲击载荷、高耐磨性、工作环境恶劣等场合得到广泛的使用。

（2）有色金属　一般将铝、镁、铜、铅、锌等及其合金称为有色金属。有色金属多用于对质量、导电性、导热性、耐蚀性、塑性、减摩性、耐磨性有特殊要求的场合。应用较多的是铝合金和铜合金。

2. 非金属材料

在机械工程领域应用较多的非金属材料是高分子材料和陶瓷材料。高分子材料主要指塑料、橡胶及合成纤维。塑料的主要优点是相对密度小，绝缘性、耐蚀性、耐磨性好等。其缺点是刚度、强度差，热导率小，易老化等。橡胶的最大特点是高弹性。陶瓷材料的主要优点是抗氧化、抗酸碱腐蚀、耐高温、绝缘、易成形、硬度高、耐磨性好等。陶瓷材料的主要缺点是比较脆，加工工艺性差。由于高分子材料具有的独特结构和易改性、易加工等特点，使其具有其他材料不可比拟、不可取代的优异性能，从而广泛用于科学技术、国防建设和国民经济各个领域，并已成为现代社会生活中衣、食、住、行等各个方面不可缺少的材料。

3. 复合材料

复合材料是以一种材料为基体，另一种材料为增强体组合而成的材料。各种材料在性能上取长补短，产生协同效应，使复合材料的综合性能优于原组成材料而满足各种要求。复合材料的基体材料分为金属和非金属两大类。复合材料可以发挥各种材料的优点，克服单一材料的缺陷，扩大材料的应用范围。由于复合材料具有重量轻、强度高、耐高温能力强、加工成形方便、弹性优良、耐化学腐蚀和电绝缘性良好等特点，已逐步取代木材及金属合金，广泛应用于航空航天、汽车、电子电气、建筑、健身器材等领域，在近几年更是得到了飞速发展。

1.4.2 机械零件常用材料的选用原则

机械零件所用的材料是各种各样的，即使是同类零件，所用材料也可能不同。设计机械零件时，选择合适的材料是一项复杂的技术经济问题，以下是选择材料的一般原则，作为选择材料的依据。

1. 材料的使用性能应满足零件的使用要求

零件的使用要求包括：

（1）零件的受力状况　对于承受拉伸载荷为主的零件宜选用钢材，承受压缩载荷的零件应选铸铁。脆性材料原则上只适用于制造在静载荷下工作的零件。在冲击载荷下，应选择弹塑性材料。

金属材料的性能一般可以通过热处理加以提高和改善，因此，要充分利用热处理手段来发挥材料的潜力。对于常用的调质钢，由于其回火温度的不同，可得到力学性能不同的毛坯。

为满足强度要求，应在充分了解材料力学性能的基础上来进行材料的选择。

（2）零件的工作情况　零件的工作情况是指零件所处的环境状况、工作温度、摩擦磨损的程度等。

在湿热环境下工作的零件，其材料应有良好的防锈和耐腐蚀的能力，例如选用不锈钢、铜合金等。工作温度对材料选择的影响，一方面要考虑互相配合的两零件材料的线膨胀系数不能相差过大，以免在温度变化时产生过大的热应力，或者使配合松动；另一方面要考虑材料的力学性能随温度而变化的情况。零件在工作中有可能发生磨损时，要提高其表面硬度，以增加耐磨性。因此，应选择适于进行表面处理的淬火钢、渗碳钢和氮化钢等品种。

2. 满足零件加工的工艺性要求

材料的工艺性能表示材料加工的难易程度。任何零件都是由所选材料通过一定的加工工艺制造出来的，因此材料工艺性能的好坏也是选材时必须考虑的重要问题。结构复杂的零件宜选用铸造毛坯，或用板材冲压出元件后再经焊接而成。结构简单的零件可用锻造法制取毛坯。同时还要注意到零件的尺寸及质量的大小与材料的品种及毛坯制取方法有关。尺寸及质量较大的零件，若用铸造或焊接毛坯，则需分别选用适合铸造或焊接性能好的材料制造；尺寸小、外形简单、批量大的零件，适于冲压和模锻，所选材料就应具有较好的塑性。

对材料工艺性的了解，在判断加工可能性方面起着重要的作用。铸造毛坯应考虑材料的液态流动性、断面收缩率、偏析程度及产生缩孔的倾向性等；锻造毛坯应考虑材料的延展性、热脆性及冷态和热态下塑性变形的能力等；焊接零件应考虑材料的焊接性及焊缝产生裂纹的倾向性等。对进行热处理的零件，应考虑材料的淬透性、淬火变形倾向性及热处理介质对它的渗透能力等；冷加工零件应考虑材料的硬度、易切削性、冷作硬化程度及切削后可能达到的表面粗糙度等。

3. 满足经济性要求

选择零件材料时，在满足使用性能要求的前提下应尽可能选择价格低廉的材料；采用恰当的加工方法既可以减少加工的费用，又可以减少加工过程中对材料的浪费；采用组合结构以及合理代用，以节约稀有材料。

在选择材料时，除了要考虑以上的选择原则外，通常还应考虑到当时当地材料的供应状况。为了简化供应和贮存的材料品种，对于小批制造的零件，应尽可能地减少同一部机器上使用的材料品种和规格。

1.5　机械的摩擦、磨损及润滑

1.5.1　摩擦与磨损

1. 摩擦

（1）摩擦的概念　摩擦是两相互接触的物体有相对运动或有相对运动趋势时接触处产生阻力的自然现象。相互摩擦的两物体称为摩擦副，因摩擦而产生的阻力称为摩擦力。一般用摩擦系数衡量摩擦力大小。摩擦有消耗能量、使零件磨损导致失效等负面作用，有时也可以利用摩擦来传递运动和力。例如带传动、摩擦离合器、制动器和摩擦焊等都是依靠摩擦来工作的。

（2）摩擦的分类　为了便于分析问题，把摩擦分为不同的类型。发生在物体内部的摩擦称为内摩擦，发生在两接触物体接触表面处的摩擦称为外摩擦。

按构成摩擦副的两物体的相对运动形式不同，摩擦分为滚动摩擦和滑动摩擦。若构成摩擦副两物体的相对运动是滚动和滑动的叠加，就构成滑动滚动摩擦，这属于复合方式的摩擦。滚动摩擦系数一般较小。

按相互接触的两物体运动状态的不同，摩擦可以分为静摩擦和动摩擦，有相对运动趋势并处于静止临界状态时的摩擦称为静摩擦，相互接触两物体超过静止临界状态时的摩擦称为动摩擦。动摩擦力一般小于静摩擦力。

在此将着重讨论金属表面间的滑动摩擦。根据摩擦面间存在润滑剂的情况不同，滑动摩擦又分为干摩擦、边界摩擦（边界润滑）、流体摩擦（流体润滑）及混合摩擦（混合润滑）。

1）干摩擦。干摩擦是指表面间无任何润滑剂或保护膜的纯金属接触时的摩擦，如图1-6a所示。在工程实际中，并不存在真正的干摩擦，因为任何零件的表面不仅会因氧化而形成氧化膜，而且多少也会被润滑油所湿润或受到“油污”。在机械设计中，通常都把这种未经人为润滑的摩擦状态当作“干”摩擦处理。

2）边界摩擦。摩擦表面仅存在极薄的边界膜时的摩擦称为边界摩擦，如图1-6b所示。边界膜是指润滑油与摩擦表面材料的吸附作用形成的物理吸附膜、化学吸附膜和发生化

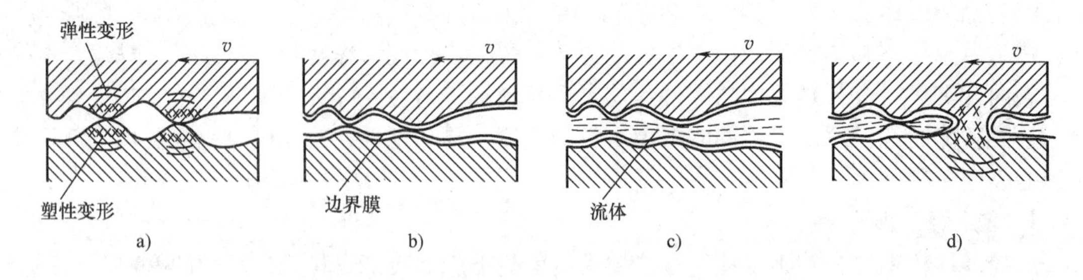

图 1-6　摩擦的种类

学反应形成的反应膜。边界膜厚度一般小于 0.1mm。边界摩擦的摩擦系数较大，约为 0.1 ~ 0.3；由于边界膜的厚度远小于两表面粗糙度之和，少量磨损是不可避免的。边界摩擦的润滑效果与润滑剂黏度无关，取决于边界膜结构和边界膜与摩擦表面结合的强度。

合理选择摩擦副材料和润滑剂，降低表面粗糙度值，在润滑剂中加入适量的油性添加剂和极压添加剂，都能提高边界膜强度。

3）流体摩擦。摩擦表面被流体层（液体或气体）完全分隔开，摩擦发生在流体内部，这种摩擦称为流体摩擦，如图 1-6c 所示。流体摩擦摩擦系数极小（油润滑时约为 0.001 ~ 0.008），而且不会有磨损产生，是理想的摩擦状态。

4）混合摩擦。摩擦表面同时存在干摩擦、边界摩擦和流体摩擦的摩擦状态称为混合摩擦，如图 1-6d 所示。这是在机械中常出现的一种摩擦状态。

（3）影响摩擦力的主要因素　影响摩擦力的主要因素有摩擦副所用材料、润滑状态、法向力、滑动速度、表面粗糙度、表面洁净度、工作温度、静止接触的持续时间等。一般来讲，相同材料（成分、组织和结构相同）的摩擦副容易黏着，摩擦系数较大，弹塑性材料的摩擦副比脆性材料的摩擦副易发生黏着。良好的润滑，对减小摩擦阻力，提高机器效率，减少摩擦发热、摩擦噪声和磨损，非常重要。表面粗糙度值越大，摩擦力越大。

1）摩擦副所用材料。工程中，摩擦副多处于混合摩擦状态，两相对运动物体不可避免存在直接接触，其摩擦系数与摩擦副所用材料是否容易黏着有关。一般来讲，相同材料（成分、组织和结构相同）的摩擦副容易黏着，摩擦系数较大。弹塑性材料的摩擦副比脆性材料的摩擦副易发生黏着。

2）摩擦表面的润滑状态。在摩擦表面加入润滑剂，一般会使摩擦系数显著下降；摩擦副处于不同的润滑状态（即摩擦状态），摩擦系数的大小不同。

3）表面膜的影响。边界膜的润滑作用在某些难以形成流体摩擦所需油楔的场合，如螺纹副、起动停机频繁、摆动等，是十分重要的。

4）零件的表面粗糙度。在表面粗糙度值很小的情况下，由于表面间存在很大的分子力作用，造成较大的摩擦力；随着表面粗糙度值的增大，实际接触面积减小，分子力作用减弱，摩擦系数下降；当表面粗糙度值继续增大时，由于微凸体的作用增大而使摩擦力增大。

2. 磨损

零件表面之间的摩擦导致表面材料的逐渐丧失或迁移，即形成磨损。磨损会影响机器的效率，降低工作的可靠性，甚至促使机器提前报废。因此，在设计时预先考虑如何避免或减轻磨损，以保证机器达到设计寿命，具有很大的现实意义。不过，在工程上也有不少利用磨损作用的场合，如精加工中的磨削及抛光，机器的“磨合”过程等都是磨损的有用方面。

零件的磨损大致可分为三个阶段，即磨合磨损阶段、稳定磨损阶段及剧烈磨损阶段，如图 1-7 所示。

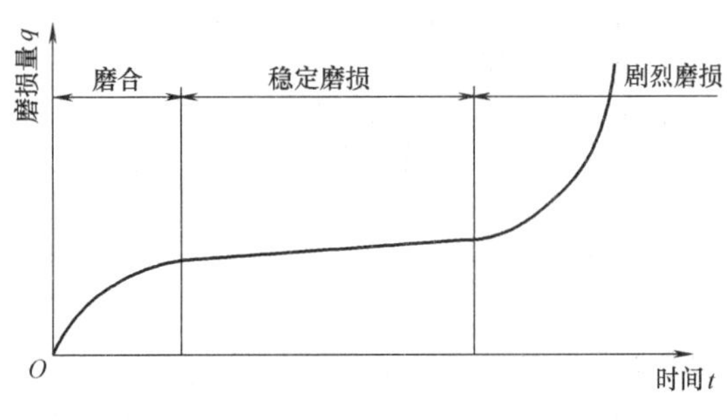

图 1-7　磨损过程

（1）磨合阶段　在配合初期，由于零件表面粗糙度值较大，实际接触面积很小，接触区域压力极高，所以初期磨损量较大。随着磨合的进行，配合相应改善，磨损量的增长速度开始减慢，磨损率逐渐下降，接触表面尖峰逐渐被磨平，实际接触面积增大，为稳定磨损阶段创造了条件。磨合是磨损的不稳定阶段，在零件的整个工作时间内所占的比率很小。

（2）稳定磨损阶段　由于零件已经过了磨合磨损阶段，零件的表面质量、配合性能均达到较好状态，润滑条件也得到相应改善，因而磨损量较小，磨损率变化比较缓慢，零件处于一个稳定磨损状态。稳定磨损阶段的长短决定了零件的使用寿命。

（3）剧烈磨损阶段　经过长时间的稳定磨损后，零件的配合间隙和表面形状已经改变，加上表层的疲劳，使润滑条件恶化，磨损率急剧上升，零件的工作状态迅速恶化，使零件失效。此阶段的磨损属于异常磨损。

磨损是机器常见的一种失效形式，要尽量避免。减少摩擦的方法就可以减小磨损，润滑良好的机器磨损也小。

根据磨损机理来分，磨损可分为磨粒磨损、黏着磨损、疲劳磨损和腐蚀磨损。

1.5.2　润滑与密封

1. 润滑

对于绝大多数机械设备来说，减小摩擦、降低或避免磨损的主要手段是润滑。正确使用润滑剂，会带来巨大的经济效益。在摩擦表面间加入润滑剂，不仅可以降低摩擦，避免或减轻磨损，还可以起到防锈、减振和散热等作用。

（1）常用的润滑剂　润滑剂可以分为液体润滑剂、润滑脂和固体润滑剂。一般情况下多选用润滑油或润滑脂来润滑。

1）液体润滑剂。动植物油、矿物油、化学合成油都是液体润滑剂。动植物油由于含有较多的硬脂酸，吸附能力很好，但是稳定性差。矿物油的价格低廉，适用范围广，稳定性好，应用最多。化学合成油是通过化学合成的手段制成的润滑油，它能满足矿物油所不能满足的一些特殊要求，如高温、低温、重载和高速等，一般用于特殊场合，价格较高。

润滑油的性能指标主要有黏度、油性、极压性、闪点和凝点等。

2）润滑脂。润滑脂是在润滑油中加入稠化剂在高温下混合而成的，俗称黄油。润滑脂中，润滑油是主要构成成分。稠化剂的作用是减少润滑油的流动性，以便于润滑或在难于储存润滑油的地方长期保持润滑作用。润滑脂还有良好的密封性、耐压性和缓冲性等优点，但是润滑脂的理化性能不如润滑油稳定，摩擦功耗比较大。

基于润滑脂以上特点，故一般将其用于低速重载、多冲击载荷或间歇工作的机械中。如滚动轴承的润滑，多用润滑脂。

3）固体润滑剂。它是指在相对运动的两个物体表面，为防止接触表面破坏或减少摩擦和磨损所用的粉末状或薄膜状的固体。常用的固体润滑剂有石墨、二硫化钼、金属皂、动物蜡、油脂等，固体润滑剂使用温度范围宽、承载能力强，可用于极高负荷和极低速度工况，但绝大多数固体润滑剂的摩擦系数都比润滑脂大，单独使用固体润滑剂时能量损失大。

（2）常用的润滑方法和润滑装置　为了获得良好的润滑效果，除了正确选择润滑剂以外，还应选择适当的润滑方式及相应的润滑装置。机械设备的润滑主要集中在传动件和支承件上。润滑油和润滑脂的供应方法在设计中是很重要的，尤其是油润滑时的供应方法与零件所处润滑状态有着密切的关系。常见的油润滑方式有手工用油壶或油枪向注油杯内注油、滴油润滑、油环润滑、飞溅润滑、压力循环润滑等；脂润滑只能间歇供应润滑脂。典型零部件的润滑具体见后续各章的介绍。

除了正确选择润滑剂以外，润滑方式及润滑装置对润滑效果的影响也是至关重要的，所以在设计时必须考虑。

1）油润滑的润滑装置。对于轻载、低速、不连续运转等需油量不大的机械，一般采用定期加油、滴油润滑。对速度较高、载荷较大的机械，一般要采用油浴、油环、飞溅润滑或压力供油润滑。高速、轻载机械零件（如滚动轴承），采用喷雾润滑。高速重载的重要零件，要采用压力供油润滑。

2）脂润滑的润滑装置。润滑脂可以间歇润滑，也可以连续润滑。比较常见的是用油杯，当旋转杯盖时，油杯内的润滑脂被挤入润滑部位，属于间歇润滑。也可用黄油枪加脂。对于润滑点多的大型设备，如矿山机械、船舶机械等，则采用集中润滑系统。

2. 密封

为了使润滑持续、可靠、不漏油，同时为了防止外界杂物进入，必须采用一定的密封装置。所谓密封装置，就是一种能保证密封性的零件组合。密封装置一般由被密封表面（如轴和轴承孔的圆柱表面）、密封件（如密封圈）和辅助件（如加固件等）组成。

密封件主要由橡胶、塑料、金属和某些非金属材料制成。各种密封件都为标准件，可查阅有关手册选取适当的形式与尺寸。

密封的种类很多，根据密封处零件之间是否有相对运动，可分为两类：静密封和动密封。密封后密封装置固定不动的称为静密封，如管道与管道连接处的密封；密封后密封装置中各零件间有相对运动的称为动密封，如旋转轴与轴承盖之间的密封。动密封根据是否存在转动件与非转动件直接接触，又可以分为接触式密封与非接触式密封。其中应用较多的是接触式密封，它的密封件主要是各种密封圈和毡圈。

综上所述，在设计机械时，润滑方法及其装置、密封装置的选择必须从机械设备的实际情况出发，综合考虑设备的结构、摩擦副的运动方式、速度、载荷精密程度和工作的环境条件等，同时还要注意装置的维护与保养，以期达到良好的润滑与密封效果。

1.6　机械零件设计的工艺性及标准化

1.6.1　机械零件设计的工艺性

设计机械零件时，不仅应该使其满足使用要求，同时还应当满足生产要求，否则就可能制造不出来或制造费用昂贵。在一定的生产规模和生产条件下，如果所设计的零件在保证使用性能要求（如效率高、安全可靠、保养容易、寿命长等）的前提下，能用生产效率高、材料消耗少、劳动量少和成本低的方法制造出来，并能以最简单的方法在机器中进行装拆与维修，则该零件就具有良好的工艺性。

在零件设计时要从选材、毛坯制造、机械加工、装配以及保养维修等各环节考虑零件结构的工艺性。

1. 毛坯选择合理，加工方式恰当

机械制造中毛坯制备的方法主要有直接利用型材、铸造、锻造、冲压以及焊接等。毛坯的选择与具体的生产技术条件有关，一般取决于生产批量、材料性能和加工可能性等。单件或小批量生产的零件，应利用现有生产条件制造；成批和大量生产的零件，可采用专用设备、数控加工中心和自动线生产。

2. 结构简单合理

零件的切削加工工艺对零件的结构设计影响很大，所以设计零件的结构形状时，最好采用最简单的表面（如平面、圆柱面、螺旋面等）及其它们的组合，同时还应该尽量使加工表面数目最少和加工面积最小，加工面应尽可能布置在同一平面或同一轴线上，这样，可以降低制造的困难和成本。另外零件的结构应使装配工序简单方便，并尽可能减少装配工作量。

3. 制造精度和表面粗糙度的规定适当

零件的加工费用是随着精度的提高而大幅度增加的，尤其在精度要求较高的情况下，这种增加就更为显著。因此，盲目地追求过高的精度会使产品的成本成倍增加。一般情况下，在满足使用要求的前提下，应选择尽可能低的制造精度和小的表面粗糙度值。

1.6.2　机械零件设计的标准化

标准化是指标准的制定、发布、组织实施和对标准的实施进行监督的全部活动过程，它对人类进步和科学技术发展起着巨大的推动作用。标准化的研究领域十分宽广，就机械工业而言，是指对零件的尺寸、结构要素、材料性能、检验方法、设计方法、制图要求等，制定出大家共同遵守的技术准则和依据。标准化是组织现代化生产的重要手段，是实现互换性的必要前提。零件标准化后，就有可能以先进的工艺方法组织专业化生产，使用专用设备和计算机辅助制造（CAM）技术，这样既提高了零件的质量，又降低了成本；同时在设计方面，就能最大限度地使用标准件，使得设计人员可以集中精力创造新的或设计更重要的结构，从而简化绘图和计算等工作量，使设计周期变短，有利于产品更新换代和计算机辅助设计（CAD）技术应用；在使用和维修方面，可以减少库存量和便于更换损坏的零件。所有这一切在机械制造中都具有重大意义。

与标准化密切相关的是通用化、系列化，它们统称为“三化”。通用化是指最大限度地减少和合并零部件的型号、尺寸和材料品种等，使零部件尽量在不同规格的同类产品甚至不同类产品上通用，以简化生产管理过程，降低成本和缩短生产周期；系列化则是指对同一产品，在同一基本结构或基本条件下规定出若干不同的尺寸系列化产品，以较少的品种规格满足用户的广泛需求。

随着全球经济一体化的发展，标准化已成为一个重要的国际性问题。为了增强产品在国际市场的竞争力，必须符合国际标准。我国的标准已经形成了一个庞大的体系，主要有国家标准（GB）、部颁标准（如 JB、YB）和地方、企业标准。我国参加了国际标准化组织(ISO)，现有标准已经尽可能向国际标准靠拢。

1.7 机械设计应满足的基本要求及一般程序

1.7.1 机械设计的基本要求

机械设计是把各种先进技术成果转化为生产力的一种手段和方法，是创造性地实现具有预期功能的新设备，或改进现有设备，使其具有新的性能。任何机械产品都始于设计，设计质量的高低直接关系到产品的功能和质量，关系到产品的成本和价格。机械设计在产品开发中起着非常关键的作用，为此，要在设计中合理确定机械系统功能，增强可靠性，提高经济性，确保安全性。

设计机械应满足的基本要求是：

1. 满足预定功能的要求

这是设计机器的基本出发点，应选择适当的工作原理、传动系统以及执行机构的类型，以实现对运动形式、运动速度等的要求。

2. 满足经济性要求

满足经济性要求是指在满足机械功能要求的前提下，最大限度地降低设计、制造成本，降低能源消耗，提高机器的工作效率，降低管理与维护费用，选择适当的材料，确定合理的加工工艺及精度要求等，减少设计和制造的周期。在市场经济环境下，经济性要求贯穿于机械设计、制造和使用的全过程。

3. 保证安全可靠性要求

可靠性是指在规定的条件下和时间内，机械产品完成其功能的能力。现代机械的复杂性和现代大规模生产的高生产率及综合技术的应用，都要求机械具有高可靠性。安全性是指为防止机械产品失效或误操作导致人身、物资等重大损失而在设计时采取的预防措施。同时还应考虑到机器的操作系统简单可靠，有利于最大限度地减轻操作人员的劳动强度。

4. 满足环境保护要求

设计的机器不仅要求性能好、尺寸小、价格低廉，而且外形要满足人们不断提高的物质、文化生活需求，同时对于生产中有噪声或污染物排放的机器，要全面考虑其对周围环境的影响，积极采取各种有效措施降低机器的噪声，设置污染物的回收和处理、净化装置等，减轻环境的污染。

5. 其他特殊要求

对于不同的机器，还会有不同的特殊要求，如为了运输方便，所设计的机器既要容易拆卸，又要容易装配；食品机械必须保持清洁，不能污染食品，特殊工作条件下的机械还有防腐、防冻要求等。在设计机器时应注意满足特殊的要求。

机械零件是组成机器的基本单元，对机械零件设计的基本要求是机械零件工作可靠并且成本低廉，同时在设计机械零件时，要有经济观点，力求综合经济效益高。

1.7.2　机械设计的一般程序

机械设计的过程是一个建立满足功能要求的技术系统的复杂的创造性过程，因而很难给出一个严格固定的程序。然而，作为一个产品的设计，从系统论的角度上，大体上可分为以下几个步骤：

1. 产品规划阶段

根据用户的需求确定机器的功能和有关的指标，进行市场调查，研究市场需求，提出开发计划并确定产品设计任务书。

2. 总体设计方案阶段

确定机械的功能，寻求合适的解决方法，初步拟定机器的总体传动方案；对机构进行运动分析及其方案设计，提出原理方案图或运动简图。此阶段的主要任务是拟定若干可行的原理方案，并进行相应的论证，经过分析、比较，最后优化求解得出最佳方案。

3. 技术设计阶段

在机械产品工作原理图和机构运动简图的基础上设计整机及其零部件的形状、尺寸，选择零件所用的材料及热处理、加工装配和制定试验的技术条件等。这一阶段成果是机器整机及部件的装配图、零件工作图以及计算说明书、其他技术文件（标准件明细栏、外购件明细栏、协作件明细栏、试验和验收条件、检验合格单、使用说明书等）等。在整个技术设计阶段，不可避免要反复修改，与用户反复协商。

4. 样机试制和鉴定阶段

根据技术设计所提供的图样等技术文件进行样机试制，并对试制提供的样机进行性能测试，组织鉴定，进行全面的技术经济评价，主要包括动力特性审查、标准化审查、工艺审查、成本预测等。同时对设计进行适当修改，以完善设计方案，最后通过验收或鉴定。

5. 产品投产阶段

在样机试制与鉴定通过的基础上，将机械的全套设计图样（总装图、部装图、零件图、电气原理图、安装地基图、备件图等）和全套技术文件（设计任务书、设计计算说明书、试验鉴定报告、零件明细栏、产品质量标准、产品检验规范、包装运输技术条件等）提交产品定型鉴定会评审。评审通过后，进行批量生产并投放市场，交付用户使用。

上述设计程序和内容并不是一成不变的，随具体任务和条件的不同而改变。在一般机械中，只有部分主要零件是通过计算确定其尺寸，而许多零件则根据结构工艺上的要求，采用经验数据或参照规范进行设计，或使用标准件。

小　　结

本章主要介绍了课程的研究对象、课程的内容、地位及学习目的，零件的失效形式及设计准则、零件常用材料及选用原则，并对机械的摩擦、磨损及润滑、机械设计的工艺性、标准化、基本要求和一般程序做了简单介绍。

1. 课程的研究对象及内容、地位

机械设计基础的研究对象是机械，机械包括机器和机构。机器和机构的基本组成单元是零件和构件。注意机器与机构、零件与构件之间的区别与联系。本课程主要研究机械中常用机构的组成原理和传动特点、功能特性、选用原则、设计方法等基本知识；同时研究一般工作条件下常用参数范围内的通用零部件的工作原理、结构特点、应用和基本设计理论、基本设计方法，研究机械设计的一般原则和设计步骤，研究常用零部件的选用和维护等共性问题以及有关的国家标准和规范。本课程在整个专业课程的学习中起着承上启下的作用。通过本课程的学习使学生具有基本机械设计的能力，为后续课程的学习和今后从事机械技术工作打下基础。

2. 零件的失效形式及设计准则

零件常见的失效形式主要有：断裂、表面破坏、过大的残余变形和破坏正常工作条件所引起的失效。在设计零件时进行计算所依据的准则是与零件的失效形式密切相关的。同一种零件可能有多种不同的失效形式，那么对应于不同的失效形式就有其不同的设计准则。常见的设计准则主要有：强度准则、刚度准则、耐磨性准则、振动稳定性准则、寿命准则和可靠性准则等，在设计零件时，只针对零件可能发生的主要失效形式，选用一个或几个相应的判定条件来进行。

3. 机械零件常用材料及其选用原则

机械零件的常用材料主要可分为三大类：金属材料、非金属材料和复合材料。选择材料时主要应考虑材料的使用性能应满足零件的工作要求、零件加工的工艺性要求以及经济性要求等。

4. 机械的摩擦、磨损及润滑

摩擦是两相互接触的物体有相对运动或有相对运动趋势时接触处产生阻力的自然现象。零件表面之间的摩擦导致表面材料的逐渐丧失或迁移，即形成磨损。对于绝大多数机械设备来说，减小摩擦、降低或避免磨损的主要手段是润滑。正确使用润滑剂，会带来巨大的经济效益。为了获得良好的润滑效果，除了正确选择润滑剂以外，还应选择适当的润滑方式及相应的润滑装置。

5. 机械零件设计的工艺性及标准化

在零件设计时要从选材、毛坯制造、机械加工、装配以及保养维修等各环节考虑，以使所设计的零件具有良好的工艺性。标准化是指标准的制定、发布、组织实施和对标准的实施进行监督的全部活动过程，它对人类进步和科学技术发展起着巨大的推动作用。为了增强产品在市场的竞争力，必须符合相应的标准。

6. 机械设计的基本要求和一般程序

任何机械产品都始于设计，设计质量的高低直接关系到产品的功能和质量，关系到产品的成本和价格，为此，要在设计中合理确定机械系统功能，增强可靠性，提高经济性，确保安全性。机械设计的过程是一个建立满足功能要求的技术系统的复杂的创造性过程，因而很难给出一个严格固定程序，在本章只是给出了机械设计的一般程序，设计时需随具体任务和条件的不同等具体情况而定。

思考与习题

1-1　试述机械、机器、机构之间的区别与联系，零件与构件之间的区别与联系。

1-2　何谓通用零件？何谓专用零件？何谓构件？各举例说明。

1-3　机器通常由哪三部分组成？各部分的功能是什么？

1-4　机械零件的主要失效形式有哪些？什么是机械零件的计算准则？

1-5　机械零件的常用材料有几大类？常用材料选用的基本原则是什么？

1-6　何谓机械零件的工艺性、标准化？在机械制造中有何重要意义？

1-7　机械设计应满足的基本要求有哪些？

1-8　机械设计的一般程序是什么？

第2章 平面机构及其自由度

1. 熟练掌握运动副的类型、约束和自由度等基本概念。

2. 能看懂平面机构运动简图，掌握一般平面机构运动简图的绘制方法。

3. 掌握机构具有确定运动的条件。

4. 了解计算平面机构自由度的目的，掌握平面机构自由度的计算方法，能够准确判别机构中存在的复合铰链、局部自由度和虚约束。

2.1 机构的组成

2.1.1 运动副及其分类

机构是由许多构件所组成的。机构中的每一个构件都要以一定的方式与其他的构件连接起来，要求彼此连接的两个构件之间既能保持直接接触，又能产生相对运动。两个构件之间的这种直接接触所形成的可动连接称为运动副。例如轴与轴承的连接、活塞与气缸的连接、轮齿与轮齿之间的啮合等都构成运动副。机构中各个构件之间的运动和动力的传递都是通过运动副来实现的。

两个构件之间组成运动副时，构件上参与接触的点（图 2-1a）、线（图 2-1b）或面（图 2-1c）称为运动副元素。运动副分类的方法有很多，通常可以按两个构件之间的接触性质分为低副和高副两类。

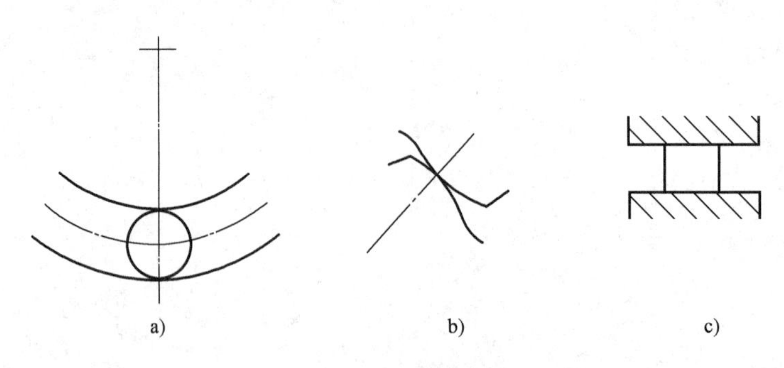

图 2-1 运动副元素

1. 低副

在平面机构中，两个构件之间通过面接触而组成的运动副称为低副。根据两个构件之间的相对运动形式的不同，低副又可分为转动副和移动副。若组成运动副的两个构件只能沿某一轴线做相对转动，则这种运动副称为转动副或回转副，又称为铰链，如图2-2所示轴颈1与轴承2的配合。若组成运动副的两个构件只能沿着某一直线做相对移动，则这种运动副称为移动副，如图2-3所示滑块1与导轨2的接触。

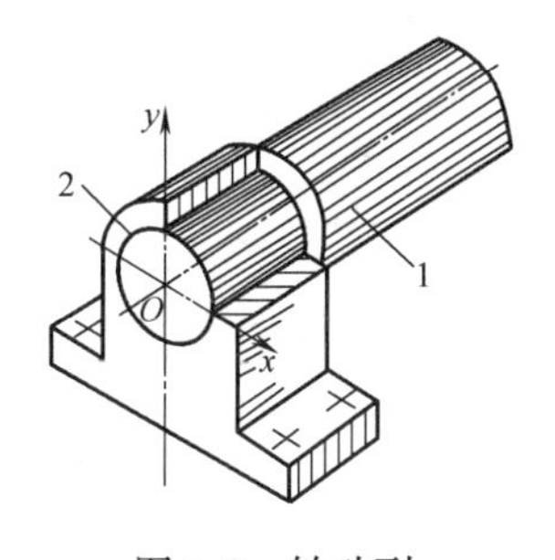

图2-2　转动副

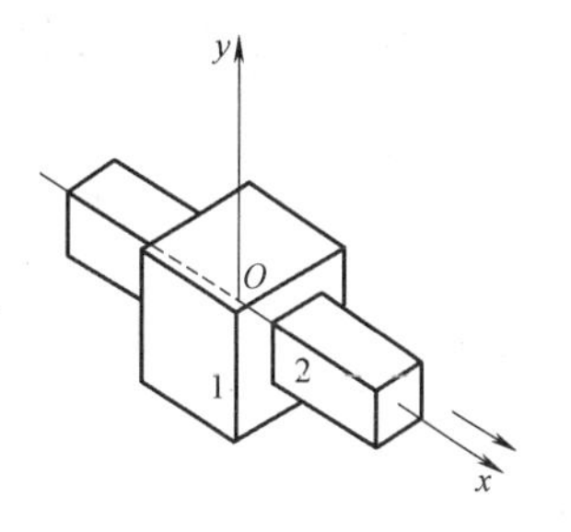

图2-3　移动副

2. 高副

两个构件之间通过点或线接触而组成的运动副称为高副。

图2-4a所示为凸轮1与从动件2通过点接触组成的高副，图2-4b所示为齿轮1和齿轮2通过线接触组成的高副。当两个构件之间组成高副时，构件1相对于构件2既可沿接触点A的公切线$t-t$方向做相对移动，又可在接触点A绕垂直于运动平面的轴线做相对转动，即两个构件之间可产生两个独立的相对运动。

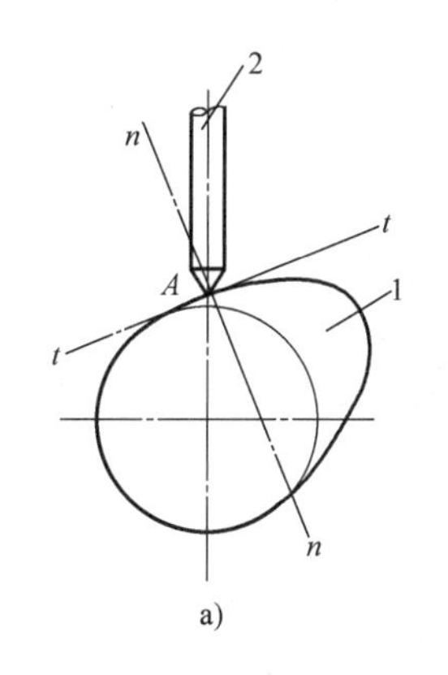

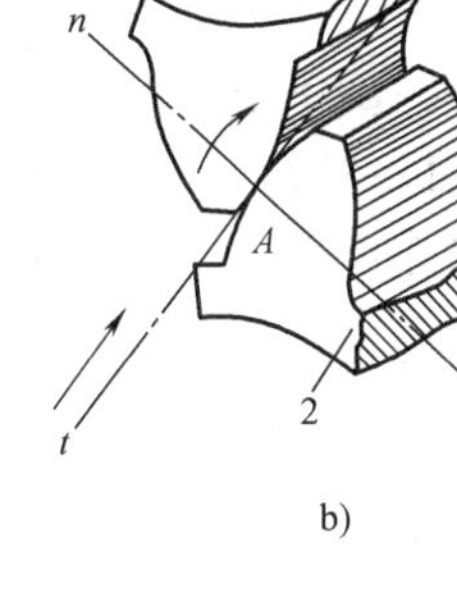

图2-4　高副

低副运动副元素为面，形状简单，容易制造，而且在承受相同的载荷时，低副接触处的压强较小，所以低副耐磨损，承载能力较强，寿命较长；而高副相反。

在上述的各种运动副中，两个构件之间的相对运动均在同一平面内，这样的运动副统称为平面运动副。如果两个构件之间的相对运动为空间运动，则称为空间运动副。本章只讨论平面运动副。

2.1.2　运动链和机构

1. 运动链

将两个以上的构件通过运动副连接而组成的系统称为运动链。如果运动链中各构件组成首末封闭的系统，如图2-5a所示，则称为闭式运动链，简称闭链；否则称为开式运动链，简称开链，如图2-5b所示。闭链广泛应用于各种机构中，只有少数机构（如机械手、挖掘机等多自由度机械）采用开链。

2. 机构

在运动链中，如果将其中的一个构件固定作为机架，当另一个或少数几个构件按给定的已知运动规律运动时，其余构件也均随之做确定的相对运动，这种运动链就称为机构。其中，机构中按给定的已知运动规律运动的构件称为原动件，而其余构件称为从动件。机构中当原动件按给定的运动规律做独立运动时，其余从动件也均随之做确定的相对运动。

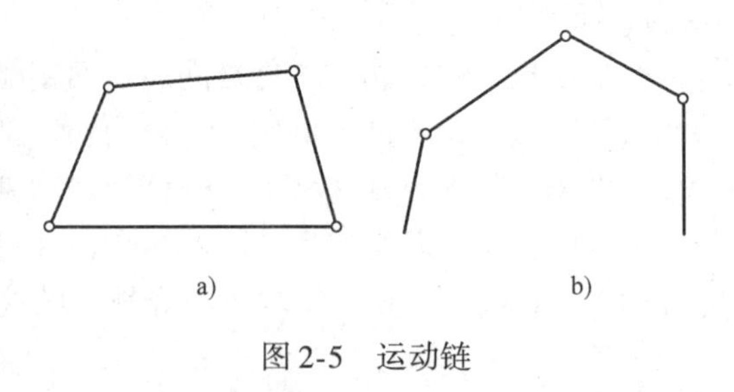

图 2-5　运动链

当组成机构的各个活动构件均在同一个平面或相互平行的平面内运动时，这类机构称为平面机构，否则就称为空间机构。在工程中经常使用的是平面机构，故本章只介绍平面机构的相关知识。

2.2　平面机构的运动简图

如前所述，机构是由许多构件通过运动副连接而成的。实际上，机构中各个从动件的运动与原动件的运动规律、运动副以及机构的尺寸有关。虽然机构及其构件的外形和结构都比较复杂，但是其中有些外形、结构和尺寸等因素与机构的运动无关。在分析和研究机构的运动时，为了使问题简化，可以不考虑这些与运动无关的因素，而是采用规定的符号和简单的线条表示运动副和构件，并按一定的比例表示各运动副之间的相对位置，把机构的组成和相对运动关系表示出来。这种表示机构的组成和各个构件之间的相对运动关系的简单图形称为平面机构运动简图。无论是分析现有机构，还是设计新机构，都需要画出能表明其运动特征的机构运动简图。

平面机构运动简图不仅能够简单明确地反映出机构中各个构件之间的相对运动关系，表达机构的运动特性，而且可以对机构进行运动分析和受力分析。因此，平面机构运动简图作为一种工程语言，是进行机构分析和设计的基础。

如果只需要表明机构的运动情况，也可不严格按比例绘制简图，这样的机构运动简图通常称为机构示意图。

2.2.1　构件和运动副的表示方法

1. 构件的表示

平面机构中的构件不论其形状如何复杂，在机构运动简图中，只需将构件上的所有运动副元素按照它们在构件上的位置用规定的符号表示出来，再用直线进行连接即可，如图2-6a所示的连杆及图 2-6b、c 所示构件，其表示方法如图 2-6d 所示。对于轴、杆等，常用一根直线表示，两端画出运动副的符号即可。

当一个构件上的两个运动副元素均为转动副时，该构件则用通过两个转动副的几何中心所连的线段来表示，如图 2-7a 所示。当构件具有一个转动副，而另一个为移动副时，构件的表示如图 2-7b 所示。习惯上，图 2-7b 常用图 2-7c 来表示。

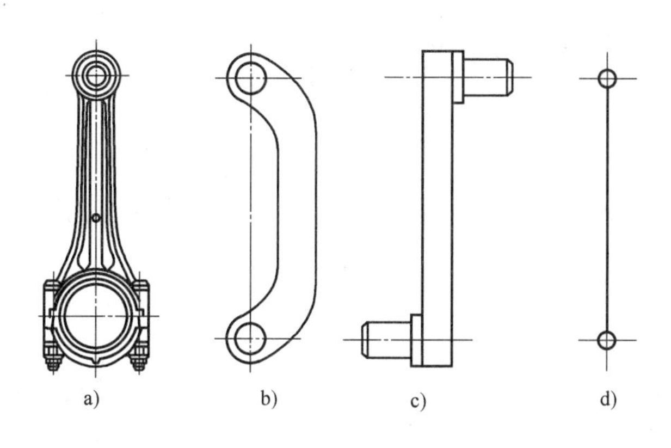

图 2-6　构件的结构及其表示方法

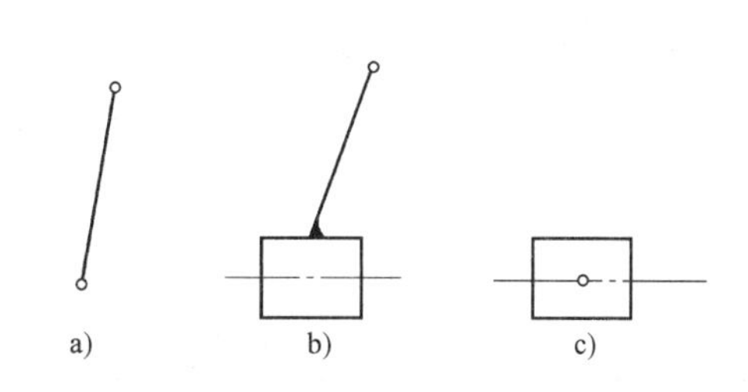

图 2-7　具有两个运动副元素的构件

在一般情况下，具有三个转动副元素的构件可用三角形来表示。若构件固连在一起，则涂以焊缝符号，如图 2-8a 所示。如果在同一个构件上的三个转动副元素中心位于一条直线上，则用图 2-8b 表示。

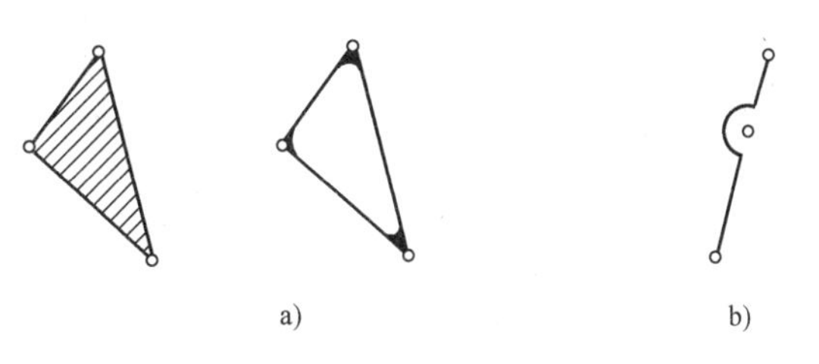

图 2-8　具有三个转动副元素的构件

对于机械中常用的构件和零件，还可采用习惯画法，如用点画线画出一对节圆来表示一对相互啮合的齿轮，用完整的轮廓曲线表示凸轮、滚子。其他零部件的表示方法可直接用国家标准 GB/T 4460—2013 规定的简图形式来表示，表 2-1 是摘录其中的一部分，需要时可以查阅。

表 2-1　机构运动简图常用符号

名　称	符　号	名　称	符　号
杆的固定连接		转动副	
二副元素构件		移动副	
三副元素构件		电动机	
内、外啮合直齿圆柱齿轮		齿轮齿条机构	

2 PROJECT

（续）

名　称	符　号	名　称	符　号
凸轮机构		锥齿轮传动	
带传动		蜗杆传动	
链传动		棘轮机构	

2. 运动副的表示

转动副用一个小圆圈表示，其圆心代表相对转动的轴线。图 2-9a、b 表示组成转动副的两个构件都是活动构件，称为活动铰链；图 2-9c 表示组成运动副的两个构件之一为机架，在代表机架的构件上画短斜线，称为固定铰链，习惯上用图 2-9d 来代替图 2-9c 表示固定铰链。

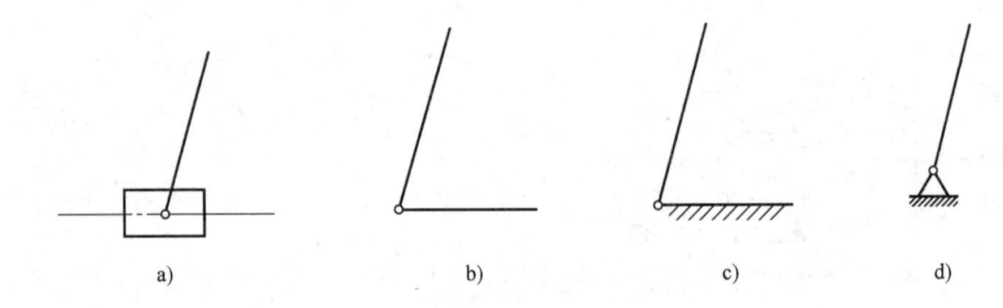

图 2-9　转动副的表示

图 2-10 是两个构件组成移动副的表示方法。在组成移动副的两个构件中，习惯上将长度较短的块状构件称为滑块，而将长度较长的杆状或槽状构件称为导杆或导槽。其中图 2-10a用导杆 1 与滑块 2 组成移动副，图 2-10b、e 用滑块 2 与导槽 1 组成移动副，图 2-10c、f 用导杆 2 与导槽 1 组成移动副。移动副的导路方向必须与相对移动方向一致，图中画有短斜线的构件表示机架。

高副的表示如图 2-11 所示，应画出两个构件在接触处的曲线轮廓。

2.2.2　平面机构运动简图的绘制

绘制平面机构的运动简图时，应当弄清楚机构的实际结构和运动传递情况。为此需要首

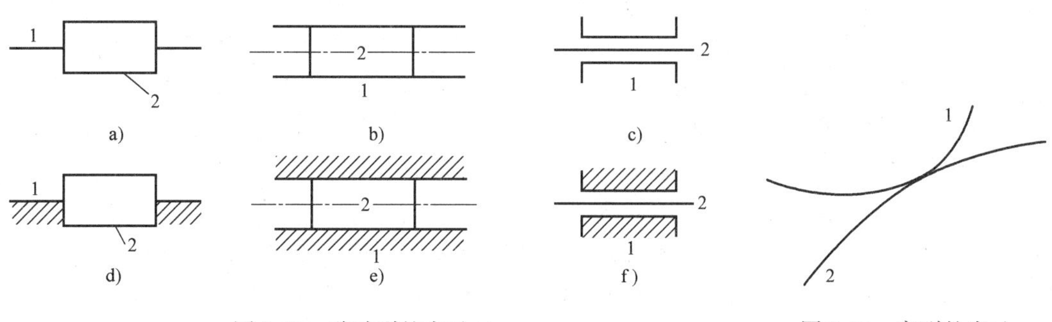

图 2-10　移动副的表示　　　　图 2-11　高副的表示

先确定原动部分和工作部分，再循着运动传递路线搞清楚运动关系，从而确定构件数目、运动副的类型和数目。绘制机构运动简图通常可按下列步骤进行：

（1）分析机构的组成和运动　首先判别构件的类型，找出机构中的原动件、机架以及从动件。然后从原动件开始，沿着运动传递的顺序搞清楚运动的传递情况。最后确定出机构中构件的数目。

（2）确定运动副的类型和数量　仍从原动件开始，沿着运动传递的顺序，根据构件之间相对运动的性质，确定机构运动副的类型和数目。

（3）选择投影面　选择原则是确保在投影面上能简单、清楚地把机构的组成和运动情况表示出来。一般选择机构中多数构件所在的运动平面或平行于运动平面的平面作为绘制机构运动简图的投影面。如果一个视图不能将机构的运动传递关系表达清楚，也可以另外补充其他辅助视图。

（4）测量相关尺寸，选择适当比例　测量出机构中构件上的各个运动副的相对位置尺寸，按照测量所得运动副间的实际尺寸和图纸幅面，选择适当的长度比例尺。长度比例尺用 μ_l（单位：m/mm）表示，定义为

$$\mu_l = \frac{构件的实际长度}{构件的图示长度}$$

（5）绘制机构简图　根据选定的投影平面及比例尺，定出各个运动副之间的相对位置，用简单的线条和规定的符号绘制出机构的运动简图。

（6）标注　在机构的运动简图上，将各个构件逐个进行编号，用 1、2、3 等表示；各个转动副依次标注大写的英文字母，用 *A*、*B*、*C* 等表示；机构中原动件的运动方向用弧形或线性箭头表示；在代表机架的构件上画上短斜线。

需要注意的是，绘制机构的运动简图时，机构的瞬时位置不同，所绘制的简图也不同。若选择不当，则会出现构件间的相互重叠或交叉，使简图不易绘制及辨认。因此要清楚地表示各构件间的相互关系，还应选择机构恰当的运动瞬时位置。一般情况下，只要使原动件相对机架处于某一个恰当位置，即可得到一个合适的机构瞬时位置。

下面举例说明机构运动简图的绘制方法和步骤。

例 2-1　试绘制图 2-12a 所示偏心油泵机构的运动简图。

解　（1）分析机构的组成和运动　图示偏心油泵机构是由偏心轮 1、外环 2、圆柱 3 和机架 4 组成的，共四个构件。其中，偏心轮 1 为原动件，它绕着固定轴线 *A* 转动。圆柱 3 绕

轴心 C 转动，而外环 2 上的叶片 5 可在圆柱 3 中移动。当偏心轮 1 按图示方向连续转动时，偏心油泵可将右侧进油口输入的油液从其左侧的出油口输出，从而起到泵油的作用。

（2）确定运动副的类型和数量　从作为原动件的构件偏心轮 1 开始，沿着运动传递的顺序，根据构件之间相对运动的性质，确定机构运动副的类型和数目。偏心轮 1 绕轴线 A 相对于机架 4 转动，它与机架 4 形成以 A 为中心的转动副，是一个固定铰链；外环 2 相对于偏心轮 1 绕轴线 B 相对转动，其转动中心就是偏心轮的几何中心 B，从而形成以 B 为中心的转动副；同样，圆柱 3 与机架 4 之间的相对运动为转动，两个构件之间也组成以 C 为中心的转动副。所以该机构共有三个转动副，转动副的中心分别位于点 A、B 和 C 处。

外环 2 上的叶片 5 与圆柱 3 之间的运动为相对移动，故组成移动副，移动副的导路方向与叶片 5 的对称中心线重合。所以该机构只有一个移动副。

（3）选择投影平面　图 2-12a 已能清楚地表达出各个构件的运动关系，所以就选择此平面作为投影平面。

（4）测量相关尺寸，并选择适当的比例　按照测量出的机构尺寸和选定的图幅，选择一个适当的长度比例尺 μ_l。

（5）绘制机构的运动简图　首先确定转动副 A 的位置；然后根据图 2-12a 测量得到的尺寸，按照选定的比例尺 μ_l 确定各个运动副的位置，按照表 2-1 中规定的符号绘制出机构的运动简图，如图 2-12b 所示。

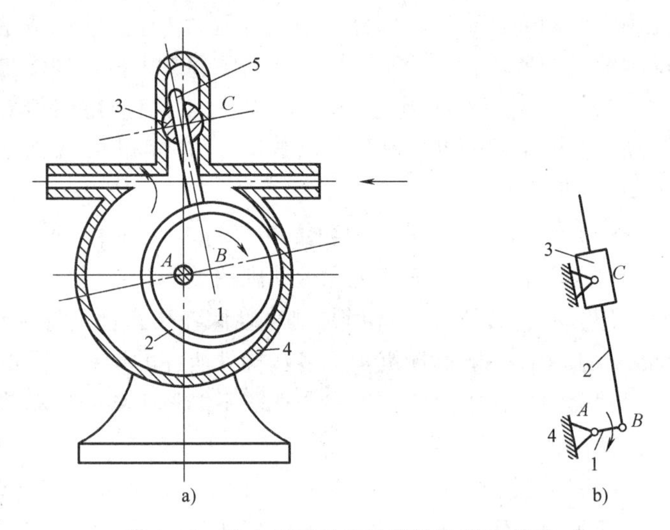

图 2-12　偏心油泵机构及其机构运动简图

（6）标注　在图 2-12b 中标明构件 1、2、3 和 4 以及转动副 A、B 和 C，原动件上画出箭头表示其运动的方向。

该例中偏心轮 1 与外环 2 是通过转动副连接的，但在实际结构中，并没有显现出明显的转动副的特征，只是在机构的运动过程中，偏心轮的几何中心 B 与固定轴心 A 之间的距离是固定不变的。由于在机构运动简图中，表示运动副的符号仅与运动副的相对运动性质有关，而与运动副的实际结构和尺寸无关，因此，只需在转动副的转动中心处用小圆圈表示即可。

2.3　平面机构自由度计算

2.3.1　平面机构自由度

1. 自由构件的自由度

构件相对于参考系所具有的独立运动称为构件的自由度。自由度也指确定构件位置的独立运动参数的数目。

如图 2-13 所示，在直角坐标系 Oxy 中，有一个做平面运动的自由构件 1，它与其他构件没有任何联系。在这个坐标系中，构件 1 有三个独立的运动，即随其上任一点 A 沿 x 轴和 y 轴方向的移动以及在 xOy 平面内绕 A 点的转动。在某一瞬时，构件 1 的位置由其上任一点 A 的坐标（x_A，y_A）和构件与 x 轴的夹角 φ 来确定。显然，一个做平面运动的自由构件具有三个自由度。

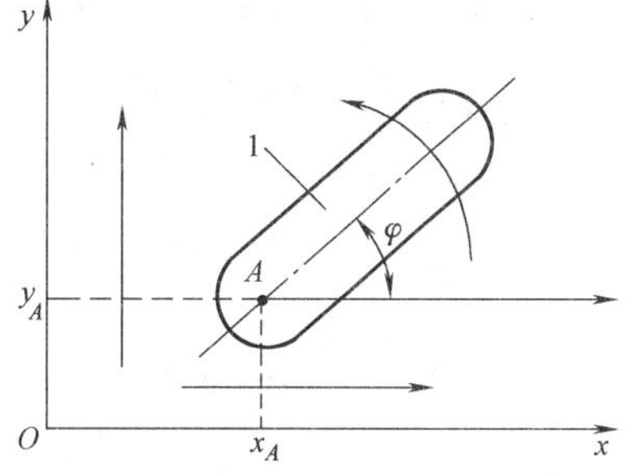

图 2-13　构件的自由度

2. 约束

当一个构件与其他构件组成运动副之后，构件的相对运动就要受到限制，自由度就会随之减少。这种对组成运动副的两个构件之间的相对运动所加的限制称为约束。

不同种类的运动副引入的约束不同，所保留的自由度也不同。也就是说，运动副所产生的约束的数量、特点和被约束的运动参数完全取决于运动副的类型。

如图 2-2 所示，当两个构件相互接触组成转动副时，限制了两个构件之间沿 x、y 轴方向的相对移动，只允许两构件绕与 xOy 平面垂直的轴线做相对转动。由此可知，一个转动副引入两个约束，只保留一个自由度。如图 2-3 所示，当两个构件相互接触组成移动副时，两个构件之间沿 y 轴方向的移动和沿 xOy 平面垂线方向的转动受到限制，只能沿 x 轴方向做相对移动。由此，一个移动副也引入两个约束，自由度为 1。图 2-4 所示的平面高副引入一个约束，即只约束了沿接触处公法线 n-n 方向移动的自由度，保留了绕接触处转动和沿接触处公切线 t-t 方向移动的两个自由度，两个构件之间既能做相对滚动，又能沿接触点公切线做相对滑动。

每当加上一个约束时，构件就失去一个自由度。由上述分析可知，在平面机构中，每个低副引入两个约束，使构件失去两个自由度；每个高副引入一个约束，使构件失去一个自由度。因此，运动副所引入的约束数等于被其限制的自由度数目。

3. 平面机构自由度计算公式

机构具有确定独立运动参数的数目称为机构的自由度，用 F 表示。

机构是由构件组成的。如前所述，一个做平面运动的自由构件具有三个自由度，当该构件与另外一个构件组成运动副之后，它的自由度数目就会减少。当通过构件的组合形成机构之后，机构的自由度取决于机构中活动构件的数目、运动副的类型和数目。

设一个平面机构共有 N 个构件，P_L个低副和 P_H个高副。在机构的 N 个构件中有一个构件为机架，则构件中的活动构件数为 $n = N - 1$。在相互之间用运动副连接之前，每个活动构件具有三个自由度，因此这些活动构件的自由度总数为 $3n$。当用运动副将各构件连接起来组成机构之后，其自由度就要减少。当引入一个低副，就引入两个约束；若引入一个高副，就引入一个约束。机构中的全部运动副所引入的约束总数为 $2P_L + P_H$，因此，活动构件的自由度总数减去运动副引入的约束总数就是该机构的自由度。由此可得到平面机构自由度的计算公式为

$$F = 3n - 2P_L - P_H \tag{2-1}$$

式中　P_L——机构中的低副数；

P_H——机构中的高副数；

n——机构中的活动构件数。

2.3.2 机构具有确定运动的条件

运动链和机构都是由构件和运动副组成的系统。机构要实现预期的运动传递和交换，必须具有可动性和运动的确定性。如图 2-14 所示为由三个构件通过三个转动副连接而成的运动链，其自由度 $F=3n-2P_L-P_H=3\times2-2\times3-0=0$，没有运动的可能性。又如图 2-15 所示的五杆组成的运动链，若取构件 1 作为原动件，当给定 φ_1 时，构件 2、3、4 既可以处在实线位置，也可以处在虚线位置或其他位置，因此，其从动件的运动是不确定的，此时机构自由度 $F=3n-2P_L-P_H=3\times4-2\times5-0=2$；如果给定构件 1、4 的位置参数 φ_1 和 φ_4，则其余构件的位置就都被确定下来。再如图 2-16 所示的曲柄滑块机构，其自由度 $F=3n-2P_L-P_H=3\times3-2\times4-0=1$，当给定构件 1 的位置时，其他构件的位置也被相应确定。这些实例说明，当运动链的自由度大于 0，且自由度等于原动件数时，运动链具有确定的运动。

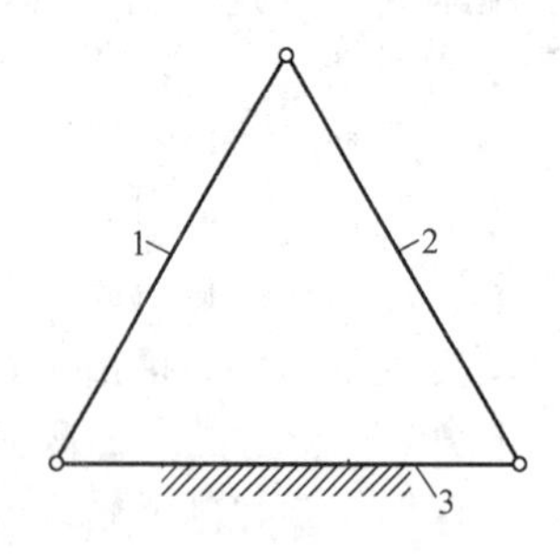

图 2-14 桁架

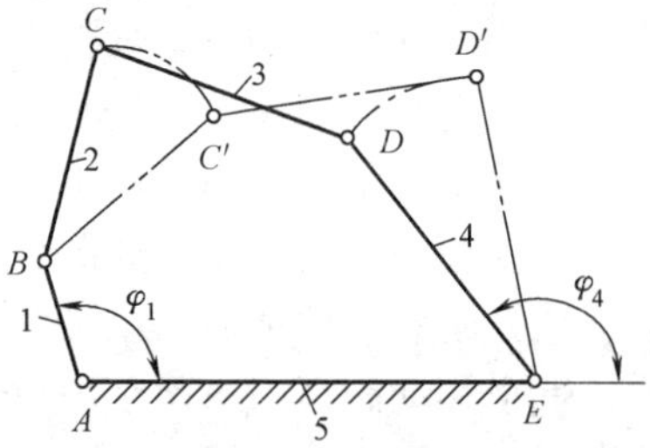

图 2-15 五杆铰链机构

由此可见，无相对运动的构件组合或无规则乱动的运动链都不能实现预期的运动变换。将运动链的一个构件固定为机架，当运动链中一个或几个原动件位置确定时，其余从动件的位置也随之确定，这种运动链称为机构。机构具有确定的相对运动。那么究竟取一个还是几个构件作为原动件，这取决于机构的自由度。

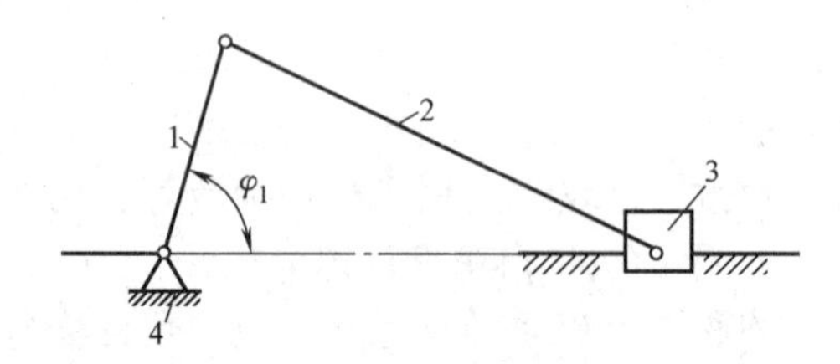

图 2-16 曲柄滑块机构

综上所述可知，机构具有确定运动的条件为：机构的自由度 F 必须大于 0，且机构的自由度与原动件的数目必须相等。

例 2-2 计算图 2-12 所示偏心油泵的自由度，并判断其运动是否确定。

解 在偏心油泵机构中，有三个活动构件，$n=3$；包含四个低副，$P_L=4$；没有高副，$P_H=0$。所以由式（2-1）可得机构自由度为

$$F=3n-2P_L-P_H=3\times3-2\times4-0=1$$

该机构具有一个原动件，原动件数与机构的自由度相等，所以该机构的运动是确定的。

2.3.3 计算机构自由度时应注意的几种特殊情况

在应用式（2-1）计算机构的自由度时，还应注意以下几种特殊情况，否则将得不到正确的结果。

1. 复合铰链

两个以上的构件在同一轴线上用转动副连接所组成的运动副称为复合铰链。三个构件在同一点组成的复合铰链如图2-17所示，其中图2-17a表示的转动副的轴线垂直于纸面，图2-17b表示的转动副的轴线平行于纸面。由图2-17b可以看出，这三个构件沿同一条轴线共组成两个转动副。依次类推，若有K个构件组成复合铰链，则在连接处应具有$K-1$个转动副。

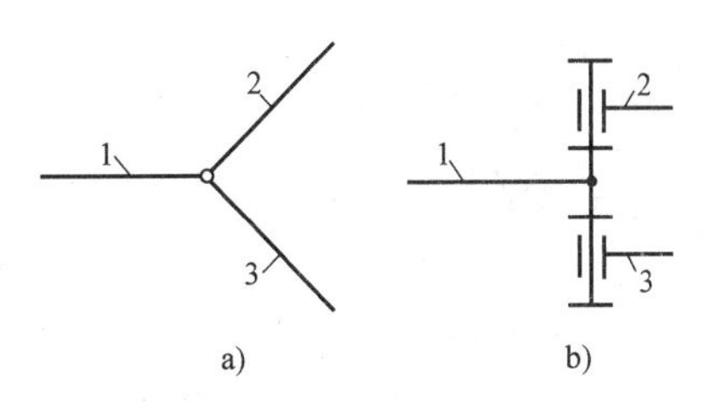

图2-17　复合铰链

在计算机构的自由度时，应注意识别出复合铰链并确定其实际包含的转动副数目。特别要注意的是，如果有两个以上的构件交汇在一起，则当出现表示转动副的小圆圈时，不能简单地认为该铰链就一定是复合铰链，而是要分析运动副的类型和数量，然后根据转动副的数量进行判断。

图2-18所示的压缩机机构中，铰链C和E处均有两个以上的构件，而且交汇在一起。其中，铰链C处有五个构件，即构件2、3、4、5和8；而铰链E处有四个构件，即构件5、6、7和8。C、E处各构件间形成的运动副见表2-2。

表2-2　复合铰链的识别

运动副		铰链C	铰链E
运动副	转动副	构件2与构件3 构件3与构件4	构件6与构件7
	移动副	构件3与构件5 构件4与构件8	构件5与构件6 构件7与构件8
结论		复合铰链	不是复合铰链

从表2-2中可知，在铰链E处的四个构件共组成了两个移动副和一个转动副，铰链E不是复合铰链；铰链C处的五个构件共组成了两个移动副和两个转动副，铰链C是复合铰链。

例2-3　计算图2-19中机构的自由度。

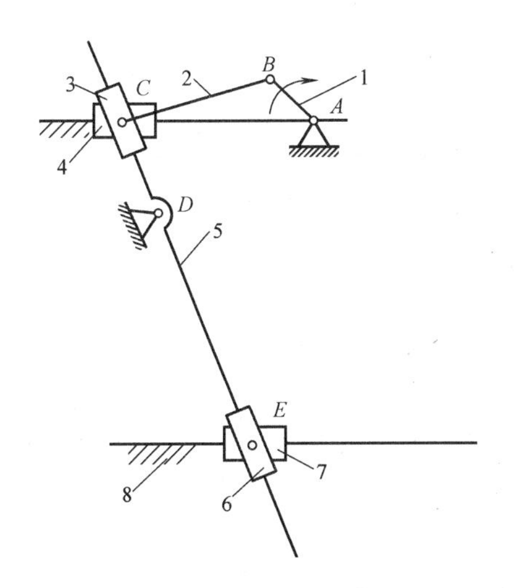

图2-18　压缩机机构

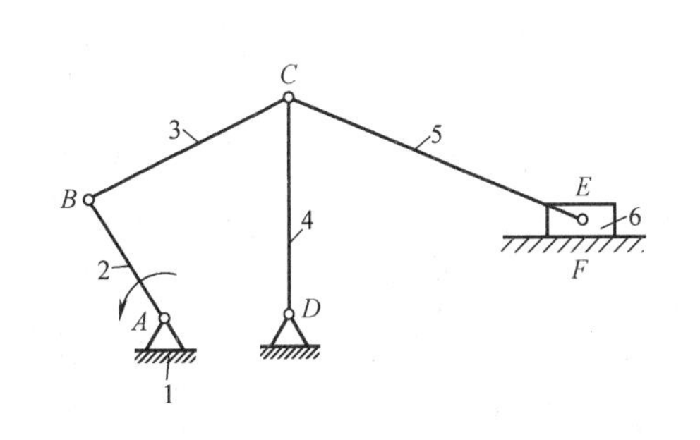

图2-19　振动式输送机机构

解 1）判断机构中是否存在特殊情况。机构中 C 处为复合铰链。C 处的三个构件共组成了两个转动副，因此，在计算机构的自由度时，铰链 C 处表示转动副的一个小圆圈实际上代表了两个转动副。

2）确定活动构件数和各类运动副数。由图 2-19 可知，机构中构件 2、3、4、5、6 为活动构件，因此活动构件数 $n=5$。

机构中运动副的情况是：铰链 A、B、D 处各有一个转动副，铰链 C 为复合铰链，此处有两个转动副，构件 5 与构件 6 之间有一个转动副，构件 6 与构件 1 之间有一个移动副。所以机构中的低副 $P_L=7$；机构中没有高副，$P_H=0$。

3）计算机构的自由度。

$$F=3n-2P_L-P_H=3\times5-2\times7-0=1$$

2. 局部自由度

局部自由度是指机构中某些构件的局部独立运动，它并不影响其他构件的运动。在计算机构自由度时应将局部自由度除去不算。

一般情况下，机械中常常有局部自由度存在，如滚子、滚动轴承等。局部自由度并不影响机构的主要运动，但它可以改善机构的工作状况，即可使高副接触处的滑动摩擦变成滚动摩擦，并减少磨损。

在计算机构的自由度时，局部自由度的处理方法是采用固连的方法予以排除。所谓固连，就是将形成局部自由度的两构件看成一个刚化整体，彼此之间没有相对运动。

图 2-20a 所示的凸轮机构中，凸轮 1 是原动件，滚子 4 与从动件 2 是输出构件。当凸轮转动时，通过滚子 4 驱使从动件 2 以一定运动规律在机架 3 中往复移动。凸轮机构的自由度为

$$F=3n-2P_L-P_H=3\times3-2\times3-1=2$$

而机构中只有一个原动件，显然，与机构的自由度不相等。这与前面讨论的机构具有确定运动的条件相矛盾，但事实上该机构确实具有确定的运动。

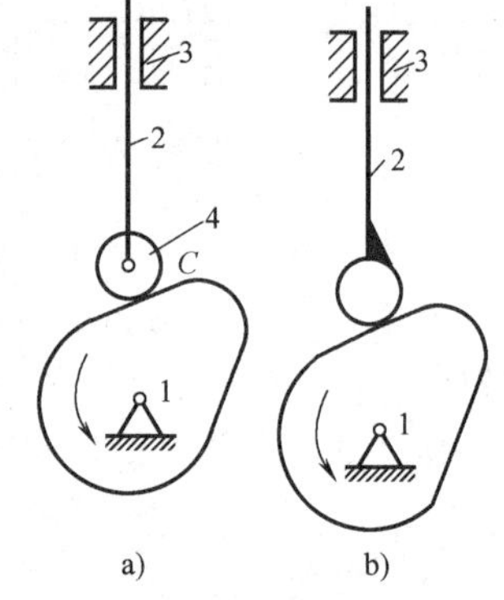

图 2-20 凸轮机构

再来分析图 2-20a 所示的凸轮机构，不难看出，问题出在滚子上。在这个机构中，滚子绕其轴线自由转动，无论滚子 4 绕其自身几何轴线 C 是否转动或转动的快与慢，都不影响从动件 2 的输出运动。因此滚子绕其中心的这种转动是一个局部自由度。在计算机构的自由度时，应排除这个局部自由度。具体做法是采用固连的方法，即将滚子 4 和从动件 2 看成是一个构件，滚子与从动件 2 之间的转动副 C 也随之消失，使得它们之间没有相对运动，如图 2-20b 所示。此时，活动构件数 n 由 3 变为 2，高副数 P_H 不变，则机构的自由度为

$$F=3n-2P_L-P_H=3\times2-2\times2-1=1$$

这样，机构的自由度与原动件数目相等。因此以凸轮作为原动件，机构具有确定的运动。

3. 虚约束

在机构中与其他约束作用重复而对机构运动不起独立限制作用的约束，称为虚约束。

在工程实际中，虽然虚约束不影响机构的运动，但它却可以保证机构顺利运动，或增加

机构的刚性，改善机构的受力情况，所以虚约束的应用十分广泛。

虚约束是在特定的几何条件下形成的，计算机构的自由度时，应将其除去不计。如果几何条件不能满足，虚约束将成为约束，从而对机构的运动起限制作用，所以此类机构对工艺精度有较高的要求。

平面机构中的虚约束常出现在以下几种情况中：

(1) 重复运动副　当两个构件在多处接触并组成相同的运动副时，就会引入虚约束。

如图2-21a所示，安装齿轮的轴与支承轴的两个轴承之间组成了两个相同且轴线重合的转动副A和A'。从运动的角度来看，这两个转动副中只有一个转动副起约束作用，而另一个转动副为虚约束。因此，计算机构的自由度时，应只考虑一个转动副。

在图2-21b所示的机构中，构件1与机架2之间组成了三个相同的，且导路平行的移动副A、B和C。此时，只有一个移动副起约束作用，其余为虚约束。

在图2-21c所示的机构中，构件2与构件3之间组成了两个高副D和D'，这两个高副接触点处的公法线重合。在此，也只有一个高副起约束作用，另一高副为虚约束。

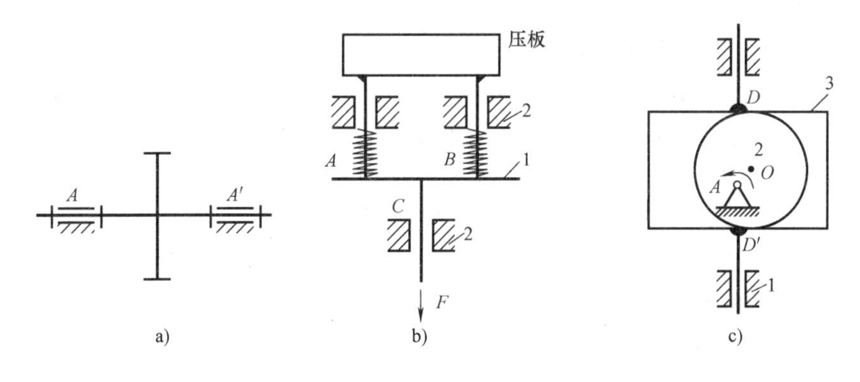

图2-21　重复运动副引入的虚约束

(2) 重复轨迹　在机构的运动过程中，如果两个构件上两点之间的距离始终不变，则用一个构件和两个转动副将这两点连接起来，就会引入虚约束。在图2-22a所示的机车车轮联动机构中，各个构件之间存在着特殊的几何关系，$AB /\!/ CD /\!/ EF$，且$AB=CD=EF$，$BC=AD$。由于$ABCD$为一个平行四边形，因此一般称这种机构为平行四边形机构，其机构运动简图如图2-22b所示。按式(2-1)计算机构的自由度时出现$F=3n-2P_L-P_H=3\times4-2\times6-0=0$。显然，计算结果与实际情况不符。

当原动件1运动时，构件5与机架4始终保持平行并做平动。因此，构件5上各个点的运动轨迹完全相同。构件5上任一点E的轨迹为半径等于AB，圆心位于机架AD上F点的

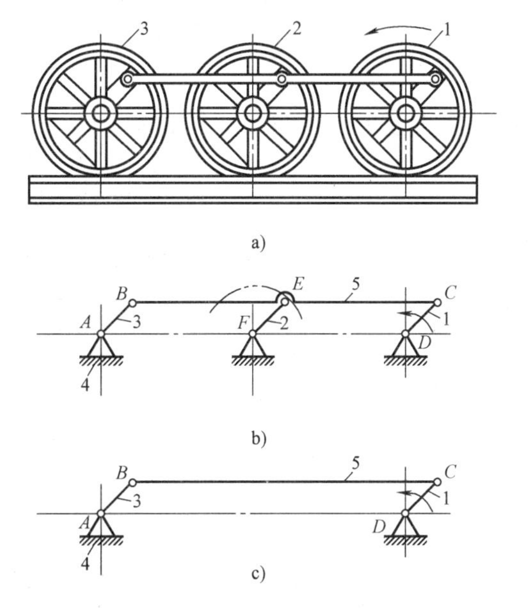

图2-22　重复轨迹引入的虚约束

圆。用构件2分别与构件5和机架4在E点和F点进行连接，组成了两个转动副E和F。此时构件2是一个具有两个运动副元素的构件，由前面的分析可知，将该构件加入到机构中之后，机构将增加一个约束。这个约束使得构件2上E点的轨迹为以F点为圆心、以AB长度为半径的圆。因此，构件5上E点的轨迹与构件2上E点的轨迹相重合。从运动的角度来看，构件2对机构的约束是重复的，它并不影响机构的运动，故为虚约束。因此在计算机构的自由度时，应将那些从机构运动的角度来看是多余的构件及其带入的运动副都去掉。在此例中，应将构件2及其带入的两个运动副E和F一起去掉，则自由度$F=3n-2P_L-P_H=3\times3-2\times4-0=1$，如图2-22c所示。

（3）对称结构　机构中对传递运动不起独立作用的、结构相同的对称部分，使机构增加虚约束。

在图2-23所示的差动轮系中，太阳轮1经过齿轮2、2′和2″驱动外齿轮。从传递运动的要求来看，在三个对称布置的小齿轮中，只需要一个小齿轮即可，而另两个小齿轮是虚约束。在计算机构的自由度时，只考虑一个小齿轮。图中采用三个完全相同的齿轮对称布置是为了提高承载能力并使机构受力均匀。

例2-4　计算图2-24所示机构的自由度。

解　1）判断机构中是否存在特殊情况。机构中C处为复合铰链。C处的三个构件共组成了两个转动副，因此，在计算机构的自由度时，铰链C处表示转动副的一个小圆圈实际上代表了两个转动副。

构件5与机架在M、N处形成两个重复的移动副，构件6与机架在R、S处形成两个重复的移动副，这两处出现两个虚约束，应去掉。E处滚子处有一个局部自由度。

2）确定活动构件数和各类运动副数。由图2-24可知，机构中构件1、2、3、4、5、6和7为活动构件，因此活动构件数$n=7$。

机构中运动副的情况是：铰链A、B、D和F、O处各有一个转动副，铰链C为复合铰链，此处有两个转动副，构件5与机架的两个重复移动副、构件6与机架的两个重复移动副，分别保留一个；E处的局部自由度去掉。所以机构中的低副$P_L=9$；同时6、7形成高副，故$P_H=1$。

3）计算机构的自由度。由式（2-1）得

$$F=3n-2P_L-P_H=3\times7-2\times9-1=2$$

此机构自由度等于2，机构中有两个原动件，因此该机构具有确定的运动。

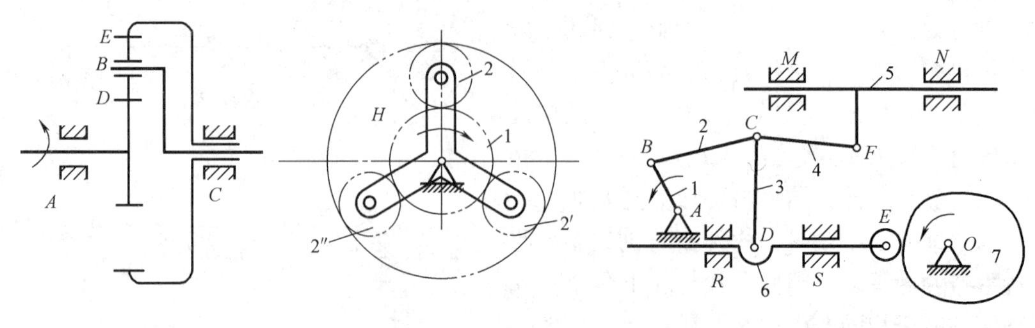

图2-23　对称结构引入的虚约束　　图2-24　筛料机的筛料机构

小　结

本章介绍了机构的组成及机构运动简图的绘制方法，平面机构的自由度及机构具有确定运动的条件等，其中重点讲述了机构运动简图的绘制方法和平面机构自由度的计算。

1. 机构的组成

机构是由若干构件和运动副组成的。一个机构必须有三类构件，即原动件、从动件和机架。本章讲解的运动副均为平面运动副，有高副和低副之分，要知道其划分依据。

学习平面机构的运动简图要把握以下内容：

（1）构件和运动副的表示方法　平面机构中的构件不论其形状如何复杂，在机构运动简图中，只需将构件上的所有运动副元素按照它们在构件上的位置用规定的符号表示出来，再用直线进行连接即可。轴、杆常用一根直线表示，两端画出运动副的符号。

转动副用一个小圆圈表示，其圆心代表相对转动的轴线。在组成移动副的两个构件中，习惯上将长度较短的块状构件称为滑块，而将长度较长的杆状或槽状构件称为导杆或导槽。

（2）平面机构运动简图的绘制　平面机构运动简图的绘制是本章的重点和难点，绘制平面机构运动简图的要点是：

1）观察机构中各构件的运动情况并找出原动件、从动件和机架。

2）确定构件数目、运动副的种类和数目。

3）选择投影面，定出比例尺，按比例确定各运动副之间的相对位置和尺寸。

4）从原动件开始沿运动传递的顺序，用构件连接各运动副，即为机构运动简图。

2. 平面机构的自由度

正确地计算平面机构自由度的首要问题是看懂机构运动简图，正确地分析机构的组成，最主要的是要搞清楚机构中活动构件的数目，并注意复合铰链、局部自由度、虚约束三种特殊情况。通过计算机构的自由度可以判定机构具有确定运动的条件是：机构的自由度 F 必须大于0，且机构的自由度与原动件的数目必须相等。

3. 本章的重点与难点

（1）重点　平面机构自由度的计算及机构运动简图的绘制。

（2）难点　机构运动简图的绘制及平面机构中存在虚约束时自由度的计算。

思考与习题

2-1　构件与零件有什么区别？举例说明。

2-2　什么是运动副？运动副有哪些类型？各有什么特点？什么是自由度和约束？运动副是如何限制自由度的？

2-3　什么是机构运动简图？绘制机构运动简图的目的和意义是什么？

2-4　机构具有确定运动的条件是什么？

2-5　什么是复合铰链、局部自由度、虚约束？在计算机构的自由度时应如何处理？

2-6　绘制图2-25所示平面机构的运动简图，并计算其自由度。

2-7　计算图2-26所示平面机构的自由度，并判断机构的运动是否确定。如果机构中有复合铰链、局部自由度、虚约束，应在图上标出。

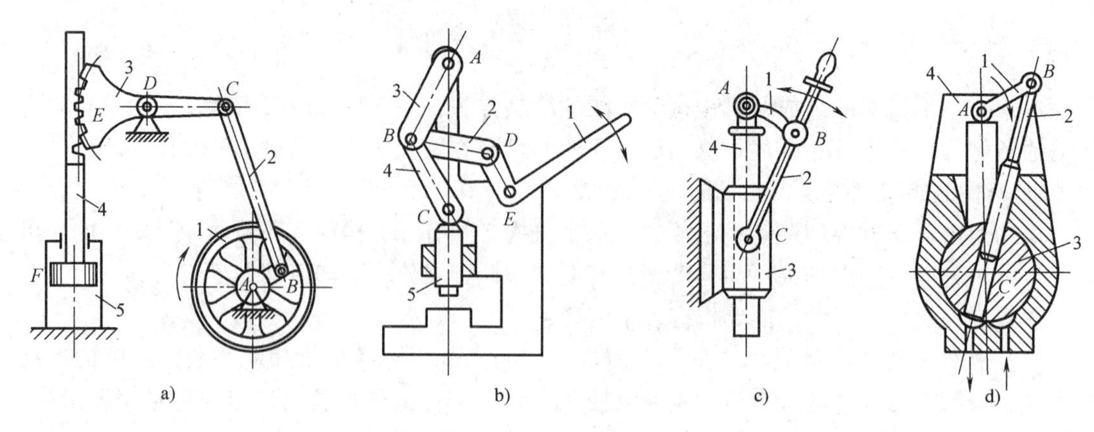

图 2-25　题 2-6 图

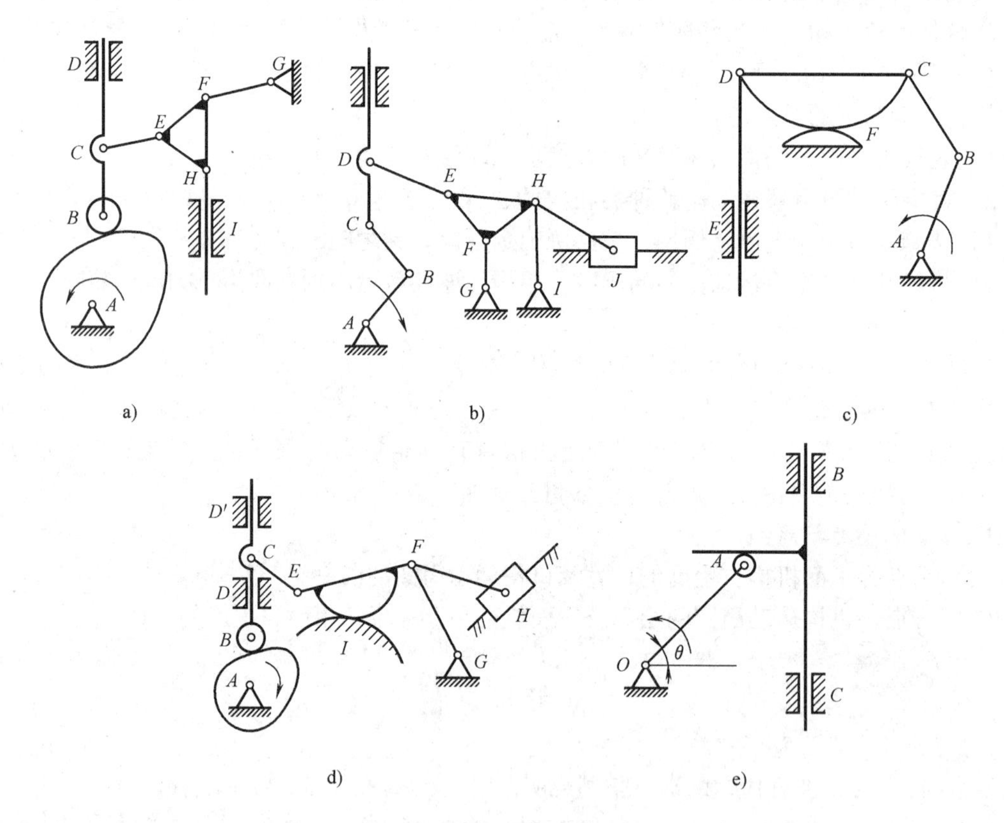

图 2-26　题 2-7 图

第3章 平面连杆机构

1. 掌握铰链四杆机构的基本形式、演化形式。
2. 理解铰链四杆机构曲柄存在的条件。
3. 掌握四杆机构的运动特性及传力特性。
4. 掌握简单平面四杆机构设计的图解法。

平面连杆机构是由若干个构件通过低副连接组成的运动平面相互平行的机构，故又称为平面低副机构。

在平面连杆机构中，由于构件之间是通过面接触的低副连接，因此在承受相同的载荷时压强较小，便于润滑，故其承载能力较大、耐磨损；构件的形状简单，制造简便，易于获得较高的制造精度，且构件间的接触是靠本身的几何约束来保持的，所以构件工作可靠；同时平面连杆机构中的连杆能够实现多种运动轨迹曲线和运动规律，改变各构件的相对长度，便可使从动件满足不同运动规律的要求。因此，平面连杆机构广泛地用于各种机械和仪器中。但是，由于平面连杆机构的运动链较长，构件数和运动副数较多，而且在低副中存在着间隙，因此会引起较大的运动积累误差，从而影响其运动精度；平面连杆机构的设计比较复杂，通常难以精确地实现复杂的运动规律和运动轨迹；另外，连杆机构运动时产生的惯性力难以平衡，所以不适用于高速、精密的场合。

由四个构件通过低副连接组成的平面连杆机构，称为平面四杆机构。它是平面连杆机构中最简单的形式，也是组成多杆机构的基础，其应用非常广泛。本章主要讨论平面四杆机构。

3.1 铰链四杆机构的基本形式及其演化

3.1.1 平面四杆机构的组成

当平面四杆机构中的运动副全部都是转动副时，则称为铰链四杆机构，它是平面四杆机构最基本的形式。四杆机构的其他形式都是在它的基础上通过演化而得到的。

在图 3-1 所示的铰链四杆机构中，固定不动的构件 4 称为机架；与机架相连接的构件 1 和构件 3 称为连架杆；连接两个连架杆的构件 2 称为连杆。连杆 2 通常做平面运动，连架杆

1 和 3 绕各自的转动副中心 A 和 D 转动。如果连架杆绕机架上的转动中心 A 或 D 能做整周转动，则称其为曲柄；如果只能在小于 360°的某一角度范围内往复摆动，则称为摇杆。

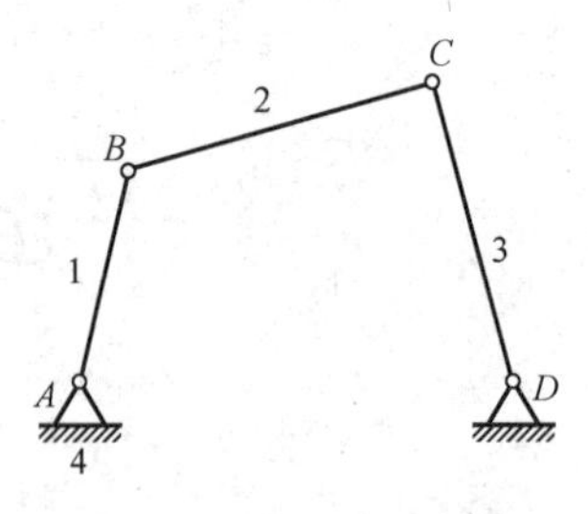

图 3-1　铰链四杆机构

3.1.2　铰链四杆机构的基本形式

对于铰链四杆机构来说，机构中总是存在机架和连杆的。因此，根据两个连架杆运动形式的不同，可将铰链四杆机构分为三种基本形式：曲柄摇杆机构、双曲柄机构和双摇杆机构。

1. 曲柄摇杆机构

在铰链四杆机构中，如果两个连架杆之一为曲柄，另一个为摇杆，则称为曲柄摇杆机构。如图 3-2 所示的搅拌机机构即为曲柄摇杆机构的应用实例，当曲柄 AB 为主动件并做匀速转动时，摇杆 CD 为从动件，做变速往复摆动。图 3-3 所示的缝纫机踏板机构是曲柄摇杆机构应用的又一实例，该机构中主动摇杆 CD 的往复摆动转变为从动曲柄 AB 的连续转动。

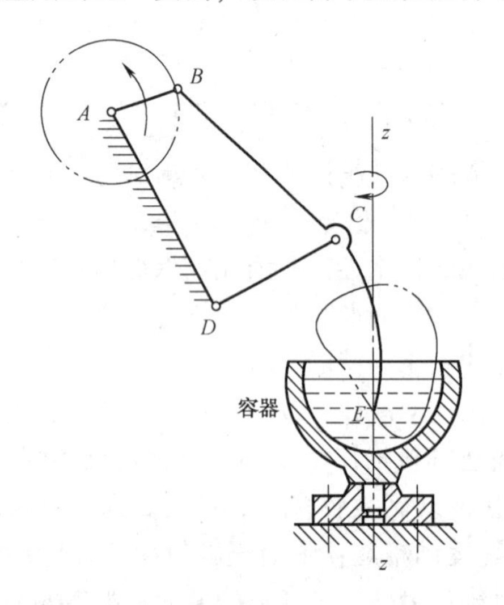

图 3-2　搅拌机机构

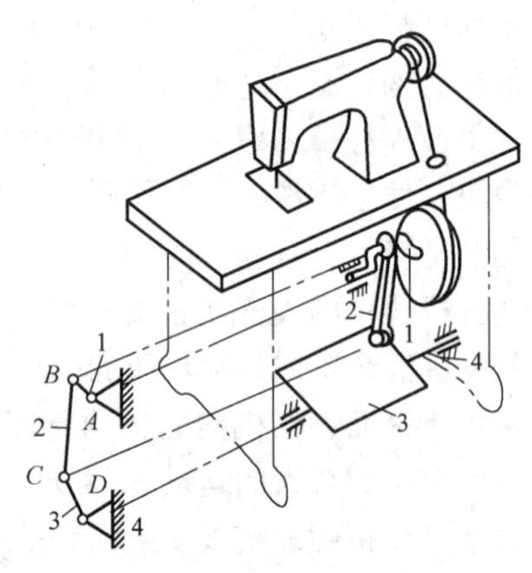

图 3-3　缝纫机踏板机构

2. 双曲柄机构

两连架杆均为曲柄的铰链四杆机构称为双曲柄机构。通常一个曲柄作为原动件且等速转动，另一个曲柄为从动件做变速转动，也可做等速转动。

图 3-4 所示惯性筛机构中，当原动件 AB 做等速转动时，从动曲柄 CD 做变速转动，使筛子 6 具有较大变化的加速度，从而筛分物料颗粒。

在双曲柄机构中，用得比较多的是平行双曲柄机构，或称平行四边形机构。此机构中两曲柄的长度相等，连杆与机架的长度也相等，组成一个平行四边形。在机构运动的过程中，当曲柄与连杆共线时，机构将会出现四个铰链中心处于同一直线上的情况，如图 3-5 所示，此时机构的位置是 AB_1C_1D。当主动曲柄 AB 转到 AB_1 之后再继续转动到 AB_2 时，机构可能处于 AB_2C_2D 的位置，从动曲柄 CD 做同向转动；也可能处于 $AB_2C_2'D$ 的位置，从动曲柄 CD 做反向转动。具体处于哪一个位置，取决于机构的运动和受力的情况，也有可能由一些不确

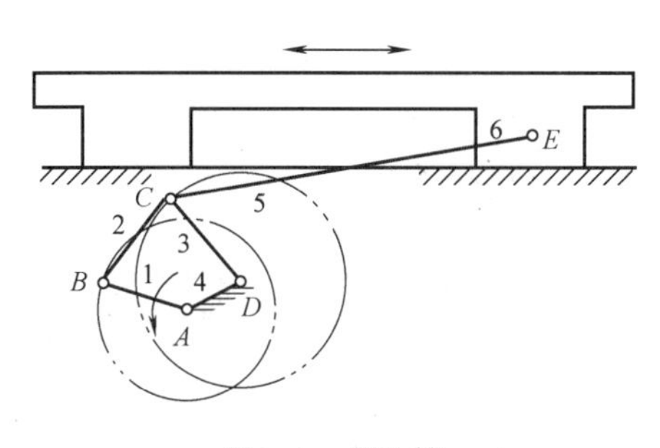

图 3-4　惯性筛

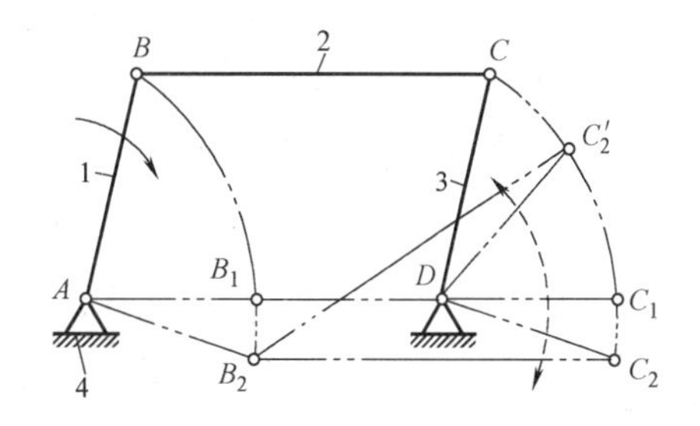

图 3-5　机构运动的不确定状态

定的因素决定。在 AB_1C_1D 的位置上，机构的运动出现了不确定的状态。

为了消除平行四边形机构的这种运动不确定的状态，保证机构具有确定的运动，在工程上可以采取以下措施：

1）增加从动件的质量或在从动件上加装飞轮，以增大惯性。

2）在机构中添加附加构件，以增加虚约束。图 2-22 所示的机车车轮联动机构就是平行四边形机构。当主动曲柄 CD 以等角速度做等速转动时，从动曲柄 AB 也以相同的角速度沿同一方向做同向运动，连杆 BC 则做平动。在该机构中，平行连接的附加构件 EF 带来了一个虚约束，这使得机车的各个车轮具有相同的速度，保证了机车平稳运行。

3）采用错位排列的两个机构联动，如图 3-6 所示。当上面一组平行四边形机构转到 $AB'C'D$ 共线位置时，下面一组平行四边形机构 $AB'_1C'_1D$ 却处于正常位置，故机构仍能保持确定运动。

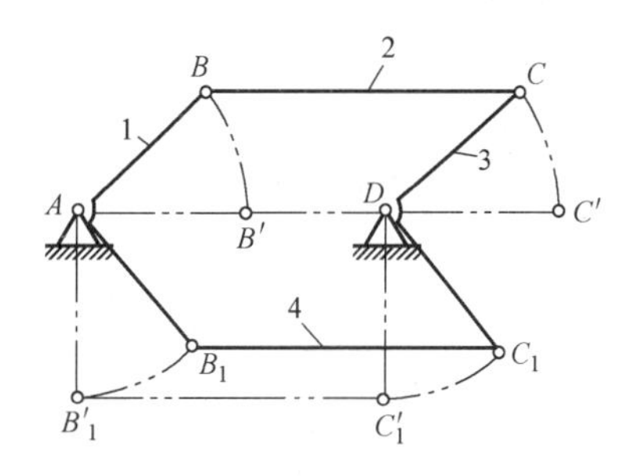

图 3-6　错位排列机构

3. 双摇杆机构

若铰链四杆机构两个连架杆均为摇杆，则称为双摇杆机构。机构的两个摇杆一个为原动件，另一个为从动件。因为摇杆做摆角小于 180°的往复摆动，故其工作时所需要的空间尺寸较小。如图 3-7 所示的起重机中四杆机构 $ABCD$ 即组成了双摇杆机构。主动件 AB 摆动时带动从动摇杆 CD 摆动，位于 CB 延长线上的重物悬挂点 E 做近似的水平直线运动，从而避免了重物因不必要的升降而发生的事故，同时可以减少功率的损耗。

两摇杆的长度相等的双摇杆机构称为等腰梯形机构。如图 3-8 所示汽车前轮的转向机构，与前轮轴固连的两个摇杆 AB 和 CD 在摆动时，其摆角 β 小于 δ。当汽车转弯时，汽车的两个前轮轴线相交，且其交点近似落在后轮轴线延长线上的某一点 P，则当整个车身绕 P 点转动时，汽车的四个车轮都能在地面上近似于纯滚动，以保证汽车转弯平稳，从而减少轮胎因滑动而造成的磨损。等腰梯形机构仅能近似地满足此要求。

3.1.3　铰链四杆机构的演化

由于运动、受力状况及结构设计上的需要，上述三种形式明显满足不了要求。实际机器中还广泛应用着各种其他形式的四杆机构，它们是由铰链四杆机构经过不同的演化而形成的。

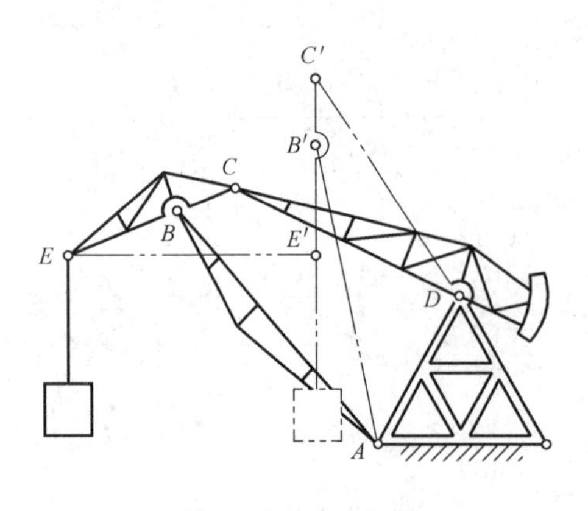

图 3-7 起重机机构

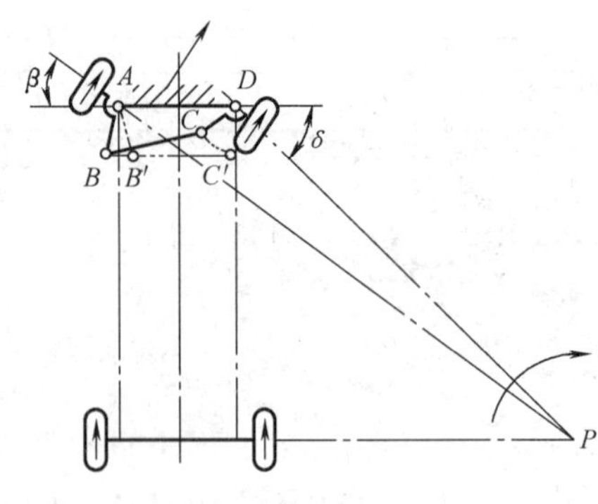

图 3-8 汽车前轮转向机构

1. 含有一个移动副的四杆机构

（1）曲柄滑块机构 图 3-9a 所示的曲柄摇杆机构中，在摇杆 CD 上，铰链中心 C 点的运动轨迹是以 D 为圆心、CD 为半径的圆弧 mm，摇杆 CD 为杆状构件。当摇杆 CD 的长度 l_3 增至无穷大时，则铰链 C 点的运动轨迹 mm 变成直线，如图 3-9b 所示。摇杆变为做直线运动的块状构件，称为滑块；摇杆与机架之间的转动副 D 变为滑块与导杆之间的移动副，曲柄摇杆机构则演化为图 3-9c 所示的曲柄滑块机构。

在曲柄滑块机构中，滑块在两个极限位置之间的距离称为滑块的行程，用 H 来表示。曲柄的转动中心 A 与滑块上铰链 C 点的运动轨迹 mm 的距离称为偏心距 e，若 $e=0$，则称为对心曲柄滑块机构，如图 3-9c 所示；若 $e\neq0$，则称为偏置曲柄滑块机构，如图 3-9d 所示。

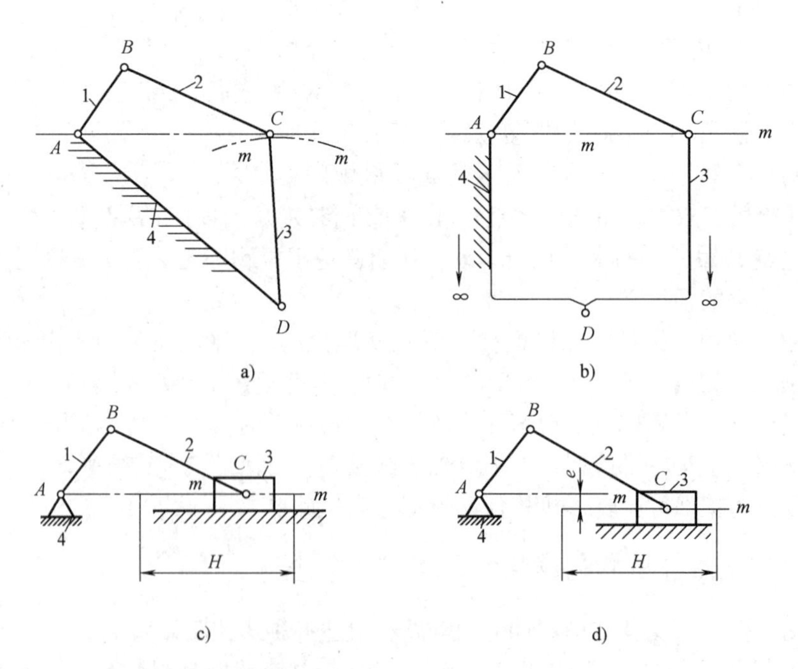

图 3-9 曲柄摇杆机构演化为曲柄滑块机构

曲柄滑块机构广泛应用在各种机械中，如内燃机、空气压缩机、压力机和剪床等。

在图 3-10 所示的对心曲柄滑块机构中（$e=0$），曲柄 1 为主动件，构件 4 为机架，各个构件之间具有不同的相对运动。因此，选取不同的构件作为机架，同样也可得到不同的机构。这些机构都可以看成是通过改变曲柄滑块机构中的机架演化而来的。

（2）导杆机构　如果选取图 3-10 中的构件 1 作为机架，构件 2 为曲柄，则可得到图 3-11所示的导杆机构。通常曲柄为主动件，构件 4 称为导杆，滑块 3 相对导杆移动并一起绕 *A* 点转动或摆动。根据曲柄与机架的长度 l_2、l_1 的关系不同，导杆机构又可分为两类：当 $l_1<l_2$时，导杆 4 也能做整周转动，称为转动导杆机构，如图 3-11a 所示；当 $l_1>l_2$时，导杆 4 只能做往复摆动，称为摆动导杆机构，如图 3-11b 所示。

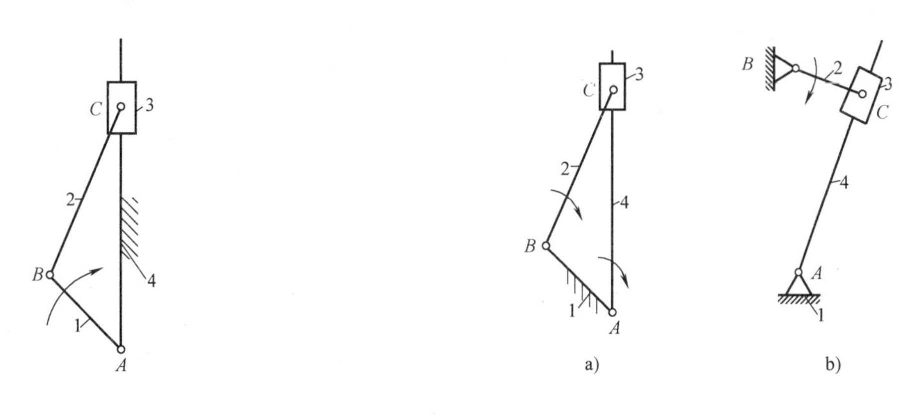

图 3-10　对心曲柄滑块机构　　图 3-11　导杆机构

导杆机构常用于牛头刨床、插床和回转式油泵等机械之中。

（3）摇块机构　如果选取图 3-10 中的构件 2 作为机架，滑块只能绕 *C* 点摆动，则可得到图 3-12a 所示的摇块机构。这种机构广泛用于摆缸式气动或液动机构中。在图 3-12b 所示的自卸货车的卸料机中，液压缸 3 中的液压油驱动活塞杆 4 移动时，带动车厢 1 绕转动副中心 *B* 翻转。当达到一定的角度时，货物自动卸下。

（4）定块机构　如果将图 3-12 中的滑块作为机架，则可得到图 3-13a 所示的定块机构。图 3-13b 所示的抽水唧筒中采用的就是这种机构。

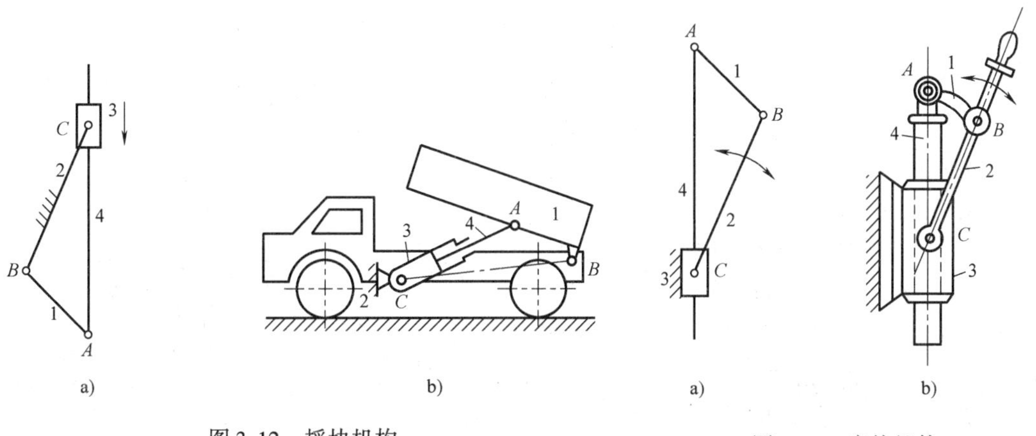

图 3-12　摇块机构　　图 3-13　定块机构

3 PROJECT

2. 含有两个移动副的四杆机构

除了用一个移动副取代一个转动副外，还可以将图 3-1 中的两个转动副同时转化为移动副，然后通过取不同构件为机架的方法获得不同形式含两个移动副的四杆机构。

1）两个移动副不相邻，如图 3-14 所示。这种机构从动件 3 的位移与原动件转角的正切成正比，故称为正切机构。

2）两个移动副相邻，且其中一个移动副与机架相关联，如图 3-15 所示。这种机构从动件 3 的位移与原动件转角的正弦成正比，故称为正弦机构。这两种机构常见于计算装置之中。

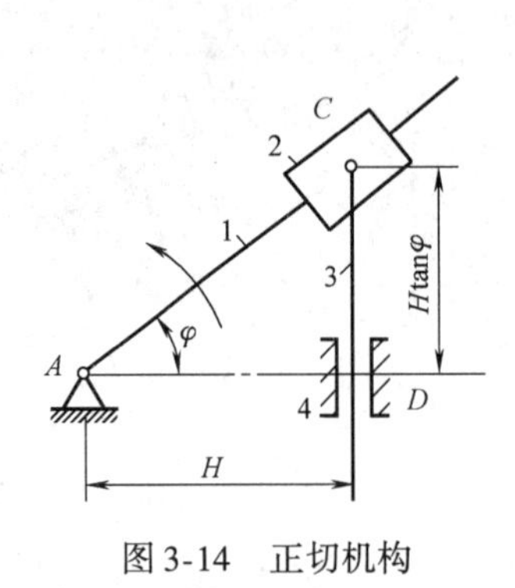

图 3-14　正切机构

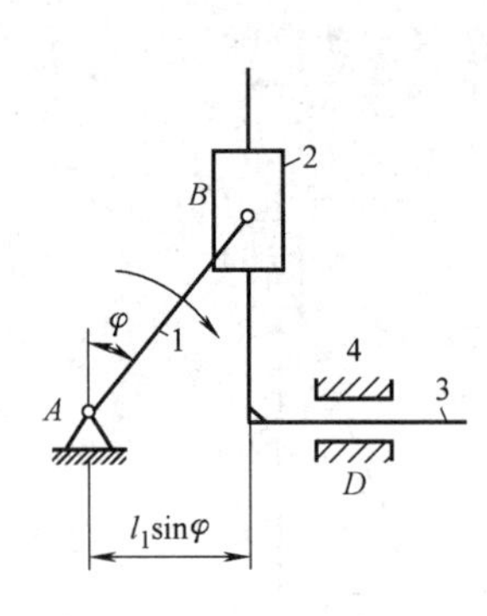

图 3-15　正弦机构

3）两个移动副相邻，且均不与机架相关联，如图 3-16a 所示。这种机构的主动件 1 与从动件 3 具有相等的角速度。图 3-16b 所示滑块联轴器就是这种机构的应用实例，它可用来连接中心线不重合的两根轴。

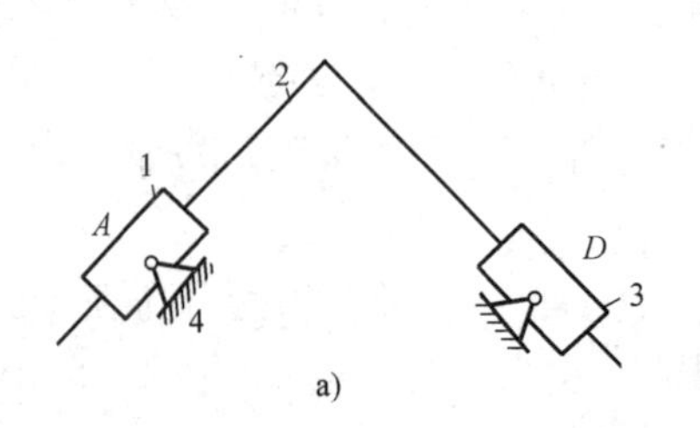

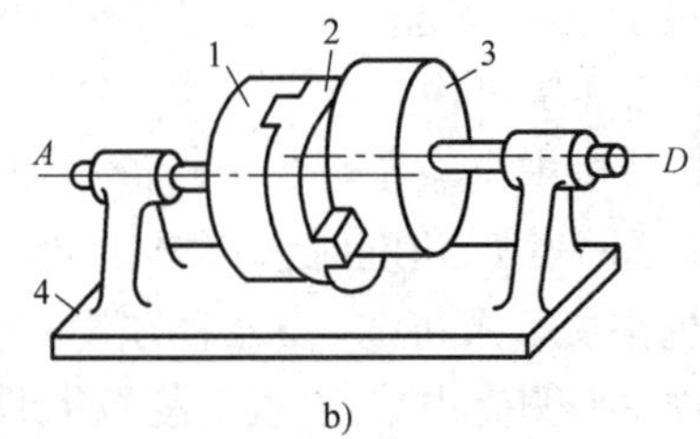

图 3-16　滑块联轴器

4）两个移动副都与机架相关联。图 3-17 所示椭圆仪就用到这种机构。当滑块 1 和 3 沿机架的十字槽滑动时，连杆 2 上的各点便描绘出长、短径不同的椭圆。

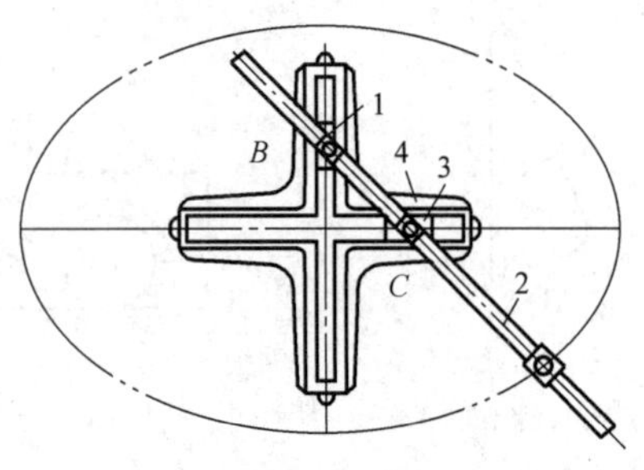

图 3-17　椭圆仪

3. 扩大转动副

图 3-18a 所示偏心轮机构可以看成是由曲柄滑块机构通过扩大转动副演化而来的。

该机构由偏心轮 1、连杆 2、滑块 3 和机架 4 组成。当图 3-18b 所示曲柄滑块机构中曲柄的尺寸较小且机构传递动力较大时，使得曲柄强度难以保证，通常把杆状的曲柄做成圆盘，这个圆盘的几何中心为 B，而其转动

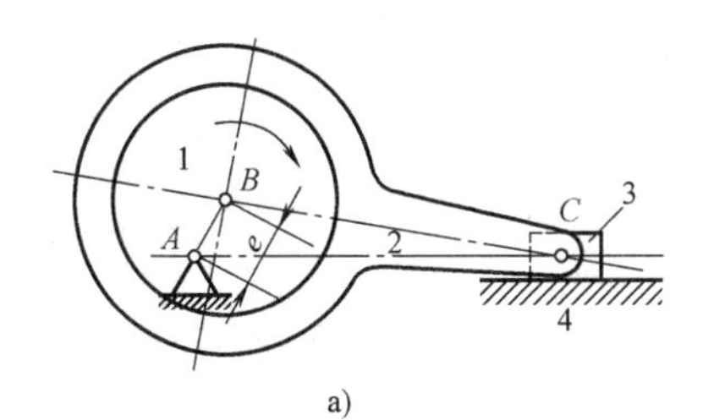

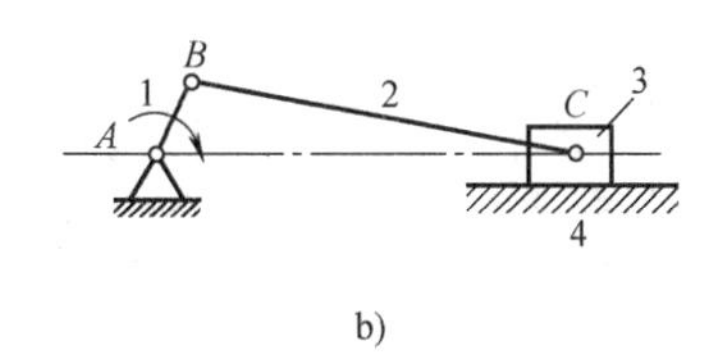

图 3-18　偏心轮机构

中心为 A，两者并不重合，所以该圆盘称为偏心轮。两个中心之间的距离称为偏心距，用 e 表示。偏心距 e 就是曲柄的长度。

偏心轮机构广泛应用于剪床、压力机、颚式破碎机等载荷很大、行程很小的机械之中。

除上述介绍的各种四杆机构的转化形式以外，生产中还有一些多杆机构，都可以看成是由若干个四杆机构组合扩展形成的。

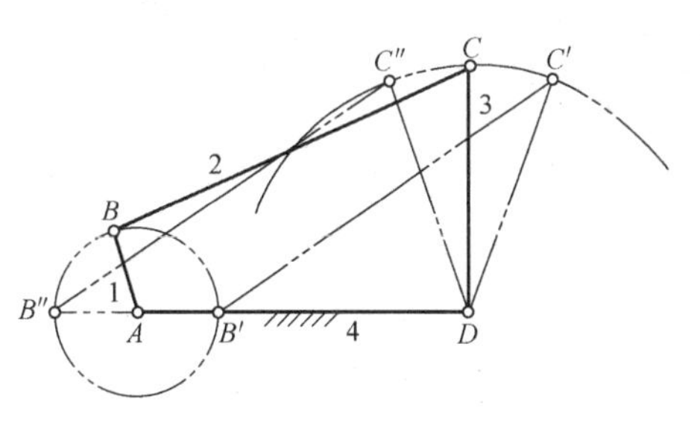

图 3-19　曲柄摇杆机构

3.2　平面四杆机构曲柄存在的条件

由上述可知，铰链四杆机构有三种基本形式，其区别在于连架杆是否为曲柄。而机构中是否存在曲柄，则取决于各个构件的相对尺寸关系以及机架的位置。

图 3-19 所示为曲柄摇杆机构 $ABCD$。在机构中，存在一个曲柄 AB，构件 BC 为连杆，连架杆 CD 为摇杆，构件 AD 为机架，各个构件的长度分别为 l_1、l_2、l_3和 l_4，并取 $l_1 < l_4$。

为了保证杆 1 相对于杆 4 能绕铰链 A 做整周转动，杆 1 必须能够顺利地通过与杆 4 共线的两个位置 AB'和 AB''。当杆 1 处于 AB'的位置时，曲柄与机架重叠共线，构成△$B'C'D$。在这个三角形中，根据任意两边之和必大于或等于第三边的定理，可得到以下的关系式：

$$l_3 + (l_4 - l_1) \geqslant l_2 \quad 或 \quad l_3 + l_4 \geqslant l_1 + l_2 \tag{3-1}$$

$$l_2 + (l_4 - l_1) \geqslant l_3 \quad 或 \quad l_2 + l_4 \geqslant l_1 + l_3 \tag{3-2}$$

当杆 1 处于 AB''的位置时，构成△$B''C''D$。同理可写出以下的关系式：

$$l_2 + l_3 \geqslant l_4 + l_1 \tag{3-3}$$

把式（3-1）、式（3-2）和式（3-3）分别两两相加，经整理后可得

$$l_1 \leqslant l_2 \tag{3-4}$$

$$l_1 \leqslant l_3 \tag{3-5}$$

$$l_1 \leqslant l_4 \tag{3-6}$$

上述关系式说明，铰链四杆机构中相邻两杆件形成整转副的条件是：

1）组成整转副的两杆中必定有一杆为四杆中的最短杆。

2）四杆中最短杆与最长杆长度之和小于或等于其余两杆长度之和。

因为曲柄必须是连架杆，所以通过上述分析可知，机构中要想有曲柄存在，除了满足上述条件 1）、2）以外，还必须满足：以最短杆或最短杆的任一相邻杆为机架这一条件。

3 PROJECT

当满足整转副存在的条件时，在四杆机构中：

1）取最短杆为机架时，得到双曲柄机构。

2）取最短杆的邻边为机架时，得到曲柄摇杆机构。

3）取最短杆的对边为机架时，得到双摇杆机构。

如果铰链四杆机构中各杆长度不满足曲柄存在的条件，无论以何杆作为机架，该四杆机构均为双摇杆机构。

应用上述类似的方法，可得到含有一个移动副的四杆机构的曲柄存在条件。

在图 3-9d 所示的偏置曲柄滑块机构中，构件 AB、BC 的长度分别为 l_1、l_2。构件 AB 为曲柄的条件是 l_1 为最短构件，且存在如下的关系式：

$$l_1 + e \leqslant l_2 \tag{3-7}$$

从式（3-7）可知，当偏心距 $e = 0$ 时，构件 AB 为曲柄的条件是曲柄的长度 l_1 应小于连杆的长度 l_2，这就是对心曲柄滑块机构的曲柄存在条件。

3.3 平面四杆机构的基本工作特性

3.3.1 急回运动

图 3-20 所示的曲柄摇杆机构中，设曲柄 AB 为主动件，以角速度 ω 做顺时针转动，摇杆 CD 为从动件，并做往复摆动。

在曲柄 AB 转动一周的过程中，与连杆 BC 有两次共线。当曲柄转到与连杆拉直共线位置 AB_2 时，铰链中心 A 与 C 之间的距离达到最长 AC_2，摇杆 CD 处于右极限位置 C_2D；而当曲柄与连杆拉直共线位于 AB_1 时，铰链中心 A 与 C 之间的距离达到最短 AC_1，摇杆 CD 位于左极限位置 C_1D。

摇杆在两个极限位置 C_1D 和 C_2D 之间所夹的角称为摇杆的摆角，用 φ 表示；与摇杆的两个极限位置相对应的曲柄位置所在直线之间所夹的锐角，称为极位夹角，用 θ 表示。

在图 3-20 中，当曲柄 AB 以等角速度 ω 由重叠共线位置 AB_1 顺时针转到拉直共线位置 AB_2 时，曲柄所转过的角度为 $\varphi_1 = 180° + \theta$。此时摇杆由左极限位置 C_1D 顺时针运动到右极限位置 C_2D，摇杆摆过的角度为 φ。设这一过程所用的时间为 t_1，则铰链 C 的平均速度为 $v_1 = \overset{\frown}{C_1C_2}/t_1$。当曲柄按顺时针继续转动，从位置 AB_2 转到位置 AB_1 时，其所对应的转角为 $\varphi_2 = 180° - \theta$。摇杆则由位置 C_2D 回到位置 C_1D，其摆过的角度仍然是 φ。设这一过程所用的时间为 t_2，则铰链 C 在这一过程的平均速度为 $v_2 = \overset{\frown}{C_2C_1}/t_2$。

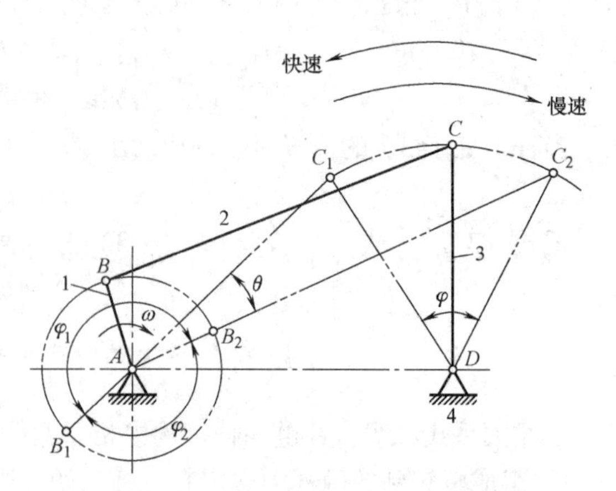

图 3-20 曲柄摇杆机构的急回特性

虽然摇杆来回摆动的摆角相同，但所对应的曲柄转角不等，即 $\varphi_2 < \varphi_1$。当曲柄等速转

动时，所对应的时间也不等，即 $t_2 < t_1$。显然，摇杆往返行程摆动的平均速度不等，即

$$v_2 = \frac{\overset{\frown}{C_2C_1}}{t_2} > v_1 = \frac{\overset{\frown}{C_2C_1}}{t_1}$$

由此可知，当主动件曲柄做等速转动时，从动件摇杆往复摆动的平均速度不同，一快一慢，机构的这种运动特性称为急回特性。

通常用摇杆快慢行程的平均速度 v_2、v_1 的比值 K 来表示机构急回运动的相对程度，K 称为行程速度变化系数，即

$$K = \frac{v_2}{v_1} = \frac{\overset{\frown}{C_2C_1}/t_2}{\overset{\frown}{C_1C_2}/t_1} = \frac{t_1}{t_2} = \frac{\varphi_1}{\varphi_2} = \frac{180° + \theta}{180° - \theta} \tag{3-8}$$

式（3-8）表明，行程速度变化系数 K 与极位夹角 θ 有关。当 $\theta = 0°$时，$K = 1$，这表明机构没有急回运动。一般情况下，当 $\theta > 0°$时，由式（3-8）可知 $K > 1$，说明机构具有急回特性。θ 越大，K 值就越大，急回特性也越显著，但是机构的传动平稳性也会下降。通常取 $K = 1.2 \sim 2.0$。图 3-21a 所示的偏置曲柄滑块机构，由于 $\theta > 0°$，故有急回特性，而图 3-21b 中的对心曲柄滑块机构中，$\theta = 0°$，所以无急回特性；同理，图 3-22 所示的导杆机构因 $\theta > 0°$，所以也具有急回特性。

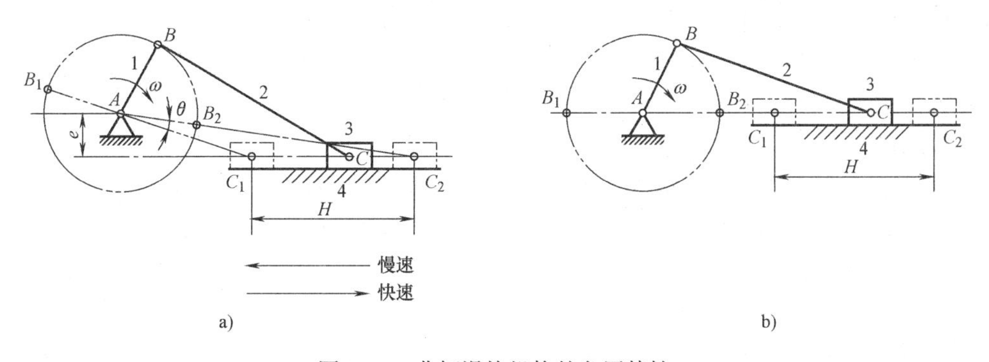

图 3-21　曲柄滑块机构的急回特性

由式（3-8）可得，机构极位夹角 θ 的计算公式可由下式得到

$$\theta = 180° \times \frac{K-1}{K+1} \tag{3-9}$$

在工程实际中，为了提高生产率，应将机构的工作行程安排在摇杆平均速度较低的行程，而将机构的空回行程安排在摇杆平均速度较高的行程，如牛头刨床、往复式运输机等机械就是利用机构的急回特性来提高生产率的。

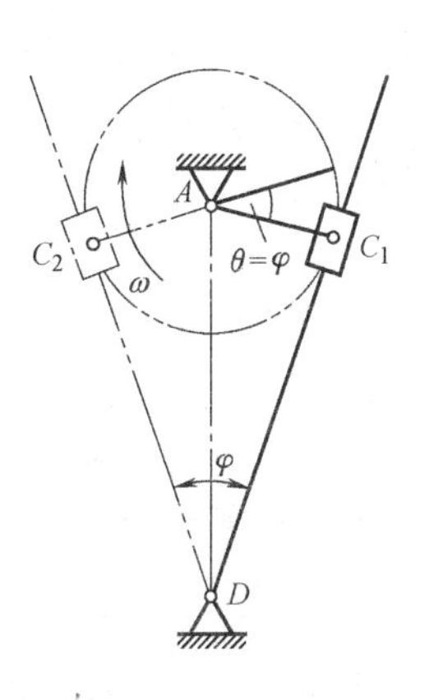

图 3-22　导杆机构的极位夹角

3.3.2　压力角和传动角

1. 压力角

在生产中，不仅要考虑平面连杆机构的运动要求，实现预定的运动规律或运动轨迹，还必须考虑机构的传力性能，使机构运转轻便，具有较高的传动效率。在图 3-23 所示的曲柄摇杆机构中，

若不考虑各个构件的质量和运动副中的摩擦力，则连杆 BC 为二力构件，主动曲柄通过连杆作用在摇杆上铰链 C 处的驱动力F 沿 BC 方向。力F 的作用线与力作用点 C 处的绝对速度 v_C 之间所夹的锐角称为压力角，用 α 表示。

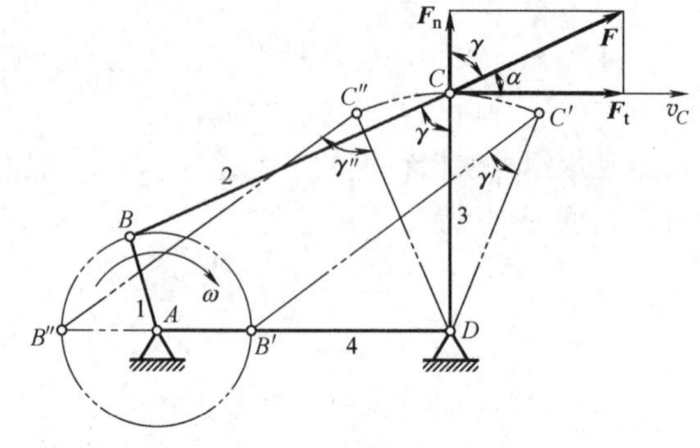

图 3-23　曲柄摇杆机构的压力角和传动角

由图 3-23 可见，力F 可分解为两个相互垂直的分力，即沿 C 点速度 v_C方向的分力F_t和沿摇杆 CD 方向的分力F_n，其中分力 $F_t = F\cos\alpha$ 是推动摇杆 CD 运动的有效分力，它能够做有用功；而分力 $F_n = F\sin\alpha$ 只能增加运动副中的约束反力，因此是有害分力。显然，压力角 α 越小，有效分力越大，有害分力就越小，这样对机构的传动越有利，传动效率越高。

在机构的运动过程中，压力角是随着机构位置的改变而变化的。压力角 α 越小，机构的传力性能就越好。因此，压力角是反映机构传力性能的一个重要指标。

2. 传动角

通常把压力角的余角 γ（$\gamma = 90° - \alpha$）称为传动角。如图 3-23 所示，传动角 γ 就是连杆与摇杆之间所夹的锐角，观察和测量起来都比较方便。因此在工程上常用传动角 γ 的大小来衡量机构的传力性能。显然压力角 α 越小，传动角 γ 越大，机构的传力性能就越好。反之，机构的传动效率越低。

在机构的运动过程中，传动角同样也是随着机构的位置不同而变化的。为了保证机构的正常工作，具有良好的传力性能，一般要求机构的最小传动角 γ_{min}大于或等于其许用传动角 $[\gamma]$，即

$$\gamma_{min} \geq [\gamma] \tag{3-10}$$

对于一般机械，通常取许用传动角 $[\gamma] \geq 40°$；对于高速和大功率的机械，应使 $[\gamma] \geq 50°$；对于小功率的控制机构和仪表，许用传动角 $[\gamma]$ 可略小于 40°

为便于检验，必须要确定最小传动角 γ_{min}出现的位置。研究表明，对于图 3-23 所示的曲柄摇杆机构来说，在机构的运动过程中，最小传动角 γ_{min}出现在曲柄与机架分别重叠共线和拉直共线的位置 $AB'C'D$ 和 $AB''C''D$ 之一，这两个位置的传动角分别为 γ' 和 γ''。比较这两个位置的传动角 γ'和 γ''，其中较小的一个为该机构的最小传动角 γ_{min}，即

$$\gamma_{min} = \min[\gamma', \gamma''] \tag{3-11}$$

对于曲柄滑块机构，当曲柄为主动件时，其最小传动角的位置出现在曲柄与机架垂直的位置上，如图 3-24 所示。

在摆动导杆机构中，当曲柄为主动件时（图 3-25），不管在任何位置上，滑块 2 对导杆 3 的作用力 F 的方向始终与导杆上 C 点的速度方向一致，垂直于导杆，故传动角 γ 始终等于 90°。所以导杆机构具有良好的传力性能。

3.3.3　死点位置

图 3-26 所示的曲柄摇杆机构中，以摇杆 CD 为主动件，当其处于两个极限位置 C_1D 和

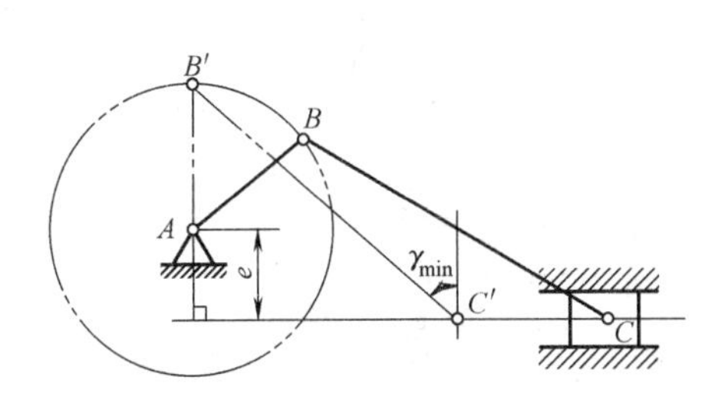

图 3-24 曲柄滑块机构的最小传动角

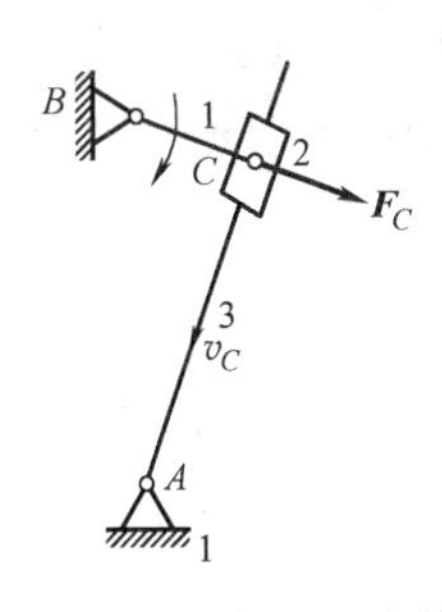

图 3-25 导杆机构的最小传动角

C_2D 时，连杆 BC 与曲柄 AB 两次共线。在共线位置上，连杆 BC 传给从动曲柄 AB 的驱动力通过曲柄的转动中心 A，因此传动角 $\gamma=0°$，有效驱动力矩为零，此时，无论连杆 BC 对曲柄 AB 的作用力有多大，都不能使曲柄 AB 转动，机构处于静止状态。同时，曲柄 AB 的转向也不能确定。机构的这种位置称为机构的死点位置。图 3-26 中双点画线所示的位置即为死点位置。

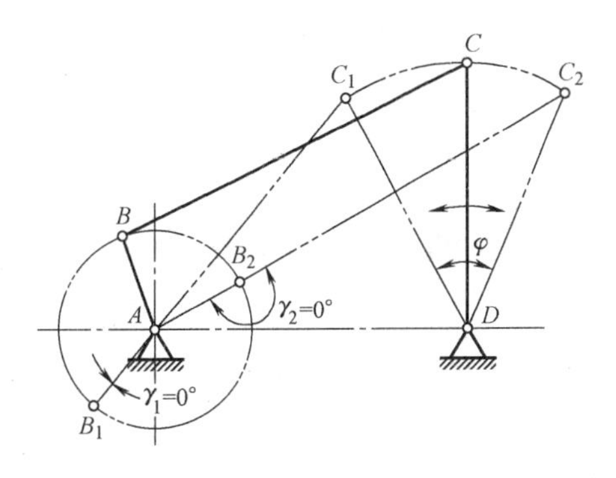

图 3-26 死点的位置

死点位置会使机构的从动件出现卡死或运动不确定的现象，对传动机构是不利的。工程上常利用惯性或对从动曲柄施加外力，使机构能够顺利地通过死点位置。

例如图 3-27 所示的缝纫机脚踏板机构，就是借助于安装在机头主轴上的小带轮的惯性作用，使机构的曲柄冲过死点位置的。

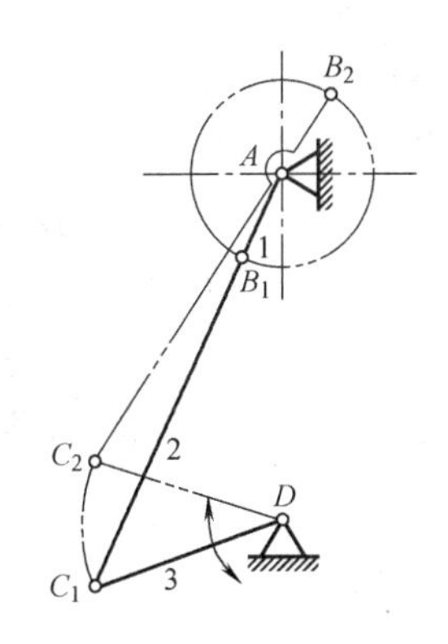

图 3-27 缝纫机脚踏板机构

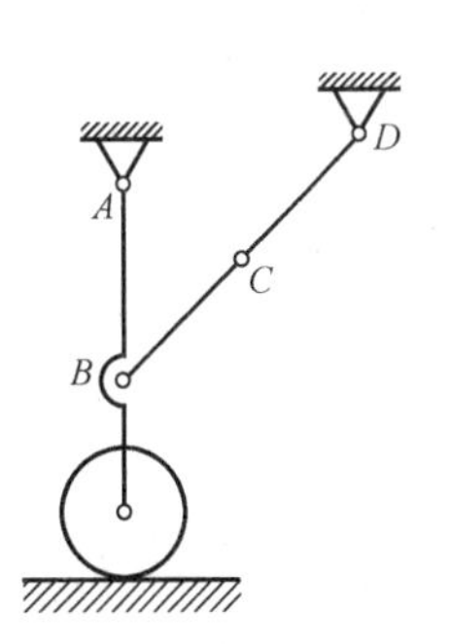

图 3-28 飞机的起落架机构

在工程实际中，很多场合利用机构的死点位置来实现某些特定的工作要求。图 3-28 所示为飞机的起落架机构。当飞机准备着陆时，机轮被放下，此时 BC 杆与 CD 杆共线，机构处于死点位置。当飞机着陆时，机轮能够承受来自地面的巨大冲击力，保证 CD 杆不被转动，使得飞机的降落安全可靠。

利用机构死点位置的实例很多，如折叠座椅以及图 3-29 所示的夹具夹紧机构等。图 3-29a所示连杆 BC 与连架杆 CD 成一直线，机构位于死点位置，构件连架杆 1 的左端将工件 2 夹紧，并且在撤去夹紧压力 F 后，无论工件上的反弹力 F_N 多大，都不能使机构运动，以确保在钻削加工时工件不会松动；需要放松工件时，只要在连杆 3 上的手柄处加上一个与图 a 中力 F 相反方向的外力，就可使机构脱离死点位置，从而放松工件，如图 3-29b 所示。

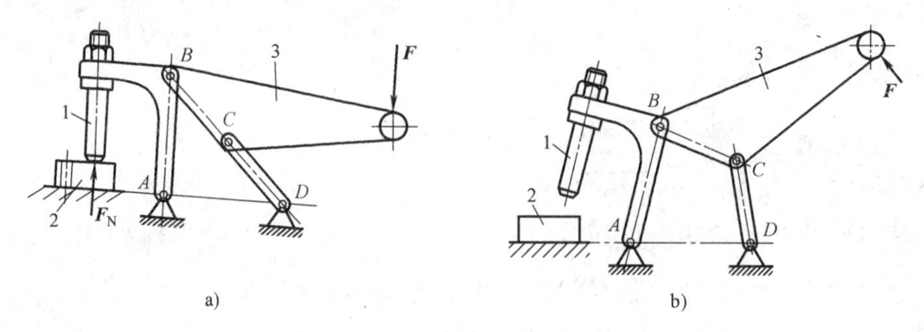

图 3-29　夹具夹紧机构

3.4　平面四杆机构的设计简介

3.4.1　平面四杆机构设计的基本问题

平面四杆机构的运动设计是指根据给定的运动条件，确定机构中各个构件的尺寸及各构件间的相对位置。有时还需要考虑机构的一些附加的几何条件或动力条件，如机构的结构要求、安装要求和最小传动角等，以保证机构设计得可靠、合理。

在实际生产中，对机构的设计要求是多种多样的，给定的条件也各不相同。归纳起来，设计的类型一般可以分为两类：一类是按照给定的运动规律设计，称为位置设计；另一类是按照给定的运动轨迹设计，称为轨迹设计。

平面四杆机构的设计方法有解析法、图解法和实验法。

图解法是根据设计要求找出机构运动的几何尺寸之间的关系，然后按比例作图并确定出机构的运动尺寸。这种方法比较直观，但由于作图过程会有一定的误差，因此精度不高。解析法是根据已知的机构结构参数与各构件运动参数间的函数关系，从而按给定条件来求解未知的结构参数。其设计的结果比较准确，能够解决复杂的设计问题，但计算过程比较烦琐，适宜采用计算机辅助设计。而实验法是利用一些简单的工具，按所给的运动要求来试找所需机构的运动尺寸。这种方法比较简便，但精度较低。

本章只介绍用图解法设计平面四杆机构的过程。

3.4.2　按给定的行程速度变化系数 K 设计四杆机构

在设计具有急回特性的平面四杆机构时，通常按照实际的工作需要，先确定行程速度变化系数 K 的数值，并按式（3-9）计算出极位夹角 θ，然后利用机构在极限位置时的几何关系，再结合其他有关的附加条件进行四杆机构的设计，从而求出机构中各个构件的尺寸参数。

如图 3-30 所示，已知摇杆 CD 的长度 l_3、摆角 φ 和行程速度变化系数 K，试设计该曲柄摇杆机构。

该设计的实质就是确定曲柄与机架组成的固定铰链中心 A 的位置，并求出机构中其余

三个构件的长度 l_1、l_2和 l_4。

其设计步骤如下：

1）根据给定的行程速度变化系数 K，由式（3-9）计算出极位夹角，即

$$\theta = 180° \times \frac{K-1}{K+1}$$

2）任选固定铰链中心 D 的位置，选取适当的长度比例尺 μ_l，按摇杆长度 l_3和摆角 φ 画出摇杆 CD 的两个极限位置 C_1D 和 C_2D，如图 3-30 所示。

3）连接 C_1 和 C_2 点，并过 C_1 点作直线 C_1M 垂直于 C_1C_2。作$\angle C_1C_2N = 90° - \theta$，$C_2N$ 与 C_1M 相交于 P 点，作 $Rt\triangle PC_1C_2$的外接圆 O。在该外接圆上（除$\overset{\frown}{C_1C_2}$和$\overset{\frown}{EF}$外）任意选取一点作为曲柄的固定铰链中心 A。连接 AC_1 和 AC_2，因同一圆弧上对应的圆周角相等，故 $\angle C_1AC_2 = \angle C_1PC_2 = \theta$。

4）由于在极限位置时，曲柄与连杆共线，所以 $AC_1 = l_2 - l_1$，$AC_2 = l_2 + l_1$，从而可得到曲柄的长度为

$$l_1 = \frac{AC_2 - AC_1}{2}\mu_l \quad l_2 = \frac{AC_2 + AC_1}{2}\mu_l$$

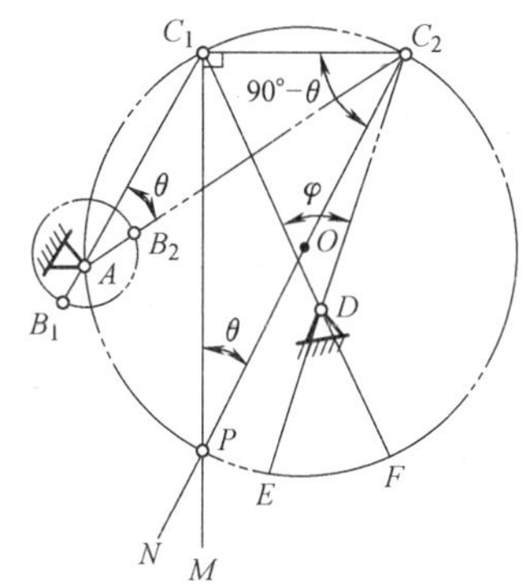

图 3-30　按 K 值设计曲柄摇杆机构

从图 3-30 中量出线段 AC_1、AC_2和 AD 的长度，即可求得 l_1、l_2和 l_4。AB_1C_1D 即为该机构在极限位置时的运动简图。

5）检查机构的传动角是否满足要求，若 γ_{min}偏小，可将 A 点向 C_1或 C_2点靠近重选，直至满足要求。

从上面的作图过程中可以看出，由于 A 点是在圆 O 上（除$\overset{\frown}{C_1C_2}$和$\overset{\frown}{EF}$外）任选的点，因此如果仅按行程速度变化系数 K 来设计，可得无穷多的解。A 点的位置不同，机构传动角的大小以及各个构件的长度也不同。欲使答案唯一，必须附加其他条件。

例 3-1　已知偏置曲柄滑块机构的行程速度变化系数 K、滑块的行程 H 和偏心距 e，试设计此机构。

解　1）根据给定的行程速度变化系数 K，由式（3-9）计算出极位夹角，即

$$\theta = 180° \times \frac{K-1}{K+1}$$

2）选取适当的长度比例尺 μ_l，按滑块的行程 H 画出线段 C_1C_2，得到滑块的两个极限位置 C_1和 C_2，如图 3-31 所示。

3）作$\triangle PC_1C_2$及其外接圆。作图方法同曲柄摇杆机构中的步骤 3）。

4）作 C_1C_2的平行线，与 C_1C_2的距离为偏心距 e，该直线与$\triangle PC_1C_2$的外接圆的交点即为曲柄的转动中心 A。

5）从图 3-31 中量取 C_1A、C_2A 的长度，并由

$$l_{AB} = \frac{AC_2 - AC_1}{2}\mu_l;\ l_{BC} = \frac{AC_2 + AC_1}{2}\mu_l$$

求得曲柄及连杆的尺寸。

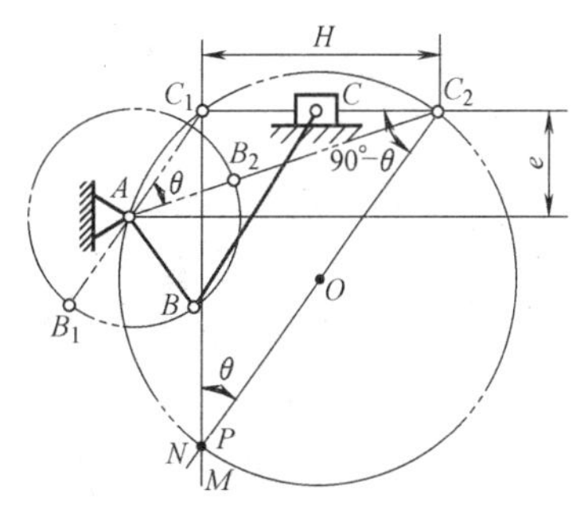

图 3-31　按 K 值设计曲柄滑块机构

因为 A 点是圆 O 上到直线 C_1C_2 距离为 e 的点，所以答案是唯一的。

3.4.3 按给定的连杆位置设计四杆机构

如图 3-32a 所示，若已知铰链四杆机构中连杆 BC 的长度为 l_2，B 和 C 分别是连杆上的两个铰链，给定连杆的三个位置 B_1C_1、B_2C_2 和 B_3C_3，则设计该铰链四杆机构的实质就是确定连架杆与机架组成的固定铰链中心 A 和 D 的位置，并由此求出机构中其余三个构件的长度。

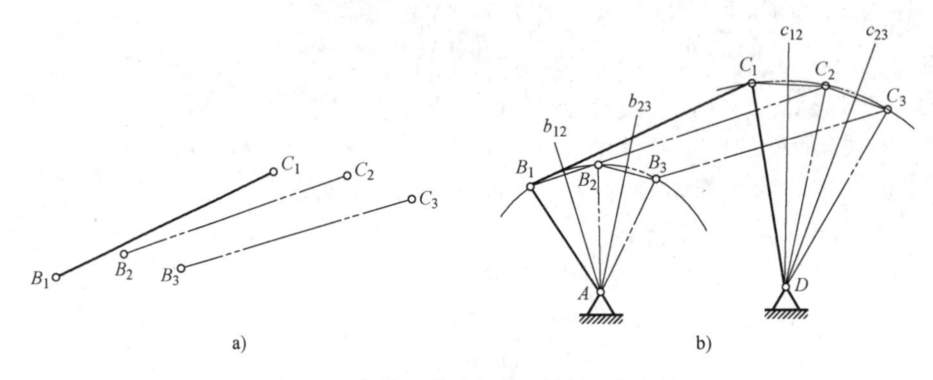

图 3-32 按给定的连杆位置设计四杆机构

由于连杆上的两个铰链中心 B、C 的运动轨迹都是圆弧，它们的圆心就是两固定铰链中心 A 和 D，圆弧的半径分别为两个连架杆的长度 l_1 和 l_3，所以固定铰链中心 A 为 B_1B_2 连线的中垂线 b_{12} 与 B_2B_3 连线的中垂线 b_{23} 的交点。同理，C_1C_2 连线的中垂线 c_{12} 与 C_2C_3 连线的中垂线 c_{23} 的交点就是另一个固定铰链中心 D；连接 AB_1C_1D 即为所设计的铰链四杆机构在第一位置时的运动简图，如图 3-32b 所示。根据作图时所取的长度比例尺 μ_l 以及从图中量取的尺寸，即可确定构件的尺寸 l_1、l_3 和 l_4。

由上述作图可知，给定连杆 BC 的三个位置时只有唯一解。如果只给定连杆的两个位置 B_1C_1、B_2C_2，则点 A 和点 D 可分别在 B_1B_2、C_1C_2 的中垂线 b_{12}、c_{12} 上任选，故可有无穷多个解。在实际设计时，可以考虑某些其他附加条件得到唯一的、确定的解。

3.4.4 按给定两连架杆的对应位置设计四杆机构

已知连架杆 AB 和机架 AD 的长度分别为 l_1 和 l_4，两连架杆的三组对应位置 AB_1、DE_1，AB_2、DE_2，AB_3、DE_3（即对应三组摆角 λ_1、λ_2、λ_3 及 β_1、β_2、β_3），其中 E_1、E_2、E_3 为 DC 杆上任意选取的一点 E 随 DC 转动依次占据的位置，如图 3-33a 所示。要求设计该铰链四杆机构。

设计这种四杆机构，就是要确定连杆 BC 和连架杆 CD 的长度。如果能确定连杆和连架杆相连的转动副 C，问题就可解决。

用图解法解决此类设计问题时，通常将两连架杆的对应位置，转化为给定连杆的位置来处理。如图 3-34a 所示，对已有的铰链四杆机构 AB_1C_1D 进行分析，连架杆 AB_1 顺时针方向转到 AB_2，另一连架杆 DC_1 顺时针方向转到 DC_2。如果把第二个位置上各杆组成的四边形 AB_2C_2D 看作刚体，然后将此刚体绕 D 逆时针方向转动，使 DC_2 转到 DC_1 位置，此时点 A 和

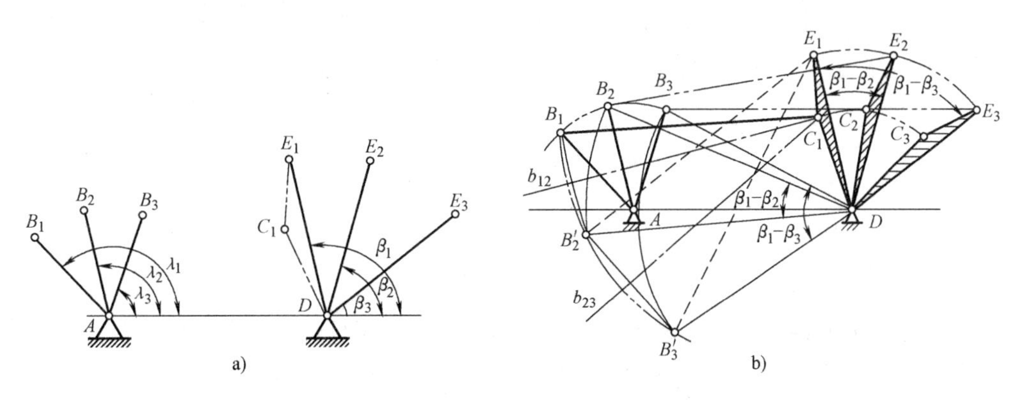

图 3-33　按连架杆对应位置设计平面四杆机构

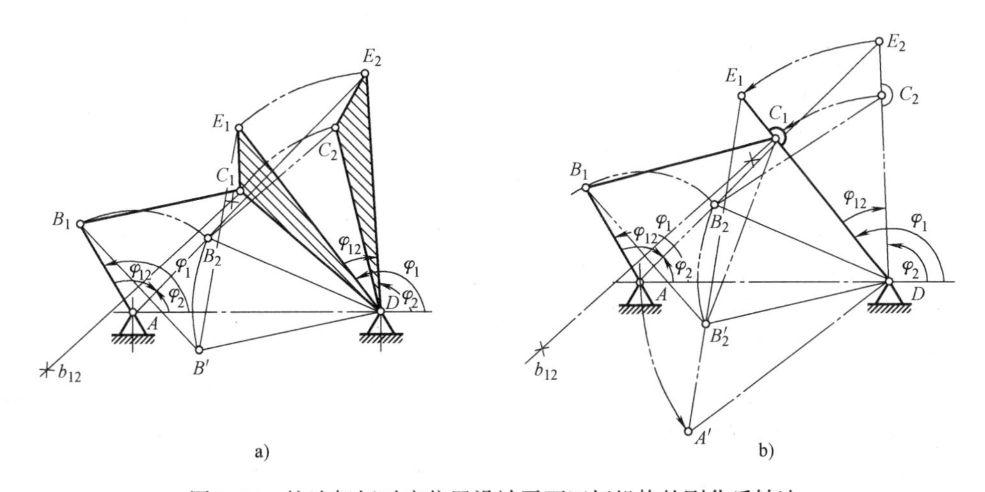

图 3-34　按连架杆对应位置设计平面四杆机构的刚化反转法

B_2分别转至A'和B_2'位置（图 3-34b），这样可认为连架杆DC_1保持不动，另一连架杆由AB_1运动到$A'B_2'$。经过反转后，连架杆DC_1转化为机架，另一连架杆AB_1转化为连杆。这样就把给定两连架杆的对应位置转化为给定连杆的对应位置来设计铰链四杆机构了，则转动副C_1的位置就在B_1、B_2'两点连线的中垂线b_{12}上。这种方法就是“刚化反转法”。

为了便于设计，通常可借助连架杆DC上的E_1、E_2两点。如图 3-34b 所示，将点B_2、E_2、D连成三角形B_2E_2D，将点B_2'、E_1、D连成三角形$B_2'E_1D$，由于机构在反转中被视为刚体，所以两三角形完全相等。因此在设计时只要作出$\triangle B_2'E_1D \cong \triangle B_2E_2D$，即可求出$B_2'$点的位置，进而作出$B_1$、$B_2'$两点连线的中垂线$b_{12}$，其上任意一点都可以作为转动副中心$C_1$。

根据以上的刚化反转法，可将图解法设计此类四杆机构的设计步骤归纳如下：

1）如图 3-33a 所示，选取适当的比例尺μ_l，按给定的条件画出两连架杆的三组对应位置AB_1、DE_1，AB_2、DE_2，AB_3、DE_3，并连接B_2、E_2，B_3、E_3，D、B_2和D、B_3，得两个三角形$\triangle B_2E_2D$和$\triangle B_3E_3D$（图 3-33b）。

2）作三角形$B_2'E_1D$和$B_3'E_1D$，并使$\triangle B_2'E_1D \cong \triangle B_2E_2D$、$\triangle B_3'E_1D \cong \triangle B_3E_3D$，得到$B_2'$和$B_3'$。

3）分别作B_1、B_2'和B_2'、B_3'连线的中垂线b_{12}和b_{23}，两直线的交点C_1便是连杆BC和连

架杆 CD 的铰链点，这样求出的图形 AB_1C_1D 就是要设计的铰链四杆机构。

4）由图上量出尺寸乘以比例尺 μ_l，即可得出连杆 BC 和连架杆 CD 的长度：

$$l_{BC} = \mu_l \overline{B_1C_1}$$

$$l_{CD} = \mu_l \overline{C_1D}$$

小　结

本章介绍了平面四杆机构的基本形式及其演化，平面四杆机构的曲柄存在条件和工作特性以及平面四杆机构的设计。

1. 平面四杆机构的基本类型

按两连架杆是曲柄还是摇杆，分为曲柄摇杆机构、双曲柄机构和双摇杆机构。

2. 曲柄存在的条件及其类型的判别

（1）曲柄存在的条件

1）运动链中最短杆与最长杆之和小于或等于其余两杆长度之和。

2）以最短杆或与其相邻的构件为机架。

（2）类型的判断　如果不满足第一个条件，则该机构中不可能存在曲柄，不论选取哪一个构件为机架，都只能得到双摇杆机构。

如果铰链四杆机构满足第一个条件，则选取不同的构件为机架，可以得到不同形式的铰链四杆机构。取与最短杆相邻的构件为机架时，则连架杆的最短杆为曲柄，而另一个连架杆为摇杆，可得到曲柄摇杆机构；取最短杆为机架时，两个连架杆均为曲柄，可得到双曲柄机构；取与最短杆相对的构件为机架时，得到的是双摇杆机构。

3. 平面四杆机构的运动特性

急回特性和行程速度变化系数

$$K = \frac{180° + \theta}{180° - \theta} > 1$$

4. 平面四杆机构的传力特性

（1）压力角 α 和传动角 γ

$$\gamma = 90° - \alpha$$

压力角越小，传动角越大，机构的传力性能越好。

（2）机构的死点位置　四杆机构中是否存在死点取决于从动件与连杆是否存在共线的位置。

5. 平面四杆机构的图解法设计

1）按给定的行程速度变化系数设计。

2）按给定的连杆位置设计。

3）按给定两连架杆的对应位置设计四杆机构。

6. 本章的重点及难点

重点：平面四杆机构类型的判断，运动特性和传力特性，图解法设计平面四杆机构。

难点：急回特性的判断、死点位置的确定、最小传动角的确定及平面连杆机构的设计。

思考与习题

3-1　铰链四杆机构的基本形式有哪些？它们的主要区别是什么？

3-2　什么是曲柄？铰链四杆机构曲柄存在的条件是什么？

3-3　什么是行程速度变化系数？什么是极位夹角？什么是急回特性？三者之间关系如何？平面连杆机构的死点位置位于何处？

3-4　有一个铰链四杆机构 $ABCD$，已知 $l_{BC}=100$mm，$l_{CD}=70$mm，$l_{AD}=50$mm，AD 为机架，试问：

1）若该机构为曲柄摇杆机构，求 l_{AB} 的取值范围。

2）若该机构为双曲柄机构，求 l_{AB} 的取值范围。

3-5　根据图 3-35 所示的尺寸和机架判断铰链四杆机构的基本形式。

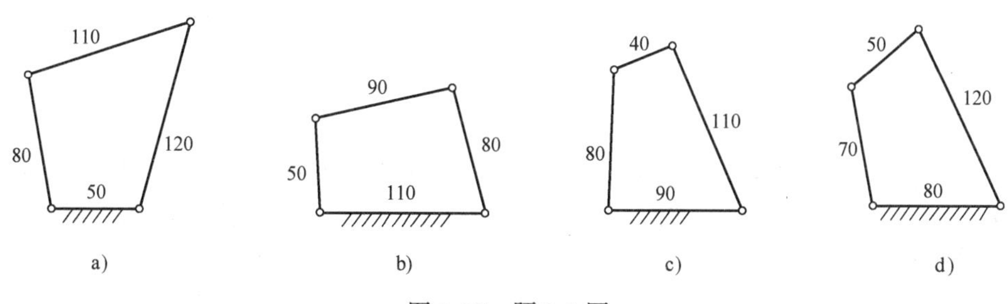

图 3-35　题 3-5 图

3-6　在图 3-36 所示的铰链四杆机构中，已知各个杆的长度分别为 $l_{AB}=20$mm，$l_{BC}=70$mm，$l_{CD}=40$mm，$l_{AD}=60$mm。

1）判断该铰链四杆机构的基本形式。

2）以 AB 为主动件时，画出该机构的传动角、压力角。

3）若以 AB 为主动件，该机构有无急回特性？为什么？

3-7　图 3-37 所示为一曲柄摇杆机构，已知曲柄的长度 $l_{AB}=30$mm，连杆的长度 $l_{BC}=60$mm，摇杆的长度 $l_{CD}=55$mm，机架的长度 $l_{AD}=45$mm。

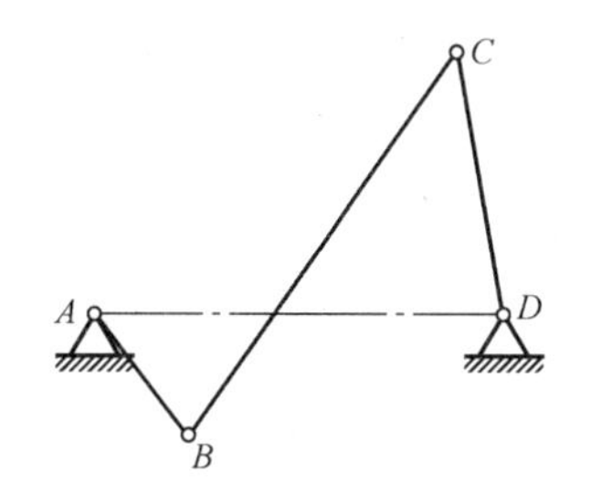

图 3-36　题 3-6 图

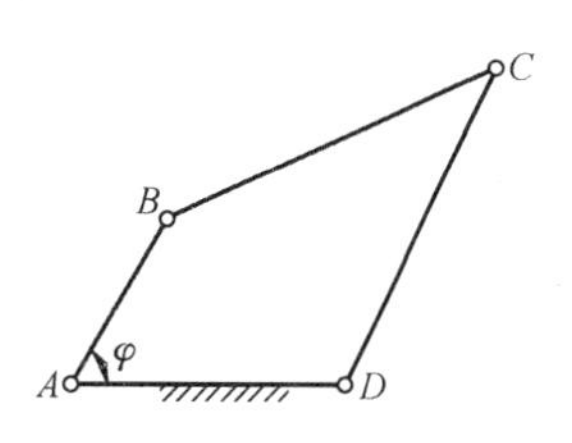

图 3-37　题 3-7 图

1）当曲柄与机架的夹角 $\varphi=110°$ 时，画出机构的位置图。

2）以曲柄为主动件时，画出该机构的压力角。

3）以摇杆为主动件时，画出该机构的死点位置。

3-8　用图解法设计一偏置曲柄滑块机构，已知滑块的行程速度变化系数 $K=1.5$，滑块

的行程 $H=50\text{mm}$，导路的偏心距 $e=20\text{mm}$，如图 3-38 所示，求曲柄 AB 的长度 l_{AB} 和连杆 BC 的长度 l_{BC}。

3-9　图 3-39 所示为缝纫机踏板驱动机构，设两固定铰链间距 $l_{AD}=350\text{mm}$，脚踏板长 $l_{CD}=175\text{mm}$，在驱动时脚踏板做离水平位置上下各 15°摆动，应用图解法设计机构，确定曲柄 AB 和连杆 BC 的长度。

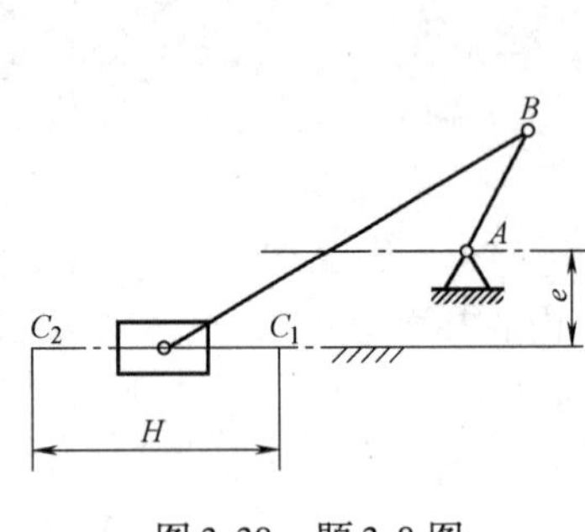

图 3-38　题 3-8 图

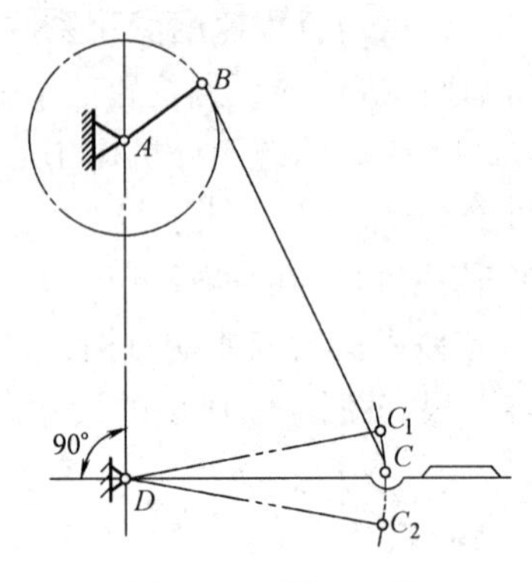

图 3-39　题 3-9 图

3-10　设计一铰链四杆机构作为加热炉炉门的启闭机构。已知炉门上两活动铰链间距离为 50mm，炉门打开后呈水平位置时，要求炉门温度较低的一面朝上（如图 3-40 中双点画线所示）。设固定铰链在 O-O 轴线上，其相关尺寸如图 3-40 所示，求此铰链四杆机构其余三杆的长度。

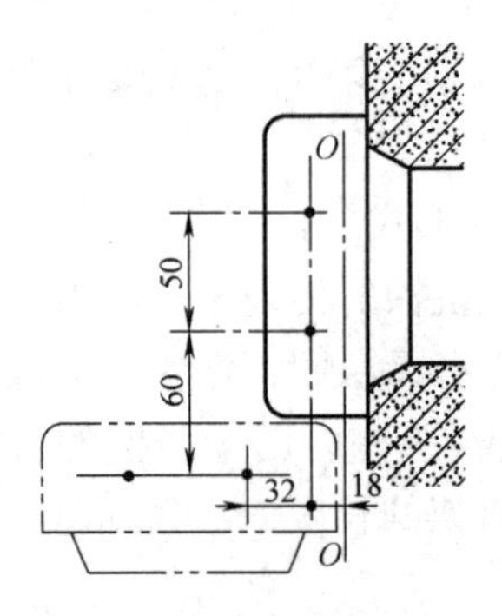

图 3-40　题 3-10 图

第4章 凸轮机构

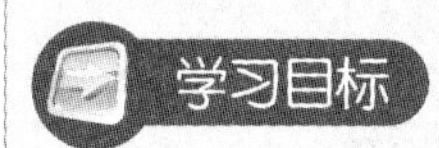

1. 了解凸轮机构的分类及应用。
2. 了解从动件常用的运动规律及从动件运动规律的选择原则。
3. 熟练掌握并灵活运用反转法原理设计盘形凸轮机构。
4. 掌握凸轮机构基本尺寸确定的原则，并根据这些原则，能正确设计和选择凸轮机构各参数。
5. 掌握凸轮机构压力角、基圆半径的工程意义。

4.1 凸轮机构的应用与分类

凸轮机构是在自动化和半自动化机械中应用非常广泛的一种常用机构，由凸轮、从动件和机架三个构件组成。凸轮是一种具有曲线轮廓或凹槽的构件，它与从动件通过高副接触。只要有适当的凸轮轮廓曲线，在运动时就可以使从动件实现连续或不连续的任意预期运动规律。

4.1.1 凸轮机构的应用及特点

图 4-1 所示为内燃机配气凸轮机构。当凸轮 1 做等角速度转动时，它的轮廓通过与从动件阀杆 2 接触，迫使阀杆上下移动，从而实现气门有规律地开启和关闭，进而控制燃气的进入或废气的排出。其中弹簧 3 的作用是使从动件始终保持与凸轮的接触。

图 4-2 所示为自动机床的进给机构。当带有凹槽的凸轮 1 等角速度转动时，凹槽的侧面推动其中的滚子，使从动件扇形齿轮 2 绕 O 点往复摆动，通过扇形齿轮带动固结在刀架上的齿条 3 实现进刀和退刀运动。

图 4-3 所示为靠模车削机构。工件 1 回转时，移动凸轮（靠模板）3 和工件 1 一起往右移动，刀架 2 在靠模板曲线轮廓的推动下做横向移动，从而切削出与靠模板曲线一致的工件。

图 4-4 所示为分度转位机构，蜗杆凸轮 1 转动时推动从动轮 2 做间歇转动，从而完成高速、高精度的分度动作。

凸轮机构的优点是：其结构简单、紧凑，易于设计，只要设计出适当的凸轮轮廓曲线，就可以使从动件获得预定的运动规律，因此在自动机床、轻工机械、纺织机械、食品机械、

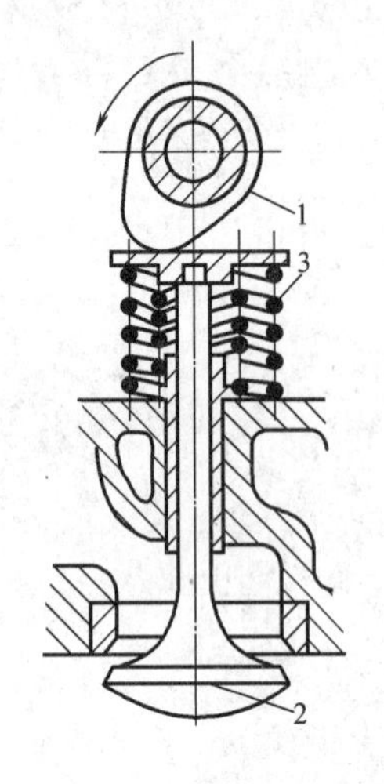

图 4-1 内燃机配气凸轮机构
1—凸轮 2—阀杆 3—弹簧

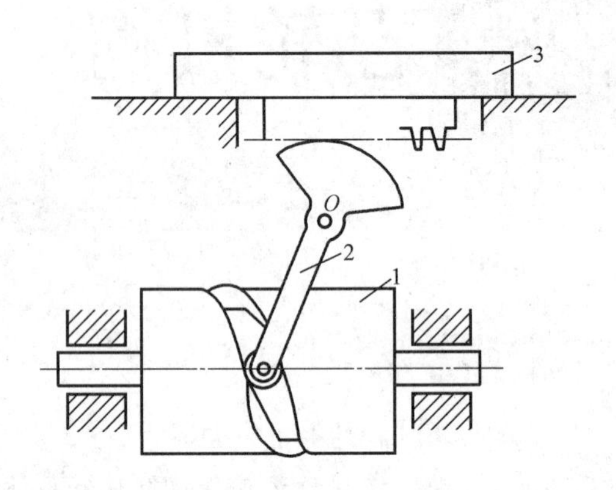

图 4-2 自动机床的进给机构
1—凸轮 2—扇形齿轮 3—齿条

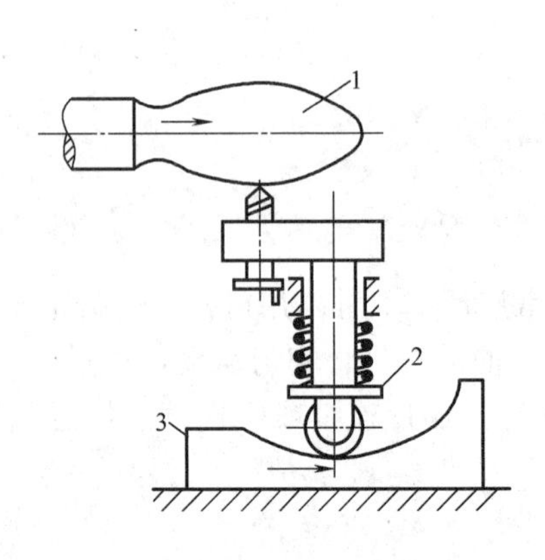

图 4-3 靠模车削机构
1—工件 2—刀架 3—靠模板

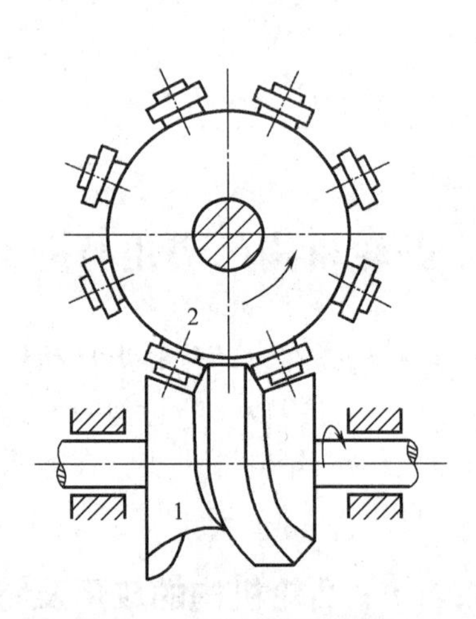

图 4-4 分度转位机构
1—蜗杆凸轮 2—从动轮

包装机械和机电一体化产品中得到广泛应用。

凸轮机构的缺点是：凸轮与从动件之间以点或线接触，属于高副，不便润滑，容易磨损。因此，凸轮机构常用于需要特殊运动规律而传力不大的场合；凸轮轮廓精度要求较高，需用数控机床进行加工；从动件的行程不能过大，否则会使凸轮变得笨重。

4.1.2 凸轮机构的分类

凸轮机构的种类很多，常见分类如下：

1. 按凸轮形状分类

（1）盘形凸轮 这种凸轮是一个绕固定轴线转动并具有变化半径的盘形凸轮，如图 4-1 所示。盘形凸轮是凸轮中最基本的形式，结构简单，但从动件的行程不能太大，否则结构庞大。

（2）圆柱凸轮　这种凸轮是一个在圆柱表面上开有绕轴线旋转曲线凹槽的构件，如图4-2所示，它的从动件可获得较大的行程。

（3）移动凸轮　这种凸轮是一个具有曲线轮廓并做往复直线运动的构件，如图4-3所示。也可以将凸轮固定，使从动件连同其导路相对凸轮运动。

（4）曲面凸轮　当圆柱凸轮的圆柱表面用圆弧面代替时，就演化成曲面凸轮，它也是一种空间凸轮机构，如图4-4所示。

2. 按从动件的结构形状和运动形式分类（见表4-1）

表4-1　凸轮机构从动件的基本类型

结构形状	运动形式		特　点
	直动	摆动	
尖顶	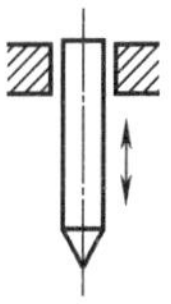	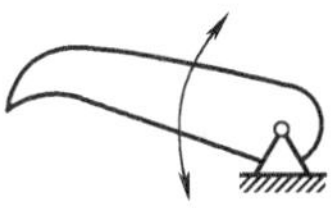	这种从动件结构最简单，尖顶能与任意复杂的凸轮轮廓保持接触，以实现从动件的任意运动规律。但因尖顶易磨损，仅适用于作用力很小的低速凸轮机构
滚子	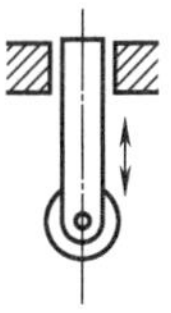	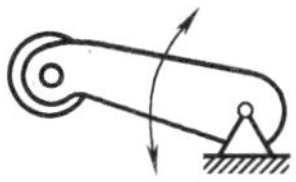	从动件的一端装有可自由转动的滚子，滚子与凸轮之间为滚动摩擦，磨损小，可以承受较大的载荷，因此，该种凸轮机构应用最普遍。但凸轮上有凹陷的轮廓时不能很好地与滚子接触，从而影响实现预期的运动规律
平底	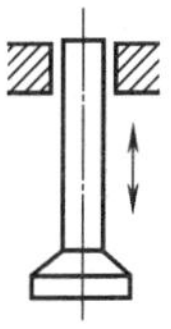		从动件的一端为一平面，直接与凸轮轮廓相接触。若不考虑摩擦，凸轮对从动件的作用力始终垂直于端平面，传动效率高，且接触面间容易形成油膜，利于润滑，故常用于高速凸轮机构。它的缺点是不能用于凸轮轮廓有凹曲线的凸轮机构中
曲面	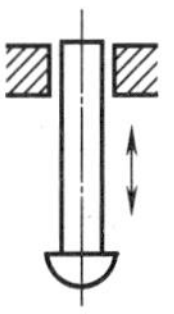	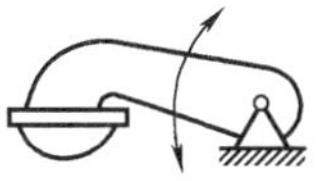	当机构有变形或安装有偏差时，不致改变其接触状态，故可避免用滚子时因安装偏斜而造成载荷集中、应力增大的缺点

在直动从动件凸轮机构中，若从动件移动的导路通过盘状凸轮中心，称为对心直动从动件；若从动件导路不通过盘状凸轮中心，称为偏置直动从动件。从动件导路与凸轮回转中心的距离称为偏心距，用e表示。

3. 按锁合方式分类

所谓锁合，是指保持从动件与凸轮之间接触的方式。按锁合方式的不同凸轮可分为：

（1）力锁合凸轮 如靠重力（图4-5a）、弹簧力（图4-3）或其他外力使从动件与凸轮保持接触。

（2）形锁合凸轮　形锁合凸轮是指依靠凸轮与推杆的特殊几何形状保持彼此的接触，如沟槽凸轮（图4-2）、等径及等宽凸轮（图4-5b）、共轭凸轮（图4-5c）等都属于形锁合凸轮机构。

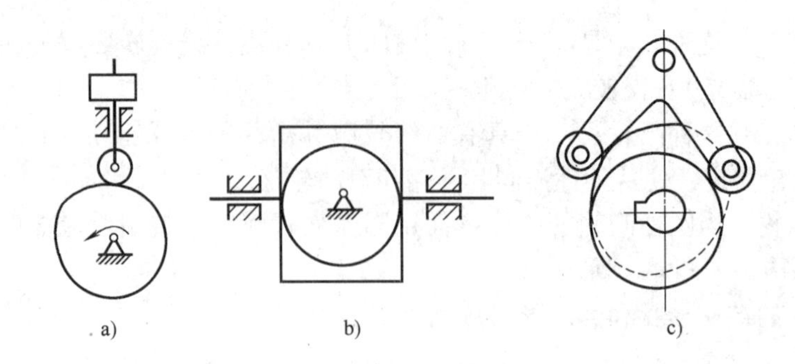

图 4-5　不同锁合方式的凸轮

4.2　从动件常用运动规律

4.2.1　凸轮机构运动过程及有关名称

从动件的运动规律即是从动件的位移 s、速度 v 和加速度 a 随时间 t 变化的规律。当凸轮以匀角速度 ω 转动时，其转角 φ 与时间 t 成正比（$\varphi=\omega t$），所以从动件运动规律也可以用从动件的运动参数随凸轮转角的变化规律来表示，即 $s=s(\varphi)$，$v=v(\varphi)$，$a=a(\varphi)$。

图 4-6 所示为一偏置直动尖顶从动件盘形凸轮机构，从动件移动导路至凸轮转动中心的偏置距离 e 称为轮廓偏心距，以 O 为圆心、e 为半径的圆称为偏距圆；以凸轮轮廓曲线的最小向径 r_0 为半径所作的圆称为基圆，r_0 为基圆半径。凸轮以等角速度逆时针转动，在图示位置，尖顶与 A 点接触，A 点是基圆与开始上升的轮廓曲线的交点，此时从动件的尖顶离凸轮轴心最近，随凸轮转动，向径增大，从动件按一定规律被推向远处，到向径最大的 B 点与尖顶接触时，从动件被推向最远处，这一过程称为推程，与之对应的转角（$\angle BOB'$）称为推程运动角 Φ_t，从动件移动的距离 AB' 称为升程，用 h 表示。接着圆弧 BC 与尖顶接触，从动件在最远处停止不动，对应的凸轮转角 Φ_s 称为远休止角；凸轮继续转动，尖顶与向径逐渐变小的 CD 段轮廓接触，从动件返回，这一过程称为回程，对应的凸轮转角 Φ_h 称为回程运动角；当圆弧 DA 与从动件尖顶接触时，从动件在最近处停止不动，对应的凸轮转角 Φ_s' 称为近休止角。当凸轮继续回转时，从动件重复上述的升→停→降→停的运动循环。如果以

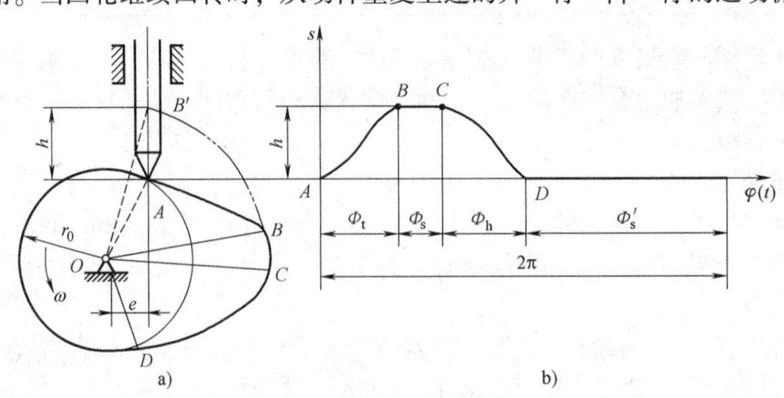

图 4-6　凸轮轮廓与从动件的运动关系

直角坐标系的纵坐标代表从动件的位移 s，横坐标代表凸轮的转角 φ，则可以画出从动件位移 s 与凸轮转角 φ 之间的关系线图，如图 4-6b 所示，称为从动件位移曲线图。

升→停→降→停的运动过程是最典型的运动过程，但在工程实践中可能缺少远程休止过程、近程休止过程或同时缺少。

由上述的讨论可知，从动件的运动规律取决于凸轮的轮廓形状，因此在设计凸轮的轮廓曲线时，必须先确定从动件的运动规律。

4.2.2　从动件的常用运动规律

1. 等速运动规律

从动件推程或回程的速度为定值的运动规律称为等速运动规律。图 4-7 是等速运动规律的位移、速度、加速度与时间的关系图。当凸轮以等角速度 ω_1 转动时，从动件在推程或回程中的速度为常数。

由图 4-7 的速度线图和加速度图可知，从动件在推程开始和终止的瞬时，速度有突变（由 0 突变为有限值 v_0 或由 v_0 突变为 0），其加速度在理论上为 $+\infty$或 $-\infty$（实际上，由于材料的弹性变形，其加速度不可能达到无穷大），致使从动件在极短的时间内产生很大的惯性力，因而使凸轮机构受到极大的冲击。这种从动件在某瞬时速度突变，其加速度和惯性力在理论上趋于无穷大时所引起的强烈冲击，称为刚性冲击。该冲击力将引起机构振动、机件磨损，因此，等速运动规律只适用于低速、轻载的凸轮机构。

2. 等加速等减速运动规律

等加速等减速运动规律是指从动件在一个行程中，前半行程做等加速运动，后半行程做等减速运动，且等加速段与等减速段的加速度绝对值相等。在等加速段，从动件速度由 0 加速到 v_{max}，在等减速段，从动件速度由 v_{max} 减速到 0，等加速和等减速的绝对值相等，故两段所用的时间相等，各为 $t_0/2$，凸轮以 ω 匀速转动的转角也各为 $\Phi_t/2$，且所完成的位移也相同，各为 $h/2$。

由图 4-8 中的加速度线图可知，从动件在升程始末，以及由等加速过渡到等减速的瞬时（即 A、B、C 三处），加速度出现有限值的突然变化，这将产生有限惯性力的突变，从而引起冲击。这种从动件在瞬时加速度发生有限值的突变时所引起的冲击称为柔性冲击。所以等加速等减速运动规律不适用于高速，仅适用于中低速、中载的场合。

3. 余弦加速度运动规律

质点在圆周上做匀速运动，它在这个圆的直径上的投影所构成的运动，其加速度变化符合余弦曲线变化规律，位移线图符合简谐运动曲线变化规律，故称此运动规律为余弦加速度运动规律，又称简谐运动规律。如图 4-9 所示，加速度在 A、B 两点有有限值突变，从而产生柔性冲击，故适用于中速场合。但若从动件只做升→降连续运动（无休止），则加速度为连续曲线，可用于高速场合。

4. 正弦加速度运动规律

当滚圆沿纵轴匀速滚动时，圆周上一点的轨迹为一条摆线，此时该点在纵轴上的投影就构成一加速度为正弦曲线的运动轨迹，所以这种运动规律称正弦加速度运动规律；又因为其位移曲线是摆线，故又称为摆线运动规律。如图 4-10 所示，由运动线图可见，其速度曲线和加速度曲线连续，理论上既没有刚性冲击，也没有柔性冲击，故适用于高速场合。

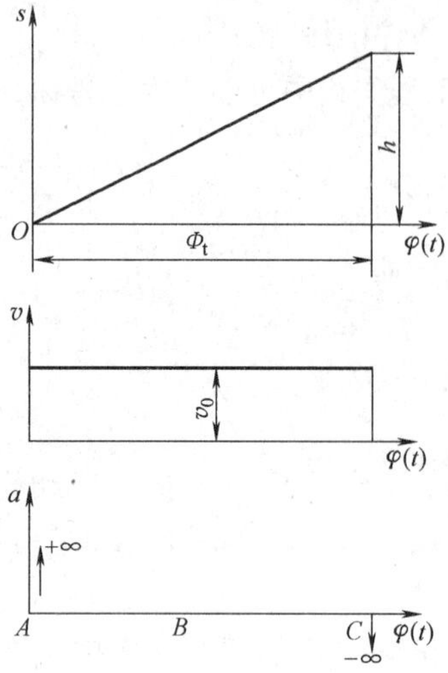

图 4-7　等速运动规律

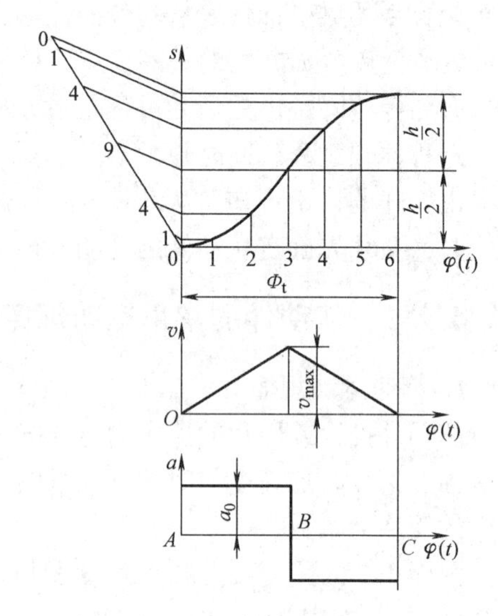

图 4-8　等加速等减速运动规律

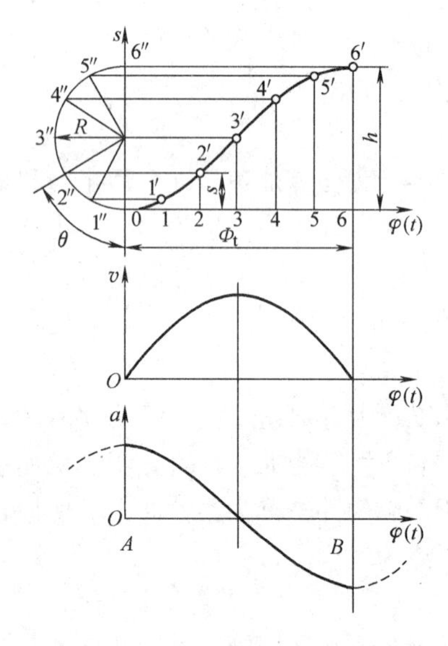

图 4-9　余弦加速度运动规律

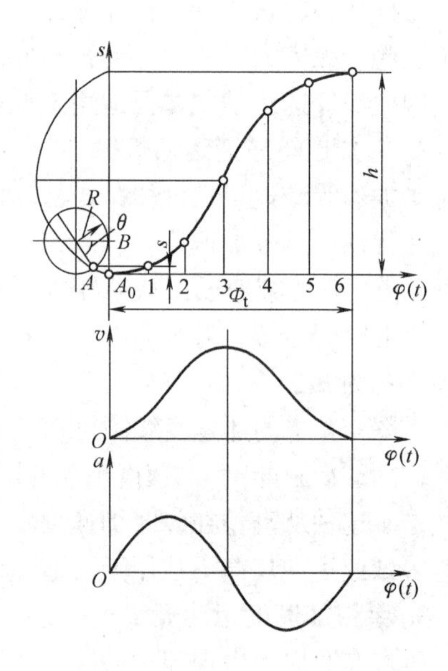

图 4-10　正弦加速度运动规律

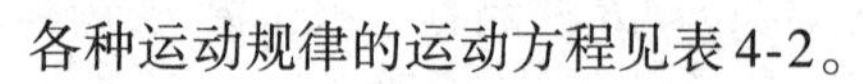

各种运动规律的运动方程见表 4-2。

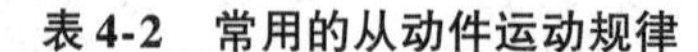

表 4-2　常用的从动件运动规律

运动规律	运动方程			
等速运动	推程	$0° \leqslant \varphi \leqslant \Phi_t$ $s=(h/\Phi_t)\varphi$ $v=h\omega/\Phi_t$ $a=0$	回程	$0° \leqslant \varphi' \leqslant \Phi_h$ $s=h-(h/\Phi_h)\varphi'$ $v=-h\omega/\Phi_h$ $a=0$

（续）

运动规律	运动方程			
等加速 等减速运动	推程等加速段	$0° \leqslant \varphi \leqslant \Phi_t/2$ $s = (2h/\Phi_t^2)\varphi^2$ $v = (4h\omega/\Phi_t^2)\varphi$ $a = 4h\omega^2/\Phi_t^2$	回程等加速段	$0° \leqslant \varphi' \leqslant \Phi_h/2$ $s = h - (2h/\Phi_h^2)\varphi'^2$ $v = -(4h\omega/\Phi_h^2)\varphi'$ $a = 4h\omega^2/\Phi_h^2$
	推程等减速段	$\Phi_t/2 < \varphi \leqslant \Phi_t$ $s = h - (2h/\Phi_t^2)(\Phi_t - \varphi)2$ $v = (4h\omega/\Phi_t^2)(\Phi_t - \varphi)$ $a = -4h\omega^2/\Phi_t^2$	回程等减速段	$\Phi_h/2 < \varphi' \leqslant \Phi_h$ $s = (2h/\Phi_h^2)(\Phi_h - \varphi')2$ $v = -(4h\omega/\Phi_h^2)(\Phi_h - \varphi')$ $a = 4h\omega^2/\Phi_h^2$
余弦加速度运动 （简谐运动）	$s = h/2[1 - \cos(\pi\varphi/\Phi_t)]$ $v = \pi h\omega/(2\Phi_t)\sin(\pi\varphi/\Phi_t)$ $a = \pi^2 h\omega^2/(2\Phi_t^2)\cos(\pi\varphi/\Phi_t)$		$s = h/2[1 + \cos(\pi\varphi'/\Phi_h)]$ $v = -\pi h\omega/(2\Phi_h)\sin(\pi\varphi'/\Phi_h)$ $a = -\pi^2 h\omega^2/(2\Phi_h^2)\cos(\pi\varphi'/\Phi_h)$	
正弦加速度运动 （摆线运动）	$s = h[\varphi/\Phi_t - (1/2\pi)\sin(2\pi\varphi/\Phi_t)]$ $v = (h\omega/\Phi_t)[1 - \cos(2\pi\varphi/\Phi_t)]$ $a = (2\pi h\omega^2/\Phi_t^2)\sin(2\pi\varphi/\Phi_t)$		$s = h[1 - \varphi'/\Phi_h + 1/(2\pi)\sin(2\pi\varphi'/\Phi_h)]$ $v = -(h\omega/\Phi_h)[1 - \cos(2\pi\varphi'/\Phi_h)]$ $a = -(2\pi h\omega^2/\Phi_h^2)\sin(2\pi\varphi'/\Phi_h)$	

注：回程方程式中的 $\varphi' = \varphi - (\Phi_t + \Phi_s)$，如图 4-6b 所示。

在选择从动件的运动规律时，除考虑刚性冲击和柔性冲击外，还应注意各种运动规律的最大速度 v_{max} 和最大加速度 a_{max} 的影响。v_{max} 越大，则动量 mv 越大，当动量较大的从动件突然起动或停止时会产生较大的冲击，所以质量大的从动件不宜选用 v_{max} 太大的运动规律。最大加速度将使从动件产生很大的惯性力，而由其引起的动压力，将影响机构零件的强度和运动副的磨损。因此高速运动的凸轮机构，从动件的 a_{max} 不宜太大。

4.3　盘形凸轮轮廓曲线的作图法设计

凸轮轮廓曲线的设计是凸轮机构设计的重要环节。设计凸轮轮廓曲线时，首先根据工作要求合理地选择从动件的运动规律，按照结构所允许的空间和具体要求初步确定凸轮的基圆半径 r_0，然后用图解法或解析法设计凸轮轮廓曲线或计算凸轮轮廓曲线的坐标值。用图解法设计凸轮，简便、直观，但作图误差较大，只能用于低速或不重要的场合。随着机械不断朝着高速、精密自动化方向发展，对凸轮机构的转速和精度的要求也不断提高，加上计算机辅助设计的日益普及和凸轮加工越来越多地使用数控机床，凸轮轮廓曲线的设计已更多地采用解析法，但解析法复杂，这里主要讲图解法设计的原理和步骤。

4.3.1　反转法设计原理

凸轮机构的形式很多，从动件的运动规律也各不相同，但用图解法设计凸轮轮廓曲线时，所依据的原理基本相同。

图解法设计凸轮轮廓的原理就是“反转法”原理。所谓“反转法”，即根据相对运动原理在整个凸轮机构（凸轮、从动件、导路）上加一个与凸轮角速度大小相等、方向相反的

角速度 $-\omega$，其结果是从动件与凸轮的相对运动并不改变，而凸轮静止不动，从动件一方面与导路一起以角速度 $-\omega$ 绕凸轮转动，另一方面从动件仍以原来的运动规律相对导路移动（或摆动）。在这种复合运动中，由于从动件尖顶与凸轮轮廓始终接触，所以加上反转角速度后从动件尖顶的运动轨迹就是凸轮轮廓曲线。图 4-11 所示为反转法的基本原理。假若从动件是滚子，则滚子中心可看作是从动件的尖顶，其运动轨迹是凸轮的理论轮廓曲线，凸轮的实际轮廓曲线是与理论轮廓曲线径向距离为滚子半径 r_T 的一条等距曲线。

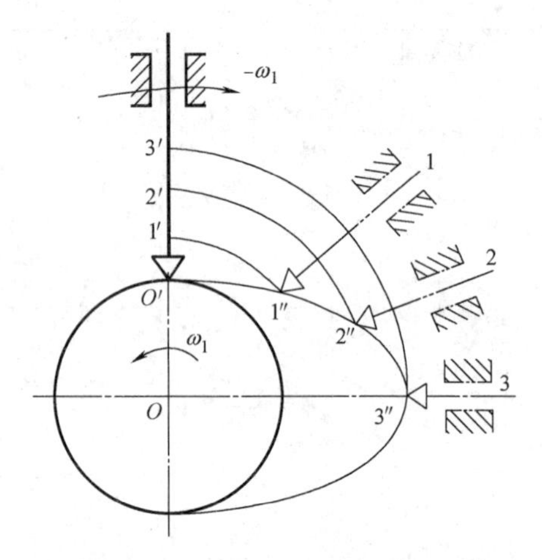

图 4-11　反转法的基本原理

4.3.2　对心尖顶直动从动件盘形凸轮机构凸轮轮廓设计

图 4-12a 所示为对心尖顶直动从动件盘形凸轮机构。已知从动件位移线图如图 4-12b 所示，凸轮的基圆半径为 r_0，凸轮以等角速度 ω 顺时针方向回转，试设计此凸轮轮廓。

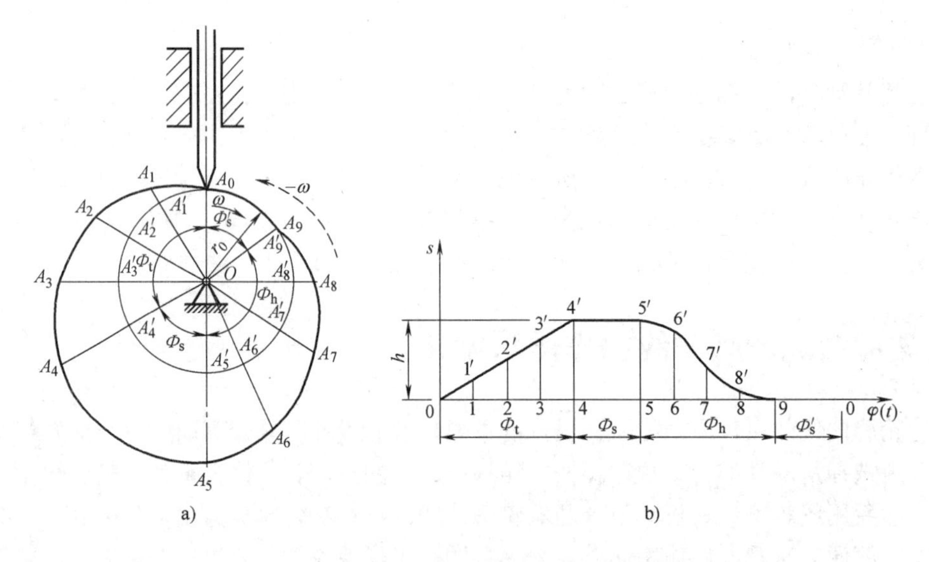

图 4-12　对心尖顶直动从动件盘形凸轮机构的作图法设计

a）对心尖顶直动从动件盘形凸轮机构　b）从动件位移线图

根据“反转法”原理，按下述步骤绘制凸轮轮廓曲线：

1）以 O 为圆心，以 r_0 为半径作基圆，此基圆与导路的交点 A_0 即是从动件尖顶的起始位置。

2）将位移线图 s-$\varphi(t)$ 的推程运动角和回程运动角分别分成若干等份（图中分为 4 等份），并过这些等分点，分别作垂线 1-1′、2-2′、3-3′……这些垂线与位移曲线相交所得到的线段 11′、22′、33′……即为凸轮转动角度时相应的从动件位移。

3）自 A_0 开始沿 $-\omega$ 方向取推程运动角、远休止角、回程运动角、近休止角，将基圆分成与图 4-12b 对应的若干等份，在基圆上得到 A_1'、A_2'、A_3'……连接 OA_1'、OA_2'、OA_3'……它们便是反转后从动件导路的各个位置。

4）沿导路的各个位置，自基圆量取从动件对应位移量，即取 $\overline{A_1A_1'}=\overline{11'}$，$\overline{A_2A_2'}=\overline{22'}$，$\overline{A_3A_3'}=\overline{33'}$……得反转后尖顶的一系列位置。

5）将 A_0、A_1、A_2……连成光滑的曲线，便得到所要求的凸轮轮廓。

4.3.3　对心滚子直动从动件盘形凸轮轮廓设计

滚子直动从动件盘形凸轮轮廓曲线的设计与尖顶直动从动件盘形凸轮轮廓曲线的设计方法类似，如图 4-13 所示。首先把滚子中心看成尖顶从动件的尖顶，据此，按照反转法的原理，可求得一条轮廓曲线 β_0，这条曲线是反转过程中滚子中心的运动轨迹，称为凸轮的理论轮廓曲线；再以理论轮廓曲线上各点为圆心，以滚子半径 r_T 为半径作一系列滚子圆，最后作这些圆的内包络线 β，β 即为滚子从动件盘形凸轮的实际轮廓曲线。

由作图过程可知，滚子从动件盘形凸轮的基圆半径是指理论轮廓的最小向径。

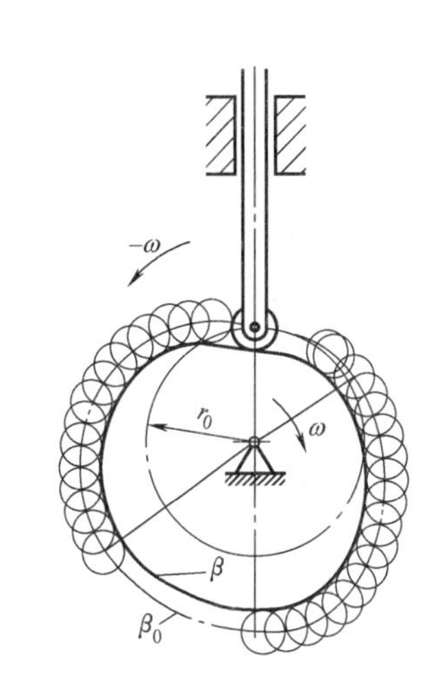

图 4-13　滚子直动从动件盘形凸轮轮廓曲线的设计

4.3.4　对心平底从动件盘形凸轮轮廓设计

平底从动件盘形凸轮实际轮廓曲线的绘制方法与上述方法类似，如图 4-14 所示。首先将平底与导路的交点 B_0 看作尖顶从动件的尖顶，求出该参考点在反转过程中的位置 B_1、B_2、B_3……过这些点画出一系列代表平底的直线，最后作这些直线簇的包络线，便得到凸轮的实际轮廓曲线。由于平底上与凸轮实际轮廓曲线相切的点是随机构位置变化的，为了保证平底始终与凸轮轮廓相切于平底的最左位置和最右位置之间，图 4-14 中位置 2、7 是平底分别与凸轮轮廓相切于平底的最左和最右位置。为了保证平底始终与凸轮轮廓相接触，平底左、右两侧的宽度必须分别大于导路至左、右最远切点的距离 a 和 b 中的较大值。为了使平底从动件始终保持与凸轮实际轮廓相切，应要求凸轮实际轮廓曲线全部为外凸曲线。

4.3.5　偏置尖顶直动从动件盘形凸轮轮廓设计

已知偏心距为 e，基圆半径为 r_0，凸轮以角速度 ω 顺时针转动，从动件位移线图如图 4-15b 所示。设计该凸轮的轮廓曲线。

设计步骤如下：

1）以与位移线图相同的比例尺作出偏距圆及基圆，过偏距圆上任一点 k 作偏距圆的切线作为从动件导路，并与基圆相交于 B_0 点，该点也就是从动件尖顶

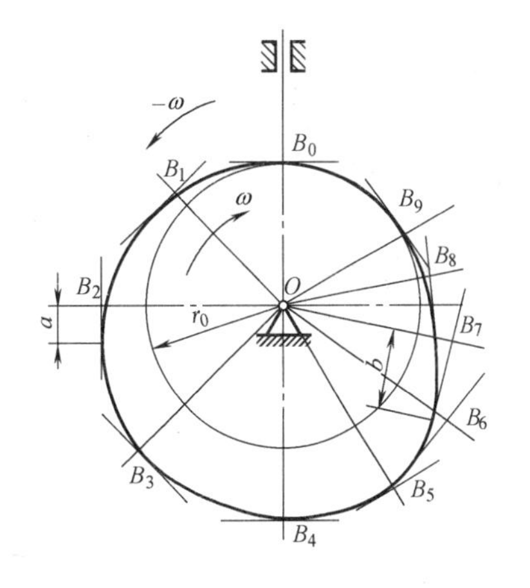

图 4-14　平底从动件盘形凸轮轮廓曲线的设计

的起始位置。

2）将位移线图 s-$\varphi(t)$ 的推程运动角和回程运动角分别分成若干等份（图中分为4等份），并过这些等分点，分别作垂线1-1′、2-2′、3-3′……这些垂线与位移曲线相交所得到的线段11′、22′、33′……即为凸轮转动角度时相应的从动件位移。

3）从 OB_0 开始按 $-\omega$ 方向在基圆上画出推程运动角180°（Φ_t），远休止角30°（Φ_s），回程运动角90°（Φ_h），近休止角60°（Φ_s'），并在相应段与位移线图对应划分出若干等份，得分点 C_1、C_2、C_3……

4）过各分点 C_1、C_2、C_3……向偏距圆作切线，作为从动件反转后的导路线。

5）在以上的导路线上，从基圆上的点 C_1、C_2、C_3……开始向外量取相应的位移量得点 B_1、B_2、B_3……即取 $B_1C_1=11'$、$B_2C_2=22'$、$B_3C_3=33'$……得出反转后从动件尖顶的位置 B_1、B_2、B_3……

6）将 B_1、B_2、B_3……点连成光滑曲线，这就是凸轮的轮廓曲线。

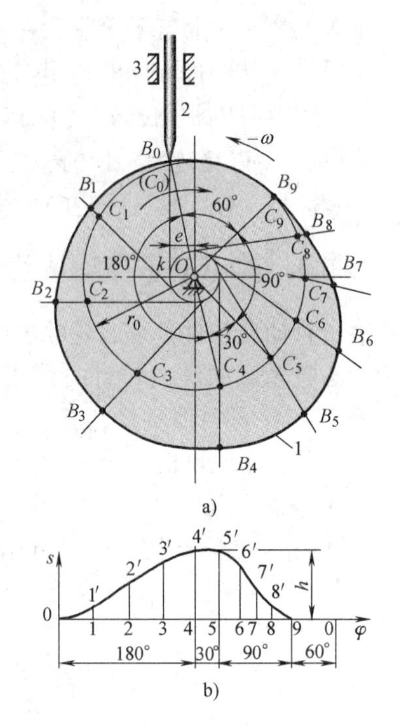

图4-15　偏置尖顶直动从动件盘形凸轮轮廓设计

4.3.6　尖顶摆动从动件盘形凸轮轮廓设计

图4-16a所示为尖端摆动从动件盘形凸轮机构。给定凸轮基圆半径 r_0、凸轮回转中心与摆动从动件摆动中心间距离 l_{0A}、摆动从动件长度 l_{AB}、从动件的角位移线图（图4-16b）、凸轮角速度 ω 及从动件推程摆动方向。

绘制凸轮轮廓时仍用反转法。尖端摆动从动件盘形凸轮轮廓绘制步骤及方法如下（图4-16）：

1）将 $\psi-\varphi$ 线图的推程运动角 Φ_t 和回程运动角 Φ_h 分别分为若干等份（图4-16b中各分为四等份）。

2）选取长度比例尺 μ_l，画基圆，基圆的圆心为 O，确定从动件摆动中心 A_0 位置。再以 A_0 为圆心，l_{AB}/u_l 为半径画圆弧，交基圆于 B_0 点（推程时，从动件逆时针摆动），该点即为从动件尖端的起始位置。

3）以 O 为圆心，OA_0 为半径画圆。从 OA_0 开始，沿 $-\omega$ 方向分该圆为 Φ_t、Φ_s、Φ_h 及 Φ_s' 角。将 Φ_t 和 Φ_h 分为与图4-16b相对应的等份，得 A_1、A_2、A_3……

4）分别以 A_1、A_2、A_3……为圆心，以 l_{AB}/μ_l 为半径画圆弧 C_1D_1、C_2D_2……分别交基圆于 C_1、C_2、C_3……

5）求出凸轮转过图4-16b所示各转角时，从动件的摆角 ψ_1、ψ_2、ψ_3……分别在圆弧 C_1D_1、C_2D_2、C_3D_3……上求 B_1、B_2、B_3……各点，使 $\angle C_1A_1B_1=\psi_1$、$\angle C_2A_2B_2=\psi_2$……

6）将 B_1、B_2、B_3……连成光滑曲线，即得尖端摆动从动件盘形凸轮轮廓曲线。

若直线状的摆动从动件 AB 与凸轮干涉，可将摆动从动件 A、B 两点以曲线相连成曲杆（图中虚线所示），以避免摆动从动件与凸轮干涉。

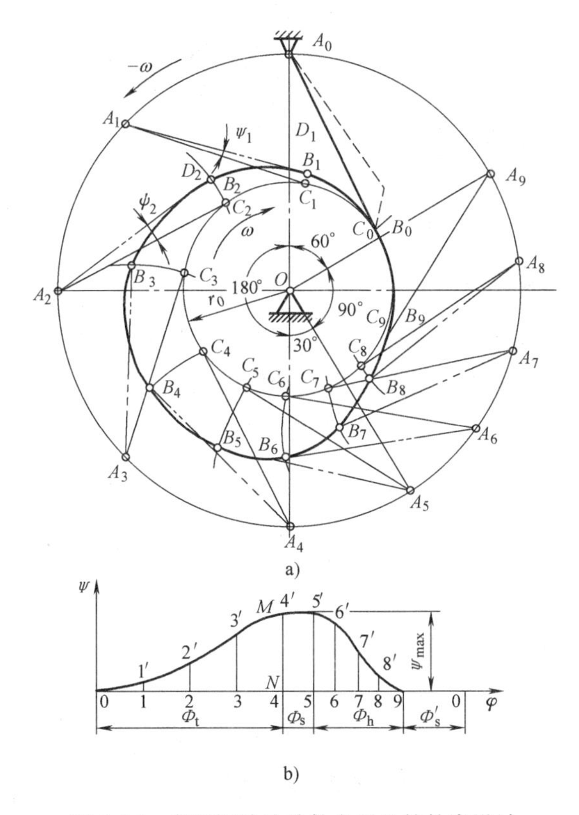

图 4-16 尖顶摆动从动件盘形凸轮轮廓设计

若采用滚子或平底从动件，与直动从动件作法相似，先作理论轮廓线，再在理论轮廓线的基础上绘一系列滚子或平底，最后绘制包络线便可求得实际轮廓。

4.4 凸轮机构基本尺寸的确定

设计凸轮机构要满足以下要求：保证从动件能实现预期的运动规律、机构传力性能良好、结构紧凑。这些要求与凸轮机构的压力角、基圆半径、滚子半径等有关。

4.4.1 凸轮机构的压力角及许用值

图 4-17 所示为凸轮机构在推程中某位置的情况，$\boldsymbol{F}_{\mathrm{Q}}$ 为作用在从动件上的外载荷。若不计摩擦，则凸轮作用在从动件上的力 $\boldsymbol{F}$ 沿着接触点处的法线方向。将 $\boldsymbol{F}$ 分解成两个分力，即

$$\left.\begin{aligned}F' &= F\cos\alpha \\ F'' &= F\sin\alpha\end{aligned}\right\}$$

式中 α——从动件在接触点所受作用力 F 的方向与该点速度 v 的方向之间所夹的锐角，称为压力角。

显然 $\boldsymbol{F}'$ 是推动从动件移动的有效分力，随着 α 的增大而减小，$\boldsymbol{F}''$ 将使从动件压紧导路，是引起导路中摩擦阻力的有害分力，随着 α 的增大而增大。当 α 增大到一定值时，由 $\boldsymbol{F}''$ 引

起的摩擦阻力超过有效分力 $\boldsymbol{F}'$，此时凸轮无法推动从动件运动，机构发生自锁。可见，从传力合理、提高传动效率来看，压力角越小越好，设计上规定最大压力角 α_{max} 要小于许用压力角 $[\alpha]$。一般情况下，推程时直动从动件凸轮机构的 $[\alpha]=30°\sim40°$，摆动从动件凸轮机构的 $[\alpha]=40°\sim50°$，回程时 α 可取大一些，一般可取 $[\alpha]=70°\sim80°$。

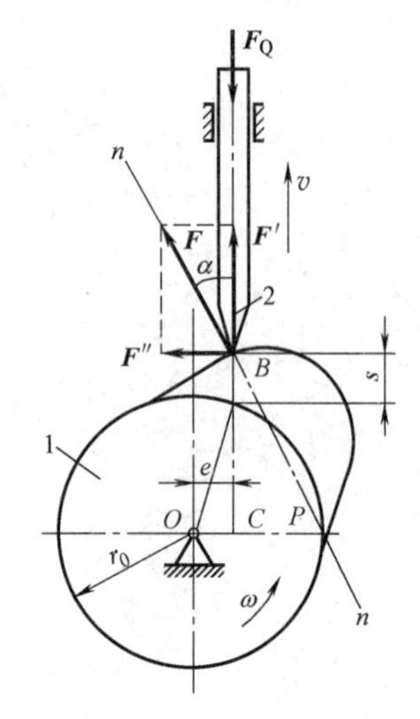

图 4-17　凸轮机构的压力角

4.4.2　滚子半径的选择

在滚子从动件凸轮机构中，从接触强度观点出发，滚子半径大一些为好，但是滚子半径增大后对凸轮实际轮廓曲线有很大影响，因为滚子半径选择不合适，将会使从动件不能实现给定的运动规律，这种情况称为运动失真。

设滚子半径为 r_T，凸轮理论轮廓线 η 曲率半径为 ρ，实际轮廓线 η' 曲率半径为 ρ'。当理论轮廓线内凹时，$\rho'=\rho+r_T$，不管 r_T 取多大都可以作出实际轮廓线（图 4-18a）。当理论轮廓线外凸时，$\rho'=\rho-r_T$，此时满足从动件运动规律要求的实际轮廓曲线能否作出取决于 ρ_{min} 与 r_T 之间的大小关系，可分为以下三种情况：

1）若 $\rho_{min}>r_T$，则 $\rho'_{min}>0$，如图 4-18b 所示，实际轮廓为平滑的曲线。

2）若 $\rho_{min}=r_T$，则 $\rho'_{min}=0$，实际轮廓线出现尖点，则极易磨损，导致运动失真（图 4-18c）。

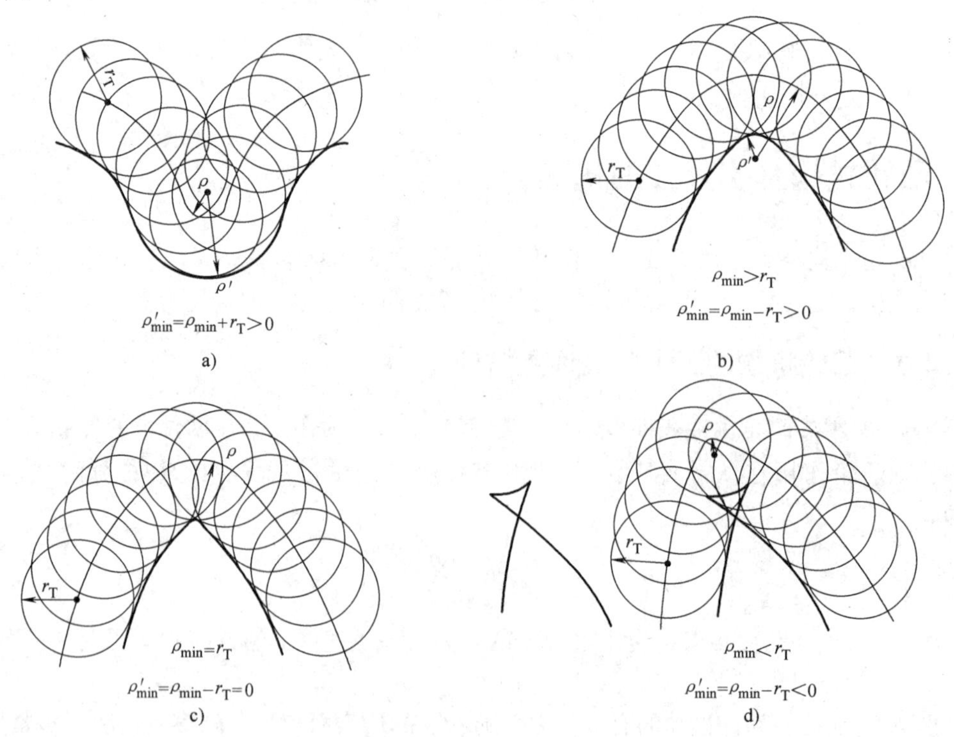

图 4-18　滚子半径的选择

3）若 $\rho_{min} < r_T$，则 $\rho'_{min} < 0$，实际轮廓线发生交叉，交点以外部分在加工时将被切去，运动产生失真（图 4-18d）。

为了避免失真并减小磨损，要求滚子半径 r_T 与理论轮廓线最小曲率半径 ρ_{min} 满足 $r_T \leqslant 0.8\rho_{min}$，并使实际轮廓线的最小曲率半径 $\rho'_{min} \geqslant 3 \sim 5mm$。若满足不了该要求，则增大基圆半径或修改从动件的运动规律。

4.4.3　基圆半径的确定

从提高机构的传动效率来看，压力角越小越好，但压力角减小将导致凸轮尺寸增大，因此在设计凸轮时要权衡两者的关系，一般情况下，设计时应在满足 $\alpha_{max} \leqslant [\alpha]$ 的前提下取尽可能小的基圆半径。

如图 4-17 所示，过主、从动件的接触点 B 作公法线 nn，该公法线与过凸轮转动中心且垂直于从动件导路方向的直线交于点 P，P 点即为凸轮与从动件的瞬时速度相等点（即速度瞬心），于是有

$$l_{OP} = \frac{v}{\omega} = \left|\frac{ds/dt}{d\varphi/dt}\right| = \left|\frac{ds}{d\varphi}\right|$$

因而，在 $\triangle BCP$ 中有

$$\tan\alpha = \frac{l_{OP} \pm e}{l_{BC}} = \frac{(ds/d\varphi) \pm e}{\sqrt{r_0^2 - e^2} + s} \tag{4-1}$$

当导路在凸轮轴的左边时，式中分子部分取正号；在右边时，取负号。当凸轮顺时针转动时，正、负号的取法与上述相反。

由式（4－1）可知，当给定从动件的运动规律 $s(\varphi)$后，合理设计偏心距可减小压力角，增大基圆半径也可以减小压力角。工程上为了使机构既有较好的传力性能，又有较紧凑的结构尺寸，在设计时，通常要求在保证 $\alpha_{max} \leqslant [\alpha]$的前提下，尽可能选用较小的基圆半径。

工程上使用的诺模图（图 4-19）近似地反映了几种常用运动规律下凸轮的最大压力角与基圆半径的关系。图中上半圆标尺代表凸轮的推程角 Φ。下半圆标尺代表最大压力角 α_{max}，直径标尺代表从动件运动规律的 h/r_0 值。下面通过例 4-1 说明诺模图的使用方法。

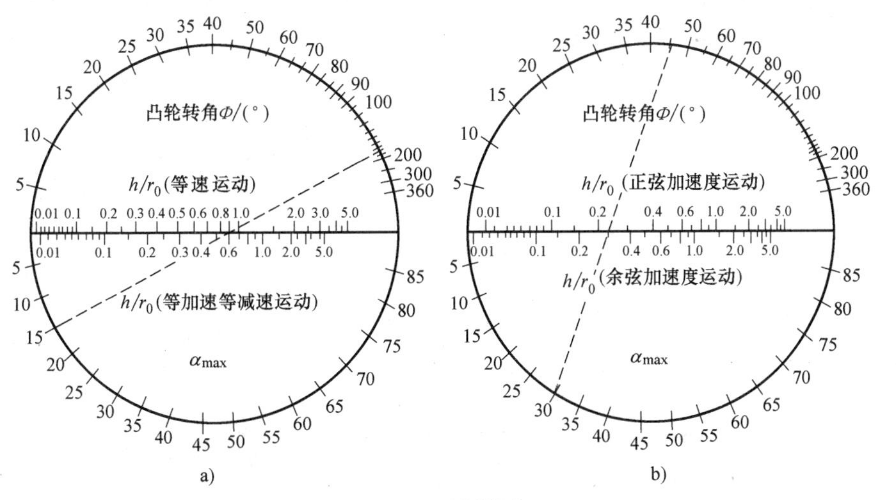

图 4-19　诺模图

例 4-1 设计一对心尖顶从动件盘形凸轮机构，要求凸轮推程角 $\Phi_t=180°$，从动件在推程按等加速等减速规律运动，其行程 $h=15\text{mm}$，最大压力角 $\alpha_{max}=15°$。试根据诺模图确定凸轮的基圆半径。

解 1）把图中 $\Phi_t=180°$ 和 $\alpha_{max}=15°$ 的两点以直线相连，如图 4-19a 中的虚线。

2）由虚线与等加速等减速运动规律直径标尺的交点得：$h/r_0=0.6$。

3）求得满足条件的最小基圆半径为：$r_{0min}=h/0.6=15\text{mm}/0.6=25\text{mm}$。

4）基圆半径可按 $r_0 \geqslant r_{0min}$ 选取。

通常在设计凸轮时，首先根据结构条件初定基圆半径 r_0，当凸轮与轴制成一体时，r_0 略大于轴的半径；当单独制造凸轮，然后装配到轴上时，$r_0=(1.6\sim2)r$（r 为轴的半径）。当用解析法设计凸轮轮廓线时，可借助计算机计算出各点的压力角，若出现 $\alpha_i>[\alpha]$，则增大基圆半径 r_0 重新设计。

小　　结

本章介绍了凸轮机构的应用与分类、从动件常用的运动规律、盘形凸轮轮廓曲线的作图法设计及凸轮机构基本尺寸的确定。具体包括以下内容：

1. 凸轮机构的应用与分类

凸轮机构广泛用于内燃机、机床等机器中，常见类型按凸轮形状不同分为盘形凸轮、圆柱凸轮、移动凸轮、曲面凸轮机构。按从动件的形状不同可分为尖顶从动件、滚子从动件、平底从动件凸轮机构。

2. 从动件的运动规律

1）从动件的运动规律即是从动件的位移 s、速度 v 和加速度 a 随时间 t 变化的规律。当凸轮做匀速转动时，其转角 φ 与时间 t 成正比（$\varphi=\omega t$），所以从动件运动规律也可以用从动件的运动参数随凸轮转角的变化规律来表示，即 $s=s(\varphi)$，$v=v(\varphi)$，$a=a(\varphi)$。

2）凸轮机构的运动过程及基本概念　凸轮机构中从动件移动导路至凸轮转动中心的偏置距离 e 称为轮廓偏心距，以回转中心 O 为圆心、e 为半径的圆称为偏距圆；以凸轮轮廓曲线的最小向径 r_0 为半径所作的圆称为基圆；凸轮的转动过程中，升→停→降→停的运动过程是最典型的运动过程，在工程实践中可能缺少远程休止过程、近程休止过程或同时缺少。

3）从动件常见运动规律的特点及应用

运动规律	特　点	应　用
等速运动	速度有突变，其加速度在理论上为无穷大，致使从动件在极短的时间内产生很大的惯性力，因而使凸轮机构受到极大的刚性冲击	只适用于低速轻载的凸轮机构
等加速等减速运动	由等加速过渡到等减速的瞬时，加速度出现有限值的突然变化，从而引起柔性冲击	等加速等减速运动规律不适用于高速，仅用于中低速凸轮机构
余弦加速度运动	加速度有有限值突变，从而产生柔性冲击	用于中速场合。但若从动件只做升→降连续运动（无休止），可用于高速场合
正弦加速度运动	理论上没有刚性冲击，也没有柔性冲击	用于高速

3. 盘形凸轮轮廓曲线的作图法设计

作图法设计凸轮轮廓曲线是利用反转法的原理，即根据相对运动原理在整个凸轮机构（凸轮、从动件、导路）上加一个与凸轮角速度大小相等、方向相反的角速度 $-\omega$，其结果是从动件与凸轮的相对运动并不改变，而凸轮静止不动，从动件一方面与导路一起以角速度 $-\omega$ 绕凸轮转动，另一方面从动件仍以原来的运动规律相对导路移动（或摆动）。在这种复合运动中，由于从动件尖顶与凸轮轮廓始终接触，所以加上反转角速度后从动件尖顶的运动轨迹就是凸轮轮廓曲线。用“反转法”绘制凸轮轮廓主要包含三个步骤：将凸轮的转角和从动件位移线图分成对应的若干等份；用“反转法”画出反转后从动件各导路的位置；根据所分的等份量得到从动件相应的位移，从而得到凸轮的轮廓曲线。

4. 凸轮机构基本尺寸的确定

设计凸轮机构时要求保证从动件能实现预期的运动规律、机构传力性能良好、结构紧凑。在选择滚子半径时，必须保证滚子半径小于理论轮廓外凸部分的最小曲率半径；在确保运动不失真的情况下，可以适当增大滚子半径，以减小凸轮与滚子之间的接触应力。为了确保凸轮机构的运动性能，应对凸轮轮廓各处的压力角进行校核，检查其最大压力角是否超过许用值。如果最大压力角超过了许用值，一般可以通过增加基圆半径或重新选择从动件运动规律，以获得新的凸轮轮廓曲线，来保证凸轮轮廓上的最大压力角不超过压力角的许用值。

5. 本章重点与难点

重点： 从动件常见的运动规律、特点及应用，盘形凸轮轮廓曲线的作图法设计。

难点： 盘形凸轮轮廓曲线的作图法设计。

思考与习题

4-1　试标出图 4-20 所示位移线图中的行程 h、推程运动角 Φ_t，远休止角 Φ_s，回程运动角 Φ_h，近休止角 Φ_s'。

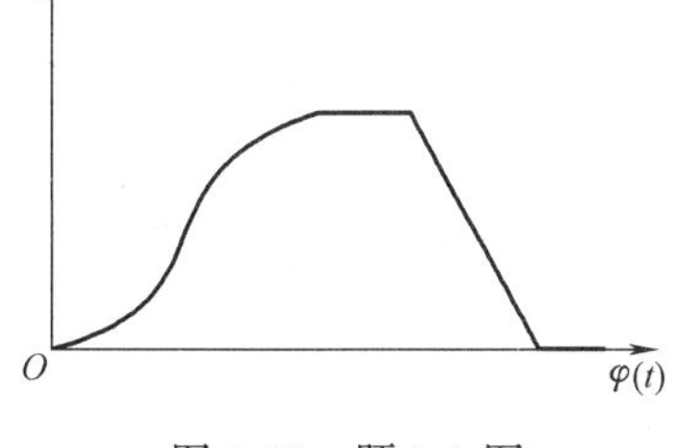

图 4-20　题 4-1 图

4-2　凸轮机构从动件常用的四种运动规律是哪些？哪些有刚性冲击？哪些有柔性冲击？哪些没有冲击？如何选择运动规律？

4-3　设计凸轮机构时，工程上如何选择基圆半径？

4-4　滚子从动件盘形凸轮机构的基圆半径如何度量？

4-5　什么是压力角？平底垂直于导路的直动从动件盘形凸轮机构的压力角等于多少？机构的压力角有何工程意义？设计凸轮时，压力角如何要求？

4-6　平底从动件盘形凸轮机构的凸轮轮廓为什么一定要外凸？

4-7　用作图法作出图 4-21 所示凸轮机构转过 45°后的压力角。

4-8　已知基圆半径 $r_0=25\text{mm}$，偏心距 $e=5\text{mm}$，以角速度 ω 顺时针转动，推程 $h=12\text{mm}$。其运动规律见下表。设计偏心尖顶直动从动件盘形凸轮轮廓。

凸轮转角 Φ/(°)	0～180	180～210	210～300	300～360
运动规律	等加速等减速上升	休止	等速下降	休止

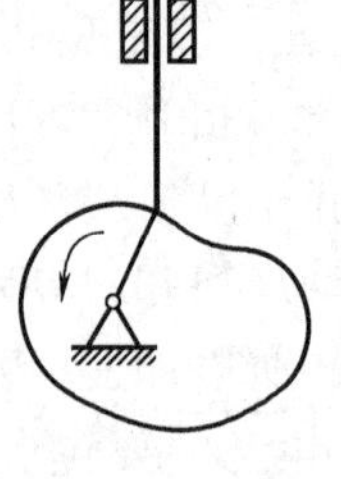

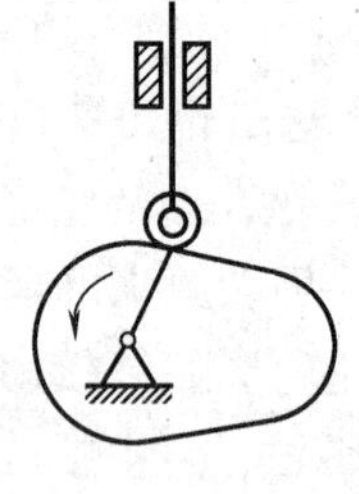

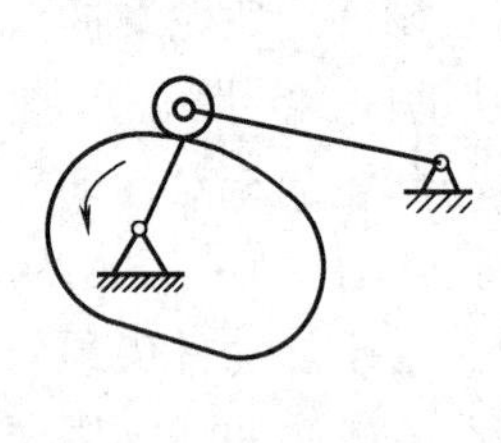

图 4-21　题 4-7 图

4-9　设计偏置直动滚子从动件盘形凸轮机构，凸轮转动方向及从动件导路位置如图 4-22所示。$e=10\text{mm}$，$r_0=40\text{mm}$，$r_T=10\text{mm}$，从动件运动规律同题 4-8，试绘制凸轮轮廓。

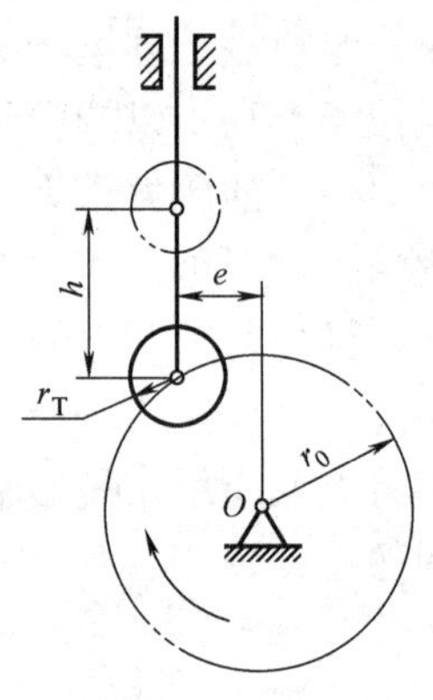

图 4-22　题 4-9 图

第5章 间歇运动机构

1. 掌握棘轮机构、槽轮机构的工作原理、运动特点和应用场合。
2. 了解不完全齿轮机构的工作原理、运动特点和应用场合。

在工业生产和日常生活中，常需要在原动件连续运动时，从动件做周期性的运动和停歇，能够将主动件的连续运动转化为从动件间歇运动的机构称为间歇运动机构。间歇运动机构在自动生产线的转位机构、步进机构、计数装置和许多复杂的轻工机械中有着广泛的应用。

常用的间歇运动机构主要有：棘轮机构、槽轮机构、不完全齿轮机构、凸轮间歇机构和特别设计的连杆机构。本章主要介绍在生产中广泛应用的既可做步进运动又可做间歇运动的棘轮机构、槽轮机构以及不完全齿轮机构的组成原理和运动特点。

5.1 棘轮机构

棘轮机构的典型结构由摆杆、棘爪、棘轮、止动爪和机架组成。棘轮的棘齿一般为锯齿形，如图 5-1 所示。棘轮的棘齿既可以布置在棘轮的外缘（称外啮合棘轮机构，图5-1a），也可以布置在棘轮的内缘（称内啮合棘轮机构，如图 5-1b 所示）。除了采用单个棘爪驱动的单动式棘轮机构外，还有双动式棘轮机构。双动式棘轮机构根据其棘爪结构的不同又可分为直头双动式棘爪棘轮机构（图 5-1c）和钩头双动式棘爪棘轮机构（图 5-1d）。

按照传动原理，常用的棘轮机构分为齿式棘轮机构和摩擦式棘轮机构。

5.1.1 棘轮机构的工作原理

1. 齿式棘轮机构

如图 5-1a 所示，棘轮机构主要由棘轮 1、棘爪 2、摆杆 3 和机架组成。棘轮机构一般由曲柄摇杆机构带动，曲柄摇杆机构中的摇杆与棘轮机构中的摆杆 3 为同一构件。在棘轮机构中，摆杆 3 为主动件，它与棘轮 1 以转动副相连接。棘轮 1 的轮齿分布在轮的外缘（也可分布在内缘或端面）。当摆杆 3 逆时针摆动时，与它相连的驱动棘爪 2 利用外力（自重或弹簧压紧力）插入棘轮的齿槽内，推动棘轮逆时针转过一定的角度。当摆杆 3 顺时针摆动时，弹簧 5 迫使止动棘爪 4 插入棘轮的齿槽，阻止棘轮顺时针转动，故驱动棘爪沿棘轮齿背滑过，从而实现当摆杆往复摆动时，棘轮做单向间歇运动。

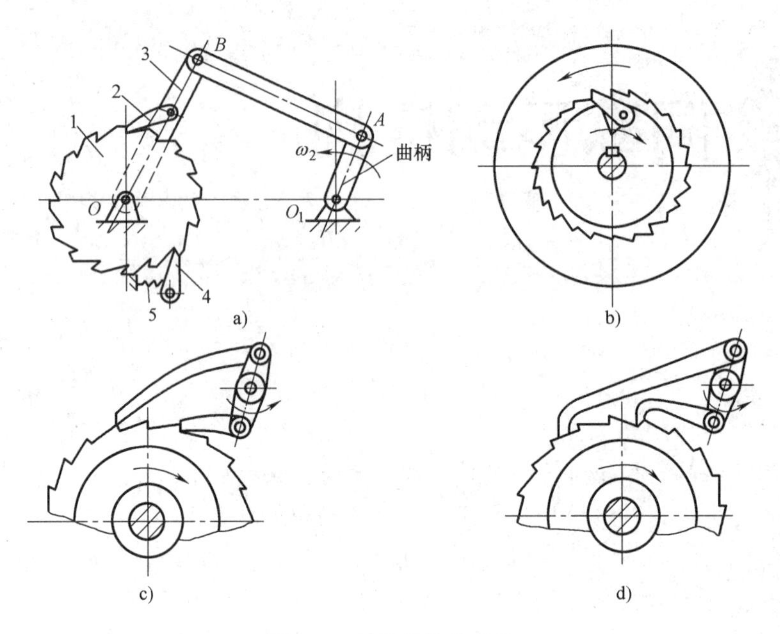

图 5-1　棘轮机构的结构

1—棘轮　2—棘爪　3—摆杆　4—止动棘爪　5—弹簧

2. 摩擦式棘轮机构

齿式棘轮机构转动时，棘轮的转角必定是相邻两齿所夹中心角的整数倍。为了实现棘轮转角的任意性，可采用无棘齿的摩擦式棘轮机构。摩擦式棘轮机构的基本结构如图 5-2 所示，其传动的基本原理与齿式棘轮机构相同。不同之处在于摩擦式棘轮机构中，以偏心扇形块 2 代替棘爪，以无齿摩擦轮 3 代替棘轮。当摇杆 1 沿逆时针方向转动时，偏心扇形块 2 与轮 3 楔紧而结为一体，使轮 3 也随之做逆时针方向转动，同时止回扇形块 4 放松。当摇杆 1 顺时针方向转动时，偏心扇形块 2 与轮 3 分离，同时止回扇形块 4 楔紧，阻止轮 3 顺时针转动。

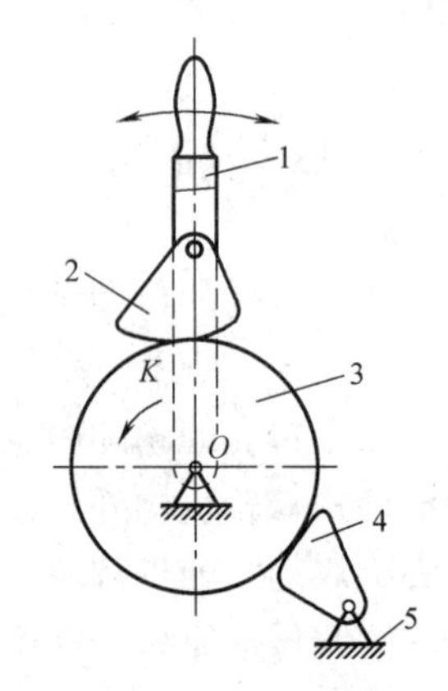

图 5-2　摩擦式棘轮机构

1—摇杆　2—偏心扇形块　3—无齿摩擦轮　4—止回扇形块　5—机架

5.1.2　棘轮机构的主要参数

1. 棘爪顺利进入棘轮齿槽的条件

如图 5-3 所示，该棘轮机构工作时，棘爪推动棘轮逆时针转动。为使棘爪推动棘轮的有效力最大，棘爪回转中心 O_1 应位于棘轮齿顶圆的切线上。当棘爪与棘齿在 A 点接触时，棘齿对棘爪的作用有正压力 N 和阻止棘爪下滑的摩擦力 F（$F=fN$），为保证棘爪在此二力作用下仍能向棘齿根部滑动而不从齿槽滑脱，则使棘爪滑入齿槽的力矩 $NL\tan\varphi$ 大于阻止其滑入齿槽的摩擦力矩 FL，因此棘爪顺利进入棘轮齿槽的条件为：

$$NL\tan\varphi > FL$$

又 $FL=fNL=NL\tan\rho$，代入上式得

$$\tan\varphi > \tan\rho$$

所以可得

$$\varphi > \rho \tag{5-1}$$

式中　ρ——摩擦角，$\rho = \arctan f$，f 为摩擦系数，取 $f = 0.2 \sim 0.25$；

φ——爪与轮齿接触点 A 的公法线 nn 与 O_1A 所夹的锐角。

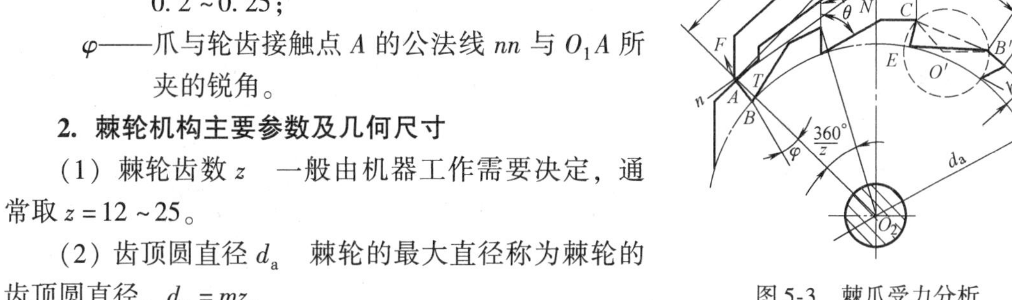

图 5-3　棘爪受力分析

2. 棘轮机构主要参数及几何尺寸

（1）棘轮齿数 z　一般由机器工作需要决定，通常取 $z = 12 \sim 25$。

（2）齿顶圆直径 d_a　棘轮的最大直径称为棘轮的齿顶圆直径，$d_a = mz$。

（3）模数 m　仿照齿轮标准确定，与齿轮模数的不同之处在于棘轮的模数（单位：mm）是在棘轮齿顶圆处测量求得的。令

$$m = \frac{p}{\pi} \tag{5-2}$$

式中　m——模数（mm），已系列化，见表 5-1；

p——齿距，即相邻两齿顶对应位置之间所夹齿顶圆的弧长。

（4）棘轮齿高　$h = 0.75m$。

（5）棘轮齿槽夹角 θ　一般取 $\theta = 60°$。

棘轮机构几何尺寸按表 5-1 计算。

表 5-1　棘轮机构几何尺寸

尺寸名称	符　　号	计算公式与参数
模数	m	常用 1、2、3、4、5、6、8、10、12、14、16 等
齿距	p	$p = \pi d_a / z$
齿顶圆直径	d_a	$d_a = zm$
齿　　高	h	$h = 0.75m$
齿顶高	s	$s = m$
齿槽夹角	θ	$\theta = 60°$ 或 $55°$
棘爪长度	L	$2\pi m$

5.1.3　棘轮机构的特点及应用

棘轮机构具有单向间歇运动特性，在实际应用中可满足送进、制动、转位、分度等工艺要求。

齿式棘轮机构结构简单，制造方便；其动与停的时间比可通过选择合适的驱动机构实现。缺点是动程只能做有级调节；噪声、冲击和磨损较大，故不宜用于高速。

摩擦式棘轮机构是用偏心扇形楔块代替齿式棘轮机构中的棘爪，以无齿摩擦轮代替棘轮。特点是传动平稳、无噪声；动程可无级调节。但因靠摩擦力传动，会出现打滑现象，虽然可起到安全保护作用，但是传动精度不高。适用于低速、轻载的场合。

棘轮机构除了间歇运动外，还能实现超越运动。如图 5-4 所示为自行车后轮轴上的棘轮机构。当脚蹬踏板时，大链轮 1 和链条 2 带动内圈具有棘齿的内棘轮 3 顺时针转动，再通过棘爪 4 的作用，使后轮轴 5 顺时针转动，从而驱使自行车前进。当自行车前进时，如果不蹬踏板，后轮轴 5 的顺时针转速高于内棘轮 3 的顺时针转速，则棘爪 4 在内棘轮 3 的棘齿齿背上滑过，从而实现不蹬踏板的自由滑行。这种运动形式叫超越运动。

棘轮机构还可作为防止机构逆转的停止器。如图 5-5 所示，这种棘轮停止器广泛应用于卷扬机、提升机以及运输机等设备中。

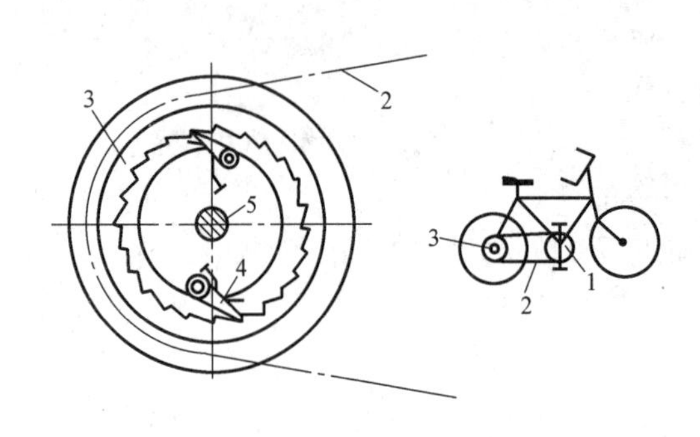

图 5-4　自行车后轮轴棘轮机构

1—大链轮　2—链条　3—内棘轮　4—棘爪　5—后轮轴

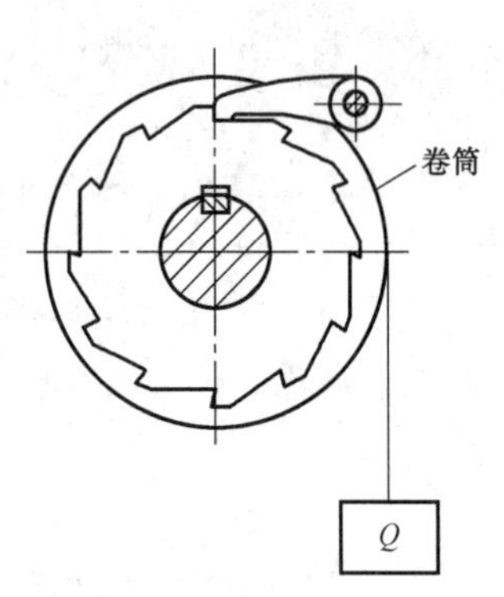

图 5-5　提升机棘轮停止器

5.2　槽轮机构

5.2.1　槽轮机构的工作原理

槽轮机构的结构如图 5-6 所示。它由带有圆销 A 的拨盘 1、具有径向槽的槽轮 2 和机架组成。拨盘 1 为主动件，当拨盘 1 做匀速转动时，可驱使槽轮 2 做时转时停的间歇运动。拨盘 1 上的圆销 A 尚未进入槽轮 2 的径向槽时，由于槽轮 2 的内凹锁止弧被拨盘 1 的外凸圆弧卡住，故槽轮 2 静止不动。在图 5-6a 中，圆销 A 开始进入槽轮 2 的径向槽。这时锁止弧被松开，因此槽轮 2 受圆销 A 驱动逆时针转动。当圆销 A 开始脱出槽轮的径向槽时，如图5-6b

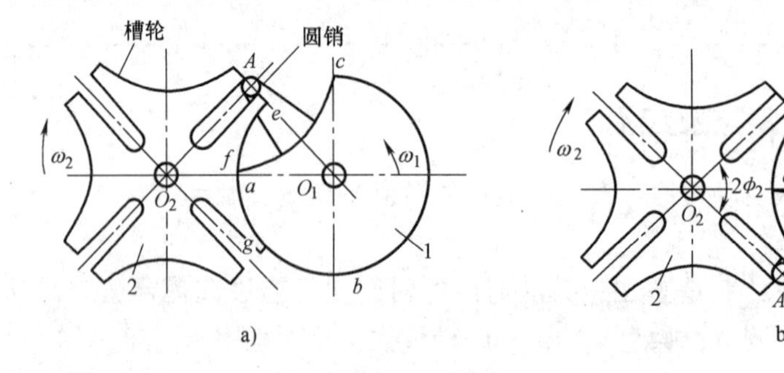

图 5-6　槽轮机构的工作原理

a）圆销开始进入径向槽　b）圆销开始脱出径向槽

1—拨盘　2—槽轮

所示，槽轮的另一段内凹锁止弧又被拨盘 1 的外凸圆弧卡住，使槽轮 2 又静止不动，直到圆销 A 进入槽轮 2 的另一径向槽时，重复上述的运动循环。为了防止槽轮在工作过程中位置发生偏移，除锁止弧之外也可以采用其他专门的定位装置。

平面槽轮机构有两种形式：外槽轮机构和内槽轮机构。

图 5-7 所示为转塔车床刀架的转位槽轮机构，它是外槽轮机构，槽轮上均匀分布着六个径向槽，故拨盘转动一周驱使槽轮（刀架）转动 60°。

槽轮机构构造简单，机械效率高，并且运动平稳，因此在自动机床的转位机构、电影放映机卷片机构等自动机械中得到广泛的应用。

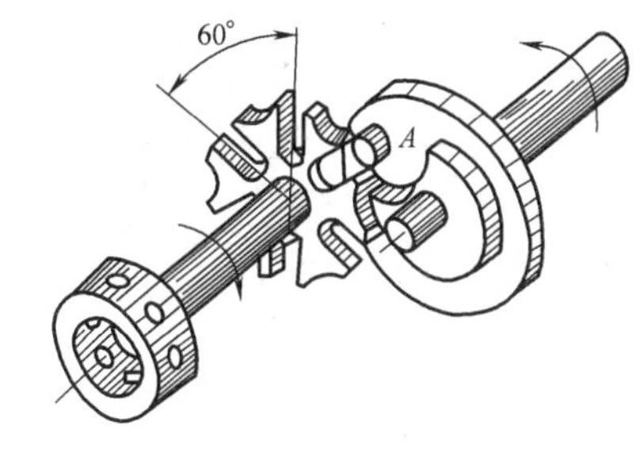

图 5-7　转塔车床刀架的转位槽轮机构

5.2.2　槽轮机构的主要参数

槽轮机构的主要参数是槽数 z 和拨盘圆销数 K。

如图 5-6 所示，为了使槽轮 2 在开始和终止转动时的瞬时角速度为零，以避免圆销与槽发生撞击，在圆销进入或脱出径向槽的瞬时，槽的中心线 O_2A 应与 O_1A 垂直。设 z 为均匀分布的径向槽数目，则当槽轮 2 转过 $2\phi_2=2\pi/z$ 弧度时，拨盘 1 的转角 $2\phi_1$ 应满足

$$2\phi_1=\pi-2\phi_2=\pi-2\pi/z$$

将槽轮 2 在一个运动循环内的运动时间 t_m 与拨盘 1 的运动时间 t 的比值 τ 称为运动特性系数。当拨盘 1 等速转动时，这个时间之比可用转角之比来表示。对于只有一个圆销的槽轮机构，t_m 和 t 分别对应于拨盘 1 转过的角度 $2\phi_1$ 和 2π。因此其运动特性系数 τ 为

$$\tau=\frac{t_m}{t}=\frac{2\phi_1}{2\pi}=\frac{\pi-\dfrac{2\pi}{z}}{2\pi}=\frac{1}{2}-\frac{1}{z}$$

为保证槽轮运动，其运动特性系数应大于零。由上式可知，运动特性系数大于零时，径向槽的数目 $z\geqslant3$。但槽数 $z=3$ 的槽轮机构，由于槽轮的角速度变化很大，圆销进入或脱出径向槽的瞬时，槽轮的角加速度也很大，会引起较大的振动和冲击，所以很少应用。又由上式可知，只有一个圆销的槽轮机构的运动特性系数总是小于 0.5，即槽轮的运动时间 t_m 总小于静止时间 t_s。

如果拨盘 1 上装有数个圆销，则可以得到 $\tau>0.5$ 的槽轮机构。设均匀分布的圆销数目为 K，则一个循环中，槽轮 2 的运动时间为只有一个圆销时的 K 倍，即

$$\tau=\frac{K(z-2)}{2z}$$

为保证槽轮做间歇运动，其运动系数 τ 还应当小于 1，故由上式得

$$K<\frac{2z}{z-2}$$

由上式可知，当 $z=3$ 时，圆销的数目可为 1 ~ 5；当 $z=4$ 或 5 时，圆销数目可为 1 ~ 3；而当 $z>6$ 时，圆销的数目应为 1 或 2。

槽数 $z>9$ 的槽轮机构比较少见，因为当中心距一定时，z 越大，槽轮的尺寸也越大，转动时的惯性力矩也增大。另可知，当 $z>9$ 时，槽数虽增加，τ 的变化却不大，起不到明显的作用，故 z 常取为 4 ~ 8。

5.3 不完全齿轮机构

不完全齿轮机构也是一种常见的间歇运动机构，它是在齿轮传动的基础上发展而成的。如图 5-8 所示，不完全齿轮机构的主动轮一般为只有一个或几个齿的不完全齿轮，从动轮既可以是普通的完整齿轮（图 5-8c），也可以是由正常齿和带锁止弧的厚齿彼此相间组成的齿轮（图 5-8a）。这样当主动轮的有齿部分与从动轮啮合时，从动轮随主动轮转动；当主动轮无齿部分工作时，从动轮停止不动，因而当主动轮做连续回转运动时，从动轮可以得到间歇运动。在从动轮停歇期间，主动轮上的凸锁止弧与从动轮上的凹锁止弧密合，保证从动轮停歇在预定位置而不游动。

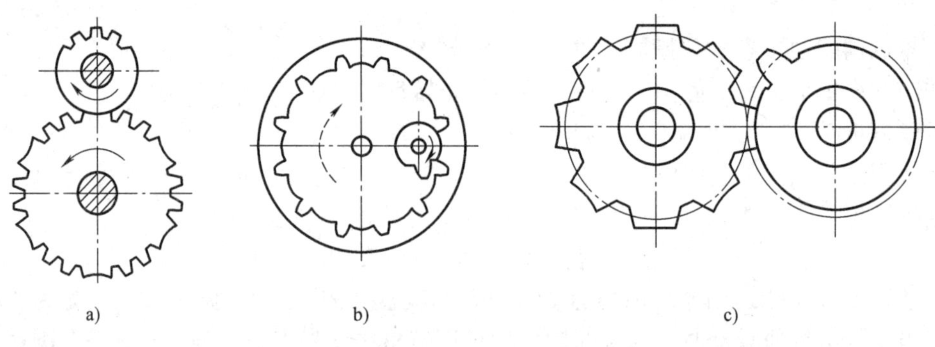

图 5-8 不完全齿轮机构

不完全齿轮机构的主要形式有外啮合与内啮合两种形式。

不完全齿轮机构与其他机构相比，结构简单，制造方便，从动轮的运动时间和静止时间的比例可不受机构结构的限制。但由于齿轮传动为定传动比运动，从动轮从静止到转动或从转动到静止时，速度有突变，冲击较大，所以一般只用于低速或轻载的场合。如用于高速运动，可以采用一些附加装置（如具有瞬心线附加杆的不完全齿轮机构等），来降低因从动轮速度突变而产生的冲击。

不完全齿轮机构常应用于计数器、电影放映机和某些具有特殊运动要求的专用机械中。

小　　结

本章主要讲述了棘轮机构、槽轮机构和不完全齿轮机构的工作原理、运动特点和适用场合。重点分析了棘轮机构、槽轮机构的参数选择。

1. 本章重点

（1）棘轮机构　棘轮机构可将主动件的往复摆动转换为棘轮的间歇转动，它能够实现间歇送进、制动、分度等功能，而且结构简单。棘轮机构适用于低速、轻载的场合。

（2）槽轮机构　槽轮机构可将主动件的连续转动转化为槽轮的间歇转动，能够实现间歇送进、转位、分度等工作要求。槽轮机构结构简单，机械效率高。但由于槽轮机构的动程不可调节，槽轮起动和停止时有冲击，故适用于中速场合。增加槽轮的径向槽数可以提高机构运动的平稳性，增加主动拨盘上圆销的数量则可增大机构的运动特性系数。

2. 本章难点

本章难点是棘轮机构与槽轮机构参数的选择。有关棘轮机构与槽轮机构的详细设计，可参阅机械设计手册。

思考与习题

5-1　判断题

1. 棘轮机构中棘轮每次转动的转角都可以进行无级调节。　　（　　）

2. 内槽轮机构只能有一个圆销，而外槽轮机构圆销数可不止一个。　　（　　）

3. 不完全齿轮机构的主动轮是一个完整的齿轮，而从动轮只有几个齿。　　（　　）

5-2　选择题

1. 下列何种间歇运动机构中，从动件的每次转角可以调节。　　（　　）

A. 棘轮机构　　B. 槽轮机构　　C. 不完全齿轮机构

2. 调整棘轮转角的方法有：①增加棘轮齿数，②调整摇杆长度，③调整遮盖罩的位置。其中什么方法最有效？　　（　　）

A. ①和②　　B. ②和③　　C. ①②③都可以

3. 自行车飞轮是一种典型的超越机构，这是通过下列哪种机构实现超越的？　　（　　）

A. 外啮合棘轮机构　　B. 内啮合棘轮机构　　C. 槽轮机构

5-3　设计计算题

1. 有一外啮合槽轮机构，已知槽轮槽数 $z=6$，槽轮的停歇时间为1s，槽轮的运动时间为2s。求槽轮机构的运动特性系数及所需的圆销数目。

2. 在转动轴线互相平行的两构件中，主动件做往复摆动，从动件做单向间歇转动，若要求主动件每往复一次，从动件转12°。试问：

1）可采用什么机构？

2）试画出其机构示意图。

3）简单说明设计该机构尺寸时应注意哪几个问题。

第6章 齿轮传动

学习目标

本章对齿轮传动的研究，一方面从几何关系入手研究其传动平稳性，另一方面从承载能力出发研究其设计问题。通过对本章的学习，要达到以下目标：

1. 了解齿轮传动的类型、特点和应用范围，掌握齿廓啮合基本定律的意义。
2. 了解渐开线的形成及其特性，明确啮合线及啮合角的含义。
3. 掌握渐开线齿轮的基本参数，熟练掌握标准直齿轮几何尺寸的计算。
4. 明确渐开线齿轮正确啮合的条件和标准中心距，理解重合度的意义及连续传动的条件。
5. 了解渐开线齿轮的常用加工方法，理解根切的概念及最少齿数的含义。
6. 了解变位齿轮传动。
7. 掌握轮齿失效的形式及设计准则，熟悉常用齿轮材料的特性及热处理方式。
8. 掌握直齿圆柱齿轮轮齿作用力的分析，掌握齿面接触疲劳强度计算和齿根弯曲疲劳强度计算公式的应用和公式中参数的意义、选择方法。
9. 了解斜齿圆柱齿轮的齿廓曲面及传动特点，掌握其基本参数、主要几何尺寸及当量齿数，掌握轮齿作用力的分析。
10. 了解直齿锥齿轮的基本参数、当量齿数及轮齿作用力分析。
11. 了解齿轮的常用结构，掌握齿轮传动的结构设计，了解齿轮的效率及润滑方式。

6.1 齿轮机构的传动特点和类型

6.1.1 齿轮机构的传动特点

在现代机器中齿轮机构是最重要的传动形式之一，也是历史上应用最早的传动机构之一。齿轮传动广泛应用于传递空间任意两轴间的运动和动力，其圆周速度可达到300m/s。齿轮传动与摩擦轮传动、带传动等比较，具有传递功率大（最大功率可达10^5kW）、效率高(98%～99%)、传动比准确、能传递任意夹角两轴间的运动、使用寿命长、工作平稳、安全可靠等优点，主要缺点是要求较高的制造和安装精度，加工齿轮需要用专用机床和设备，成本较高，且不宜做轴间距离较大的传动。

6.1.2　齿轮传动的类型

齿轮传动的类型很多，按照不同的分类方法可分为不同的类型。

1. 按传动比

根据一对齿轮传动的传动比（$i_{12}=\omega_1/\omega_2$）是否恒定来分，可分为定传动比和变传动比齿轮传动。变传动比齿轮传动机构中齿轮一般是非圆形的，所以又称为非圆齿轮传动，它主要用于一些具有特殊要求的机械中。而定传动比齿轮传动机构中的齿轮都是圆形的，所以又称为圆形齿轮传动。本章只研究定传动比齿轮传动。

定传动比齿轮传动的类型很多，根据其主、从动轮回转轴线是否平行，又可将它分为两类，即平面齿轮传动和空间齿轮传动，如下述：

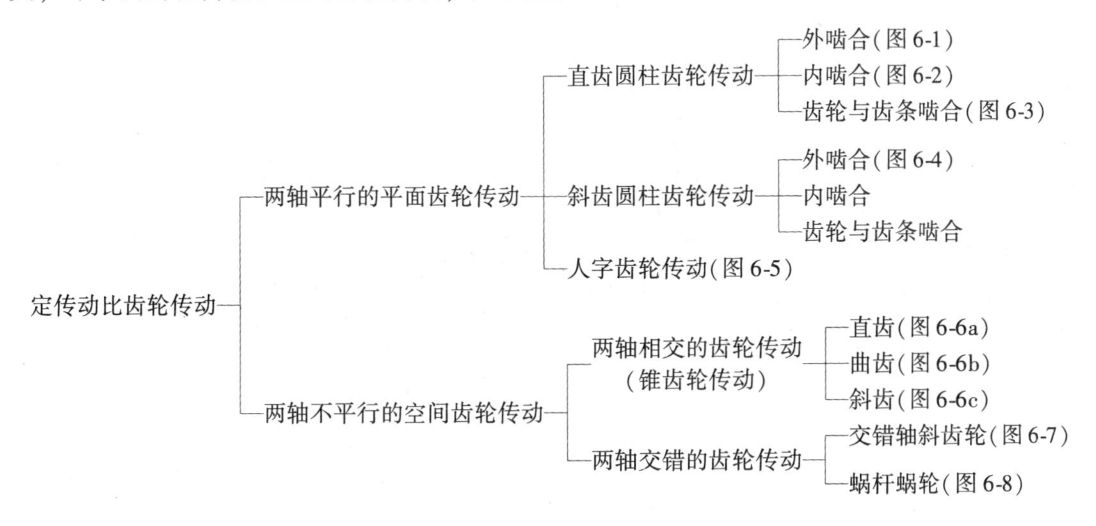

图6-1　外啮合直齿圆柱齿轮传动

图6-2　内啮合直齿圆柱齿轮传动

2. 按齿廓形状

按齿廓曲线的形状不同，可分为渐开线齿轮传动、摆线齿轮传动、圆弧齿轮传动和抛物线齿轮传动等。其中渐开线齿轮传动应用最为广泛，本章主要介绍渐开线齿轮传动。

3. 按工作条件

按齿轮传动的工作条件不同，可分为闭式齿轮传动、开式齿轮传动和半开式齿轮传动。开式齿轮传动中轮齿外露，灰尘易于落在齿面；闭式齿轮传动中轮齿封闭在箱体内，可保证良好的工作条件，应用广泛；半开式齿轮传动比开式齿轮传动工作条件要好，大齿轮部分浸入油池内并有简单的防护罩，但仍有外物侵入。

图 6-3 齿轮齿条传动

图 6-4 斜齿轮传动

图 6-5 人字齿轮传动

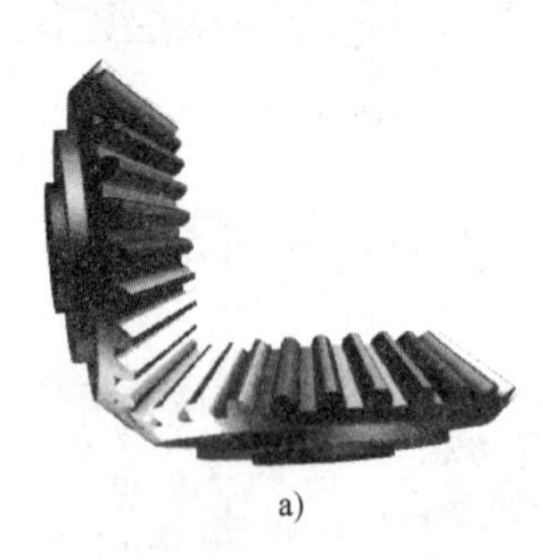

a)

b)

c)

图 6-6 锥齿轮传动

a）直齿锥齿轮传动 b）曲齿锥齿轮传动 c）斜齿锥齿轮传动

图 6-7 交错轴斜齿轮传动

图 6-8 蜗杆传动

4. 按齿面硬度

根据齿面硬度不同分为软齿面齿轮传动和硬齿面齿轮传动。当两轮（或其中有一轮）的齿面硬度≤350HBW 时，称为软齿面传动；当两轮的齿面硬度均 >350HBW 时，称为硬齿面传动。软齿面齿轮传动常用于对精度要求不太高的一般中、低速齿轮传动，硬齿面齿轮传动常用于要求承载能力强、结构紧凑的齿轮传动。

齿轮传动的类型虽然很多，但渐开线直齿圆柱齿轮传动是其中最简单、最基本的类型，所以本章主要介绍渐开线直齿圆柱齿轮的传动原理及设计原理，并以此为基础对其他类型齿轮传动的相关知识进行简单介绍。

6.2 齿廓啮合基本定律

6.2.1 研究齿廓啮合基本定律的目的

齿轮用于传递运动和动力，因此，齿轮传动必须解决两个最基本的问题——传动平稳和足够的承载能力。

齿轮传动靠主动齿轮的轮齿齿廓推动从动轮的齿廓来进行，在传递动力和运动时，要想保持其传动准确、平稳，则其瞬时传动比必须保持不变。所谓瞬时传动比，就是主、从动轮瞬时角速度的比值，常用 i_{12} 表示，即

$$i_{12}=\frac{\omega_1}{\omega_2}$$

否则，当主动轮以等角速度回转时，从动轮的角速度为变数，就会产生惯性力。这种惯性力不仅影响轮齿的强度和寿命，而且会引起机器的冲击、振动和噪声，并影响工作精度。当两齿轮传动时，其瞬时传动比的变化规律与两轮齿廓曲线形状有关，即齿廓的形状不同，两轮瞬时传动比的变化规律也不同。齿廓啮合基本定律就是研究当齿廓形状符合何种条件时，才能满足瞬时传动比必须保持不变这一基本要求。

6.2.2 齿廓啮合基本定律概述

如图 6-9 所示为任意一对相啮合的齿轮齿廓 E_1 和 E_2，设两轮的转动中心为 O_1、O_2，主动轮以 ω_1 顺时针转动，从动轮以 ω_2 逆时针转动。两啮合齿轮的齿廓 E_1 和 E_2 某一瞬时在 K 点接触，则过点 K 作两齿廓 E_1、E_2 的公法线 nn 与两轮连心线交于点 P，两轮齿廓上 K 点的速度分别为

$$v_{K1}=\omega_1\overline{O_1K}$$
$$v_{K2}=\omega_2\overline{O_2K}$$

且 v_{K1} 和 v_{K2} 在法线 nn 上的分速度应相等，否则两齿廓将会压坏或分离。即

$$v_{K1}\cos\alpha_{K1}=v_{K2}\cos\alpha_{K2}$$

于是可得

$$\frac{\omega_1}{\omega_2}=\frac{\overline{O_2K}\cos\alpha_{K2}}{\overline{O_1K}\cos\alpha_{K1}}$$

过 O_1、O_2 分别作 nn 的垂线 O_1N_1 和 O_2N_2，得 $\angle KO_1N_1=\alpha_{K1}$、$\angle KO_2N_2=\alpha_{K2}$，所以

$$\frac{\omega_1}{\omega_2}=\frac{\overline{O_2K}\cos\alpha_{K2}}{\overline{O_1K}\cos\alpha_{K1}}=\frac{\overline{O_2N_2}}{\overline{O_1N_1}}$$

又因 $\triangle PO_1N_1\backsim\triangle PO_2N_2$，则上式又可写成

$$\frac{\omega_1}{\omega_2}=\frac{\overline{O_2N_2}}{\overline{O_1N_1}}=\frac{\overline{O_2P}}{\overline{O_1P}}$$

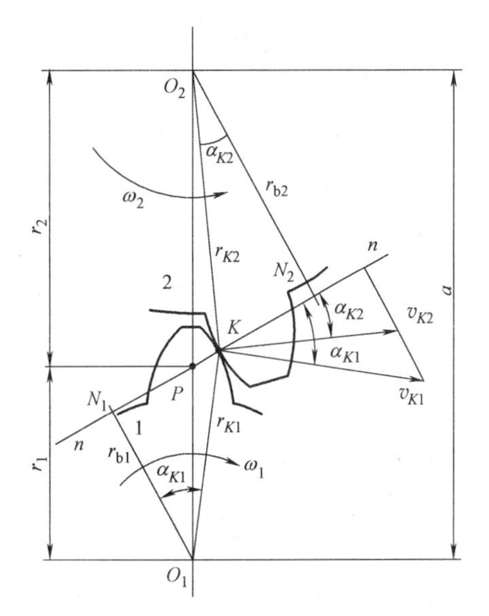

图 6-9 一对平面齿廓啮合示意图

故
$$i_{12}=\frac{\omega_1}{\omega_2}=\frac{\overline{O_2P}}{\overline{O_1P}} \tag{6-1}$$

上述过两齿廓接触点所作的齿廓公法线与两轮连心线 O_1O_2 的交点 P，称为啮合节点（简称为节点）。由于两轮做定传动比传动时，节点 P 为一定点，因此点 P 在两轮 1、2 的运动平面上的轨迹是分别以 O_1 和 O_2 为圆心，以 O_1P 和 O_2P 为半径的两个圆。这两个圆分别称为轮 1 和轮 2 的节圆。两节圆在切点 P 的线速度相等（$v_{P1}=v_{P2}$），故两齿轮的啮合传动可以视为两节圆做纯滚动。节圆是一对齿轮传动时出现节点后才存在的，所以单个齿轮没有节点，也不存在节圆。

由式（6-1）可知，要使两轮的传动比恒定不变，则比值$\frac{\overline{O_2P}}{\overline{O_1P}}$应为常数。因两轮中心距 O_1O_2 为定长，所以要使$\frac{\overline{O_2P}}{\overline{O_1P}}$为常数，则必须使点 P 为一定点。

由以上分析可得出以下结论：

1）要想使齿轮传动的传动比恒定，其齿廓曲线必须满足条件：不论两齿廓在任何位置接触，过啮合点所作的两齿廓的公法线必须与两轮连心线 O_1O_2 相交于一定点。

2）互相啮合的一对齿轮，在任一位置时的传动比，都与其连心线 O_1O_2 被其啮合齿廓在接触点处的公法线所分成的两段成反比。这一定律称为齿廓啮合的基本定律。

凡是能满足齿廓啮合基本定律的一对齿廓，称为共轭齿廓。

在理论上能满足定传动比规律的共轭齿廓曲线是很多的，但在生产实际中选择齿廓曲线时，不仅要满足传动比的要求，还必须满足制造、安装和使用寿命等方面的要求。对做定传动比传动的齿轮来说，目前常用的齿廓曲线是渐开线，另外还有摆线、变态摆线、圆弧和抛物线等。用渐开线作为齿廓，不但容易制造，而且便于安装，互换性好，所以目前在生产中仍然广泛使用。因此，本课程主要研究渐开线齿廓的齿轮。

6.3 渐开线与渐开线齿廓

齿轮传动中，当主动轮转速一定时，决定从动轮转速的关键因素是两轮齿廓曲线的形状。为此要研究渐开线齿轮的传动特点，首先必须对渐开线的特性加以研究。下面将分别讨论渐开线的形成、性质、方程式及渐开线齿廓的啮合特性。

6.3.1 渐开线的形成

如图 6-10 所示，当直线 BK（称为发生线）沿半径为 r_b 的圆（称为基圆）做纯滚动时，直线上任一点 K 的轨迹 AK 就是该圆的渐开线。r_b 称为基圆半径，角 θ_K 称为渐开线在 AK 段的展角。

6.3.2 渐开线的特性

由渐开线的形成过程可知，渐开线具有以下几个性质：

1）发生线沿基圆滚过的长度，等于基圆上被滚过的圆弧长度，如图 6-10 所示，即

$$\overline{BK}=\overset{\frown}{AB}$$

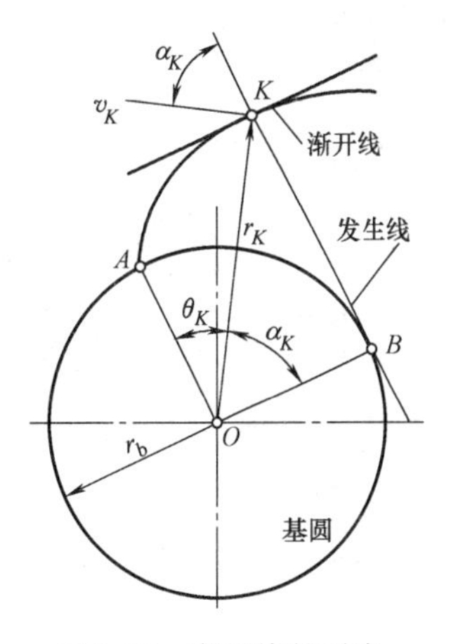

图6-10　渐开线的形成

2）渐开线上任意点的法线恒与基圆相切。发生线 BK 是渐开线上点 K 的法线。又因发生线始终切于基圆，故可得出结论：渐开线上任意点的法线，一定是基圆的切线。

3）还可以证明，发生线与基圆的切点 B 也是渐开线在点 K 的曲率中心，而线段 BK 是渐开线在点 K 的曲率半径。渐开线越接近基圆的部分，其曲率半径越小，即曲率越大，渐开线越弯曲。在基圆上，其曲率半径为零。

4）渐开线的形状取决于基圆的大小。如图6-11所示，基圆半径越大，其渐开线越平直。当基圆半径为无穷大时，渐开线便成为一条直线。

5）同一基圆上任意两条渐开线（不论是同向的还是反向的）都是法向等距曲线。图6-12所示的 C 和 C' 是同一基圆上的两条反向渐开线，A_1B_1 与 A_2B_2 为 C、C'间的任意两条法线，由渐开线特性1）、2）可知

$$\overline{A_1B_1}=\overline{A_2B_2}=\overset{\frown}{AB}$$

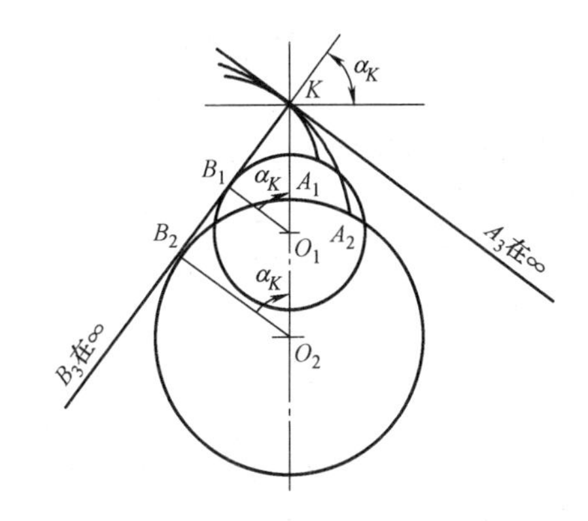

图6-11　不同基圆上的渐开线

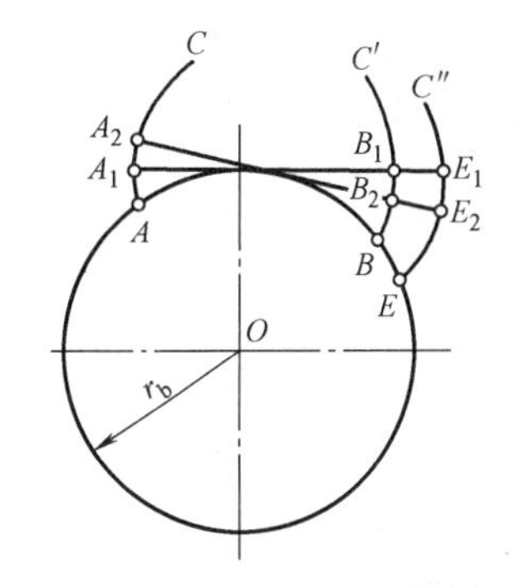

图6-12　同一基圆上的渐开线

6）渐开线是从基圆开始向外逐渐展开的，基圆内无渐开线。

6.3.3　渐开线方程式

如图6-10所示，若将 AK 渐开线作为一齿轮的齿廓曲线，并且与其共轭齿廓在点 K 啮合，则此时齿廓在点 K 所受正压力的方向（即齿廓曲线在该点的法线方向）与点 K 的线速度（v_K）方向之间所夹的锐角，称为渐开线在点 K 的压力角，用 α_K 表示。

由直角△OBK 可得
$$r_K=\frac{r_b}{\cos\alpha_K}$$

又
$$\tan\alpha_K=\frac{\overline{BK}}{r_b}=\frac{\overset{\frown}{AB}}{r_b}=\frac{r_b(\alpha_K+\theta_K)}{r_b}=\alpha_K+\theta_K$$

故
$$\theta_K=\tan\alpha_K-\alpha_K$$

上式表明，渐开线上点 K 的展角 θ_K 是随压力角 α_K 的大小变化的，只要知道了渐开线

上各点的压力角 α_K，则该点的展角 θ_K 就可以由上式算出，故 θ_K 是 α_K 的函数。又因该函数是根据渐开线的性质推导出来的，所以又将 θ_K 称为 α_K 的渐开线函数，工程上常用 $\mathrm{inv}\alpha_K$ 表示 θ_K，即

$$\theta_K = \mathrm{inv}\alpha_K = \tan\alpha_K - \alpha_K$$

式中　θ_K 和 α_K——单位为弧度。

在图 6-10 中，点 A 为渐开线在基圆的起点，点 K 为渐开线上任意一点，其向径用 r_K 来表示。渐开线 AK 的展角用 θ_K 表示。若以基圆的圆心为极点，OA 为极轴，可得渐开线的极坐标参数方程为

$$\left.\begin{aligned} r_K &= \frac{r_b}{\cos\alpha_K} \\ \theta_K &= \mathrm{inv}\alpha_K = \tan\alpha_K - \alpha_K \end{aligned}\right\} \tag{6-2}$$

工程上为了便于应用，已将不同压力角的渐开线函数列成表格，以便进行齿轮计算时查用。

6.3.4　渐开线齿廓的啮合特性

用渐开线作为齿廓曲线的齿轮称为渐开线齿轮，前面介绍了渐开线的形成及其特性，下面将进一步探讨渐开线齿轮传动的特点。

1. 一对渐开线齿廓能保证实现恒定传动比传动

如图 6-13 所示，两齿轮上一对渐开线齿廓在任意点 K 相啮合。由渐开线的性质可知，过点 K 所作的两齿廓的公法线必为两轮基圆的一条内公切线 N_1N_2（N_1 和 N_2 为切点），而在齿轮啮合传动过程中，两基圆的大小和位置都不变，因此其同一方向的内公切线是唯一的，这说明一对渐开线齿廓从开始啮合到脱离啮合的啮合点均在直线 N_1N_2 上，所以 N_1N_2 是两齿廓啮合点所走过的轨迹，称为啮合线。因为一对渐开线齿廓的啮合线为一条定直线，从而与两轮连心线 O_1O_2 的交点 P 是固定的，因此渐开线齿廓满足齿廓啮合基本定律，能保证实现定传动比传动。由此得

$$i_{12} = \frac{\omega_1}{\omega_2} = \frac{\overline{O_2P}}{\overline{O_1P}} = 常数 \tag{6-3}$$

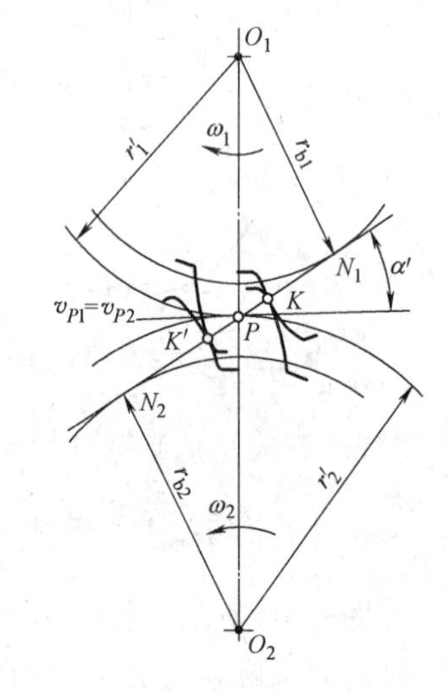

图 6-13　渐开线齿廓的啮合特性

2. 四线合一，保证渐开线齿廓间正压力方向的不变性

渐开线齿廓在传动过程中，靠轮齿之间的推压传递运动和动力。而啮合齿廓间的正压力方向是啮合点公法线方向，即啮合线 N_1N_2 方向，如图 6-13 所示，故渐开线齿轮传动时，其啮合线、过啮合点的公法线、两轮基圆的内公切线、正压力作用线四线重合，所以齿廓不论在什么点啮合，不计摩擦，齿轮之间的正压力的大小和方向均不变。这一特性对传动的平稳性很有利。

3. 啮合角恒等于节圆压力角

啮合线与过节点 P 所作两节圆的内公切线之间所夹的锐角 α'，称为啮合角，在图 6-13 中，由几何关系可知，啮合角恒等于节圆压力角。

4. 渐开线齿廓传动中心距具有可分性

如图 6-13 所示，$\triangle O_1N_1P$ 与$\triangle O_2N_2P$ 相似，故两轮的传动比又可表示为

$$i_{12}=\frac{\omega_1}{\omega_2}=\frac{\overline{O_2P}}{\overline{O_1P}}=\frac{r_2'}{r_1'}=\frac{r_{b2}}{r_{b1}}=\text{常数} \tag{6-4}$$

式中　r_1'、r_2'——两轮节圆的半径。

式（6-4）表明，一对渐开线齿廓的传动比等于两轮节圆半径的反比，也等于两轮基圆半径的反比。渐开线齿廓加工完成之后，其基圆的大小就已经完全确定，所以即使由于制造、安装等原因造成误差，使传动中心距、节圆半径发生改变，但由于基圆半径保持不变，故传动比仍保持不变。渐开线齿廓传动的这一特性，称为中心距可分性。它为齿轮的制造和安装带来很大的方便，这也是渐开线齿廓被广泛应用的原因之一。

6.4　渐开线标准直齿圆柱齿轮传动的基本参数及几何尺寸

渐开线标准圆柱齿轮是由同一基圆上两条反向渐开线段组成的轮齿均匀分布在圆周上所形成的。为了进一步研究齿轮的传动原理和齿轮的设计问题，必须熟悉齿轮各部分的名称、符号及几何尺寸的计算。本节以直齿圆柱齿轮为例，就上述各个方面做介绍。

6.4.1　渐开线标准直齿圆柱齿轮各部分的名称及代号

图 6-14 所示是标准直齿圆柱外齿轮的一部分。

（1）齿数　在齿轮整个圆周上轮齿的总数称为齿轮的齿数，常用 z 表示。

（2）齿顶圆　过齿轮所有齿顶端的圆称为齿顶圆。其半径用 r_a 表示，直径用 d_a 表示。

（3）齿根圆　齿轮相邻两齿廓之间的空间称为齿槽，过所有齿槽底部的圆称为齿根圆。其半径用 r_f 表示，直径用 d_f 表示。

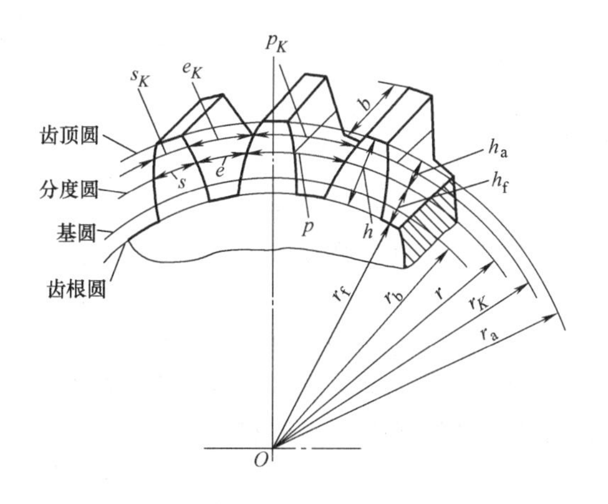

图 6-14　标准直齿圆柱齿轮各部分的名称、尺寸和符号

（4）齿距、齿厚、齿槽宽　在半径为 r_K 的任意圆周上相邻两齿同侧齿廓间的弧线长度称为齿距，用 p_K 表示；在基圆周上，相邻两齿同侧齿廓间弧线长称为基圆齿距，用 p_b 表示；相邻两齿同侧齿廓在法线方向上的距离称为法向齿距，用 p_n 表示。由渐开线的性质可知，$p_n=p_b$。

在半径为 r_K 的任意圆周上，同一轮齿的两侧齿廓间的弧线长度称为该圆上的齿厚，用 s_K 表示；齿槽两侧齿廓之间的弧长称为该圆上的齿槽宽，用 e_K 表示。由图 6-14 可知，在同一圆周上齿距等于齿厚与齿槽宽之和，即 $p_K=e_K+s_K$。

（5）分度圆　为设计和制造方便，在齿顶圆和齿根圆之间人为地规定了一个参考圆，用它作为度量齿轮尺寸的基准圆，即分度圆，其半径用 r 表示，直径用 d 表示。规定标准齿

轮分度圆上的齿厚 e 与齿槽宽 s 相等，即 $s=e=\frac{p}{2}$。

（6）齿顶高　轮齿在分度圆和齿顶圆之间的部分称为齿顶，其径向高度称为齿顶高，用 h_a 表示。

（7）齿根高　轮齿在分度圆和齿根圆之间的部分称为齿根，其径向高度称为齿根高，用 h_f 表示。

（8）全齿高　轮齿在齿顶圆和齿根圆之间的径向高度称为全齿高，用 h 表示，$h=h_a+h_f$。

（9）齿宽 b　轮齿沿齿轮轴线方向的宽度称为齿宽，用 b 表示。

6.4.2 渐开线标准直齿圆柱齿轮主要参数

1. 模数 *m*

齿轮分度圆是计算齿轮各部分尺寸的基准，而齿轮分度圆的周长 $=\pi d=zp$，由此可得分度圆的直径为

$$d=\frac{zp}{\pi}$$

但由于在上式中 π 为一无理数，这将使计算、制造和检验等很不方便。为了便于计算、制造和检验，现将比值 $\frac{p}{\pi}$ 人为地规定为标准值（整数或较完整的有理数），并把这个比值称为模数，用 m（单位：mm）表示，即令

$$m=\frac{p}{\pi} \tag{6-5}$$

于是可得

$$d=mz \tag{6-6}$$

模数是一个很重要的参数，它反映了齿轮的轮齿及各部分尺寸的大小。由式（6-2）和式（6-6）可得基圆直径

$$d_b=d\cos\alpha=mz\cos\alpha \tag{6-7}$$

上式说明渐开线齿廓形状取决于模数、齿数和压力角三个基本参数。当齿数 z 不变时，模数越大，齿轮的齿距、齿厚、齿高和分度圆直径都相应增大，如图 6-15 所示。

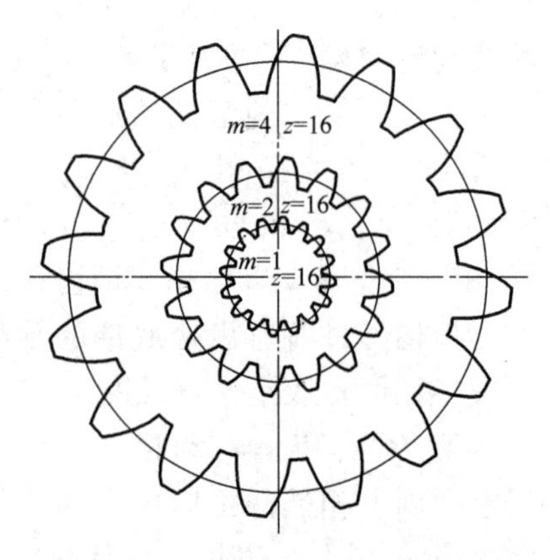

图 6-15　不同模数齿轮的比较

渐开线齿轮模数的标准值见表 6-1。

表 6-1　渐开线齿轮的模数（GB/T 1357—2008）

第一系列	1　1.25　1.5　2　2.5　3　4　5　6　8　10　12　16　20　25　32　40　50
第二系列	1.125　1.375　1.75　2.25　2.75　3.5　4.5　5.5　(6.5)　7　9　11　14　18　22　28　35　45

注：1. 本表适用于渐开线直齿圆柱齿轮，对于斜齿轮，指法向模数。

2. 选用模数时，应优先采用第一系列，其次是第二系列，括号内的数应尽可能不用。

2. 分度圆压力角 α

由式（6-2）可知，对于同一渐开线齿廓，r_K 不同，α_K 也不同，即渐开线齿廓在不同

圆周上有不同的压力角。通常所说的齿轮压力角指在分度圆上的压力角，用 α 表示，则有

$$\alpha = \arccos\frac{r_b}{r} \tag{6-8}$$

压力角 α 是决定渐开线齿廓形状的一个基本参数。压力角的大小与齿轮的传力效果及抗弯强度有关。为了制造、检验和互换性的需要，我国国家标准规定分度圆上的压力角为标准值，其值 $\alpha=20°$。若为提高齿轮的综合强度而增大分度圆压力角，推荐 $\alpha=25°$，但在某些场合也有用 $\alpha=14.5°$、$15°$、$22.5°$的情况。这样，渐开线齿轮的分度圆还可定义为：齿轮上具有标准模数和标准压力角的圆。通常将标准模数和标准压力角简称为模数和压力角。由式（6-6）可知，当齿轮的模数和齿数一定时，其分度圆的大小就完全确定了。所以任何一个齿轮都有且只有一个分度圆。

3. 齿顶高系数 h_a^* 和顶隙系数 c^*

为了以模数 m 表示齿轮的几何尺寸，规定齿顶高和齿根高分别为

$$\left.\begin{aligned} h_a &= h_a^* m \\ h_f &= (h_a^* + c^*)m \end{aligned}\right\}$$

上式中，h_a^* 称为齿顶高系数，c^* 称为顶隙系数。这两个系数在我国已标准化，其数值分别为

正常齿制：$m \geqslant 1$ 时，$h_a^*=1$，$c^*=0.25$；$m<1$ 时，$h_a^*=1$，$c^*=0.35$；

短齿制：$h_a^*=0.8$，$c^*=0.3$。

称齿数 z、模数 m、压力角 α、齿顶高系数 h_a^*、顶隙系数 c^* 为齿轮的五大基本参数，它们的值决定了齿轮的主要几何尺寸及齿廓形状。若一齿轮的模数、分度圆压力角、齿顶高系数、顶隙系数均为标准值，且其分度圆上齿厚与齿槽宽相等，则称其为标准齿轮。因此，对于标准齿轮

$$s = e = \frac{p}{2} = \frac{\pi m}{2} \tag{6-9}$$

6.4.3　内齿轮的齿廓特点

图6-16所示为一内齿圆柱齿轮。内齿轮的齿廓形成原理和外齿轮相同。相同基圆的内齿轮和外齿轮，其齿廓曲线是完全相同的渐开线，但轮齿的形状不同，内齿轮的齿廓是内凹的，而外齿轮的齿廓是外凸的，所以内齿轮与外齿轮相比较有下列不同点：

1）内齿轮的轮齿是分布在空心圆柱体内表面上，所以内齿轮的齿厚相当于外齿轮的齿槽宽，内齿轮的齿槽宽相当于外齿轮的齿厚。

2）内齿轮的齿根圆大于分度圆，而分度圆又大于齿顶圆。因此，标准内齿轮的齿顶圆和齿根圆直径分别为

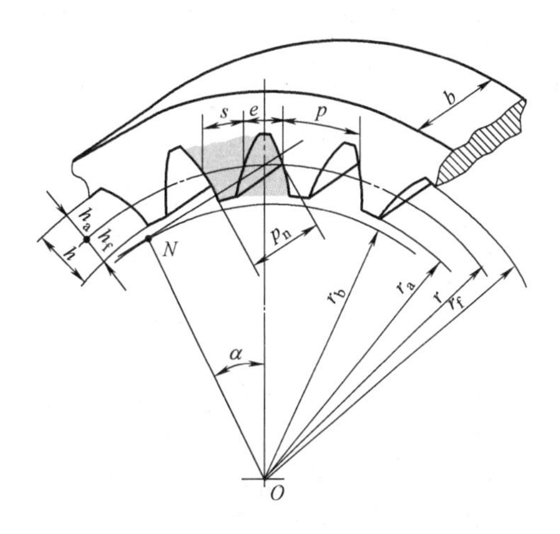

图6-16　内齿圆柱齿轮部分的名称、尺寸和符号

$$\left.\begin{aligned}d_{\mathrm{a}}&=d-2h_{\mathrm{a}}=(z-2h_{\mathrm{a}}^{*})m\\d_{\mathrm{f}}&=d+2h_{\mathrm{f}}=(z+2h_{\mathrm{a}}^{*}+2c^{*})m\end{aligned}\right\}\tag{6-10}$$

3）为了保证内齿轮齿顶齿廓全部为渐开线，因基圆内无渐开线，所以内齿轮的齿顶圆必须大于基圆。

6.4.4 齿条的齿廓特点

当齿轮的齿数为无穷多时，其对应的各圆直径趋近于无穷大，此时齿轮变为齿条（图6-17），对应于齿轮的各圆演变为相互平行的直线，渐开线齿廓演变为直线齿廓，且同侧齿廓相互平行。因此齿条和齿轮相比有下列特点：

1）由于齿条齿廓是直线，所以齿廓上各点的法线是平行的。在传动中，齿条的运动为平动，齿廓上各点的速度方向相同，所以齿条齿廓上各点的压力角都相等，都是标准值，且等于齿形角。

2）由于齿条上各齿同侧齿廓相互平行，因此在与分度线平行的任一条直线上的齿距都相等，即 $p_K=p=\pi m$。但只有在分度线上齿厚与齿槽宽相等，皆为$\frac{\pi m}{2}$。该分度线又称为中线。

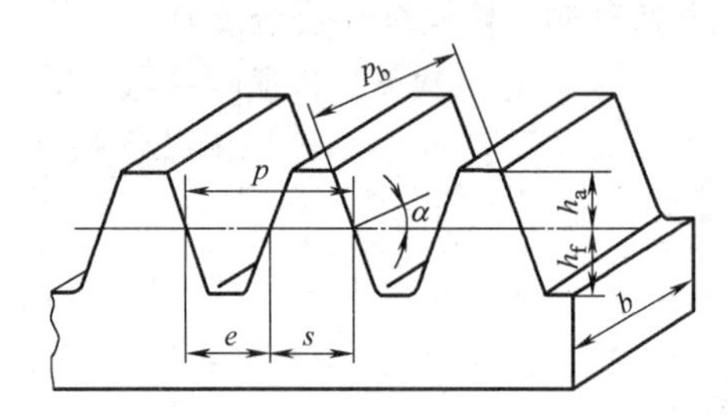

图 6-17　标准齿条的齿形

6.4.5 渐开线标准直齿圆柱齿轮几何尺寸

根据图6-14，很容易推出外齿轮的齿顶圆、齿根圆及全齿高等其他尺寸计算公式。现将渐开线标准直齿圆柱齿轮几何尺寸的计算公式列于表6-2，以供设计、计算。

表6-2　标准直齿圆柱齿轮传动几何尺寸计算公式

名称	符号	计算公式	
		小　齿　轮	大　齿　轮
模数	m	根据齿轮受力情况和结构要求确定，选取标准值	
压力角	α	选取标准值	
分度圆直径	d	$d_1=mz_1$	$d_2=mz_2$
齿顶高	h_a	$h_{a1}=h_a^*m$	$h_{a2}=h_a^*m$
齿根高	h_f	$h_{f1}=(h_a^*+c^*)m$	$h_{f2}=(h_a^*+c^*)m$
全齿高	h	$h_1=h_{a1}+h_{f1}=(2h_a^*+c^*)m$	$h_2=h_{a2}+h_{f2}=(2h_a^*+c^*)m$
齿顶圆直径	d_a	$d_{a1}=d_1+2h_{a1}=(z_1+2h_a^*)m$	$d_{a2}=d_2+2h_{a2}=(z_2+2h_a^*)m$
齿根圆直径	d_f	$d_{f1}=d_1-2h_{f1}=(z_1-2h_a^*-2c^*)m$	$d_{f2}=d_2-2h_{f2}=(z_2-2h_a^*-2c^*)m$
基圆直径	d_b	$d_{b1}=d_1\cos\alpha$	$d_{b2}=d_2\cos\alpha$
齿距	p	$p=\pi m$	
基(法)节	p_b	$p_b=p\cos\alpha$	
分度圆齿厚	s	$s=\frac{\pi m}{2}$	
分度圆齿槽宽	e	$e=\frac{\pi m}{2}$	

（续）

名称	符号	计算公式	
		小 齿 轮	大 齿 轮
节圆直径	d'	当中心距为标准中心距时，$d'=d$	
传动比	i	$i_{12}=\frac{\omega_1}{\omega_2}=\frac{d_{b2}}{d_{b1}}=\frac{d_2}{d_1}=\frac{d'_2}{d'_1}=\frac{z_2}{z_1}$	
标准中心距	α	$\alpha=\frac{1}{2}(d_1+d_2)=\frac{m}{2}(z_1+z_2)$	
顶隙	c	$c=c^*m$	

内齿圆柱齿轮及齿条的其他几何尺寸可参照外齿轮几何尺寸的计算公式进行计算。

6.5 渐开线标准直齿圆柱齿轮的啮合传动

以上就单个渐开线齿轮进行了研究，前述研究已经表明，渐开线齿廓具有保证定传动比传动及其他优点，但任意两个渐开线齿轮不一定都能保证正确搭配及连续传动。因此，必须分析两渐开线齿轮的正确啮合及连续传动条件。

6.5.1 一对渐开线齿轮的正确啮合条件

齿轮传动时，它的每一对齿仅啮合一段时间便要分离，而由后一对齿接替。图6-18所示为一对渐开线齿轮的啮合传动，要使各对轮齿都能正确地啮合而不在啮合线上互相嵌入或分离，则当前一对齿在啮合线上的 K_1 点接触时，其后一对齿应在啮合线上另一点 K_2 接触。为了保证前后两对齿有可能同时在啮合线上接触，轮齿的分布必须使主、从动齿轮相邻同侧齿廓在啮合线上所卡的线段（法向齿距）相同，而法向齿距和基圆齿距相等，故应有

$$p_{b1}=p_{b2} \tag{6-11}$$

又因为

$$\left.\begin{aligned} p_{b1}&=p_1\cos\alpha_1=\pi m_1\cos\alpha_1 \\ p_{b2}&=p_2\cos\alpha_2=\pi m_2\cos\alpha_2 \end{aligned}\right\} \tag{6-12}$$

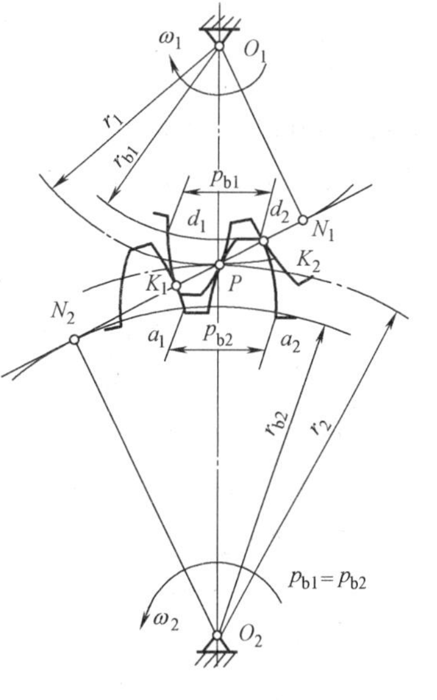

图6-18 正确啮合条件

将式（6-12）代入式（6-11）中，可得两齿轮正确啮合的条件为

$$m_1\cos\alpha_1=m_2\cos\alpha_2$$

由于两轮的模数和压力角均已标准化，故渐开线齿轮的正确啮合条件为两轮的模数和压力角应分别相等。即

$$\left.\begin{aligned} m_1&=m_2 \\ \alpha_1&=\alpha_2 \end{aligned}\right\} \tag{6-13}$$

由此可知，渐开线直齿圆柱齿轮的正确啮合条件是：两齿轮的模数和压力角必须分别相等，且为标准值。

6.5.2 齿轮传动的标准中心距与啮合角

正确安装的一对齿轮在理论上应达到无齿侧间隙，否则啮合传动时就会产生冲击和噪声，反向啮合时会出现空行程，并且会影响传动的精度。但为了在相互啮合的齿面间形成润滑油膜，或为了防止因制造误差引起轮齿咬死，啮合轮齿间应留有微量齿侧间隙，它是由齿厚的公差来给予保证的。在进行齿轮的几何计算时，理论上仍按无齿侧间隙啮合考虑。

由上述知，一对正确啮合的渐开线标准齿轮模数相等，所以它们分度圆上的齿厚与齿槽宽也相等，即

$$s_1 = s_2 = e_1 = e_2 = \frac{\pi m}{2}$$

显然，要保证无侧隙啮合，必须要将两齿轮安装成分度圆相切状态，即两轮的分度圆与节圆重合（图6-19）。标准齿轮的这种安装称为标准安装。此时的中心距称为标准中心距，用 a 表示。对于外啮合传动，由图6-19可得

$$a = r_1' + r_2' = r_1 + r_2 = \frac{m}{2}(z_1 + z_2)$$

另外，也可由图6-19得两齿轮的传动比为

$$i_{12} = \frac{\omega_1}{\omega_2} = \frac{r_{b2}}{r_{b1}} = \frac{r_2'}{r_1'} = \frac{r_2}{r_1} \tag{6-14}$$

一齿轮的齿顶圆与另一齿轮的齿根圆之间沿中心线 O_1O_2 方向的径向距离称为齿顶间隙，简称顶隙，用 c 表示。顶隙可保证一齿轮的齿顶与另一齿轮的齿底不相碰，同时也便于储存润滑油。因为一对标准齿轮正确安装时两分度圆相切，所以齿顶间隙应为

$$c = h_{f1} - h_{a2} = h_{f2} - h_{a1} = (h_a^* + c^*)m - h_a^* m = c^* m$$

因为 c^*、m 是标准值，故两轮标准安装时的顶隙大小为标准值，称其为标准顶隙。

由此可见，渐开线标准外齿轮在标准安装时，不仅无侧隙，且具有标准顶隙。

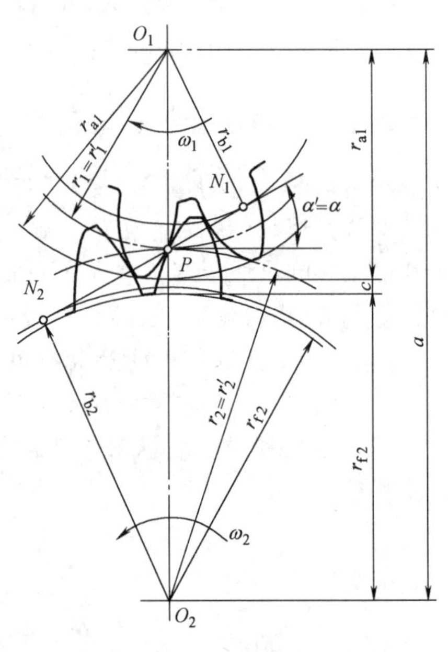

图6-19 标准安装

显然，此时的啮合角就等于分度圆上的压力角，即 $\alpha = \alpha'$。应当指出的是，分度圆和压力角是单个齿轮本身所具有的，而节圆和啮合角是两个齿轮相互啮合时才出现的。标准齿轮传动只有在标准安装时，分度圆与节圆才重合，压力角和啮合角才相等。

由于齿轮制造和安装的误差、运转时径向力引起轴的变形以及轴承磨损等原因，两轮的实际中心距 a' 往往与标准中心距不一致，而略有差异。此时两轮节圆虽相切，但两轮的节圆与分度圆却不再重合，故 a' 不等于 a。

因为 $$r_{b1} + r_{b2} = (r_1 + r_2)\cos\alpha$$

又 $$r_{b1} + r_{b2} = (r_1' + r_2')\cos\alpha'$$

故两轮中心距与啮合角之间的关系为

$$a\cos\alpha = a'\cos\alpha' \tag{6-15}$$

6.5.3　渐开线齿轮连续传动的条件

1. 连续传动的条件

齿轮传动是通过其轮齿交替啮合而实现的。图6-20所示为一对轮齿的啮合过程。主动轮1顺时针方向转动，推动从动轮2做逆时针方向转动。其啮合是由主动轮的齿根推动从动轮的齿顶开始的，而结束时是由主动轮的齿顶推动从动轮的齿根，所以一对轮齿的开始啮合点是从动轮齿顶圆 η_2 与啮合线 N_1N_2 的交点 B_2，这时两轮齿进入啮合，B_2点是起始啮合点。随着啮合传动的进行，两齿廓的啮合点将沿着啮合线向左下方移动，一直到主动轮的齿顶圆 η_1 与啮合线的交点 B_1，主动轮的齿顶与从动轮的齿根即将脱离接触，这对轮齿结束啮合，B_1 点为终止啮合点。线段$\overline{B_1B_2}$为啮合点的实际轨迹，称为实际啮合线段。当两轮齿顶圆加大时，点 B_1、B_2 分别趋近于点 N_2、N_1，实际啮合线段将加长。但因基圆内无渐开线，故点 B_1、B_2 不会超过 N_2、N_1 点，点 N_1、N_2 称为极限啮合点。线段 N_1N_2 是理论上最长的啮合线段，称为理论啮合线段。

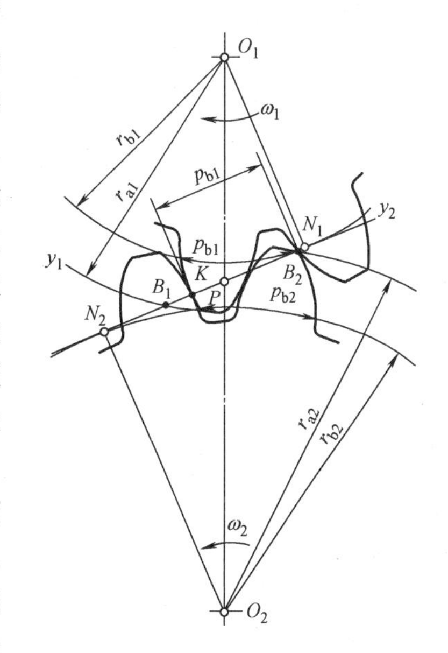

图6-20　渐开线齿轮连续传动的啮合过程

如图6-20所示，为了使两轮能够连续传动，当前一对轮齿仍在 B_1 前的 K 点（至少是 B_1 点）啮合时，后一对轮齿应已经在 B_2 点开始啮合。所以，保证连续传动的条件是使实际啮合线$\overline{B_1B_2} \geqslant \overline{B_2K}$。由渐开线特性知，线段$\overline{B_2K}$等于渐开线基圆齿距 p_b。通常将实际啮合线长度与基圆齿距之比称为齿轮的重合度，用 ε_α 表示，于是齿轮连续传动的条件为

$$\varepsilon_\alpha = \frac{\overline{B_1B_2}}{p_b} \geqslant 1 \tag{6-16}$$

从理论上讲，重合度 $\varepsilon_\alpha = 1$ 就能保证连续传动，此时当前一对齿在 B_1 脱离啮合的瞬时，后一对齿在 B_2 点刚好进入啮合。但在实际中考虑到制造和安装的误差，为了确保齿轮能够连续传动，应使重合度大于1。在设计时，根据齿轮机构的使用要求和制造精度，使设计所得的重合度不小于其许用值 $[\varepsilon_\alpha]$，即

$$\varepsilon_\alpha \geqslant [\varepsilon_\alpha]$$

2. 重合度的计算

由图6-21可知，$\overline{B_1B_2} = \overline{PB_1} + \overline{PB_2}$，而

$$\left.\begin{aligned} \overline{PB_1} &= r_{b1}(\tan\alpha_{a1} - \tan\alpha') = \frac{mz_1}{2}\cos\alpha(\tan\alpha_{a1} - \tan\alpha') \\ \overline{PB_2} &= r_{b2}(\tan\alpha_{a2} - \tan\alpha') = \frac{mz_2}{2}\cos\alpha(\tan\alpha_{a2} - \tan\alpha') \end{aligned}\right\}$$

于是得

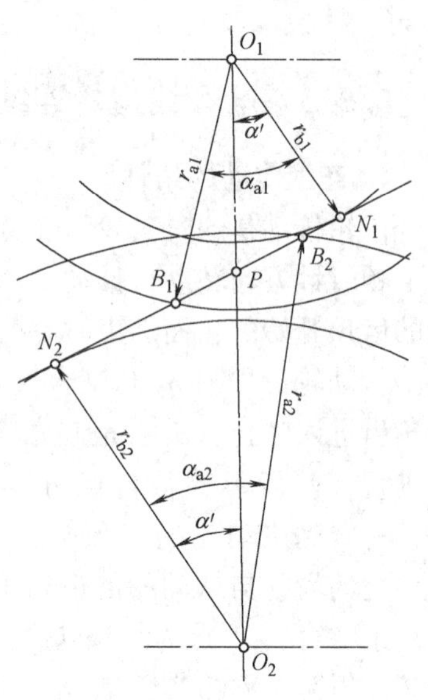

图 6-21　重合度与基本参数

$$\varepsilon_\alpha = \frac{\overline{B_1B_2}}{p_b} = \frac{1}{2\pi}[z_1(\tan\alpha_{a1} - \tan\alpha') + z_2(\tan\alpha_{a2} - \tan\alpha')] \tag{6-17}$$

同理，对于内啮合齿轮传动，其重合度为

$$\varepsilon_\alpha = \frac{\overline{B_1B_2}}{p_b} = \frac{1}{2\pi}[z_1(\tan\alpha_{a1} - \tan\alpha') - z_2(\tan\alpha_{a2} - \tan\alpha')] \tag{6-18}$$

当齿轮与齿条啮合传动时，重合度为

$$\varepsilon_\alpha = \frac{1}{2\pi}\left[z_1(\tan\alpha_{a1} - \tan\alpha') + \frac{2h_a^*}{\sin\alpha\cos\alpha}\right] \tag{6-19}$$

式中　α_{a1}、α_{a2}——齿轮 1、2 的齿顶圆压力角，其值为

$$\alpha_{a1} = \arccos\frac{r_{b1}}{r_{a1}};\alpha_{a2} = \arccos\frac{r_{b2}}{r_{a2}}$$

α'——啮合角，其值为

$$\alpha' = \arccos\frac{r_b}{r'}$$

由式（6-17）~式（6-19）可见，重合度 ε_α 与模数 m 无关，随着齿数增多而增大。当两轮齿数趋于无穷大时，ε_α 将趋于极限值 $\varepsilon_{\alpha\max}$；可以计算，当 $\alpha=20°$、$h_a^*=1$ 时，$\varepsilon_{\alpha\max}=1.981$。

3. 重合度的意义

重合度的大小，实质上表明同时参与啮合的轮齿对数的多少及多对齿同时啮合时间的长短。例如 $\varepsilon_\alpha=1$ 时，表明在齿轮传动的过程中，除了在点 B_1、B_2 接触的瞬间外，始终只有一对轮齿参加啮合；当 $\varepsilon_\alpha=1.61$ 时，可用图 6-22 来表明这两轮轮齿的啮合情况。当第一对齿还在 E 点啮合时，第二对齿刚好在 B_2 点进入啮合，此后两对齿同时啮合，当第一对齿到达位置 B_1 时，后一对齿到达位置 D。此时，第一对齿脱离啮合，但第三对齿还没进入啮合状态，所以这时只有一对轮齿啮合。当第二对齿到达 E 点时，第三对齿又在 B_2 点刚刚进入啮合。如此不断循环下去。所以图中的实际啮合线中的$\overline{B_2D}$与$\overline{B_1E}$两段范围内（长度各为 $0.61p_b$），各有一对轮齿在啮合，故齿轮在此阶段内共有两对轮齿同时在啮合，称为双齿啮合区；而在节点附近的$\overline{DE}$段范围内只有一对轮齿在啮合，所以将此段称为单齿啮合区。

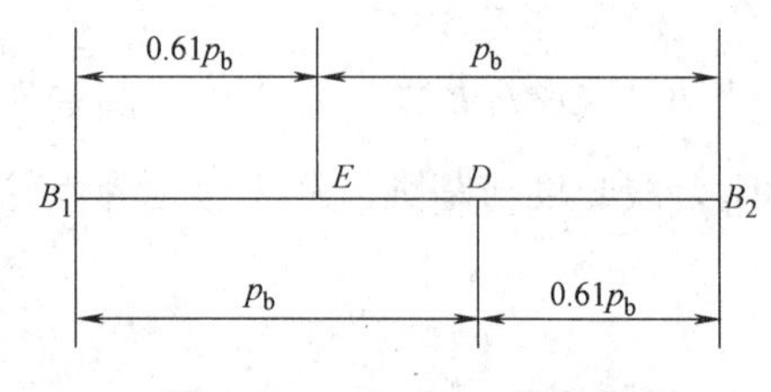

图 6-22　$\varepsilon_\alpha=1.61$ 的含义

增大齿轮传动的重合度，意味着同时参与啮合的轮齿对数增多及多对齿同时啮合时间的增长，对提高齿轮传动的平稳性，提高齿轮传动的承载能力都有重要意义。

6.5.4　齿轮与齿条啮合传动

图 6-23 所示为齿轮与齿条啮合传动。其啮合线为垂直于齿条齿廓并与齿轮基圆相切的直线 N_1N_2，N_2 点在无穷远处。过齿轮轴心并垂直于齿条分度线的直线与啮合线的交点即为节点 P。

当齿轮分度圆与齿条分度线相切时称为标准安装。标准安装时，保证了标准顶隙和无侧隙啮合，同时齿轮的节圆与分度圆重合，齿条节线与分度线重合。故传动啮合角 α' 等于齿轮分度圆压力角 α，也等于齿条的齿形角。

非标准安装时，由于齿条的齿廓是直线，齿条位置改变后，其齿廓总是与原始位置平行，故啮合线 N_1N_2 的位置总是不变的，而节点 P 的位置也不变，因此齿轮节圆大小也不变，并且恒与分度圆重合。其啮合角 α' 也恒等于齿轮分度圆压力角 α（即齿条的齿形角）。但齿条的节线与其分度线不再重合。

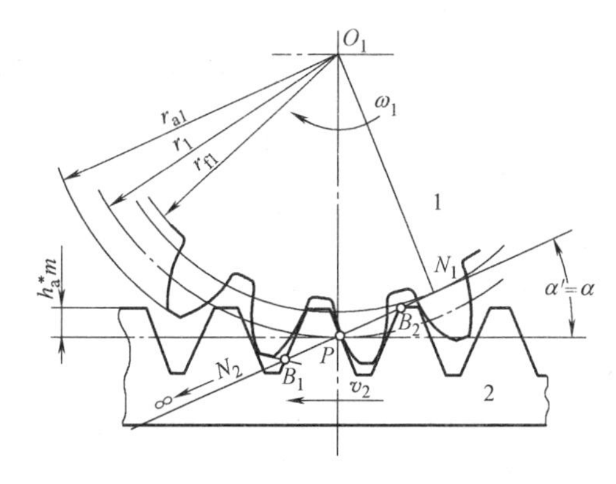

图 6-23　齿轮与齿条啮合传动

6.6　渐开线齿轮的加工方法和根切

6.6.1　齿轮轮齿的加工方法

轮齿加工的基本要求是齿形准确和分齿均匀。齿轮加工的方法很多，有铸造法、热轧法、冲压法和切制法等。随着粉末冶金、蜡型精密铸造等方法的出现，以及非金属材料的应用，铸造法正日益得到广泛的应用。但目前最常用的方法还是切制法。用切制法加工渐开线齿廓的工艺有多种，但从切制原理来看，可分为仿形法和展成法两大类。

1. 仿形法

仿形法是用成形刀具直接切出齿形的方法。所采用成形刀具切削刃的形状，在其轴向剖面内与被切齿槽的齿廓形状完全相同。常用的刀具有盘形铣刀和指形齿轮铣刀等。图6-24a、图 6-24b 所示分别为用盘形铣刀和指形齿轮铣刀加工齿廓的情形。切制时，把轮坯安装在铣床工作台上，铣刀绕自身轴线转动，同时轮坯沿自身轴线方向送进，切出一个齿槽后，将轮坯退回到原来位置，然后用分度头将毛坯转过 $360°/z$，再切第二个齿槽，直到切出所有齿轮的齿槽为止。在切制大模数（如 $m>20$mm）的齿轮时，常用指形齿轮铣刀，如图 6-24b 所示，该刀还可用来切制人字齿轮。

因渐开线形状取决于基圆大小，而基圆半径 $r_b=mz\cos\alpha/2$，因此要切制出完全准确的渐开线齿廓，在加工 m、α 相同而 z 不同的齿轮时，每一种齿数就需要有一把铣刀。为减少标准刀具种类，相对每一种模数、压力角，设计一套 8 把或 15 把成形铣刀，在允许的齿形误差范围内，用同一把铣刀铣某个齿数范围的齿数相近的齿轮。

这种加工方法简单，不需要专用机床，可在普通铣床上加工，但精度差，而且是逐个齿切削，加工过程不连续，故生产率低，仅适用于单件生产及精度要求不高的齿轮加工。

2. 展成法

展成法又称范成法或滚切法，是目前最常用的一种齿轮加工方法。它是利用一对齿轮（或齿轮齿条）做无侧隙啮合传动时，其共轭齿廓互为包络线的原理来加工齿轮的。展成法

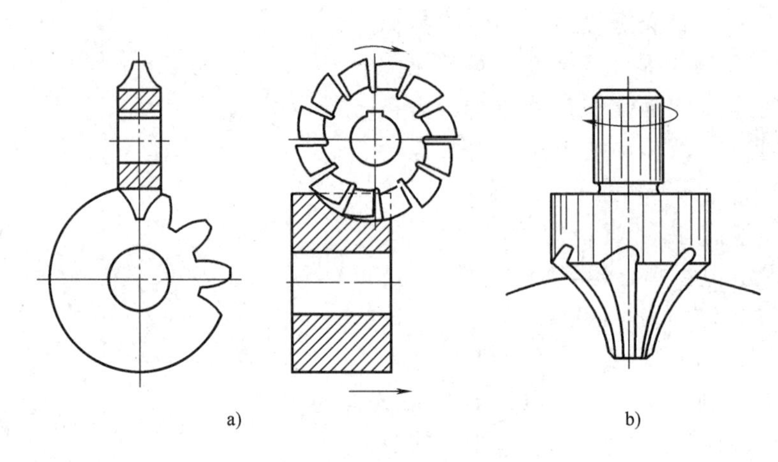

图 6-24　仿形法加工齿轮

种类很多，有插齿、滚齿、剃齿、磨齿等，其中最常用的是插齿和滚齿，剃齿和磨齿用于精度和粗糙度要求较高的场合。用展成法加工齿轮时，常用的刀具有齿轮型刀具（如齿轮插刀）和齿条型刀具（如齿条插刀和齿轮滚刀）两大类。

（1）齿轮插刀加工齿轮　齿轮插刀的外形就像一个具有切削刃的外齿轮，其模数和压力角与被加工齿轮相同。如图6-25a所示，插齿时，机床的传动系统严格地保证插齿刀与轮坯之间的展成运动（即啮合传动）。因此用这种方法加工出来的齿轮齿廓，为插刀切削刃在各个位置的包络线，如图 6-25b 所示；同时为了将齿槽部分的材料切去形成齿槽，齿轮插刀还需沿轮坯的轴线方向做往复切削运动；为了切出轮齿的整个高度，插刀还需要向轮坯中心移动，做径向进给运动。另外，为了防止插刀退刀时擦伤已加工好的齿廓表面，在退刀时，轮坯还须做小距离的让刀运动。

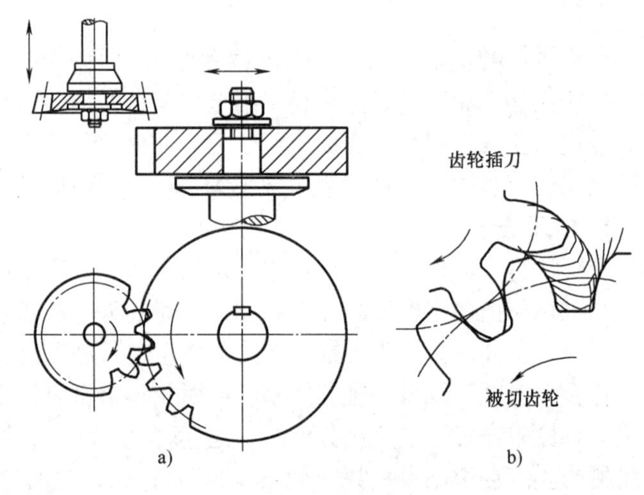

图 6-25　用齿轮插刀加工齿轮

（2）齿条插刀加工齿轮　当齿轮插刀的齿数增至无穷多时，齿轮插刀就变为齿条插刀，如图 6-26 所示。与齿轮插刀加工齿轮相比较，齿条插刀加工齿轮时，插刀与轮坯的展成运动相当于齿条齿轮的啮合传动。因此必须保证刀具的移动速度与轮坯分度圆的线速度相等，即

$$v = r\omega = mz\omega/2$$

才能加工出所需齿数的齿轮，其加工原理与齿轮插刀相同。

用齿轮插刀或齿条插刀加工齿轮的优点是：

1）只需改变插刀与轮坯之间的展成运动，用一把刀具可以切制出相同模数、压力角而不同齿数的齿轮，这一点是展成法加工齿轮的共同特点。

2）加工精度好，切制出的齿廓是精确的渐开线。

3）可以切制内齿轮、双联齿轮和三联齿等，加工范围广。

但是，无论是用齿轮插刀还是齿条插刀加工齿轮，刀具的切削运动都是不连续的，在一定程度上影响了生产率的提高。生产中广泛采用的齿轮滚刀切制齿轮则克服了这种不足。

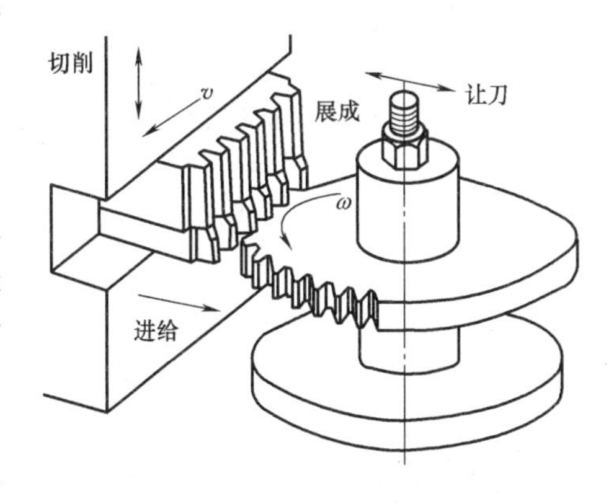

图6-26　齿条形刀具加工齿轮

（3）齿轮滚刀加工齿轮　滚刀的形状像一个开有开口的螺旋，且在其轴剖面（即轮坯端面）内的形状相当于一齿条，如图6-27所示。当滚刀转动时，相当于齿条做轴向移动，滚刀转一周，齿条移动一个导程的距离。所以用滚刀切制齿轮的原理和齿条插刀切制齿轮的原理基本相同。滚刀除了旋转之外，还沿着轮坯的轴线缓慢地进给，以便切出整个齿宽，而滚刀的回转就像一个无穷长的齿条刀在移动，故滚刀的切削加工是连续的，生产率高。

总之，展成法加工齿轮，只要刀具和被加工齿轮的模数 m 及压力角 α 相同，任何齿数的齿轮均可用一把刀具来加工，大批生产中多采用这种方法，这也是目前最常用的齿轮加工方法。

a)

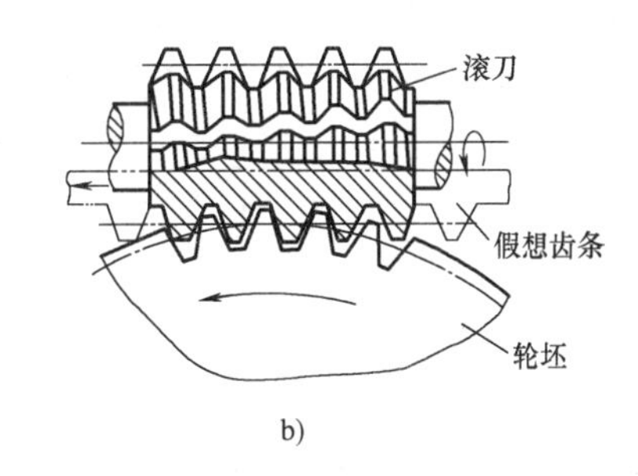

b)

图6-27　滚齿加工
a）滚刀　b）滚切原理

6.6.2　用标准齿条刀具加工标准齿轮

工程中，常用齿条形刀具加工齿轮。对用齿条形刀具加工的齿轮进行几何计算，其几何关系比较单纯，且它是对齿轮形刀具加工的齿轮进行几何计算所需要的基础。因而下面着重讨论用齿条形刀具加工齿轮的情况。

齿条插刀和齿轮滚刀都属于齿条形刀具。齿条形刀具与普通齿条基本相同，仅在齿顶高出一段 c^*m，以便切出齿轮的顶隙，如图6-28所示。因为这部分切削刃是半径为 ρ 的圆弧角切削刃，故该部分切削刃切制出的轮齿根部是非渐开线齿廓曲线，称为过渡曲线。该曲线将渐开线齿廓和齿根圆光滑地连接起来，在正常情况下不属于齿廓工作段，因此，在以后讨论渐开线齿廓的切制时，刀具齿顶 c^*m 的高度将不再计算，而认为齿条形刀具的齿顶高为 h_a^*m。刀具齿根部有 c^*m 段高度，是为了在切制齿轮时，保证轮坯齿顶圆与刀具齿槽底部之间有顶隙。

加工标准齿轮时，要求刀具的分度线正好与轮坯的分度圆相切，如图6-29所示。因轮坯的外圆已按被切标准齿轮的齿顶圆直径预先加工好，故这样切制出的齿轮，其齿顶高为 h_a^*m，齿根高为 $(h_a^*+c^*)m$，分度圆上的齿厚等于齿槽宽，即 $s=e=\pi m/2$。显然，切制出的齿轮为标准齿轮。

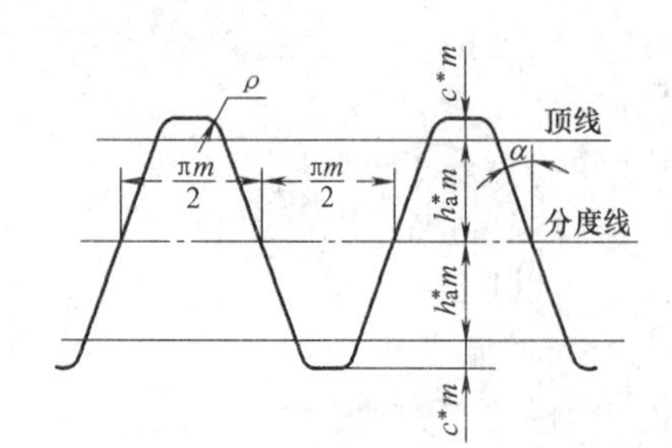

图 6-28　标准齿条形刀具

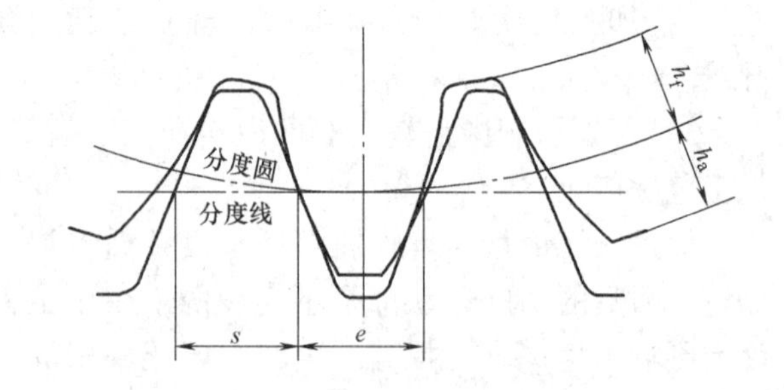

图 6-29　标准齿条形刀具切削标准齿轮

6.6.3　轮齿的根切现象与避免根切的措施

1. 渐开线齿廓的根切现象

(1) 根切现象及危害　用展成法加工齿轮时，有时会发生刀具的齿顶部分切入被加工齿轮的根部，将已经切制出来的渐开线齿廓切去一部分，这种现象称为根切，如图 6-30 所示。产生严重根切的齿轮，不但削弱了轮齿的抗弯强度，而且当根切侵入渐开线齿廓工作段时，齿廓实际工作段的变短使实际啮合线长度减小，从而使重合度减小，影响了传动的平稳性。因此，在设计齿轮时应尽量避免根切现象。

(2) 根切的原因　要想有效地避免根切，首先必须了解根切产生的原因。下面用齿条型刀具以展成法切制渐开线齿廓为例，来分析根切形成的原因。

图 6-31 所示为用齿条插刀切制标准齿轮的情形，其中刀具的分度线与被切齿轮的分度圆切于节点 P，过点 P 作切削刃的垂线（即啮合线）与齿轮的基圆切于点 N_1，I、J、K 为刀具的齿顶线。如果刀具的齿顶线在 I 位置，根据轮齿啮合过程可知，刀具的切削刃将从位置 1 的点 B_1 开始切制被切齿轮的渐开线齿廓至位置 2 的点 B_2 结束，齿廓的渐开线部分便全部切出了，点 B_2 至齿顶段曲线为渐开线，而点 B_2 以内的齿廓为非渐开线过渡曲线；如果刀具的齿顶线在 J 位置，恰好通过轮坯基圆与啮合线的切点 N_1，当刀具到达位置 3 时，齿廓渐开线部分已全部切好，当展成运动继续进行时，该切削刃即与切好的渐开线齿廓脱离，因而不会发生根切现象。被切齿轮的齿廓从点 B_2 开始至齿顶为渐开线部分，而点 B_2 即为渐开线齿廓的起始点，故该齿廓的渐开线是从基圆开始的。

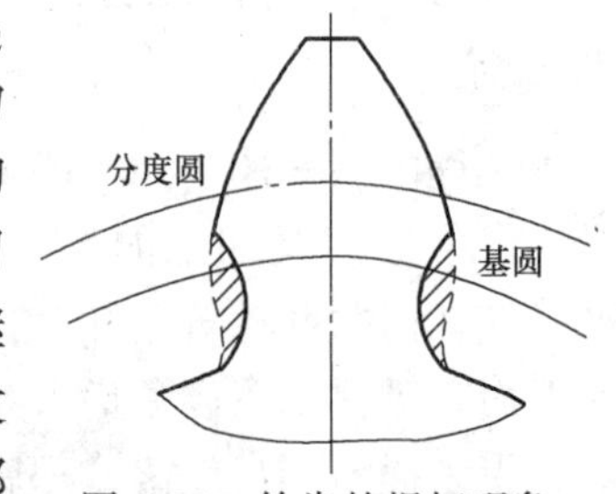

图 6-30　轮齿的根切现象

若继续增高刀具的齿顶线到图 6-31 所示的 K 位置，超过了 N_1 点，则当刀具到达位置 3 时，齿廓渐开线部分已全部切好，但当展成运动继续进行时，刀具与齿廓并未脱离“啮合”，切削继续，到达位置 4 才能脱离啮合线，此时刀具齿顶切入已加工完成的齿轮渐开线齿廓的根部，形成根切。

由此可知：在用展成法切齿时，如果刀具的齿顶线超过了啮合线与轮坯基圆的切点（即啮合极限点）N_1，则被切齿轮的轮齿必将发生根切现象。

2. 避免根切的措施

如前所述，当用展成法加工齿轮时，要避免根切就必须使刀具的齿顶线不超过点 N_1。

图 6-32 所示为用标准齿条插刀切削标准齿轮的情形，这时刀具的分度线与被切齿轮的分度圆相切。为了避免根切，需要刀具的齿顶线在啮合极限点 N_1 之下，为此可采用以下几种方法来避免根切：

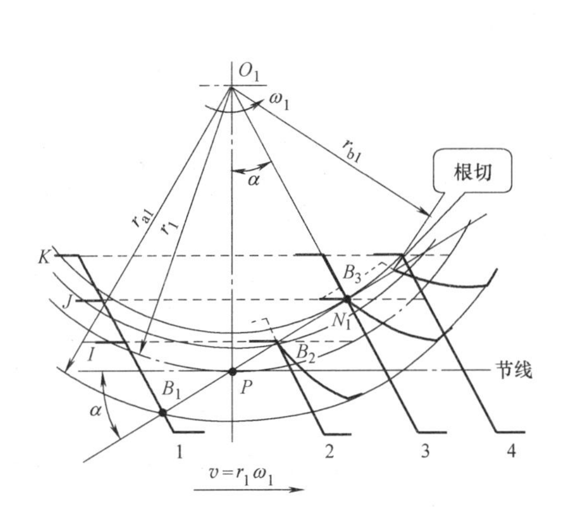

图 6-31　根切的产生

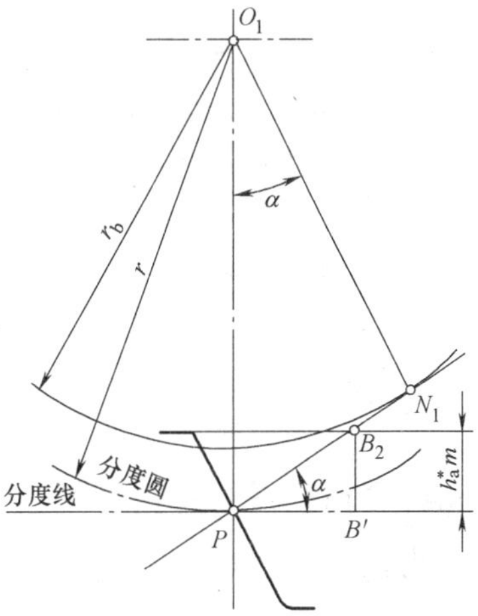

图 6-32　避免根切的条件

1）需齿轮的齿数足够多。由图 6-32 可知，要使刀具的齿顶线不超过 N_1 点，则需满足下列不等式：

$$\overline{PB_2} \leqslant \overline{PN_1}$$

而

$$\overline{PB_2} = \frac{h_a^* m}{\sin\alpha}, \qquad PN_1 = r\sin\alpha = \frac{1}{2}mz\sin\alpha$$

所以

$$z \geqslant \frac{2h_a^*}{\sin^2\alpha} \tag{6-20}$$

故切制标准齿轮时，不产生根切的最小齿数为

$$z_{\min} = \frac{2h_a^*}{\sin^2\alpha} \tag{6-21}$$

取等号时，是刚能避免根切的极限情况，这样对于标准齿条形刀具，当 $\alpha = 20°$、$h_a^* = 1$ 时，$z_{\min} = 17$。

2）采用变位齿轮。

6.7　变位齿轮简介

6.7.1　渐开线标准齿轮的局限性

标准齿轮传动由于设计简单，互换性好，易于制造和安装，也由于其传动性能一般能得到保证，而得到广泛的应用。但标准齿轮传动也存在一定的局限性，例如：

1）标准齿轮的齿数不能少于最少齿数 $z_{\min}$，否则发生根切。因此，在传动比和模数一定的条件下，限制了齿轮机构尺寸和质量的减小。

2）标准齿轮不适用于实际中心距 a'不等于标准中心距的场合。如外啮合时，当 $a'<a$ 时，则无法安装；当 $a'>a$ 时，虽然可以安装，但将产生较大的齿侧间隙，引起冲击和噪声，同时重合度也随之减小，影响了传动的平稳性。

3）小齿轮较之大齿轮，其齿根厚度小，啮合次数又较多，故强度差且磨损严重，不符合等强度、等磨损的设计思想。

由于标准齿轮存在上述不足，不能够满足现代生产发展对齿轮传动越来越高的要求，于是产生了变位齿轮。

6.7.2 变位齿轮

1. 变位齿轮的形成

在加工标准齿轮时，如果刀具的齿顶线（如图 6-33 中虚线）超过点 N_1，必将发生根切现象。但如将刀具相对于齿轮移出一段距离，而至图中实线所示的位置，从而使刀具的齿顶线不超过 N_1 点，显然就不会再发生根切现象了，但这样在加工时刀具的中线也不再与被切齿轮的分度圆相切。这种用改变刀具与轮坯的相对位置来避免根切的切制齿轮的方法，即所谓变位修正法，而采用这种方法切制的齿轮显然已不再是标准齿轮了，故称其为变位齿轮。以加工标准齿轮的位置为基准，刀具所移动的距离称为变位量，用 xm 表示，其中 x 称为径向变位系数（简称变位系数），m 为模数。并且规定当刀具远离轮坯中心时，称为正变位（$x>0$），这样加工出来的齿轮称为正变位齿轮；当刀具靠近轮坯中心时，称为负变位（$x<0$），这样加工出来的齿轮称为负变位齿轮。

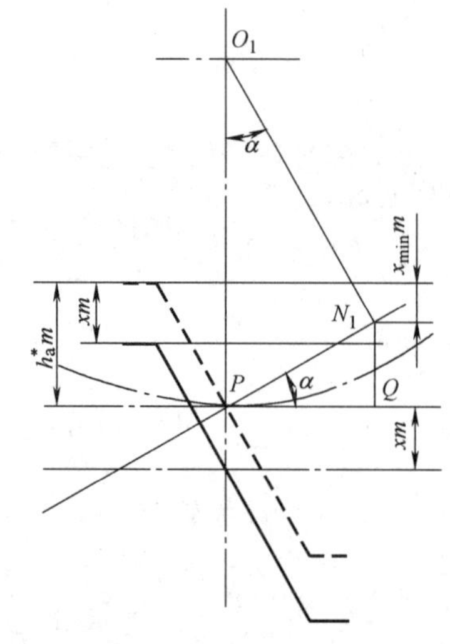

图 6-33 切削变位齿轮

2. 最小变位系数

若将刀具的齿顶线移至 N_1 点或 N_1 点以下（图 6-33 中实线位置），则可以加工出齿数少于 $z_{\min}$ 且不发生根切的齿轮。由图可得不发生根切必须要移动的最小距离 xm 应满足：

$$xm+\overline{N_1Q}\geqslant h_a^*m$$

又

$$\overline{N_1Q}=\overline{PN_1}\sin\alpha=r\sin^2\alpha=\frac{mz\sin^2\alpha}{2}$$

于是由上两式联立求解得 $x\geqslant h_a^*-\dfrac{z\sin^2\alpha}{2}$

又由 $z_{\min}=\dfrac{2h_a^*}{\sin^2\alpha}$知，$\dfrac{\sin^2\alpha}{2}=\dfrac{h_a^*}{z_{\min}}$，将此式代入上式得

$$x\geqslant\frac{h_a^*(z_{\min}-z)}{z_{\min}}$$

于是，避免根切的最小变位系数为

$$x_{min}=\frac{h_a^*(z_{min}-z)}{z_{min}} \tag{6-22}$$

当 $\alpha=20°$、$h_a^*=1$ 时，式（6-22）可以简化为：$x_{min}=\frac{17-z}{17}$。

由式（6-22）可知，当 $z=z_{min}$时，$x_{min}=0$，不会发生根切，此时为标准齿轮；当 $z<z_{min}$时，$x_{min}>0$，这说明该齿轮为标准齿轮时会发生根切，为了避免根切，刀具必须做正变位；当 $z>z_{min}$时，$x_{min}<0$，这说明该齿轮为标准齿轮时不会发生根切。若需要，在 $x\geqslant x_{min}$的情况下，采用负变位也不会发生根切。

3. 变位齿轮的几何尺寸

将变位齿轮与相同模数、压力角及齿数的标准齿轮的尺寸相比较，如图 6-34 所示，可以发现如下异同点：

1）由于它们的基本参数相同，故其分度圆的尺寸均为 $d=mz$，基圆的尺寸均为 $d_b=mz\cos\alpha$。也正因此它们的齿廓曲线是相同的渐开线，只是截取了同一条渐开线的不同部位而已。

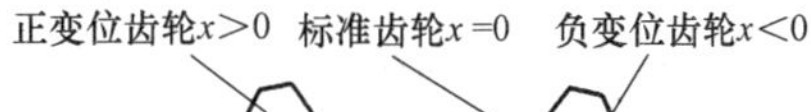

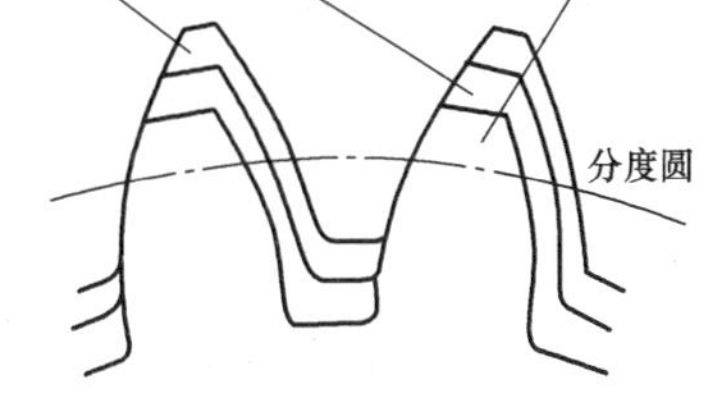

图 6-34　变位齿轮的齿廓

2）由于加工变位齿轮时，与轮坯分度圆相切的不再是刀具中线（刀具分度线），因此加工出来的变位齿轮与标准齿轮相比较，正变位齿轮齿根厚增大，有利于提高齿轮的抗弯强度，但其齿顶圆上齿厚变薄。负变位齿轮则与其相反。

3）切制正变位齿轮时，刀具由切制标准齿轮的位置远离轮坯移了一段距离 xm，但因分度圆不变，所以齿根高较标准齿轮减少了 xm，如果为了保证全齿高为 $h=(2h_a^*+c^*)m$，对正变位齿轮，其轮坯的齿顶圆半径较标准齿轮应增大 xm，则齿顶高为

$$h_a=(h_a^*+x)m$$

另外变位齿轮的齿顶圆、齿根圆等参数也发生了变化，具体的尺寸计算公式见表 6-3。

表 6-3 中式

$$\mathrm{inv}\alpha'=\frac{2(x_1+x_2)}{z_1+z_2}\tan\alpha+\mathrm{inv}\alpha \tag{6-23}$$

称为无侧隙啮合方程式。该式是变位齿轮传动的重要方程式，它表明了无侧隙啮合时的变位系数和（x_1+x_2）对啮合角 α'的影响。

表 6-3　外啮合变位直齿轮基本尺寸的计算公式

名称	符号	计算公式	名称	符号	计算公式
分度圆直径	d	$d=mz$	齿厚	s	$s=(\pi/2+2x\tan\alpha)m$
节圆直径	d'	$d'=d\cos\alpha/\cos\alpha'$	齿顶高变动系数	σ	$\sigma=x_1+x_2-y$
啮合角	α'	$\mathrm{inv}\alpha'=\frac{2(x_1+x_2)}{z_1+z_2}\tan\alpha+\mathrm{inv}\alpha$	中心距变动系数	y	$y=\frac{a'-a}{m}=\frac{z_1+z_2}{2}\left(\frac{\cos\alpha}{\cos\alpha'}-1\right)$
齿顶高	h_a	$h_a=(h_a^*+x-\sigma)m$	齿根高	h_f	$h_f=(h_a^*+c^*-x)m$
全齿高	h	$h=(2h_a^*+c^*-\sigma)m$	齿顶圆直径	d_a	$d_a=(z+2h_a^*+2x-2\sigma)m$
齿根圆直径	d_f	$d_f=(z-2h_a^*-2c^*+2x)m$	中心距	a'	$a'=\frac{d_1'+d_2'}{2}=a\frac{\cos\alpha}{\cos\alpha'}$

6.7.3 变位齿轮传动

1. 变位齿轮传动的正确啮合条件和连续传动条件

变位齿轮传动的正确啮合条件和连续传动条件，与标准齿轮传动相同，即两变位齿轮的模数和压力角必须分别相等，而其重合度 $\varepsilon_\alpha \geqslant 1$，通常要求 $\varepsilon_\alpha \geqslant [\varepsilon_\alpha]$。

2. 变位齿轮传动的类型及其特点

根据一对齿轮变位系数之和的不同，变位齿轮传动可分为零传动、正传动和负传动三种类型。

（1）零传动（$x_1 + x_2 = 0$） 如果两变位系数和 $x_1 + x_2 = 0$，这种齿轮传动称为零传动。零传动又可分为两种情况：

1）标准齿轮传动。$x_1 + x_2 = 0$，且 $x_1 = x_2 = 0$。这种齿轮传动就是标准齿轮传动。可以把标准齿轮视为变位系数为零的变位齿轮，是变位齿轮的一个特例。此时由于 $x_1 + x_2 = 0$，故 $a' = a$，$y = 0$，$\alpha' = \alpha$，$\sigma = 0$。

为避免根切，两标准齿轮的齿数应满足 $z_1 \geqslant z_{min}$，$z_2 \geqslant z_{min}$。

其传动特点为：设计简单，便于互换。

2）等变位齿轮传动。$x_1 + x_2 = 0$，$x_1 = -x_2 \neq 0$。这种齿轮传动称为等变位齿轮传动。同样因为 $x_1 + x_2 = 0$，所以也有下列关系式存在：

$$a' = a, y = 0, \alpha' = \alpha, \sigma = 0$$

这表明两轮的分度圆与节圆重合，全齿高与标准齿轮相同；但齿轮的齿顶高和齿根高都不是标准值，所以这种齿轮传动又称为高变位齿轮传动。

对于等变位齿轮传动，由于小齿轮的齿数少，易根切，轮齿的抗弯强度较低，所以小齿轮一般采用正变位，大齿轮采用负变位。为了保证两轮都不发生根切，则应使 $z_1 + z_2 \geqslant 2z_{min}$。

等变位齿轮传动的特点是：当小齿轮正变位时，可以制造出 $z < z_{min}$ 而又不根切的齿轮，因此在传动比一定时，大齿轮的齿数也相应减少，从而减小齿轮机构的尺寸；同时小齿轮正变位，齿根变厚；大齿轮负变位，齿根变薄，大小轮抗弯强度相近，可相对地提高齿轮机构的承载能力，也可以使大、小轮齿根磨损接近，相对地改善了两轮的磨损情况。但其互换性差，须成对设计、制造和使用，由于实际啮合线略有缩短，故重合度 ε_α 稍有减小。

（2）正传动（$x_1 + x_2 > 0$） 当 $x_1 + x_2 > 0$ 时，这种齿轮传动称为正传动。由于 $x_1 + x_2 > 0$，故 $a' > a$，$y > 0$，$\alpha' > \alpha$，$\sigma > 0$，$z_1 + z_2 < 2z_{min}$。这表明两轮无侧隙啮合传动时，节圆大于分度圆。又因 $\sigma > 0$，故两轮的全齿高都比标准齿轮缩短了 σm。

正传动的优点是：

1）由于 $\alpha' > \alpha$，$a' > a$，使综合曲率半径增大，从而提高了齿轮的接触强度，正变位可使两轮齿根厚增加，从而提高轮齿的抗弯强度。

2）由于啮合角增大和齿顶高降低，使实际啮合线 $\overline{B_1B_2}$ 变短而远离极限啮合点 N_1、N_2，从而减轻两轮齿根的磨损。

3）适当选择两轮的变位系数，在保证无侧隙啮合的条件下能满足 $a' > a$ 的中心距要求。

4）可以减小齿轮机构的尺寸，设计得比零传动更加紧凑。

这种传动的缺点是：

1）必须成对设计、制造和使用，互换性差。

2）由于啮合角增大，使实际啮合线缩短，故重合度下降较多，因此在设计正传动时，得要校核 ε_α，以满足 $\varepsilon_\alpha \geq [\varepsilon_\alpha]$。

（3）负传动（$x_1 + x_2 < 0$）　当 $x_1 + x_2 < 0$ 时，这种传动称为负传动。由 $x_1 + x_2 < 0$ 可知：

$$a' < a, y < 0, \alpha' < \alpha, \sigma > 0, z_1 + z_2 > 2z_{\min}$$

负传动的优点有：

1）适当地选择变位系数可以凑配给定的中心距。

2）重合度略有增加。

负传动的缺点是：

1）必须成对设计、制造和使用，互换性差。

2）轮齿的磨损加剧，抗弯强度和接触强度都有所降低。

正传动和负传动，其啮合角发生了变化，常将其统称为角度变位齿轮传动。

综上所述，正传动的优点突出，实际中广泛应用该传动。有时即使不根切的两齿轮也用正变位，以达到满足中心距要求和提高强度的目的；由于正传动的优点正好是负传动的缺点，因此，负传动缺点较多，除用于凑中心距的不得已情况外，一般场合很少采用。

6.8　齿轮传动的失效形式和设计准则

虽然齿轮传动具有很多优点，但仍然存在许多问题，如传动时的误差；工作中出现的振动和噪声；发生各种形式的失效等。造成这些问题的原因一方面与设计有关，同时还与制造、安装、使用和维护等因素有关。因此齿轮传动还有待于进一步的提高和完善。

目前，在齿轮的设计、生产与科研中，对于齿轮齿廓曲线的探讨、齿轮强度的研究、齿轮制造精度的分析以及齿轮加工精度的提高、齿轮热处理工艺的不断改进等，都是围绕着两个基本问题进行的，即传动平稳和足够的承载能力。

关于传动的平稳性在6.3中已讨论过，下面主要讨论怎样在尺寸小、重量轻的前提下提高齿轮的承载能力，使其轮齿的强度高、耐磨性好，在预定的使用期限内不出现断齿等失效现象。

6.8.1　齿轮传动的失效形式

齿轮传动是靠轮齿的啮合来传递运动和动力的，轮齿失效是齿轮的主要失效形式。由于传动装置有闭式和开式、齿面硬度有软齿面（齿面硬度≤350HBW）和硬齿面（齿面硬度>350HBW）、转速有高与低、载荷有轻与重之分，所以生产实际中常会出现各种失效形式，对应有各种设计准则。

轮齿的失效形式很多，但归结起来可分为轮齿折断和齿面失效（如点蚀、胶合、磨损、塑性变形）两大类。下面分别予以详细介绍。

1. 轮齿折断

轮齿好像悬臂梁，受载后齿根处的应力最大，且由于齿根圆角和切削刀痕等会引起应力集中，折断一般发生在齿根部位，主要有两种：一种是由反复的弯曲应力作用下引起的疲劳折断，另一种是在短期过载或冲击载荷下的过载折断。这两种折断都起始于轮齿受拉应力一侧。

断齿的形式有整齿折断和局部折断（图 6-35），直齿轮的轮齿一般发生整齿折断。接触线倾斜的斜齿轮或人字齿轮，以及齿宽较大而载荷沿齿向分布不均的直齿轮，多发生轮齿局部折断。

选择合适的材料、增大齿根过渡圆角半径、降低表面粗糙度值以减小齿根应力集中，以及对齿根处进行表面强化处理等，都可以提高轮齿的抗折断能力。

为防止轮齿折断，在设计中，应对齿轮进行抗弯曲疲劳强度和抗弯静强度的设计计算。

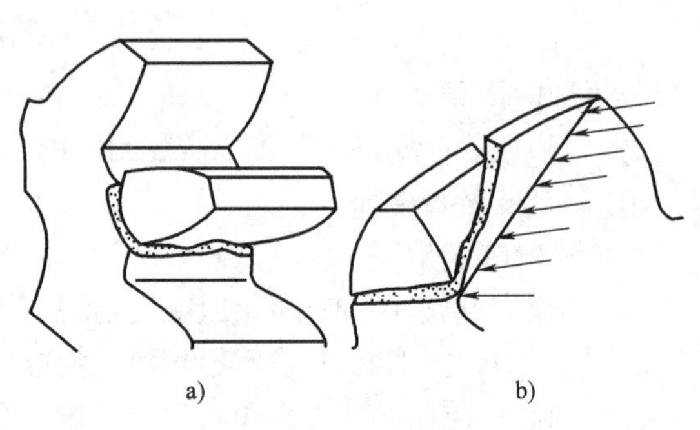

图 6-35　轮齿折断

a）整体折断　b）局部折断

2. 齿面点蚀

点蚀是润滑良好的闭式齿轮传动中常见的失效形式。啮合齿面在交变接触应力的反复作用下，在节线附近靠近齿根部分的表面上，会产生小裂纹，随着应力循环次数的增多，裂纹不断扩展。特别是润滑油渗入裂纹，受挤压膨胀而加速裂纹扩大，导致齿面金属脱落，靠近节线的齿根面上出现麻点。齿面呈麻点状的疲劳损伤称为点蚀。开式齿轮传动由于齿面磨损较快，接触疲劳裂纹一旦产生即被磨去，点蚀现象无法呈现。

实践证明，点蚀的部位多发生在轮齿节线附近靠齿根的一侧，如图 6-36 所示。这是由于齿面节线附近，相对滑动速度小，难以形成润滑油膜，摩擦力较大，特别是直齿轮传动，在节线附近通常只有一对轮齿啮合，接触应力也较大。总之，靠近节线处的齿根面抵抗点蚀的能力最差（即接触疲劳强度最低）。

当齿面点蚀达到一定程度时，将影响传动的平稳性并产生振动和噪声，甚至不能正常工作。提高齿面硬度、降低表面粗糙度值、增大润滑油黏度、采用合理的变位、减小动载荷等都是提高齿面抗点蚀能力的重要措施。

3. 磨粒磨损

互相啮合的两齿面间有相对滑动，如果两齿面加工粗糙，或金属微粒、灰尘、污物等落入啮合齿面间，轮齿表面都会引起磨粒磨损，磨损将破坏渐开线齿形（图 6-37），并使侧隙增大，从而引起冲击和振动，严重时导致轮齿过薄而折断。

在开式齿轮传动中，由于工作条件差，不可保证良好的润滑，不可避免灰尘的侵入，故齿面磨损是开式齿轮的主要失效形式。改用闭式齿轮传动是避免齿面磨粒磨损最有效的方法。提高齿面硬度，降低齿面粗糙度值，且注意润滑油的清洁等，都是减轻和防止磨粒磨损的主要措施。

4. 齿面胶合

高速重载传动因滑动速度高、齿面间压力大而产生的瞬时高温会使油膜破裂，造成齿面间的黏焊现象，进而当两齿面做相对运动时，黏着处沿滑动方向被撕脱，在较软齿面上形成沟纹，齿顶部最为明显（图 6-38），这种现象称为热胶合。低速重载时，由于润滑油膜不易形成，也会出现冷胶合。

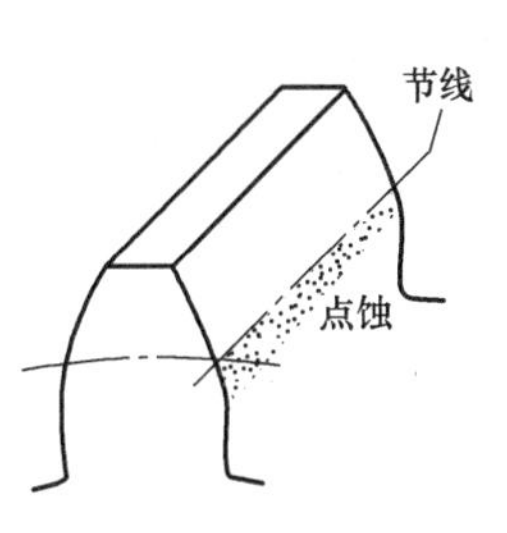

图 6-36　齿面点蚀

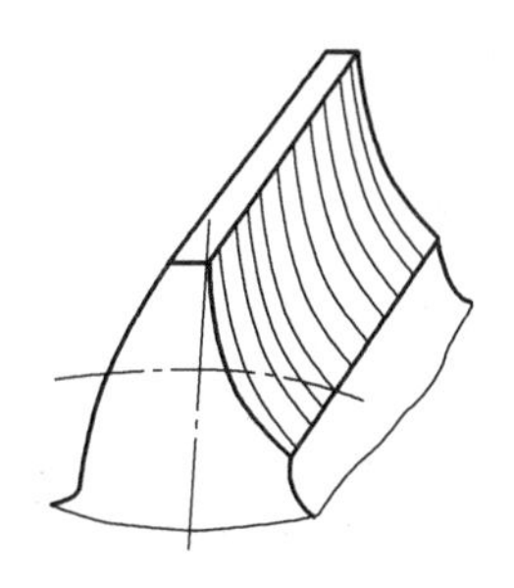
图 6-37　齿面磨损

图 6-38　齿面胶合

齿面胶合破坏了正常齿廓，造成啮合不良，严重时导致传动失效。采用润滑和冷却效果好的润滑方式，选用黏度大或有抗胶合添加剂的润滑油，选用抗胶合能力强的齿轮副材料，提高齿面硬度，降低表面粗糙度值等措施，都可提高抗胶合能力。对于低速齿轮传动，采用黏度较大的润滑油，对于高速传动，采用抗胶合能力强的润滑油等，均可防止或减轻齿面胶合。

5. 齿面塑性变形

齿面较软的齿轮，重载时由于摩擦力的作用，材料的塑性流动方向和齿面上所受的摩擦力方向一致，而齿轮工作时主动轮齿面受到的摩擦力方向背离节圆，从动轮齿面受到的摩擦力方向指向节圆，所以在主动轮的轮齿上相对滑动速度为零的节线处将被碾出沟槽，而在从动轮的轮齿节线处被挤出凸棱（图6-39）。齿面表层材料因屈服产生塑性流动而形成齿面塑性变形。这种失效主要产生在低速和起动、过载频繁的齿轮传动中。

适当提高齿面硬度，采用黏度大的润滑油，可以减轻或防止齿面塑性变形。

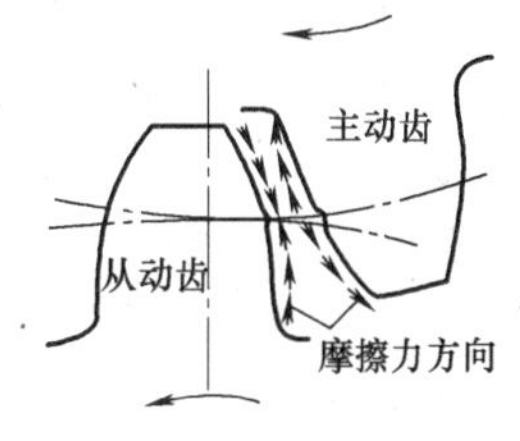

图 6-39　齿面塑性变形

6.8.2　齿轮传动的设计准则

齿轮传动的设计准则是根据失效形式而定的。轮齿虽有多种失效形式，但在不同的工作场合各有其主要的失效形式。在设计齿轮时针对其主要失效形式确定相应的设计准则。

由于目前对于轮齿的齿面胶合、磨粒磨损、塑性变形尚未建立起实用、完整的设计计算方法和数据，对于一般齿轮传动，齿轮抗胶合能力的计算又不太必要，且计算方法复杂，所以目前设计一般的齿轮传动时，通常只按齿根弯曲疲劳强度和齿面接触疲劳强度两种准则进行计算。

闭式齿轮传动的主要失效形式为齿面疲劳点蚀和轮齿的齿根弯曲疲劳折断，且软齿面齿轮以疲劳点蚀为主，硬齿面齿轮以弯曲疲劳折断为主。故计算准则为：对闭式软齿面齿轮传动，按齿面接触疲劳强度设计，再按齿根弯曲疲劳强度校核；对闭式硬齿面齿轮传动，按齿根弯曲疲劳强度设计，再按齿面接触疲劳强度校核。

当一对齿轮均为铸铁制造时，一般只需做轮齿弯曲疲劳强度设计计算。

对于汽车、拖拉机的齿轮传动，过载或冲击引起的轮齿折断是其主要失效形式，宜先做轮齿过载折断设计计算，再做齿面接触疲劳强度校核。

开式齿轮的传动的主要失效形式是齿面磨损，但最终的失效形式是轮齿折断，且由于磨损的机理比较复杂，到目前为止尚无成熟、完善的设计计算方法，故目前只需按齿根弯曲疲劳强度进行设计，用将设计出的模数加大10% ~20%的办法来考虑磨损的影响，不必验算其齿面接触强度（因开式齿轮传动一般不产生疲劳点蚀）。

对于齿轮的轮毂、轮辐、轮缘等部位的尺寸，通常仅做结构设计，不进行强度计算。

6.9　齿轮常用材料及热处理

由轮齿的失效形式可知，设计齿轮传动时，应使齿面有较高的抗点蚀、抗胶合、抗磨损及抗塑性变形的能力，齿体有较高的抗折断的能力。因此，理想的齿轮材料应具有齿面硬度高、齿芯韧性好的特点。另外，齿轮材料还应有良好的加工和热处理工艺性及经济性。

齿轮最常用的材料是钢，其次是铸铁，有时还采用有色金属和非金属材料。

6.9.1　齿轮常用材料及其选用

根据齿轮的失效形式可知，设计齿轮时，齿面要硬，齿芯要韧，并具有良好的加工性能和热处理性能。常用的齿轮材料如下：

1. 钢

钢的强度高、韧性好、耐冲击，还可通过适当的热处理或化学处理改善其力学性能及提高齿面的硬度，故钢是应用最广泛的齿轮材料。钢可分为锻钢和铸钢两类。

（1）锻钢　钢制齿轮的毛坯制作多采用锻造。锻钢的力学性能比铸钢好。毛坯经锻造加工后，可以改善材料性能，使其内部形成有利的纤维方向，有利于轮齿强度的提高。除尺寸过大或结构形状复杂只宜铸造外，一般都用锻钢制造齿轮，常用的锻钢为碳的质量分数在0.15% ~0.6%的碳钢或合金钢。

软齿面齿轮可由正火或调质得到，因齿面硬度不高，可以先热处理后切齿。软齿面齿轮制造简便、经济，使用中易于磨合，广泛应用于无特殊要求的一般机械传动中。常用材料有35、45、50钢及40Cr、38SiMnMo、35SiMn合金钢。

硬齿面可用整体淬火、表面淬火、渗碳淬火、氮化和碳氮共渗等方法得到。这类齿轮齿面硬度高（58 ~65HRC），齿面接触强度高，耐磨性好，而且由于芯部未淬硬仍具有较高的韧性，故常用于高速、重载及受有冲击载荷或要求尺寸紧凑的重要机械传动中。常用材料有45、40Cr、40CrNi、20Cr、20CrMnTi、40MnB等。

（2）铸钢　铸钢常用于制造尺寸较大（顶圆直径 $d_a \geqslant 400$mm）或结构复杂不易锻制的齿轮，其毛坯应进行正火或退火处理，消除残留应力和硬度不均匀的现象。常用铸钢材料有ZG310-570、ZG340-640等。

钢制齿轮常用的热处理方法及应用场合见表6-4。

表6-4　钢制齿轮常用热处理方法及应用场合

热处理	适用钢种	硬度	主要特点和适用场合
正火	中碳钢及铸钢	整体 160 ~210HBW	正火可以消除内应力，细化晶粒，改善力学性能和切削性能。工艺简单，易于实现，适于因条件限制不便进行调质的大齿轮及不太重要的齿轮
调质	中碳钢及中碳合金钢	整体 220 ~280HBW	具有较高的综合力学性能，适用于中速、中载的齿轮传动

（续）

热处理	适用钢种	硬度	主要特点和适用场合
整体淬火	中碳钢及中碳合金钢	整体 45～55HRC	工艺简单，轮齿变形较大，需要磨齿、研齿等精加工，芯部韧性较差，不宜承受冲击载荷
表面淬火	中碳钢及中碳合金钢	齿面 48～54HRC	齿面耐磨，齿芯韧性高，耐冲击，适用于高速、重载、有冲击的齿
渗碳淬火	低碳钢或低碳合金钢	齿面 58～64HRC	齿面更耐磨，齿芯韧性高，更适用于高速、重载、有较大冲击及尺寸要求紧凑的重要传动。渗碳淬火后，轮齿变形大，需要磨齿或研齿
渗氮	渗氮钢	齿面 65HRC	齿面硬、变形小，适用于内齿轮和难以磨削的齿轮，硬化层薄，不耐冲击。宜用于载荷平稳、润滑良好的传动

2. 铸铁

灰铸铁的铸造性能、切削性能、减摩性、抗点蚀和抗胶合性能都较好，且价廉，但抗弯强度和韧性较差。常用于低速、无冲击和大尺寸的场合。由于灰铸铁中的石墨具有自润滑能力，更适用于润滑不良的开式传动中。常用牌号有 HT200～HT350。

球墨铸铁的力学性能及抗冲击性远比灰铸铁高，近年来获得越来越广泛的应用。在冲击力不大的情况下，可代替钢制齿轮。

3. 有色金属和非金属材料

有色金属如铜、铝、铜合金、铝合金等常用于制造有特殊要求的齿轮。

高速、小功率和精度要求不高的齿轮传动，为降低噪声，小齿轮常采用夹布胶木、尼龙等非金属材料制造，非金属材料的弹性模量较小，可减轻因制造和安装不精确所引起的不利影响，传动时的噪声小。由于非金属材料的导热性差，与其啮合的配对大齿轮仍采用钢或铸铁制造，以利于散热。为使大齿轮具有足够的抗磨损及抗点蚀的能力，齿面的硬度应为250～350HBW。

齿轮材料的种类繁多，在选择时必须考虑多方面的因素，下面仅提供几点选择建议。

1）齿轮材料必须满足工作条件的要求。

2）应考虑齿轮尺寸的大小、毛坯成形方法及热处理和制造工艺要求。

3）合金钢常用于制造高速、重载并在冲击载荷下工作的齿轮。

4）金属制的配对两齿轮，应保证一定的硬度差，小齿轮的齿面硬度要高于大齿轮30～50HBW。

6.9.2 齿轮的热处理

齿轮常用的热处理方法主要有：

1. 调质

调质一般用于中碳钢和中碳合金钢，如 45、40Cr、40MnB 等。经过调质处理后，其机械强度、韧性等综合性能较好，齿面硬度一般为 220～260HBW。因硬度不高，故可在热处理后精切齿形，以消除热处理变形，且在使用中易于磨合。

2. 正火

正火处理后可使材料晶粒细化，增大机械强度和韧性，消除内应力，改善切削性能。对机械强度要求不高的齿轮，可用中碳钢正火处理。对于大直径的齿轮，可采用铸钢正火处理。

3. 表面淬火

常用材料为中碳钢或中碳合金钢。齿面硬度可达 50HRC 左右，而齿芯部未淬硬仍有较高的韧性，故接触强度高，耐磨性好，能承受中等冲击载荷。中、小尺寸齿轮可采用中频或高频感应加热，大尺寸齿轮可采用乙炔火焰加热。当批量生产齿轮，欲进行表面淬火时，应使用齿轮淬火机床，以保证产品质量。表面淬火后轮齿变形不大，可不需要磨齿。

4. 渗碳淬火

渗碳钢为碳的质量分数在 0.15% ~0.25% 的低碳钢或低碳合金钢，如 20、20Cr 等。渗碳淬火后齿面硬度可达 56 ~ 62HRC，而芯部仍保持较高的韧性。这种齿轮的齿面接触强度高，耐磨性好，常用于受冲击载荷的重要齿轮传动。但齿轮经渗碳淬火后，轮齿变形较大，需进行磨齿或用硬质合金滚刀进行滚刮。

5. 渗氮

齿面经渗氮（氮化）处理后，齿面硬度可达 60 ~ 62HRC。因氮化处理温度低，轮齿变形小，不需磨齿，但渗氮层很薄，容易压碎，所以不适用于受冲击载荷和有严重磨损的场合。常用氮化钢为 38CrMoAl。

6. 碳氮共渗

碳氮共渗旧称为氰化。处理时间短，且有渗氮的优点，可以代替渗碳淬火，但硬化层薄，氰化物有剧毒，应用受到限制。

上述热处理中，调质和正火处理后的齿面硬度较低，一般≤350HBW，为软齿面。因硬度不高，轮齿精加工可在热处理后进行；表面淬火、渗碳淬火、渗氮及碳氮共渗等处理后的齿面硬度较高，为硬齿面，常用于高速、重载、精密传动。

近年，由于齿轮材质和齿轮加工工艺技术的迅速发展，越来越广泛地选用硬齿面齿轮。

表 6-5 列出了齿轮常用材料及其热处理后的力学性能。

表 6-5　齿轮常用材料及其力学性能

材料	牌号	热处理方法	抗拉强度 R_m/MPa	屈服强度 σ_s/MPa	硬度		应用举例
					齿芯硬度 HBW	齿面硬度 HRC	
优质碳素钢	45	正火	588	294	169 ~ 217		低速轻载的齿轮
		调质	647	373	217 ~ 255		中、低速中载的齿轮，如通用减速器和机床中一般传动的齿轮
		表面淬火				40 ~ 50	高速中载、无剧烈冲击的齿轮，如机床变速箱中的齿轮
	50	正火	628	373	180 ~ 220		低速轻载的齿轮
合金结构钢	40Cr	调质	735	539	241 ~ 286		中、低速中载的齿轮
		表面淬火				48 ~ 55	高速中载、无剧烈冲击的齿轮

（续）

材料	牌号	热处理方法	抗拉强度 R_m/MPa	屈服强度 σ_s/MPa	硬　度		应用举例
					齿芯硬度 HBW	齿面硬度 HRC	
合金结构钢	42SiMn	调质	785	510	229 ~ 286	45 ~ 55	高速中载、无剧烈冲击的齿轮
		表面淬火					
	20Cr	渗碳淬火后回火	637	392		56 ~ 62	高速中载、承受冲击载荷的齿轮，如汽车、拖拉机中的重要齿轮
	20CrMnTi		1079	834		56 ~ 62	
	38CrMoAlA	调质-渗氮	980	834	229	>850HV	载荷平稳、润滑良好的齿轮，内齿轮
铸钢	ZG310-570	正火	570	320	163 ~ 197		中速、中载、大直径的齿轮
	ZG340-640		640	340	179 ~ 207		
	ZG35SiMn		569	343	63 ~ 217		重型机械中的低速齿轮
		调质	637	412	197 ~ 248		标准系列减速器的大齿轮
球墨铸铁	QT500-5	正火	500			147 ~ 241	低、中速，轻载，有小的冲击
	QT600-2		600			229 ~ 302	
灰铸铁	HT200	人工时效	200		170 ~ 230		低速中载、不受冲击的齿轮，如机床操纵机构的齿轮
	HT300	低温退火	300		187 ~ 255		
非金属	夹布胶木		100		25 ~ 35		高速轻载的齿轮

配对齿轮选用的材料和硬度应有所不同。由于小齿轮齿根部分的齿厚较薄，抗弯强度较低，且受载次数比大齿轮多，故易于磨损。为了使配对的两齿轮使用寿命接近，应使小齿轮的材料比大齿轮的好一些或硬度高一些。对于软齿面的齿轮传动，应使小齿轮齿面硬度比大齿轮的高 30 ~ 50HBW 或更多。齿数比越大，两轮的硬度差也应越大。对于传动功率中等、传动比较大的齿轮传动，可考虑采用硬齿面的小齿轮与软齿面的大齿轮匹配，既可以提高小齿轮的强度，又可以通过硬齿面对软齿面的冷作硬化作用，提高大齿轮的强度。硬齿面齿轮传动的两齿面硬度可大致相等。

6.10　标准直齿圆柱齿轮传动的强度计算

齿轮传动在工作期间的可靠性主要取决于轮齿抵抗各种可能失效的能力。齿轮传动的强度计算方法颇多，但理论研究比较成熟的、并能较可靠地用于工程上的计算方法，是齿面接触疲劳强度和齿根弯曲疲劳强度计算。

6.10.1　轮齿的受力分析和计算载荷

为了进行齿轮传动强度的计算，并设计轴和轴承，首先必须对齿轮进行受力分析。

1. 轮齿的受力分析

在理想情况下，作用于齿轮上的力是沿接触线均匀分布的，常用集中力代替。假设一对标准直齿圆柱齿轮传动，按标准中心距安装，其齿廓在 P 点接触，如图 6-40 所示。因齿面间摩擦力较小，在此忽略不计。沿啮合线作用在齿面上的法向载荷 $\boldsymbol{F}_n$ 始终垂直指向齿面，$\boldsymbol{F}_n$ 称作法向力。现将节点 P 处的法向力 $\boldsymbol{F}_n$ 分解为两个互相垂直的分力：切于分度圆的圆周力 $\boldsymbol{F}_t$ 和指向轮心的径向力 $\boldsymbol{F}_r$（外啮合），单位为 N。

$$\left.\begin{aligned}&\text{圆周力}\quad F_t=\frac{2T_1}{d_1}=\frac{2T_2}{d_2}\\&\text{径向力}\quad F_r=F_t\tan\alpha\\&\text{法向力}\quad F_n=\frac{F_t}{\cos\alpha}\end{aligned}\right\}\tag{6-24}$$

式中 T_1——小齿轮传递的名义转矩（N · mm），$T_1=9.55\times10^6P_1/n_1$；

P_1——小齿轮传递的名义功率（kW）；

n_1——小齿轮转速（r/min）；

d_1、d_2——小、大齿轮分度圆直径（mm）；

α——分度圆压力角。

力的方向判断：圆周力 $\boldsymbol{F}_t$，在从动轮上为驱动力，与其回转方向相同；在主动轮上为工作阻力，与其回转方向相反。径向力 $\boldsymbol{F}_r$，对于外齿轮，指向其齿轮中心；对于内齿轮，则背离其齿轮中心。

两轮所受力之间的关系：作用在主动轮和从动轮上同名力大小相等、方向相反，即

$$F_{t1}=-F_{t2};F_{r1}=-F_{r2}$$

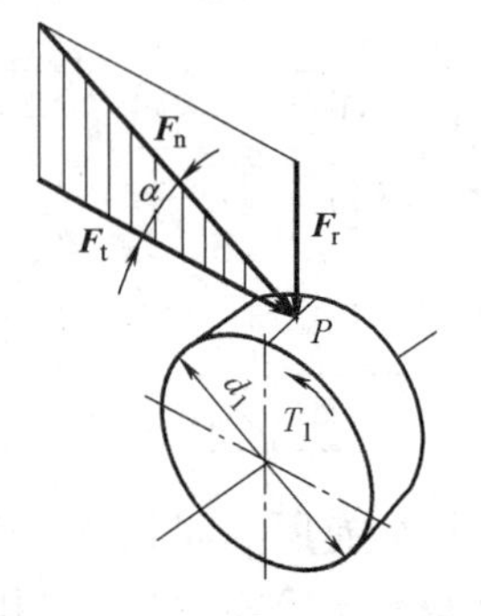

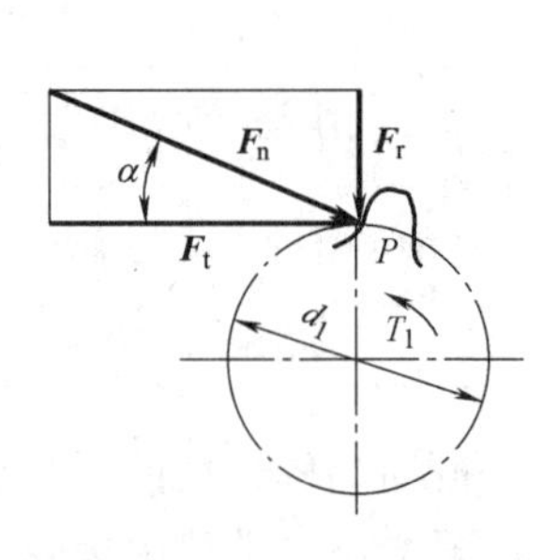

图 6-40 直齿圆柱齿轮受力分析

2. 计算载荷

前面讨论的各力 $\boldsymbol{F}_t$、$\boldsymbol{F}_r$、$\boldsymbol{F}_n$ 以及转矩 T_1、T_2 等均为齿轮的所谓名义载荷（公称载荷），而实际工作时，由于受原动机和工作机的性能、齿轮制造和安装误差、齿轮及其支承件变形等因素的影响，齿轮上的载荷要比名义载荷大。为此，在强度计算时通常引用载荷系数 K 来考虑上述因素的影响。通过修正计算得到的载荷称为计算载荷。以齿轮的法向力 F_n 为例，其计算载荷 F_{nc} 表示为

$$F_{nc}=KF_n$$

上述受力分析是在载荷沿齿宽均匀分布的理想条件下进行的。但实际运转时，由于齿轮、轴、支承等存在制造、安装误差，以及受载时产生变形等，使载荷沿齿宽不是均匀分布，造成载荷局部集中。轴和轴承的刚度越小，齿宽 b 越宽，载荷集中越严重。此外，由于各种原动机和工作机的特性不同（例如机械的起动和制动、工作机构速度的突然变化和过载等），导致在齿轮传动中还将引起附加动载荷。因此在齿轮强度计算时，通常用计算载荷 KF_n 代替名义载荷 F_n。K 为载荷系数，其值由表 6-6 查取。

表 6-6　载荷系数 K

工　作　机	载荷特性	原　动　机		
		电动机	多缸内燃机	单缸内燃机
均匀加料的运输机和加料机，轻型卷扬机，发电机，机床辅助传动	工作平稳、轻微冲击	1～1.2	1.2～1.6	1.6～1.8
不均匀加料的运输机和加料机，重型卷扬机，球磨机，机床主传动	中等冲击	1.2～1.6	1.6～1.8	1.8～2.0
压力机，钻机，轧机，破碎机，挖掘机	较大冲击	1.6～1.8	1.9～2.1	2.2～2.4

注：斜齿圆柱齿轮、圆周速度低、精度高、齿宽系数小时取小值；直齿圆柱齿轮、圆周速度高、精度低、齿宽系数大时取大值。齿轮在两轴承之间对称布置时取小值，不对称布置及悬臂布置时取较大值。

6.10.2　齿面接触疲劳强度计算

齿面接触疲劳强度的计算是针对齿面点蚀失效进行的，齿面接触疲劳点蚀与齿面接触应力有关。如图 6-41 所示，两曲率半径不同的平行圆柱体相互接触，受载前为线接触，在法向力 F_n 作用下，接触表面被压产生弹性变形，变为小面积接触，此面上的局部表面应力，称为接触应力，此时的零件强度称为接触强度。

根据弹性力学接触应力的公式，代入齿轮相应参数，经过整理得到一对圆柱齿轮在节点处最大接触应力的计算公式——赫兹应力计算公式，导出

$$\sigma_H=\sqrt{\frac{F_n}{\pi b}\cdot\frac{\dfrac{1}{\rho_1}\pm\dfrac{1}{\rho_2}}{\dfrac{1-\mu_1^2}{E_1}+\dfrac{1-\mu_2^2}{E_2}}} \tag{6-25}$$

式中　F_n、b——轮齿受法向计算载荷（N）、轮齿工作宽度（mm）；

E_1、E_2——两圆柱体材料的弹性模量（MPa）；

μ_1、μ_2——两圆柱体材料的泊松比；

ρ_1、ρ_2——两圆柱体接触处的曲率半径（mm），“+”用于外啮合，“-”用于内啮合。

实践证明，齿面点蚀通常首先发生在节线附近，故以节点处的接触应力为计算依据。由图 6-42 可知，节点处的齿廓曲率半径分别为

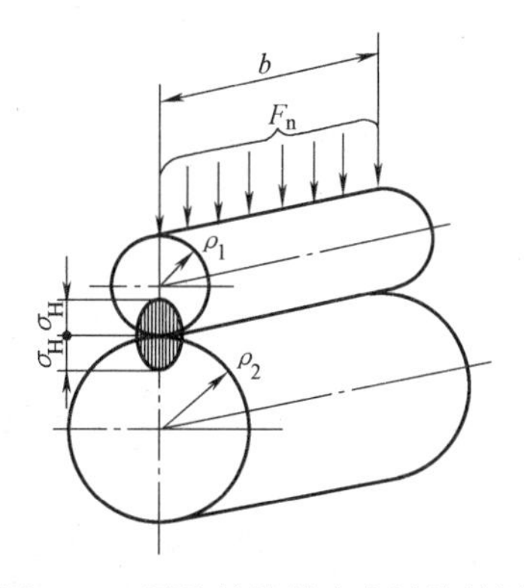

图 6-41　圆柱体接触应力计算简图

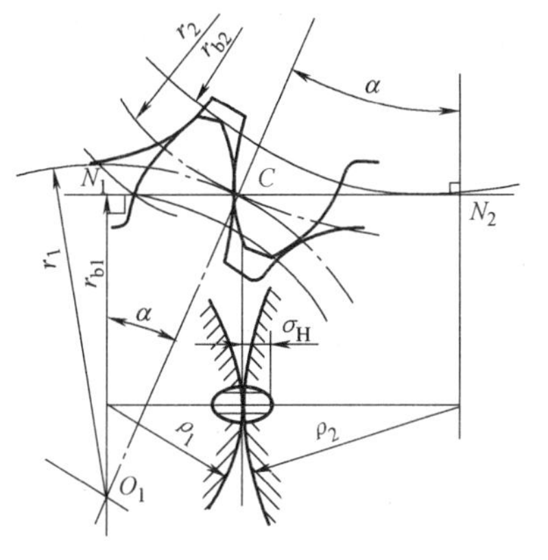

图 6-42　齿面接触应力计算简图

$$\rho_1 = N_1 C = \frac{d_1}{2}\sin\alpha \qquad \rho_2 = N_2 C = \frac{d_2}{2}\sin\alpha$$

令

$$u = \frac{z_2}{z_1} = \frac{d_2}{d_1}$$

由此可得

$$\frac{1}{\rho_1} \pm \frac{1}{\rho_2} = \frac{\rho_2 \pm \rho_1}{\rho_1 \rho_2} = \frac{2(d_2 \pm d_1)}{d_1 d_2 \sin\alpha} = \frac{2}{d_1 \sin\alpha} \cdot \frac{u \pm 1}{u} \tag{6-25a}$$

引入载荷系数 K，计算载荷 F_{nc}

$$F_{nc} = KF_n = \frac{KF_t}{\cos\alpha} = \frac{2KT_1}{d_1 \cos\alpha} \tag{6-25b}$$

将式（6-25a）、式（6-25b）和式（6-25）整理后得

$$\sigma_H = \sqrt{\frac{1}{\pi\left(\frac{1-\mu_1^2}{E_1} + \frac{1-\mu_2^2}{E_2}\right)}}\sqrt{\frac{2}{\sin\alpha\cos\alpha}}\sqrt{\frac{2KT_1}{bd_1^2}\frac{u \pm 1}{u}} \leqslant [\sigma_H]$$

令

$$Z_E = \sqrt{\frac{1}{\pi\left(\frac{1-\mu_1^2}{E_1} + \frac{1-\mu_2^2}{E_2}\right)}}$$

$$Z_H = \sqrt{\frac{2}{\sin\alpha\cos\alpha}} = \sqrt{\frac{4}{\sin2\alpha}} = 2.49$$

从而得出齿面接触疲劳强度校核公式

$$\sigma_H = 3.52 Z_E \sqrt{\frac{KT_1(u \pm 1)}{bd_1^2 \quad u}} \leqslant [\sigma_H] \tag{6-26}$$

将 $b = \psi_d d_1$ 代入式（6-26），得出齿面接触疲劳强度设计公式

$$d_1 \geqslant \sqrt[3]{\frac{KT_1}{\psi_d} \cdot \frac{(u \pm 1)}{u}\left(\frac{3.52 Z_E}{[\sigma_H]}\right)^2} \tag{6-27}$$

式中 Z_H——节点区域系数，用于考虑节点处齿廓曲率对接触应力的影响，由图6-43查取，对于标准直齿轮，$\alpha = 20°$，$Z_H = 2.49$；

Z_E——弹性系数，（$\sqrt{\text{MPa}}$），用于考虑材料弹性模量和泊松比对接触应力的影响。Z_E 可由表6-7中查取；

u——大轮与小轮的齿数比，对于减速齿轮传动，$u = i$，对于增速齿轮传动，$u = 1/i$；

ψ_d——齿宽系数，由表6-8查取；

$[\sigma]$——许用接触应力（MPa）。

式中“+”号用于外啮合，“-”号用于内啮合。许用接触应力 $[\sigma_H]$ 应以两轮中的小者代入计算。

从式（6-26）可知，齿轮传动的接触疲劳强度取决于齿轮的直径，而与模数大小无关。

表 6-7　弹性系数 Z_E　（单位：$\sqrt{MPa}$）

大齿轮材料		钢	铸　钢	球墨铸铁	灰铸铁
E/MPa		206×10^3	202×10^3	173×10^3	118×10^3
小齿轮材料	钢	189.8	188.9	181.4	162.0
	铸钢	—	188.0	180.5	161.4
	球墨铸铁	—	—	173.9	156.6
	灰铸铁	—	—	—	143.7

注：表中按泊松比 $\mu_1=\mu_2=0.3$ 计算而得。

表 6-8　齿宽系数 ψ_d

齿轮相对轴承的布置	载荷情况	软齿面		硬齿面	
		推荐值	最大值	推荐值	最大值
对称布置	变动小	0.8～1.4	1.8	0.4～0.9	1.1
	变动大		1.4		0.9
非对称布置	变动小	0.6～1.2	1.4	0.3～0.6	0.9
	变动大		1.15		0.7
悬臂布置	变动小	0.3～0.4	0.8	0.2～0.25	0.55

注：1. 直齿圆柱齿轮取小值，斜齿轮取大值；载荷稳定、轴的刚度大宜取大值。
2. 开式齿轮可取 $\psi_d=0.3\sim0.5$。

6.10.3　齿根弯曲疲劳强度计算

齿根弯曲疲劳强度的计算是针对轮齿折断失效进行的。轮齿可看作是宽度为 b 受集中载荷的悬臂梁（图 6-44），为简化计算，通常假定全部载荷由一对齿承受，且按力作用于齿顶来进行分析。

当载荷作用于齿顶时，齿根产生的弯曲应力最大，齿根危险截面的位置可用 30°切线法确定。即作与轮齿对称中心线成 30°夹角并与齿根圆角相切的斜线，两切点的连线是危险截面位置。危险截面的厚度记为 s_F，法向力 $\boldsymbol{F}_n$ 与轮齿对称线的垂线之间夹角记为 α_F，称为齿顶载荷作用角。设将法向力 $\boldsymbol{F}_n$ 移至轮齿中线并分解成相互垂直的两个分力，即 $F_1=F_n\cos\alpha_F$，$F_2=F_n\sin\alpha_F$，其中 F_1 使齿根产生弯曲应力，F_2 则产生压缩应力。因切应力与压应力数值较小，为简化计算，在计算轮齿抗弯强度时只考虑弯曲应力。齿根危险截面的弯曲力矩（单位：N·mm）为

$$M=F_1h_F=F_nh_F\cos\alpha_F$$

式中　h_F——弯曲力臂（mm）。

危险截面的弯曲截面系数（mm^3）为

$$W=\frac{bs_F^2}{6}$$

式中　b——齿宽（mm）；

s_F——危险截面处的齿厚（mm）。

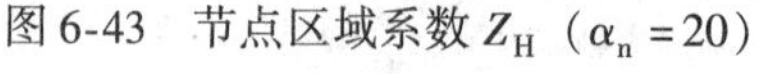

图 6-43　节点区域系数 Z_H（$\alpha_n=20$）

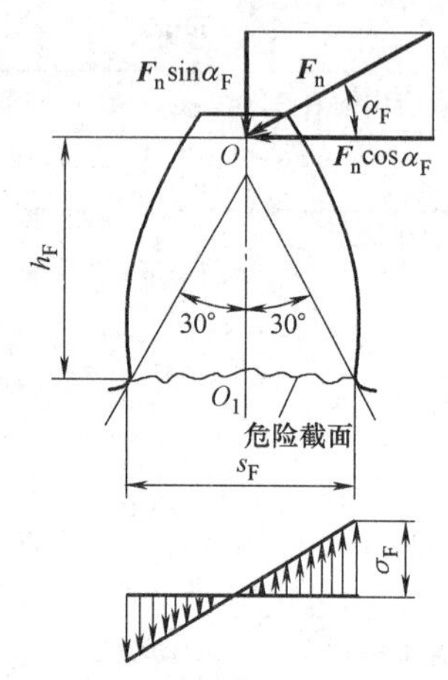

图 6-44　齿根弯曲应力计算简图

应用材料力学的知识，并结合式（6-24），得危险截面的弯曲应力为

$$\sigma_F=\frac{M}{W}=\frac{F_n h_F\cos\alpha_F}{\dfrac{bs_F^2}{6}}=\frac{6F_n h_F\cos\alpha_F}{bs_F^2}=\frac{6F_t h_F\cos\alpha_F}{bs_F^2\cos\alpha}=\frac{F_t}{bm}\frac{6\left(\dfrac{h_F}{m}\right)\cos\alpha_F}{\left(\dfrac{s_F}{m}\right)^2\cos\alpha}$$

令

$$Y_F=\frac{6\cdot\dfrac{h_F}{m}\cos\alpha_F}{\left(\dfrac{s_F}{m}\right)^2\cos\alpha}$$

则

$$\sigma_F=\frac{F_t}{bm}Y_F$$

式中　Y_F——齿形系数，它是考虑齿廓形状对齿根弯曲应力影响的系数，量纲为一。

对于外啮合齿轮，齿形系数 Y_F 可由表 6-9 查取。由于其表达式中的 h_F 和 s_F 均与模数成正比，故标准外齿轮的 Y_F 只取决于轮齿的形状：受齿数 z 和变位系数 x 的影响，而与模数大小无关。齿数少，齿根厚度薄，Y_F 大，抗弯强度低。正变位齿轮齿根厚度大，Y_F 小，抗弯强度高。

考虑到齿根圆角处的应力集中以及齿根危险截面上压应力等影响，引入应力修正系数 Y_S，Y_S 可由表 6-9 查取。计入载荷系数 K，且把 $F_t=\dfrac{2T_1}{d_1}$ 和 $d_1=mz_1$ 代入上式，可得轮齿齿根弯曲疲劳强度（MPa）的校核公式为

$$\sigma_F=\frac{2KT_1Y_FY_S}{bm^2z_1}\leqslant[\sigma_F] \tag{6-28}$$

式中　b——齿宽（mm）；
m——模数（mm）；
T_1——小轮传递转矩（N·mm）；
K——载荷系数；
z_1——小齿轮齿数；
$[\sigma_F]$——轮齿的许用应力（MPa）。

引入齿宽系数 $\psi_d=\dfrac{b}{d_1}$，代入式（6-28）可得轮齿齿根弯曲疲劳强度的设计公式为

$$m \geqslant 1.26\sqrt[3]{\frac{KT_1}{\psi_d z_1^2}\frac{Y_F Y_S}{[\sigma_F]}} \tag{6-29}$$

注意：

1）一般情况下，两个相啮合齿轮的齿数是不相等的，故齿形系数 Y_F 和应力修正系数 Y_S 都不相等，所以它们的弯曲应力是不相等的。配对齿轮的材料或热处理方式不尽相同，其许用弯曲应力 $[\sigma_F]$ 也不相等，故在按式（6-28）进行轮齿弯曲疲劳强度校核时，两齿轮应分别计算。而在使用式（6-29）设计时，配对齿轮的轮齿弯曲疲劳强度可能不同，应比较大、小齿轮的 $Y_F Y_S/[\sigma_F]$ 并取两者中较大值进行计算。

2）计算所得的模数应往大处圆整为标准值。为防止轮齿太小引起意外断齿，传递动力的齿轮模数一般不小于1.5mm。

表6-9　齿形系数 Y_F 及应力修正系数 Y_S

$z(Z_V)$	12	14	16	17	18	19	20	22	25	28	30	35	40	45	50	60	80	100	150	≥200
Y_F	3.47	3.22	3.03	2.97	2.91	2.85	2.81	2.75	2.65	2.58	2.54	2.47	2.41	2.37	2.35	2.30	2.25	2.18	2.14	2.14
Y_S	1.44	1.47	1.51	1.53	1.54	1.55	1.56	1.58	1.59	1.61	1.63	1.65	1.67	1.69	1.71	1.73	1.77	1.80	1.83	1.88

注：$\alpha_n=20°$，$h_a^*=1$，$c^*=0.25$，齿根圆角半径 $\rho_f=0.38m_n$。

6.10.4　许用应力

在一定条件下，用实验方法可获得实验齿轮的接触疲劳强度和弯曲疲劳强度，经修正后可确定实际齿轮的许用接触应力和弯曲应力（MPa）。一般情况下，齿轮的绝对尺寸、齿面粗糙度、润滑情况、圆周速度等对齿轮材料的许用应力影响不大，故在此只考虑应力循环次数对许用应力的影响。

齿轮的许用接触应力 $[\sigma_H]$

$$[\sigma_H]=\frac{\sigma_{Hlim}Z_N}{S_H} \tag{6-30}$$

齿轮的许用弯曲应力 $[\sigma_F]$

$$[\sigma_F]=\frac{\sigma_{Flim}Y_N}{S_F} \tag{6-31}$$

式中　σ_{Hlim}、σ_{Flim}——失效概率为1%时，实验齿轮的接触疲劳强度及弯曲疲劳强度（MPa），由图6-45、图6-46查取；
Z_N、Y_N——接触疲劳强度寿命系数和弯曲疲劳强度寿命系数，可由图6-47、图6-48查得；

6 PROJECT

S_H、S_F——接触疲劳强度和弯曲疲劳强度最小安全系数，可参照表6-10选取。

选取上述参数时应注意：

1. 实验齿轮的疲劳极限

1）图6-45、图6-46中给出的σ_{Hlim}、σ_{Flim}值是有一定变动范围的，这是因为同一批齿轮中材质、热处理质量及加工质量等有一定程度的差异。ML：齿轮材料和热处理质量达到最低要求时的疲劳极限取值线；MQ：齿轮材料和热处理质量达到中等要求时的疲劳极限取值线，此中等要求是有经验的工业齿轮制造者以合理的生产成本能达到的。ME：齿轮材料和热处理质量达到很高要求时的疲劳极限取值线，这种要求只有在具备高水平的制造过程可控能力时才能达到。一般选取中间偏下值，即在MQ及ML中间选值。

2）若硬度超出区域范围，可将图做适当的延伸。

3）若轮齿弯曲应力为对称循环变应力，需将图中的σ_{Flim}值乘以0.7。

2. 寿命系数

由图6-47、图6-48查取寿命系数Z_N、Y_N时，图中的应力循环次数N的计算方法如下：

$$N = 60nkL_h \tag{6-32}$$

式中 n——齿轮转速（r/min）；

k——齿轮每转一周同侧齿面啮合的次数；

L_h——齿轮的工作小时数（h）。

3. 安全系数S_H、S_F

1）当计算方法粗略、数据准确性不高时，可将查出的S_H值适当增大到1.2～1.6倍。

2）由于材料抗弯疲劳强度的离散性比接触疲劳强度离散性大，同时断齿比点蚀的危害更为严重，因此抗弯疲劳强度的安全裕量更大一些，可按表6-10查取。当计算方法粗略、数据准确性不高时，可将查出的S_F值，适当增大到1.3～3倍。在经过使用验证或对材料强度、载荷工况及制造精度拥有较准确的数据时，可取表中S_F下限值。

3）一般齿轮传动不推荐采用低可靠度的安全系数值。

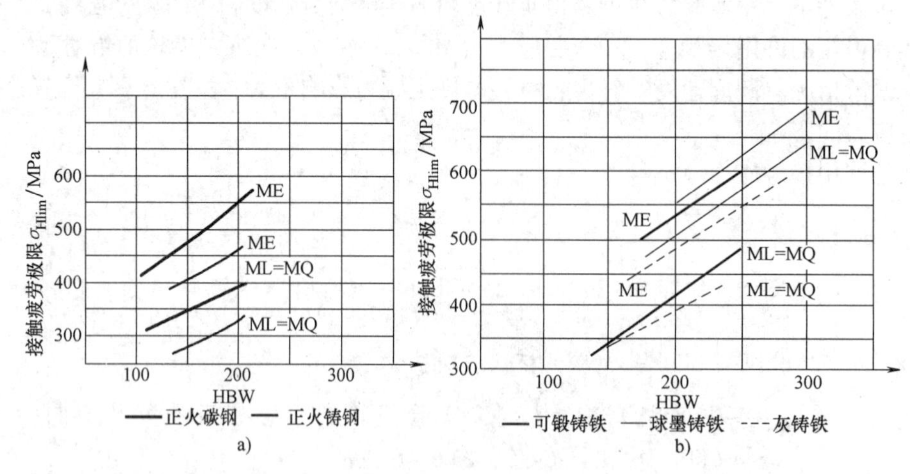

图6-45 实验齿轮的齿面接触疲劳强度极限σ_{Hlim}

a）正火结构钢和铸钢 b）铸铁

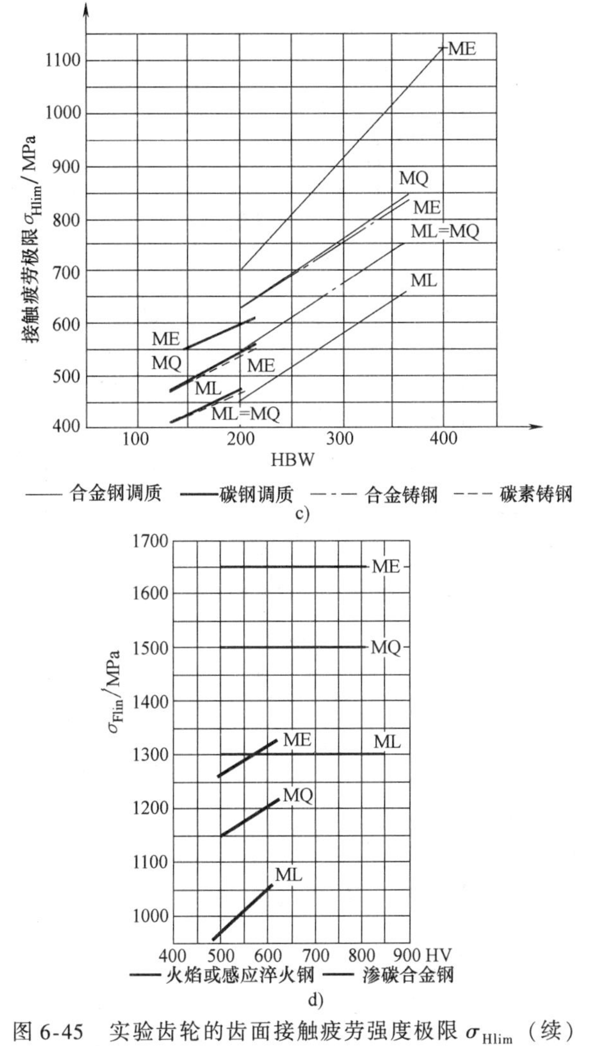

c)

d)

图 6-45 实验齿轮的齿面接触疲劳强度极限 σ_{Hlim}（续）

c）调质钢和铸钢 d）渗碳淬火及表面硬化（火焰或感应淬火）钢

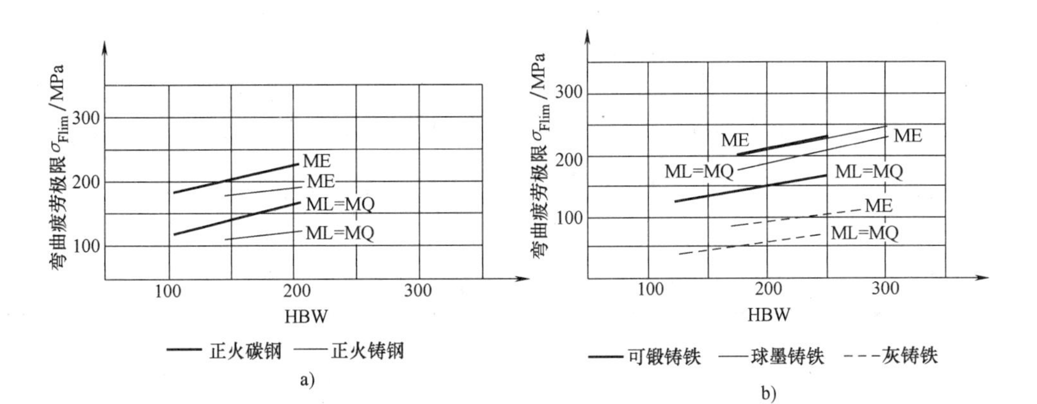

a)

b)

图 6-46 实验齿轮的齿根弯曲疲劳强度极限 σ_{Flim}

a）正火结构钢和铸钢 b）铸铁

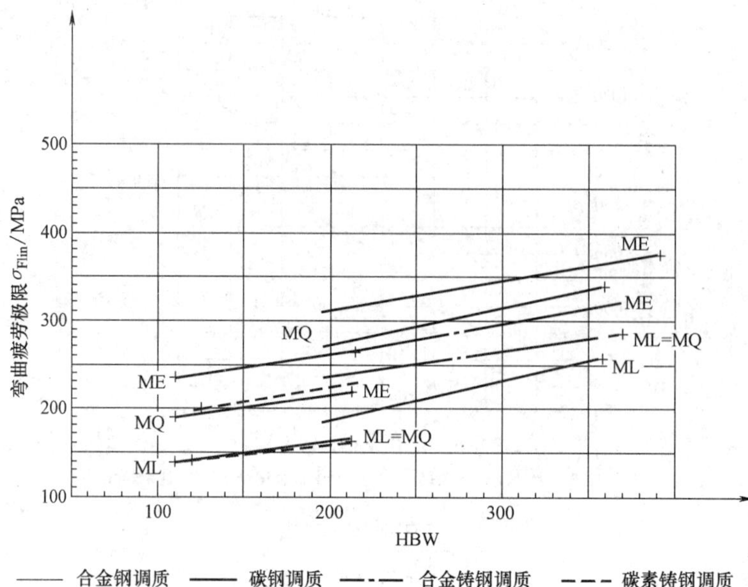

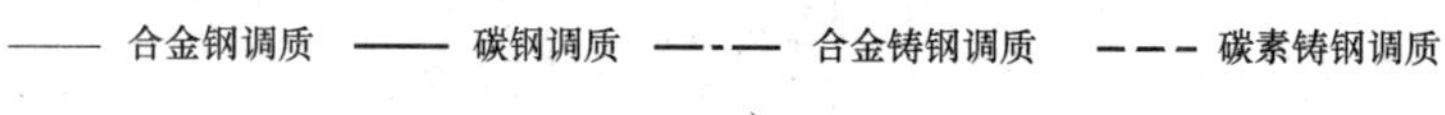

c)

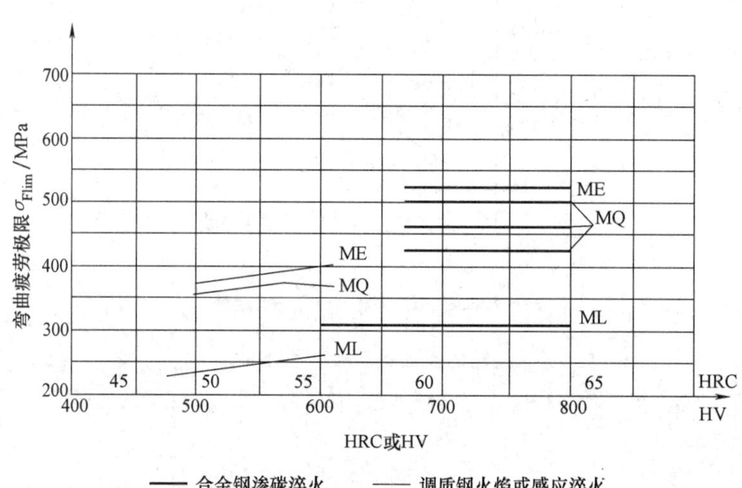

—— 合金钢渗碳淬火 —— 调质钢火焰或感应淬火

d)

图 6-46 实验齿轮的齿根弯曲疲劳强度极限 σ_{Flim} （续）

c）调质处理钢 d）渗碳淬火及表面淬火钢

表 6-10 最小安全系数 S_H 和 S_F

安全系数	软齿面	硬齿面	重要的传动、渗碳淬火齿轮或铸造齿轮
S_H	1.0～1.1	1.1～1.2	1.3
S_F	1.3～1.4	1.4～1.6	1.6～2.2

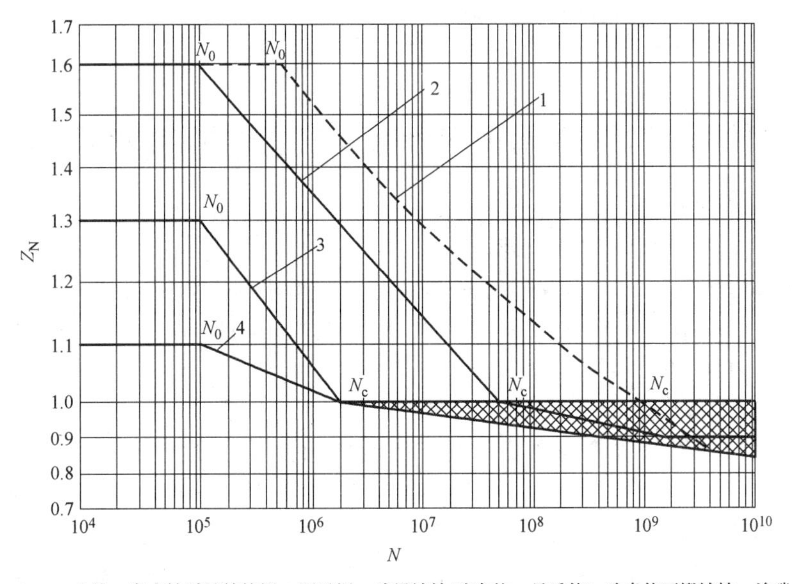

1——允许一定点蚀时的结构钢、调质钢、球墨铸铁(珠光体、贝氏体)、珠光体可锻铸铁、渗碳淬火的渗碳钢

2——材料同1，不允许出现点蚀,火焰或感应淬火的钢

3——灰铸铁、球墨铸铁（铁素体）、渗氮的渗氮钢，调质钢、渗碳钢

4——碳氮共渗的调质钢、渗碳钢

N_0—静强度最大循环系数　　N_c—持久寿命条件循环次数

图 6-47　接触疲劳强度寿命系数 Z_N

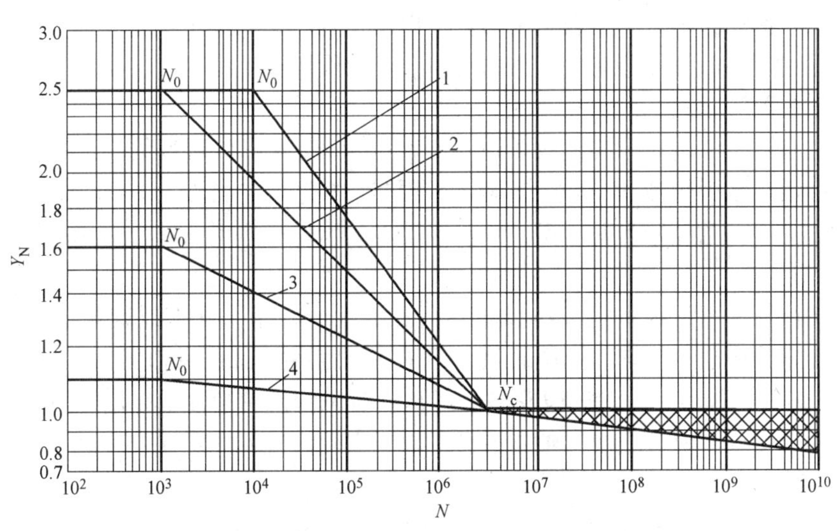

1—— 调质钢、球墨铸铁(珠光体、贝氏体)、珠光体可锻铸铁

2—— 渗碳淬火的渗碳钢，火焰或感应表面淬火的钢、球墨铸铁

3—— 渗氮的渗氮钢、渗氮的调质钢和渗碳钢、球墨铸铁(铁素体)、结构钢、灰铸铁

4 —— 碳氮共渗的调质钢、渗碳钢

$N > N_c$ 时可根据经验在网纹内取 Y_N 值

图 6-48　弯曲疲劳寿命系数 Y_N

6.11 直齿圆柱齿轮传动设计

6.11.1 渐开线标准直齿圆柱齿轮传动的主要参数和精度等级的选择

1. 齿数比 u 和传动比 i

齿数比 u 等于大齿轮齿数与小齿轮齿数之比。对于减速传动，$u=i$；对于增速传动，$u=1/i$。对于闭式减速传动，为使结构紧凑，单级齿轮传动的传动比不宜过大，一般取 $i\leqslant 5\sim7$，i 过大时，可采用多级传动；对于开式传动或手动传动，单级传动比 i 有时可达 $8\sim12$。

2. 齿数 z_1、z_2 和模数 m

软齿面闭式传动的承载能力主要取决于齿面接触疲劳强度，而弯曲疲劳强度一般较富裕。从设计公式（6-27）可看出：齿面接触疲劳强度取决于小齿轮的分度圆直径，因此，在保证弯曲疲劳强度的前提下，齿数宜取多些，模数相应取小些，这样除能增大重合度、改善传动平稳性外，还可以降低齿高，从而减小金属切削量，节省制造费用和减小滑动系数。一般可取 $z_1=20\sim40$。

对于硬齿面闭式传动或开式（半开式）齿轮传动，则应以保证轮齿弯曲疲劳强度为主，故 z_1 宜取较小值，为防止根切，推荐 $z_1\geqslant17$，一般 $z_1=17\sim20$。对于开式齿轮传动，载荷平稳、不重要的或手动机械中，甚至可取 $z_1=13\sim14$（有轻微切齿干涉）。

对于高速齿轮传动，不论闭式还是开式，软齿面还是硬齿面，应取 $z_1\geqslant25$。大齿轮齿数 $z_2=u\,z_1$。对于载荷平稳的齿轮传动，为有利于磨合，两轮齿数取为简单的整数比；对于载荷不稳定的齿轮传动，两轮的齿数互为质数，以防止轮齿失效集中发生在几个齿上，减小或避免周期性振动，有利于使所有轮齿磨损均匀。齿数圆整或调整后，传动比 i 可能与要求的有出入，一般公差不超过 $\pm3\%\sim\pm5\%$。

齿轮模数应圆整成国家标准模数系列，见表6-1。模数 m 除可按估算公式确定外，也可按经验公式确定。当齿轮传动中心距 a 确定后再初选模数时，常取 $m=(0.007\sim0.02)a$。

为了防止轮齿在意外冲击时折断，凡传递动力的齿轮，应使 $m\geqslant1.5\sim2$mm。

3. 齿宽系数 ψ_d

在一定载荷下，增大齿宽可减小齿轮直径和传动中心距，并降低圆周速度；但齿宽越大，载荷沿齿宽分布越不均匀。因此必须合理选择齿宽系数 ψ_d，其值可参考表6-8选取。

齿宽 $b=\psi_d d_1$，圆整后作为大齿轮的齿宽 b_2。考虑到齿轮与轴系在机器中的轴向装配误差和工作中由于受载和温升造成的轴向游动，取小齿轮齿宽 $b_1=b_2+(5\sim10)$mm。

4. 齿轮精度

国家标准《圆柱齿轮精度制》（GB/T 10095.1～2—2008）规定：齿轮轮齿同侧齿面偏差和径向圆跳动均由13个精度等级组成，精度等级由高到低依次用数字0～12表示；径向综合偏差由9个精度等级组成，由高到低依次用数字4～12表示。该标准未提供齿厚公差的推荐值，齿厚偏差的大小由设计者按齿轮副侧隙的大小来计算确定。齿轮的精度等级应根据传动的用途、使用条件、传动功率、运动精度、圆周速度及经济性等技术要求来确定。齿轮副中两个齿轮的精度一般应相同，也允许相差一级。选用齿轮精度等级的方法一般有计算法和类比法两种，目前大多采用类比法。中等速度和中等载荷的一般齿轮精度等级通常按分度圆处的圆周速度来确定，具体选择可参考表6-11。一般减速器的精度等级为6～9级。

表6-11　常用齿轮精度等级的适用范围

精度等级	应用范围及工作条件	圆周速度/(m/s)	
		直齿	斜齿
3级	极精密分度机构的齿轮；在极高速度下工作且要求平稳、无噪声的齿轮；特别精密机构中的齿轮；检测5、6级齿轮用的测量齿轮	>40	>75
4级	很高精密分度机构中的齿轮；在很高速度下工作且要求平稳、无噪声的齿轮；特别精密机构中的齿轮；检测7级齿轮用的测量齿轮	>30	>50
5级	精密分度机构中的齿轮；在高速下工作且要求平稳、无噪声的齿轮；精密机构中的齿轮；检测8、9级齿轮用的测量齿轮	>20	>35
6级	要求高效率且无噪声的高速下平稳工作的齿轮传动或分度机构的齿轮；特别重要的航空、汽车齿轮；读数装置中的精密传动齿轮	≤20	≤35
7级	金属切削机床进给机构用齿轮；具有较高速度的减速器齿轮；航空、汽车以及读数装置用齿轮	≤15	≤25
8级	一般机械制造用齿轮，不包括在分度链中的机床传动齿轮；飞机、汽车制造业中的不重要齿轮；起重机构用齿轮；农业机械中的重要齿轮；一般减速器齿轮	≤10	≤15
9级	用于粗糙工作的较低精度齿轮	≤4	≤6

6.11.2　齿轮传动的设计实例

例6-1　设计一单级闭式直齿圆柱齿轮传动，已知 $P_1=5.5\text{kW}$，$n_1=960\text{r/min}$，$i=3.3$，工作机有中等冲击载荷，使用寿命为10年，单班制工作。要求采用电动机驱动，$z_1=24$。试设计此单级齿轮传动，并校核疲劳强度。

解题分析　根据题意，该题属于设计题。其步骤为：选择齿轮材料，确定许用应力，通过承载能力计算确定齿轮传动参数和尺寸。而在承载能力计算前，必须明确齿轮设计准则，以确定相应的设计和校核的公式。

解：　（见表6-12）

表6-12　例6-1解题过程

设计计算和说明	结　果
1. 选定齿轮材料、热处理方式及齿数，计算许用应力根据该传动传递功率不大、转速不高的特点，选用软齿面传动，选用价格较便宜的材料。 1）由表6-5选：小齿轮：45钢，调质，硬度217～255HBW，取中间值236HBW。 大齿轮：45钢，正火，硬度169～217HBW，取中间值195HBW。 2）按题目要求 $z_1=24$，可计算得大齿轮齿数 $z_2=24\times3.3=79.2$。取 $z_2=79$。	软齿面传动 小齿轮：45钢，调质，217～255HBW 大齿轮：45钢，正火，169～217HBW

（续）

设计计算和说明	结　果
实际齿数比为$\frac{79}{24}=3.29$。 齿数比的误差为$\frac{\lvert 3.3-3.29\rvert}{3.3}=0.3\%<\pm5\%$。 3）许用接触应力$[\sigma_H]$。 $[\sigma_H]=\frac{\sigma_{Hlim}Z_N}{S_H}$　　(6-30) ① 由图6-45得接触疲劳极限σ_{Hlim}： $\sigma_{Hlim1}=580MPa, \sigma_{Hlim2}=380MPa$。 ② 计算应力循环次数，由式(6-32)知 $N_1=60nkL_h=60\times960\times1\times(10\times52\times40)=1.2\times10^9$ $N_2=N_1/i=1.2\times10^9\times24/79=3.6\times10^8$ ③ 查取接触疲劳强度寿命系数Z_N，由图6-47得 $Z_{N1}=0.9; Z_{N2}=1.06$ ④ 选取接触强度最小安全系数，查表6-10得 $S_{H1}=S_{H2}=1.1$ ⑤ 计算许用接触应力。 $[\sigma_H]_1=\frac{Z_{N1}\sigma_{Hlim1}}{S_{H1}}=\frac{0.9\times580}{1.1}MPa=475MPa$ $[\sigma_H]_2=\frac{Z_{N2}\sigma_{Hlim2}}{S_{H2}}=\frac{1.06\times380}{1.1}MPa=366MPa$ 因为$[\sigma_H]_1>[\sigma_H]_2$，所以取$[\sigma_H]=[\sigma_H]_2=366MPa$ 4）许用弯曲应力$[\sigma_F]$ $[\sigma_F]=\frac{\sigma_{Flim}Y_N}{S_F}$ ① 由图6-46查得σ_{Flim} $\sigma_{Flim1}=220MPa, \sigma_{Flim2}=160MPa$ ② 查取弯曲疲劳强度系数Y_N，由图6-48得 $Y_{N1}=0.88; Y_{N2}=0.9$ ③ 查表6-10选取弯曲最小安全系数$S_{F1}=S_{F2}=1.4$ 故可得：$[\sigma_F]_1=\frac{Y_{N1}\sigma_{Flim1}}{S_{F1}}=\frac{0.88\times220}{1.4}MPa=138MPa$ $[\sigma_F]_2=\frac{Y_{N2}\sigma_{Flim2}}{S_{F2}}=\frac{0.9\times160}{1.4}MPa=102.9MPa$	$z_1=24, z_2=79$ $\sigma_{Hlim1}=580MPa, \sigma_{Hlim2}=380MPa$ $N_1=1.2\times10^9$ $N_2=3.6\times10^8$ $Z_{N1}=0.9, Z_{N2}=1.06$ $S_H=S_{H1}=S_{H2}=1.1$ $[\sigma_H]_1=475MPa$ $[\sigma_H]_2=366MPa$ $[\sigma_H]=[\sigma_H]_2=366MPa$ $\sigma_{Flim1}=220MPa, \sigma_{Flim2}=160MPa$ $Y_{N1}=0.88; Y_{N2}=0.9$ $S_{F1}=S_{F2}=1.4$ $[\sigma_F]_1=138MPa$ $[\sigma_F]_2=102.9MPa$
2. 确定设计准则 本传动属闭式软齿面齿轮传动，其主要失效形式为齿面点蚀，故应先按接触疲劳强度设计，再按齿根弯曲疲劳强度校核。	按接触疲劳强度设计， 并校核齿根弯曲疲劳强度
3. 按齿面接触疲劳强度设计 根据式(6-27)得一对钢质齿轮的设计式为 $d_1\geqslant\sqrt[3]{\frac{KT_1}{\psi}\frac{(u\pm1)}{u}\left(\frac{3.52Z_E}{[\sigma_H]}\right)^2}$　　(6-27) 确定其中各参数取值如下： 1）载荷系数K。查表6-6取$K=1.4$。	$K=1.4$ $T_1=54713.5N\cdot mm$

6 PROJECT

（续）

设计计算和说明	结　果
2）小齿轮传递的名义转矩 T_1。 $T_1 = 9.55\times10^6\frac{P_1}{n_1} = 9.55\times10^6\times\frac{5.5}{960}\text{N}\cdot\text{mm} = 54713.5\text{N}\cdot\text{mm}$ 3）齿数比 u 和齿宽系数 ψ_d。 实际齿数比 $u=\frac{z_2}{z_1}=\frac{79}{24}=3.29$ 因单级直齿圆柱齿轮为对称布置，且为软齿面，故可由表6-8选取 $\psi_d=1$。 4）查表6-7取弹性系数 $Z_E=189.8\ \sqrt{\text{MPa}}$。 5）计算小齿轮直径 d_1。 $d_1 \geqslant \sqrt[3]{\frac{1.4\times54713.5}{1}\times\frac{(3.29+1)}{3.29}\times\left(\frac{3.52\times189.8}{366}\right)^2}\ \text{mm}$ $=69.3\text{mm}$	$u=3.29$ $\psi_d=1$ $Z_E=189.8\ \sqrt{\text{MPa}}$ $d_1\geqslant69.3\text{mm}$
4. 确定主要几何参数和尺寸 （1）模数　$m=\frac{d_1}{z_1}\geqslant\frac{69.3}{24}\text{mm}=2.8875\text{mm}$ 由表6-1取标准模数 $m=3\text{mm}$。 （2）分度圆直径 $d_1=mz_1=3\times24\text{mm}=72\text{mm}$ $d_2=mz_2=3\times79\text{mm}=237\text{mm}$ （3）中心距 $a=m(z_1+z_2)/2=3\text{mm}\times(24+79)/2=154.5\text{mm}$ （4）齿宽 $b=\psi_d d_1=\psi_d m z_1=72\text{mm}$ 取 $b_2=72\text{mm}$，$b_1=77\text{mm}$	$m=3\text{mm}$ $d_1=72\text{mm}$ $d_2=237\text{mm}$ $a=154.5\text{mm}$ $b_2=72\text{mm}$；$b_1=77\text{mm}$
5. 按齿根弯曲疲劳强度校核 校核公式： $\sigma_F=\frac{2KT_1}{bm^2z_1}Y_FY_S\leqslant[\sigma_F]$　（6-28） （1）查取齿形系数 Y_F（表6-9） 查得 $Y_{F1}=2.68$；$Y_{F2}=2.25$（插值法）。 （2）查取应力修正系数 Y_S（表6-9） 查得 $Y_{S1}=1.59$；$Y_{S2}=1.77$（插值法）。 （3）校核弯曲疲劳强度 $\sigma_{F1}=\frac{2\times1.4\times54713.5}{72\times3^2\times24}\times2.68\times1.59\text{MPa}=41.98\text{MPa}$ $\sigma_{F1}\leqslant[\sigma_F]_1=138\text{MPa}$ $\sigma_{F2}=\frac{2\times1.4\times54713.5}{72\times3^2\times24}\times2.25\times1.77\text{MPa}=39.23\text{MPa}$ $\sigma_{F2}\leqslant[\sigma_F]_2=102.9\text{MPa}$ 故齿根弯曲疲劳强度校核合格	$Y_{F1}=2.68$；$Y_{F2}=2.25$ $Y_{S1}=1.59$；$Y_{S2}=1.77$ $\sigma_{F1}=41.98\text{MPa}\leqslant[\sigma_F]_1$ $\sigma_{F2}=39.23\text{MPa}\leqslant[\sigma_F]_2$ 齿根弯曲疲劳强度校核合格

（续）

设计计算和说明	结　果
6. 确定齿轮的精度等级 由于齿轮的圆周速度为 $v=\frac{\pi d_1 n_1}{60\times1000}=\frac{\pi\times72\times960}{60\times1000}\text{m/s}=3.61\text{m/s}$ 由表 6-11 可知,选用 8 级精度是合适的	选用 8 级精度
7. 结构设计和绘制零件工作图(略)	

6.12 标准斜齿圆柱齿轮传动及其强度计算

6.12.1 斜齿圆柱齿轮齿廓曲面的形成及啮合特性

从渐开线的形成过程和齿轮的参数分析知道，渐开线的形成是在一个平面里进行讨论的，而齿轮是有宽度的。每对轮齿的啮合并不是只在两条端面渐开线上进行，而是在沿着全齿宽的两个齿廓曲面上展开。如图 6-49a 所示，直齿圆柱齿轮的齿廓曲面实际上是由与基圆柱相切并相对于基圆柱做纯滚动的发生面 S 上一条与基圆柱轴线平行的任意直线 KK 展成的渐开线曲面。

当一对直齿轮相互啮合时，两轮齿面的瞬时接触线为平行于轴线的直线，如图 6-49b 所示，所以两轮轮齿是沿着全齿宽同时进入啮合或同时脱离啮合，这样在啮合传动的过程中，轮齿上的载荷沿齿宽被突然加上，又突然卸掉，使得直齿圆柱齿轮机构的传动平稳性较差，容易产生较大的冲击、振动和噪声。不适用于高速、重载传动。

斜齿圆柱齿轮齿廓曲面的形成原理与直齿圆柱齿轮相似，所不同的是当发生面沿基圆柱做纯滚动时，其上展成斜齿轮齿廓曲面的直线 KK 是一条与齿轮轴线不平行，而偏斜一个角度 β_b 的直线，如图 6-50a 所示。显然，斜直线 KK 上每一点的轨迹都是渐开线，而这些渐开线起点的总和 AA 是基圆柱上的一条螺旋线，可见这些渐开线在圆柱面上是沿着螺旋线布置的，因而斜齿轮的齿廓曲面称为渐开螺旋面。很明显，渐开螺旋面与端面的交线是渐开线，与圆柱面的交线是螺旋线。该螺旋面与基圆柱的交线即螺旋线 AA，其螺旋角就等于 β_b，称为斜齿轮基圆柱上的螺旋角。

斜齿轮的齿廓曲面形成特点决定了一对平行轴斜齿圆柱齿轮啮合时，其轮齿是沿着齿宽逐渐进入啮合、逐渐脱离啮合的。齿廓接触线的长度由零逐渐增加到最大值，又逐渐缩短到零，脱离接触，如图 6-50b 所示。当其齿廓前端面脱离啮合时，齿廓的后端面仍在啮合中，载荷在齿宽方向上是逐渐加上及卸下，其啮合过程比直齿轮长，同时啮合的齿轮对数也比直齿轮多，即其重合度较大。因此斜齿轮传动工作较平稳，冲击、振动和噪声较小，被广泛应用于高速重载的机械中。

6.12.2 斜齿圆柱齿轮的基本参数和几何尺寸计算

由于斜齿轮的齿向倾斜，虽然在垂直于齿轮轴线的平面（端面）内齿形与直齿轮齿形相同，但斜齿轮切制时刀具是沿螺旋线方向进刀切削的，其在垂直于轮齿螺旋线切线的平面

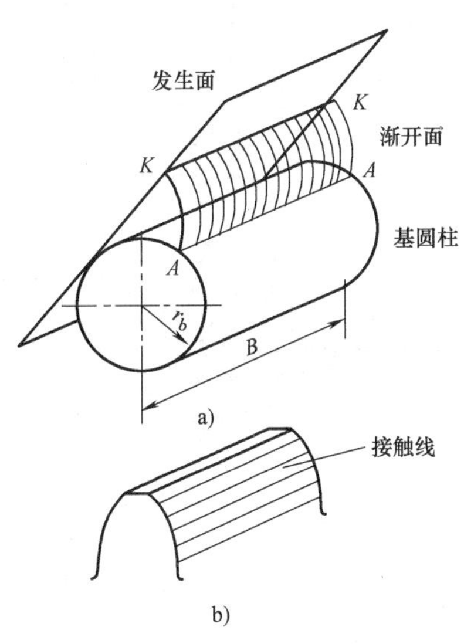

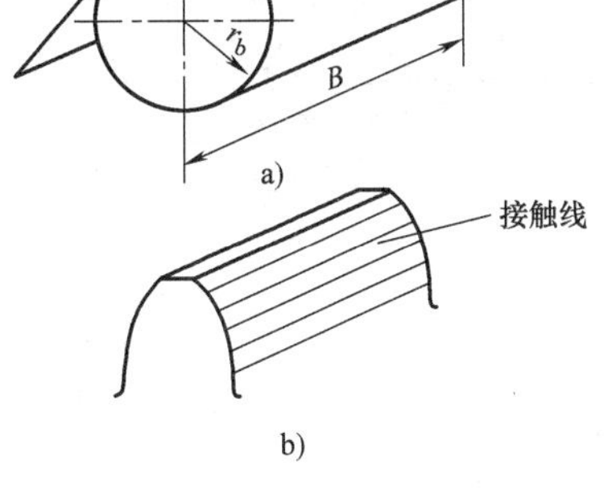

图 6-49　渐开线直齿轮廓曲面的形成

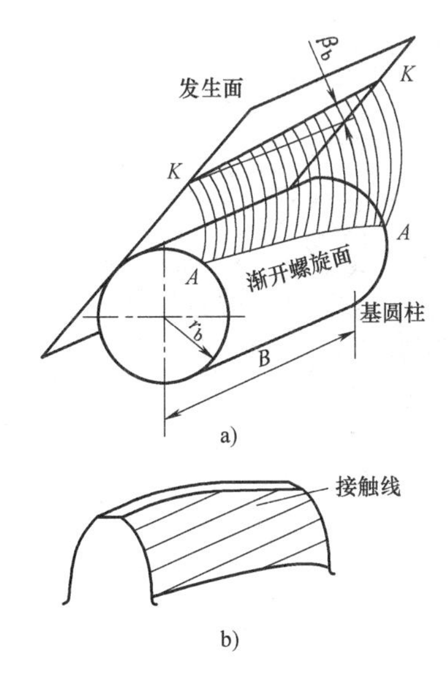

图 6-50　渐开线斜齿轮齿廓曲面的形成

(法向) 内齿形是与刀具标准齿形相一致的渐开线标准齿形。所以斜齿轮的齿廓形状有端面和法向之分，因而斜齿轮的几何参数也有端面和法向的区别。

因加工时必须按斜齿轮法向参数选择刀具，故规定斜齿轮法向参数为标准值。而斜齿轮几何尺寸按端面参数计算，因此必须建立法向参数与端面参数的换算关系。

1. 螺旋角

斜齿轮的齿廓螺旋面与分度圆柱面的交线也是一条螺旋线，如果假想将该分度圆柱面展开成平面，则各轮齿齿廓与该圆柱面相交所得的螺旋线就变成许多互相平行的斜直线，它们与轴线的夹角 β 称为分度圆柱上的螺旋角，简称为斜齿轮的螺旋角，如图 6-51 所示。根据该螺旋线左、右旋向，斜齿轮可分为左旋和右旋两种。

2. 法向模数 m_n 与端面模数 m_t

图 6-51 所示的斜齿圆柱齿轮分度圆柱面的展开图中阴影区域表示轮齿，空白区域表示齿槽。由此图可得端面齿距 p_t 与法向齿距 p_n 有如下关系：

$$p_n = p_t \cos\beta$$

将上式两边同除以 π 得法向模数 m_n 与端面模数 m_t 之间的关系为

$$m_n = m_t \cos\beta \tag{6-33}$$

3. 法向压力角 α_n 与端面压力角 α_t

为便于分析齿轮的法向压力角和端面压力角的关系，现用斜齿条来说明。由图 6-52 可知 abc 为端面，$a'b'c$ 为法向。由于△abc 及△$a'b'c$ 的高相等，于是由几何关系可知

$$\overline{ac}/\tan\alpha_t = \overline{a'c}/\tan\alpha_n$$

又在△$aa'c$ 中，$\overline{a'c} = ac\cos\beta$，于是有

$$\tan\alpha_n = \tan\alpha_t \cos\beta \tag{6-34}$$

4. 齿顶高系数和顶隙系数

由于斜齿轮的径向尺寸无论在法向还是在端面都不变，所以其法向和端面的齿顶高和顶

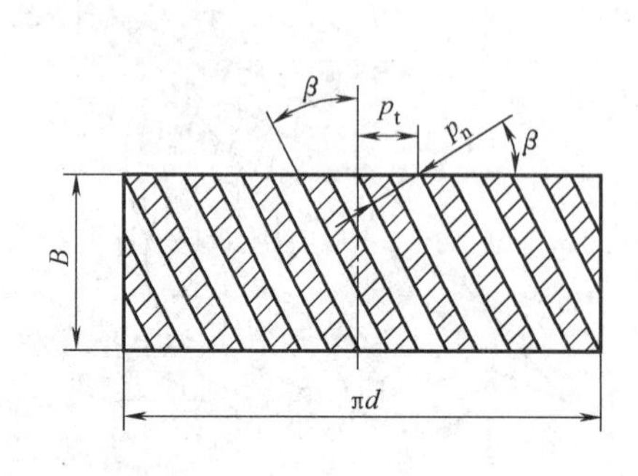

图 6-51　斜齿轮的分度圆柱

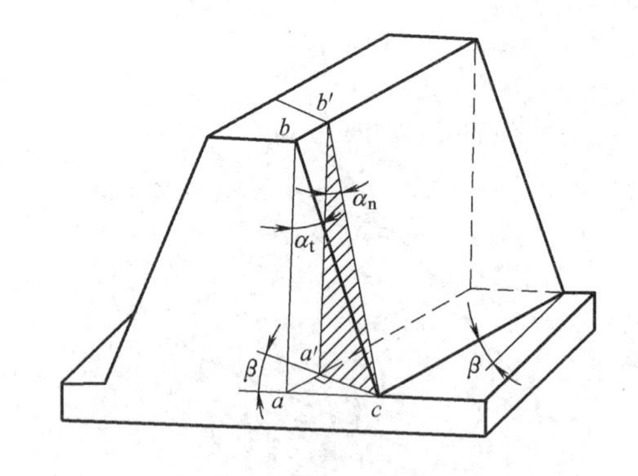

图 6-52　端面压力角与法向压力角之间的关系

隙都相等：

$$\left.\begin{aligned} h_a &= h_{at}^* m_t = h_{an}^* m_n = h_{an}^* m_t \cos\beta \\ c &= c_n^* m_n = c_t^* m_t = c_n^* m_t \cos\beta \end{aligned}\right\}$$

故

$$\left.\begin{aligned} h_{at}^* &= h_{an}^* \cos\beta \\ c_t^* &= c_n^* \cos\beta \end{aligned}\right\} \tag{6-35}$$

为了计算方便，现将斜齿圆柱齿轮的几何尺寸计算公式列于表 6-13。

表 6-13　斜齿圆柱齿轮的几何尺寸计算公式

名称	代号	计算公式	名称	代号	计算公式
螺旋角	β	一般取 8° ~20°	齿顶高	h_a	$h_a = h_{an}^* m_n (h_{an}^* = 1)$
法向模数	m_n	取为标准值	齿根高	h_f	$h_f = m_n (h_{an}^* + c_n^*)(c_n^* = 0.25)$
端面模数	m_t	$m_t = \dfrac{m_n}{\cos\beta}$	全齿高	h	$h = h_a + h_f = (2h_{an}^* + c_n^*) m_n$
法向压力角	α_n	取为标准值	齿顶间隙	c	$c = h_f - h_a = c_n^* m_n$
端面压力角	α_t	$\tan\alpha_t = \tan\alpha_n / \cos\beta$	齿顶圆直径	d_a	$d_a = d + 2h_a$
分度圆直径	d	$d = m_t z = \dfrac{m_n z}{\cos\beta}$	齿根圆直径	d_f	$d_f = d - 2h_f$
中心距	a	$a = \dfrac{d_1 + d_2}{2} = \dfrac{m_t}{2}(z_1 + z_2) = \dfrac{m_n (z_1 + z_2)}{2\cos\beta}$			

6.12.3　斜齿轮机构的正确啮合及连续传动条件

1. 正确啮合条件

平行轴斜齿轮在端面内的啮合相当于直齿轮的啮合，所以其端面正确啮合条件为

$$m_{t1} = m_{t2}, \alpha_{t1} = \alpha_{t2}$$

同时，为了使相互啮合的两齿廓渐开线螺旋面相切，当为外啮合传动时，两轮的螺旋角 β 应大小相等，方向相反，即 $\beta_1 = -\beta_2$；当为内啮合传动时，两轮的螺旋角 β 应大小相等，方向相同，即 $\beta_1 = \beta_2$。

因为相互啮合的两轮螺旋角 β 大小相等，所以两轮的法向模数和压力角应分别相等。综

上所述，斜齿圆柱齿轮的正确啮合条件为

$$m_{t1}=m_{t2},\ \alpha_{t1}=\alpha_{t2},\ \beta_1=\pm\beta_2$$

或

$$m_{n1}=m_{n2},\ \alpha_{n1}=\alpha_{n2},\ \beta_1=\pm\beta_2 \quad (+\text{为内啮合},\ -\text{为外啮合})$$

2. 连续传动条件

与渐开线直齿圆柱齿轮啮合传动一样，平行轴斜齿轮机构连续传动的条件是：重合度大于或等于1。

为便于分析一对斜齿轮连续传动的重合度，现以端面尺寸相当的一对直齿轮传动与一对斜齿轮传动进行对比。如图6-53所示，上图为直齿轮传动的啮合面，下图为斜齿轮传动的啮合面，直线 B_2B_2 表示轮齿进入啮合的位置，B_1B_1 表示脱离啮合的位置；B_2B_2 与 B_1B_1 之间的区域为轮齿的啮合区。

对于直齿轮传动，轮齿在 B_2B_2 沿整个齿宽进入啮合，到 B_1B_1 又沿整个齿宽脱离啮合，因此直齿轮传动的重合度为

$$\varepsilon_\alpha = L/P_b = \overline{B_1B_2}/P_b$$

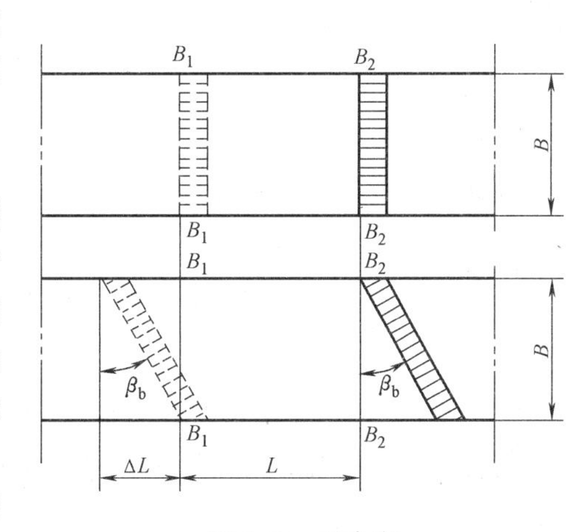

图6-53　重合度

对于斜齿轮传动，轮齿在 B_2B_2 处先由一端进入啮合，随着齿轮的转动，才逐渐沿整个齿宽进入啮合。到达 B_1B_1 处也是先由一端脱离啮合，随着齿轮的转动，这对轮齿转到图中虚线所示的位置时才完全脱离啮合。因此，斜齿轮传动的实际啮合区就比直齿轮传动增大了 $\Delta L = B\tan\beta_b$，所以斜齿轮传动的重合度要比直齿轮大 $\dfrac{\Delta L}{p_{bt}}=\dfrac{B\sin\beta}{\pi m_n}$，设 $\dfrac{\Delta L}{p_{bt}}=\dfrac{B\sin\beta}{\pi m_n}=\varepsilon_\beta$，因为这一部分重合度是由于斜齿轮轮齿的倾斜和轮齿具有一定的轴向宽度，使斜齿轮传动增加的一部分重合度，特称为轴面重合度（或纵向重合度）。故斜齿轮传动的重合度 ε 共由两部分组成，即

$$\varepsilon = \varepsilon_\alpha + \varepsilon_\beta \tag{6-36}$$

式中　ε_α——端面重合度，其值等于与斜齿轮端面齿形相同的直齿轮传动的重合度，可由式（6-17）来求得，不过，这时要用斜齿轮的端面参数来代入进行计算，即

$$\varepsilon_\alpha = \frac{\overline{B_1B_2}}{p_b} = \frac{1}{2\pi}\left[z_1(\tan\alpha_{at1}-\tan\alpha_t')+z_2(\tan\alpha_{at2}-\tan\alpha_t')\right] \tag{6-37}$$

由上述分析可知，斜齿圆柱齿轮传动的重合度随齿轮宽度和螺旋角的增大而增大，因此其重合度可以大于2，这是斜齿圆柱齿轮传动较平稳、承载能力较大的原因之一。

6.12.4　斜齿圆柱齿轮的当量齿数

斜齿轮在端面上是渐开线齿形，法向上则不是，有时需要了解斜齿轮的法向齿形，例如在用仿形法切制斜齿圆柱齿轮时，刀具沿着轮齿的螺旋线方向进给，因此，在选择刀具时，不仅应使被切斜齿轮的法向模数和压力角与刀具的分别相等，还需按照一个与斜齿轮法向齿形相当的直齿轮的齿数来选择铣刀号数，这个齿形与斜齿轮法向齿形相当的虚拟直齿轮称为

斜齿轮的当量齿轮。

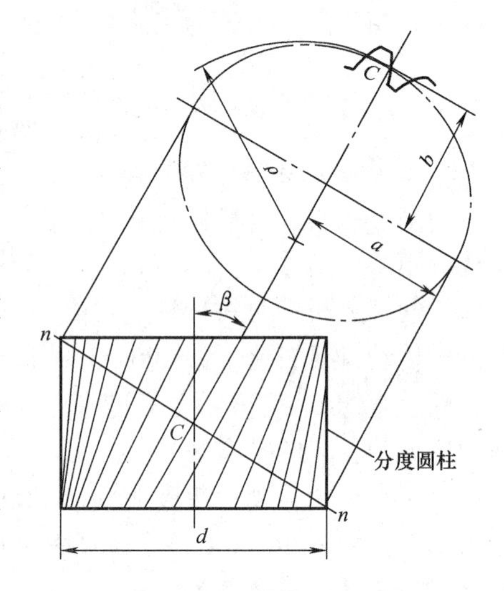

图 6-54　斜齿轮的当量齿轮

如图 6-54 所示，过斜齿轮分度圆上的一点 C，沿斜齿轮轮齿法向将斜齿轮的分度圆柱剖开，其剖面为一椭圆。在此剖面上，点 C 附近的齿形可视为斜齿轮法向上的齿形。现以椭圆上点 C 的曲率半径为半径作一圆，作为假想直齿轮的分度圆，并设此假想直齿轮的模数和压力角分别等于该斜齿轮的法向模数和压力角，可以发现这个假想直齿轮与上述斜齿轮的法向齿形十分相近。于是，工程上近似地认为这个假想的直齿轮即为该斜齿轮的当量齿轮，其齿数称为当量齿数，用 z_V 表示。

当量齿数 z_V 可由下式求得

$$z_V = \frac{z}{\cos^3\beta} \tag{6-38}$$

因为 $\cos^3\beta < 1$，所以斜齿轮的实际齿数小于斜齿轮的当量齿数，而且当量齿数一般不是整数，也不必圆整为整数，只需按这个数值选取刀号即可。

此外，在轮齿弯曲疲劳强度计算、查齿形系数以及选取变位系数时，也要用到当量齿轮和当量齿数。斜齿轮不发生根切的最小齿数也可按照式（6-39）求得

$$z_{min} = z_{Vmin}\cos^3\beta \tag{6-39}$$

6.12.5　平行轴斜齿轮传动的主要优缺点

与直齿轮传动比较，斜齿轮传动的优点是：

1）啮合性能好。在斜齿轮传动中，轮齿的接触线是与齿轮轴线倾斜的直线，轮齿从开始啮合到脱离啮合是逐渐从一端过渡到另一端，故传动平稳，噪声小。这种啮合方式也减小了轮齿制造误差对传动的影响。

2）重合度大。这样就降低了每对轮齿的载荷，从而相对地提高了齿轮的承载能力，延长了齿轮的使用寿命，并使传动平稳。

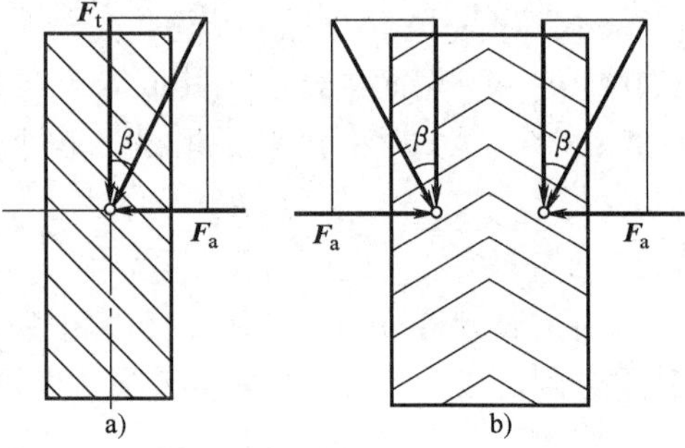

图 6-55　斜齿轮及人字齿轮的轴向力

3）斜齿轮具有更少的不产生根切的最少齿数，故可获得更为紧凑的机构。

斜齿轮传动的主要缺点是在运转时会产生轴向推力，如图 6-55a 所示，其轴向推力为 $F_a = F_t\tan\beta$，所以螺旋角 β 越大，轴向力越大，为不使其轴向推力过大，设计时一般取 $\beta = 8° \sim 20°$。若要消除轴向推力的影响，可采用齿向左右对称的人字齿轮或反向使用两对斜齿轮传动，这样可使产生的轴向力互相抵消，如图 6-55b 所示。但人字齿轮的缺点是制造较为困难。

6.12.6　标准斜齿圆柱齿轮传动的强度设计

斜齿圆柱齿轮强度计算方法，是在直齿圆柱齿轮强度计算的基础上拟定的，这里仅就两

者不同之处加以说明。

1. 轮齿的受力分析

斜齿圆柱齿轮传动中齿轮受力分析如图6-56所示。与直齿圆柱齿轮传动的受力分析一样，忽略齿间的摩擦，作用于齿面的分布力用作用于齿宽中点且垂直于齿面的集中力 $\boldsymbol{F}_n$ 代替。$\boldsymbol{F}_n$ 可以分解为三个互相垂直的圆周力 $\boldsymbol{F}_t$、径向力 $\boldsymbol{F}_r$、轴向力 $\boldsymbol{F}_a$。

一对斜齿轮传动，主、从动轮上的同名力为对应力，大小相等、方向相反。斜齿轮圆周力 $\boldsymbol{F}_t$ 和径向力 $\boldsymbol{F}_r$ 的方向判断同直齿圆柱齿轮；而轴向力 $\boldsymbol{F}_a$ 的方向判断：主动轮用“左-右手定则”判别，左旋齿轮用左手，右旋齿轮用右手，四指表示转向，拇指方向即为主动轮所受轴向力 $\boldsymbol{F}_{a1}$ 的方向，从动轮上轴向力 $\boldsymbol{F}_{a2}$ 的方向与 $\boldsymbol{F}_{a1}$ 相反。各力大小分别为

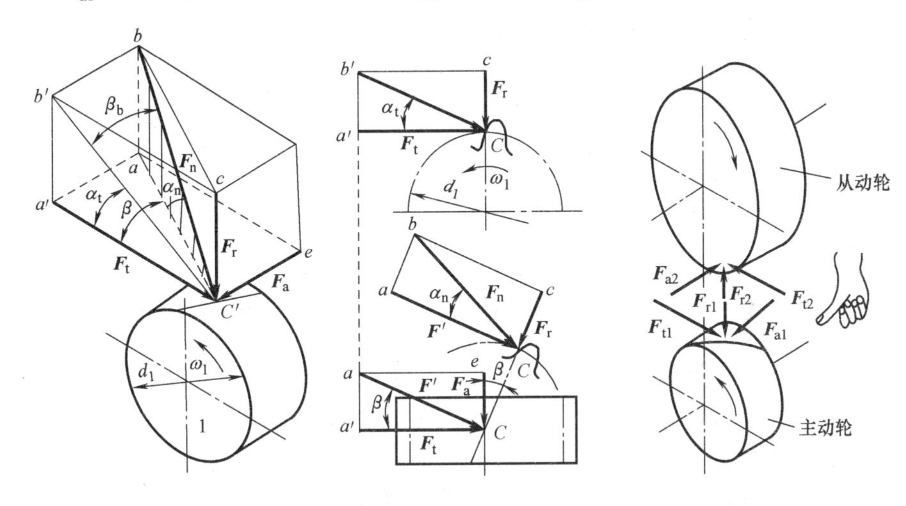

图6-56　斜齿圆柱齿轮受力分析

$$
\left.\begin{aligned}
&\text{圆周力} \quad F_t = \frac{2T_1}{d_1} \\
&\text{径向力} \quad F_r = F'\tan\alpha_n = \frac{F_t\tan\alpha_n}{\cos\beta} \\
&\text{轴向力} \quad F_a = F_t\tan\beta \\
&\text{法向力} \quad F_n = \frac{F'}{\cos\alpha_n} = \frac{F_t}{\cos\alpha_n\cos\beta} = \frac{F_t}{\cos\alpha_t\cos\beta_b}
\end{aligned}\right\} \tag{6-40}
$$

式中　α_n——法向压力角，标准斜齿轮 $\alpha_n=20°$；

α_t——端面压力角；

β——节圆螺旋角，标准斜齿轮为分度圆螺旋角；

β_b——基圆螺旋角。

2. 强度计算

斜齿圆柱齿轮传动在法向相当于直齿圆柱齿轮传动，因此，斜齿圆柱齿轮传动的强度计算是按其当量直齿圆柱齿轮进行分析推导的，这里对其公式的推导略去。

（1）齿面接触疲劳强度　斜齿圆柱齿轮的失效形式与直齿轮相似，故其强度计算公式也和直齿轮相似，由于螺旋角的存在使其重合度增大，且因其接触线倾斜，接触线总长增加，这些都使轮齿受力状况得到改善，强度得以提高。

斜齿圆柱齿轮齿面接触强度计算设计公式为

$$d \geqslant \sqrt[3]{\frac{2KT_1}{\psi_d} \cdot \frac{u \pm 1}{u}\left(\frac{3.17Z_E}{[\sigma_H]}\right)^2} \tag{6-41}$$

校核公式为

$$\sigma_H = 3.17Z_E \sqrt{\frac{KT_1}{bd_1^2}\frac{u \pm 1}{u}} \leqslant [\sigma_H] \tag{6-42}$$

式中符号的意义同直齿轮。

（2）齿根弯曲疲劳强度　斜齿圆柱齿轮接触线为斜线，故常见的弯曲疲劳破坏是沿接触线的局部折断。

设计公式为

$$\sigma_F = \frac{1.6KT_1\cos\beta}{bd_1m_n}Y_FY_S = \frac{1.6KT_1\cos\beta}{bm_n^2z_1}Y_FY_S \leqslant [\sigma_F] \tag{6-43}$$

校核公式为

$$m_n \geqslant 1.17\sqrt[3]{\frac{KT_1\cos^2\beta}{\psi_d z_1^2[\sigma_F]}Y_FY_S} \tag{6-44}$$

上列式中，Y_F、Y_S应按当量齿数z_V查表6-9，$z_V=\frac{z}{\cos^3\beta}$。其他符号和意义同直齿轮。

有关直齿轮的设计参数和设计方法也适用于斜齿轮。

螺旋角β是斜齿轮传动有别于直齿轮传动的主要参数。螺旋角β太小，将失去斜齿轮的优势；但过大将导致轴向力过大。一般取$\beta=8°\sim20°$。

斜齿圆柱齿轮传动可通过调整螺旋角β或同时调整齿数把中心距凑配成尾数为“0”或“5”的值。调整后β由下式确定：

$$\beta = \arccos\frac{m_n(z_1+z_2)}{2a} \tag{6-45}$$

式中　a——圆整后的中心距。

由于齿数的调整势必造成传动比i的变动，因此还要验算传动的误差。通常对于传递动力、运动关系要求不很精确的齿轮传动，传动比误差小于3%～5%是允许的。

例6-2　试设计图6-57所示带式输送机两级斜齿圆柱齿轮减速器中的高速级闭式齿轮传动。已知输入功率$P_1=40$kW，小齿轮转速$n_1=960$r/min，齿数比$u=4.2$，由电动机驱动，工作寿命为15年（设每年工作300天），两班制，带式输送机工作平稳，转向不变。

解题分析　本题属于设计题，其设计步骤同例6-1，只是应采用斜齿圆柱齿轮的设计和校核公式。

解：解题过程见表6-14。

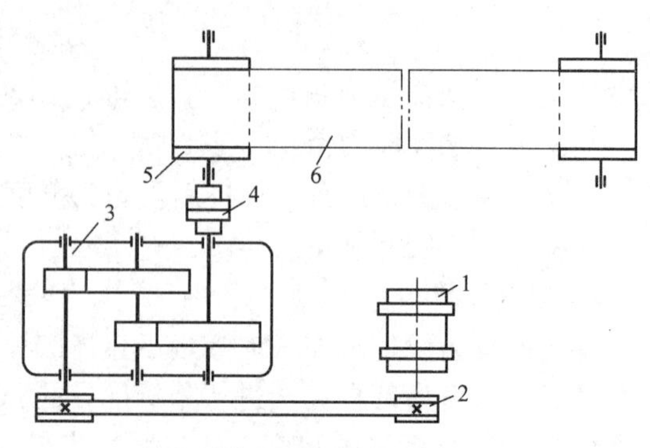

图6-57　例6-2图

1—电动机　2—带传动　3—减速器　4—联轴器
5—滚筒　6—传送带

表 6-14　例 6-2 解题过程

设计计算和说明	结　果
1. 选定齿轮类型、材料、热处理方式、齿数及螺旋角，计算许用应力 1）按图示的传动方案，结合所传递功率，选用斜齿圆柱齿轮传动；减速器传递的功率较大，故大、小齿轮都选用硬齿面。 2）由表 6-5 选取齿轮材料及热处理方式。大、小齿轮的材料为 40Cr，表面淬火处理，齿面硬度为 48 ~ 55HRC。 3）确定齿轮的齿数，初选螺旋角： 选小齿轮齿数 $z_1=25$，大齿轮齿数 $z_2=uz_1=4.2\times25=105$。初选螺旋角 $\beta=15°$，则可得齿轮的当量齿数分别为 $z_{V1}=\dfrac{25}{\cos^3\beta}=27.7$；$z_{V2}=\dfrac{105}{\cos^3\beta}=116.5$ 4）计算许用弯曲应力 $[\sigma_F]$ $[\sigma_F]=\dfrac{\sigma_{Flim}Y_N}{S_F}$　(6-31) ①查取 σ_{Flim}（见图 6-46） $\sigma_{Flim1}=\sigma_{Flim2}=460\text{MPa}$ ② 计算应力循环次数。由式(6-32) 知 $N_1=60nkL_h=60\times960\times1\times(15\times300\times16)=4.2\times10^9$ $N_2=N_1/u=9.88\times10^8$ ③ 查取弯曲疲劳寿命系数。由图 6-48 查取弯曲疲劳寿命系数 $Y_{N1}=0.88$；$Y_{N2}=0.9$。 ④查表 6-10 取弯曲疲劳强度最小安全系数 $S_{F1}=S_{F2}=1.5$。 ⑤计算许用应力 $[\sigma_F]$。 $[\sigma_F]_1=\dfrac{Y_{N1}\sigma_{Flim1}}{S_{F1}}=\dfrac{0.88\times460}{1.5}\text{MPa}=269.9\text{MPa}$ $[\sigma_F]_2=\dfrac{Y_{N2}\sigma_{Flim2}}{S_{F2}}=\dfrac{0.9\times460}{1.5}\text{MPa}=276\text{MPa}$ 5）计算许用接触应力。 $[\sigma_H]=\dfrac{\sigma_{Hlim}Z_N}{S_H}$　(6-30) ①查取接触疲劳强度极限 σ_{Hlim}（见图 6-45）。 得　$\sigma_{Hlim1}=\sigma_{Hlim2}=1500\text{MPa}$ ②查取接触疲劳寿命系数。查图 6-47 得接触疲劳强度寿命系数：$Z_{N1}=0.9$；$Z_{N2}=0.91$。 ③查表 6-10 得接触疲劳强度最小安全系数：$S_{H1}=S_{H2}=1.2$。 ④计算许用接触应力。 $[\sigma_H]_1=\dfrac{Z_{N1}\sigma_{Hlim1}}{S_{H1}}=\dfrac{0.9\times1500}{1.2}\text{MPa}=1125\text{MPa}$ $[\sigma_H]_2=\dfrac{Z_{N2}\sigma_{Hlim2}}{S_{H2}}=\dfrac{0.91\times1500}{1.2}\text{MPa}=1137.5\text{MPa}$	大、小齿轮：材料均为 40Cr，表面淬火处理，齿面硬度为 48 ~ 55HRC $z_1=25$；$z_2=105$ $\beta=15°$ $z_{V1}=27.7$ $z_{V2}=116.5$ $\sigma_{Flim1}=\sigma_{Flim2}=460\text{MPa}$ $Y_{N1}=0.88$；$Y_{N2}=0.9$ $S_{F1}=S_{F2}=1.5$ $[\sigma_F]_1=269.9\text{MPa}$ $[\sigma_F]_2=276\text{MPa}$ $\sigma_{Hlim1}=\sigma_{Hlim2}=1500\text{MPa}$ $Z_{N1}=0.9$；$Z_{N2}=0.91$ $S_{H1}=S_{H2}=1.2$ $[\sigma_H]_1=1125\text{MPa}$ $[\sigma_H]_2=1137.5\text{MPa}$
2. 确定设计准则 本传动属于闭式硬齿面，其主要失效形式为轮齿折断，故应先按齿根弯曲疲劳强度设计，再按接触疲劳强度校核	先按齿根抗弯强度设计，再按接触疲劳强度校核

（续）

设计计算和说明	结　　果
3. 按齿根弯曲疲劳强度设计计算	
$m_n \geqslant 1.17\sqrt[3]{\frac{KT_1\cos^2\beta}{\psi_d z_1^2}\left(\frac{Y_F Y_S}{[\sigma_F]}\right)}$　　(6-44)	
1)由表6-6选载荷系数 $K=1.1$。	$K=1.1$
2)计算小齿轮名义转矩 T_1。	
由 $P=40\text{kW}$ 与 $n_1=960\text{r/min}$ 得	
$T_1=9.55\times10^6 P/n_1=9.55\times10^6\times\frac{40}{960}\text{N}\cdot\text{mm}=397916.7\text{N}\cdot\text{mm}$	$T_1=397916.7\text{N}\cdot\text{mm}$
3)选取齿宽系数 $\psi_d=0.7$(见表6-8)。	$\psi_d=0.7$
4)查表6-9取齿形系数 Y_F、应力修正系数 Y_S。	
得 $Y_{F1}=2.59$；$Y_{F2}=2.17$	$Y_{F1}=2.59$；$Y_{F2}=2.17$
$Y_{S1}=1.61$；$Y_{S2}=1.81$	$Y_{S1}=1.61$；$Y_{S2}=1.81$
5)比较。	
由于 $\frac{\frac{Y_{F1}Y_{S1}}{[\sigma_F]_1}}{\frac{Y_{F2}Y_{S2}}{[\sigma_F]_2}}=\frac{Y_{F1}Y_{S1}[\sigma_F]_2}{Y_{F2}Y_{S2}[\sigma_F]_1}=\frac{2.59\times1.61\times276}{2.17\times1.81\times269.9}=1.08>1$	
可知小齿轮弯曲疲劳强度相对较弱，故按小齿轮进行设计。	按小齿轮的弯曲疲劳强度设计
6)将有关参数代入弯曲疲劳强度设计公式	
$m_n\geqslant1.17\sqrt[3]{\frac{KT_1\cos^2\beta Y_{F1}Y_{S1}}{\psi_d z_1{}^2[\sigma_F]_1}}$	
$=1.17\sqrt[3]{\frac{1.1\times397916.7\times\cos^2 15°\times2.59\times1.61}{0.7\times25^2\times269.9}}\text{mm}$	
$=1.17\sqrt[3]{14.35}\text{mm}=2.84\text{mm}$	
查表6-1，圆整为标准值，取 $m_n=3\text{mm}$	$m_n=3\text{mm}$
4. 确定主要几何参数和尺寸	
1)确定中心距 a。	
$a=\frac{m_n(z_1+z_2)}{2\cos\beta}=\frac{3\times(25+105)}{2\times\cos15°}\text{mm}=201.88\text{mm}$	$a=201\text{mm}$
圆整后取中心距为 $a=201\text{mm}$。	
2)修正螺旋角。根据实际中心距求得实际螺旋角应为	
$\beta=\arccos\frac{m_n(z_1+z_2)}{2a}=\arccos\frac{3\times(25+105)}{2\times201}=14.035°=14°2'5''$	
此值与初选值相差不大，故不必重新进行计算。	$\beta=14.035°=14°2'5''$
3)计算分度圆直径。	
$d_1=m_n z_1/\cos\beta=3\times25/\cos14°2'5''\text{mm}=77.3\text{mm}$	$d_1=77.3\text{mm}$
$d_2=m_n z_2/\cos\beta=3\times105/\cos14°2'5''\text{mm}=324.7\text{mm}$	$d_2=324.7\text{mm}$
4)确定齿宽 $b=\psi_d d_1=0.7\times77.3\text{mm}=54.11\text{mm}$	
取 $b_2=55\text{mm}$，$b_1=60\text{mm}$	$b_2=55\text{mm}$ $b_1=60\text{mm}$

（续）

设计计算和说明	结　果
5. 按齿面接触疲劳强度校核 $$\sigma_H = 3.17Z_E\sqrt{\frac{KT_1}{bd_1^2}\frac{u+1}{u}} \leqslant [\sigma_H] \quad (6\text{-}42)$$ 1）查取弹性系数得：$Z_E = 189.8\ \sqrt{\text{MPa}}$（见表6-7）。 2）取 $[\sigma_H] = [\sigma_H]_1 = 1125\text{MPa}$。 3）将有关参数代入接触疲劳强度校核公式 $$\sigma_H = 3.17 \times 189.8\sqrt{\frac{(4.2+1)\times 1.1\times 397916.7}{54.11\times 77.3^2\times 4.2}}\text{MPa} = 778.9\text{MPa} \leqslant [\sigma_H]_1 = 1125\text{MPa}$$ 所以验算合格	$Z_E = 189.8\ \sqrt{\text{MPa}}$ $[\sigma_H] = [\sigma_H]_1 = 1125\text{MPa}$ $\sigma_H = 778.9\text{MPa} \leqslant [\sigma_H]_1$ 接触疲劳强度足够
6. 确定齿轮精度等级 $$v = \frac{\pi d_1 n_1}{60\times 100} = \frac{3.14\times 77.3\times 960}{60\times 1000}\text{m/s} = 3.88\text{m/s}$$ 当 $v = 3.88\text{m/s}$ 时，由表6-11可知，需选用9级精度	$v = 3.88\text{m/s}$ 选9级精度
7. 结构设计和绘制零件工作图（略）	

6.13　锥齿轮传动

6.13.1　直齿锥齿轮传动特性

锥齿轮传动是用来传递两相交轴之间的运动和动力的。两轴交角由传动要求确定，可为任意值，常用轴交角 $\Sigma = 90°$。与直齿轮的传动情况相类似，一对锥齿轮的啮合运动，可以看成是两个锥顶共点的圆锥体相互做纯滚动，这两个锥顶共点的圆锥体就是节圆锥。对于正常安装的标准锥齿轮，其节圆锥与分度圆锥是重合的，如图6-58所示。两轮的分度圆锥角分别为 δ_1 和 δ_2。

锥齿轮的轮齿是均匀分布在截圆锥体上，从大端到小端逐渐减小，如图6-58a所示，这是锥齿轮与圆柱齿轮的主要不同点。也正是由于这一特点，圆柱齿轮中的各有关圆柱，在这里相应地变成了圆锥（分度圆锥、基圆锥、齿顶圆锥、齿根圆锥和节圆锥）。由于锥齿轮大端和小端的参数不同，为计算和测量方便，通常取大端的参数为标准值。

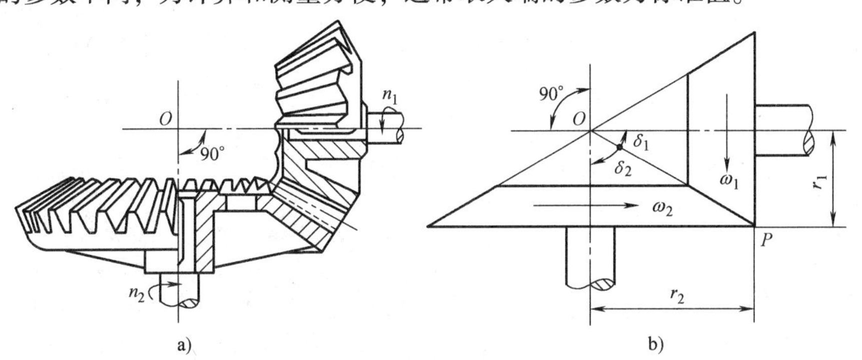

图6-58　锥齿轮传动

锥齿轮的轮齿，有直齿、斜齿及曲齿等多种形式。曲齿锥齿轮由于传动平稳，承载能力较强，故常用于高速重载的传动，如飞机、汽车、拖拉机等的传动机构中，但其设计制造较为复杂；斜齿锥齿轮较少用，而直齿锥齿轮的设计、制造及安装均较简便，故应用最为广泛，并且其传动基本知识也是研究其他类型锥齿轮机构的基础，所以以下仅介绍直齿锥齿轮机构。

6.13.2 直齿锥齿轮的齿廓曲面、背锥和当量齿数

1. 直齿锥齿轮的齿廓曲面形成

直齿锥齿轮齿廓曲面的形成与圆柱齿轮相似。如图 6-59 所示，圆平面 S 为发生面，与一基圆锥相切于 OP，且圆心 O 与锥顶重合。该圆平面的半径 R 等于基圆锥的锥距。当平面 S 沿基圆锥做纯滚动时，该圆平面上任一点 K 将在空间展出一条渐开线 AK。直线 OK 上各点的轨迹都是渐开线。渐开线 AK 上各点与锥顶 O 的距离均相等，所以该渐开线必在一个以 O 为球心，OK 为半径的球面上，故称为球面渐开线。而直线 OK 上各点展出的所有球面渐开线就形成了球面渐开面，即直齿锥齿轮的齿廓曲面。

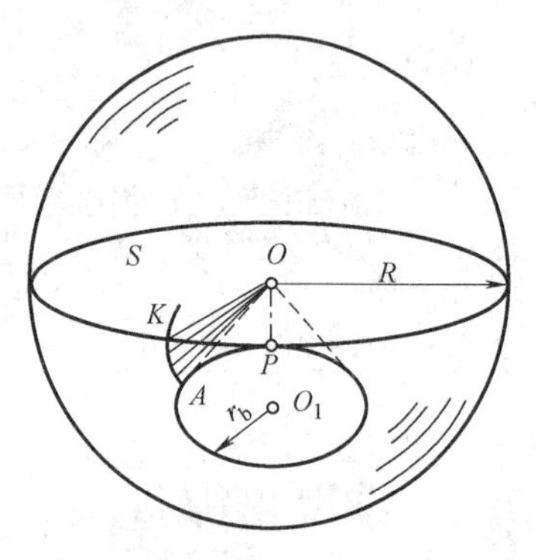

图 6-59　锥齿轮齿廓

2. 直齿锥齿轮的背锥及当量齿数

由于球面曲线不能展开成平面曲线，给锥齿轮的设计和制造带来很多困难，为了在工程上应用方便，可以采用一种近似的方法来研究锥齿轮的齿廓曲线，为此，引入了背锥的概念。

图 6-60 所示为锥齿轮的轴剖面。$\triangle OAB$、$\triangle Oaa$、$\triangle Obb$ 分别为锥齿轮的分度圆锥、齿根圆锥和齿顶圆锥，弧 ab 为轮齿大端与轴平面的交线。过 A 点作球面的切线 $\overline{O_1A}$ 与分度圆锥的轴线交于点 O_1，以 $\overline{O_1A}$ 为母线所作的圆锥，称为锥齿轮的背锥。显然，背锥与球面相切于锥齿轮大端的分度圆上。将锥齿轮的球面渐开线齿廓 ab 向背锥上投影，在轴剖面上得到 $a'b'$，显然，ab 和 $a'b'$ 非常接近，且当锥距 R 与模数 m 的比值越大（一般 $R/m>30$），球面渐开线 ab 与它在背锥上的投影 $a'b'$ 相差得越小。故可用背锥的齿形近似代替直齿锥齿轮大端球面上的齿形，且背锥面可以展成平面，使设计、制造更简单。

将背锥展开成平面，得到一个扇形齿轮，如图 6-61 所示。其齿数等于锥齿轮的实际齿数 z，其模数、压力角、齿顶高和齿根高分别与锥齿轮大端相同。再将该扇形齿轮的轮齿补全，得到一直齿圆柱齿轮，该直齿圆柱齿轮即为上述直齿锥齿轮的当量齿轮，其齿数为当量齿数，用 z_V 表示。

由图 6-60 分析可知

$$z_V=\frac{z}{\cos\delta} \tag{6-46}$$

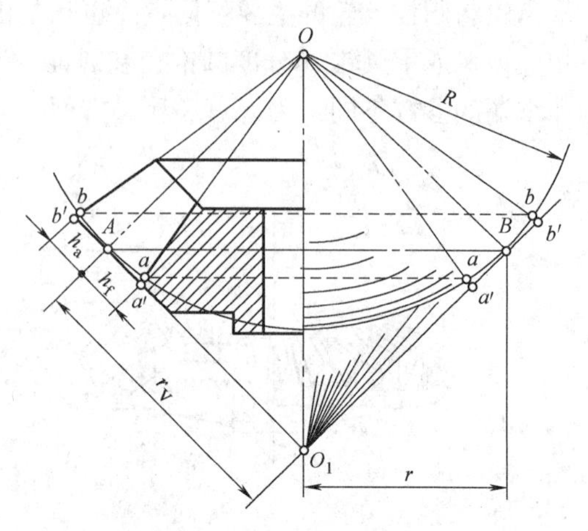

图 6-60　锥齿轮的背锥

式中　δ——锥齿轮分度圆锥角，$\cos\delta$ 总是小于 1，故 z_V 总是大于 z，且不一定是整数，但 z_V 为假想的齿数，不需圆整。

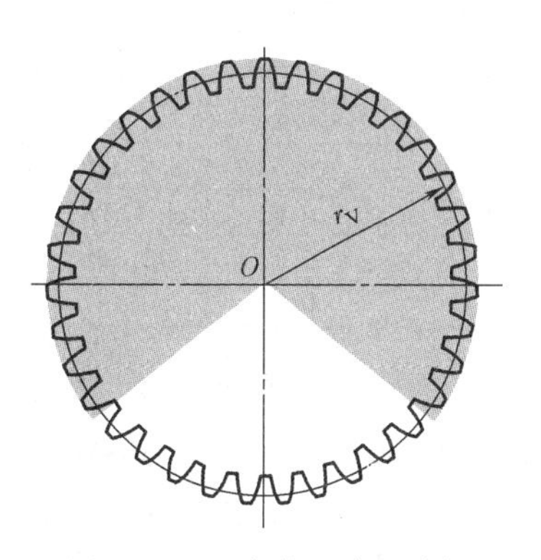

图 6-61　锥齿轮的当量齿轮

在研究锥齿轮的啮合传动和加工中，当量齿轮有着极其重要的作用。如：

1）用仿形法加工锥齿轮时，可根据 z_V 来选择铣刀。

2）直齿锥齿轮的重合度，可按当量齿轮的重合度来计算。

3）在用展成法加工时，可根据 z_V 来计算直齿锥齿轮不发生根切的最少齿数，$z_{min}=z_{Vmin}\cos\delta$。当 $\alpha=20°$，$h_a^*=1$ 时，$z_{Vmin}=17$，故 $z_{min}=17\cos\delta$。

6.13.3　锥齿轮的传动

由上述分析可知，一对锥齿轮的啮合，相当于其当量直齿圆柱齿轮的啮合，锥齿轮的啮合传动，也可以通过其当量齿轮的啮合传动来研究。正因如此，所以前面对直齿圆柱齿轮传动研究的一些结论，可以直接应用于锥齿轮传动。

1. 直齿锥齿轮的正确啮合

直齿锥齿轮的正确啮合条件可从当量圆柱齿轮得到：即两轮大端模数和压力角必须相等；此外，为了保证安装成轴交角为 Σ 的一对直齿锥齿轮能实现节圆锥顶点重合，且齿面成线接触，啮合时应满足 $\delta_1+\delta_2=\Sigma$ 的条件。因此直齿锥齿轮的正确啮合条件为

$$\left.\begin{aligned} m_1&=m_2=m\\ \alpha_1&=\alpha_2=\alpha\\ \delta_1+\delta_2&=\Sigma \end{aligned}\right\} \tag{6-47}$$

2. 重合度

一对锥齿轮能够实现连续传动的重合度可以近似地按其当量齿轮传动的重合度计算，即

$$\varepsilon=\frac{1}{2\pi}[z_{V1}(\tan\alpha_{Va1}-\tan\alpha')+z_{V2}(\tan\alpha_{Va2}-\tan\alpha')] \tag{6-48}$$

3. 传动比

当两轮的轴交角 $\Sigma=90°$时，两锥齿轮的传动比为

$$i_{12}=\frac{\omega_1}{\omega_2}=\frac{z_2}{z_1}=\frac{d_2}{d_1}=\frac{\sin\delta_2}{\sin\delta_1}=\tan\delta_2=\frac{1}{\tan\delta_1} \tag{6-49}$$

6.13.4　直齿锥齿轮传动的主要参数与几何尺寸计算

直齿锥齿轮的齿高通常是由大端到小端逐渐收缩的。按顶隙的不同，可分为两类：等顶隙收缩齿和不等顶隙收缩齿。前者两轮的顶隙由小端到大端均匀不变；后者两轮的顶隙由大端到小端逐渐减小。根据国家标准规定，现多采用等顶隙收缩齿锥齿轮传动。

前面已经指出，在计算锥齿轮的几何尺寸时，是以其大端尺寸为基准的，大端参数为标准值。国家标准规定的直齿锥齿轮大端模数 m 为标准值，见表 6-15。

表 6-15　锥齿轮模数系列（GB 12368—1990）　　（单位：mm）

0.1	0.35	0.9	1.75	3.25	5.5	10	20	36
0.12	0.4	1	2	3.5	6	11	22	40
0.15	0.5	1.125	2.25	3.75	6.5	12	25	45
0.2	0.6	1.25	2.5	4	7	14	28	50
0.25	0.7	1.375	2.75	4.5	8	16	30	—
0.3	0.8	1.5	3	5	9	18	32	—

压力角一般取为 20°。对于正常齿，当 $m \leqslant 1\text{mm}$ 时，$h_a^* = 1$，$c^* = 0.25$；当 $m > 1\text{mm}$ 时，$h_a^* = 1$，$c^* = 0.2$。对于短齿制，$h_a^* = 0.8$，$c^* = 0.3$。

为方便计算，将直齿锥齿轮传动的主要几何尺寸计算公式列于表 6-16 供参考。

表 6-16　直齿锥齿轮传动的主要几何尺寸计算公式

名称	符号	计算公式
分度圆锥角	δ	$\delta_1 = \text{arc cot}\dfrac{z_2}{z_1}$；$\delta_2 = 90° - \delta_1$
分度圆直径	d	$d_1 = mz_1$；$d_2 = mz_2$
齿顶高	h_a	$h_{a1} = h_{a2} = h_a^* m$
齿根高	h_f	$h_{f1} = h_{f2} = (h_a^* + c^*)m$
齿顶圆直径	d_a	$d_{a1} = d_1 + 2h_a\cos\delta_1$；$d_{a2} = d_2 + 2h_a\cos\delta_2$
齿根圆直径	d_f	$d_{f1} = d_1 - 2h_f\cos\delta_1$；$d_{f2} = d_2 - 2h_f\cos\delta_2$
锥距	R	$R = \dfrac{1}{2}\sqrt{d_1^2 + d_2^2}$
齿宽	b	$b \leqslant \dfrac{1}{3}R$
齿顶角	θ_a	不等顶隙收缩齿：$\theta_{a1} = \theta_{a2} = \arctan\dfrac{h_a}{R}$；等顶隙收缩齿：$\theta_{a1} = \theta_{f2}$；$\theta_{a2} = \theta_{f1}$
齿根角	θ_f	$\theta_{f1} = \theta_{f2} = \arctan\dfrac{h_f}{R}$
齿顶圆锥角	δ_a	$\delta_{a1} = \delta_1 + \theta_{a1}$；$\delta_{a2} = \delta_2 + \theta_{a2}$
齿根圆锥角	δ_f	$\delta_{f1} = \delta_1 - \theta_{f1}$；$\delta_{f2} = \delta_2 - \theta_{f2}$
当量齿数	z_V	$z_{V1} = \dfrac{z_1}{\cos\delta_1}$；$z_{V2} = \dfrac{z_2}{\cos\delta_2}$

6.13.5　直齿锥齿轮轮齿受力分析

直齿锥齿轮传动以大端的参数为标准值。由于大端强度高，小端强度低，故强度以齿宽中点处的参数值为计算依据，因而力的分析也在齿宽中点处平均分度圆上进行。如图 6-62 所示，作用于齿宽上的载荷可简化为作用于齿宽中点的集中法向力 $\boldsymbol{F}_n$，该力可分解为三个互相垂直的分力，即圆周力 $\boldsymbol{F}_t$、径向力 $\boldsymbol{F}_r$ 和轴向力 $\boldsymbol{F}_a$。当轴交角 $\Sigma = 90°$时，有

$$\left.\begin{aligned} F_{t1} &= \frac{2T_1}{d_{m1}} = F_{t2} \\ F_{a1} &= F_{t1}\tan\alpha\sin\delta_1 = F_{r2} \\ F_{r1} &= F_{t1}\tan\alpha\cos\delta_1 = F_{a2} \\ F_n &= \frac{F_{t1}}{\cos\alpha} \end{aligned}\right\} \tag{6-50}$$

式中　T_1——主动齿轮所传递的转矩（N · mm）；

δ_1——主动齿轮分度圆锥角；

d_{m1}——主动齿轮平均分度圆直径（mm），$d_{m1}=d_1\left(1-0.5\dfrac{b}{R}\right)=d_1\ (1-0.5\psi_R)$；

d_1——主动齿轮分度圆直径；

b——齿宽；

R——锥距；

ψ_R——齿宽系数，$\psi_R=b/R$。

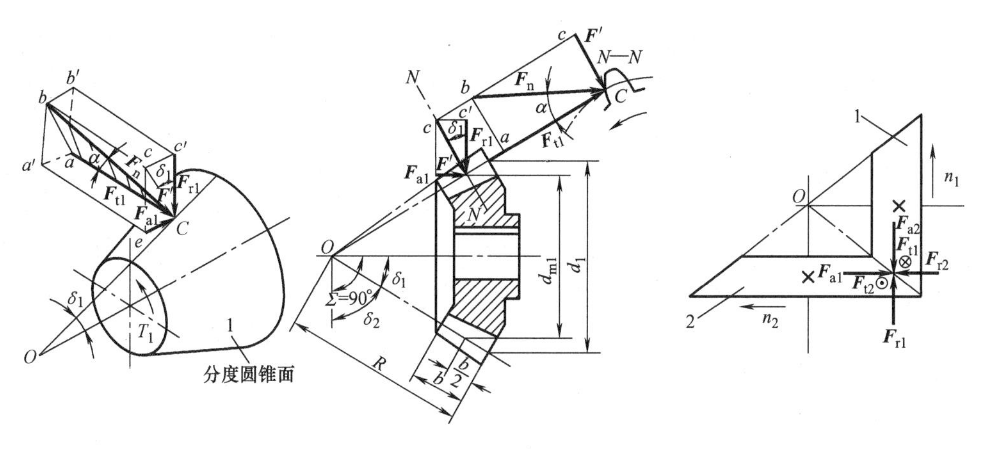

图6-62　直齿锥齿轮的受力分析

圆周力 $\boldsymbol{F}_{t1}$ 的方向与主动轮1的转动方向相反，$\boldsymbol{F}_{t2}$ 与从动轮2的转动方向相同，径向力 $\boldsymbol{F}_r$ 的方向分别指向各自轮心，轴向力 $\boldsymbol{F}_a$ 的方向分别指向各自锥齿的大端。

6.13.6　直齿锥齿轮传动强度计算

如前所述，直齿锥齿轮传动的强度计算按齿宽中点处的法向当量直齿圆柱齿轮进行，因此可以把圆柱齿轮强度计算公式转化为锥齿轮计算公式。

1. 齿面接触疲劳强度计算

校核公式为

$$\sigma_H=\frac{4.98Z_E}{1-0.5\psi_R}\sqrt{\frac{KT_1}{\psi_R d_1^3 u}}\leqslant[\sigma_H] \tag{6-51}$$

设计公式为

$$d_1\geqslant\sqrt[3]{\frac{KT_1}{\psi_R u}\left[\frac{4.98Z_E}{(1-0.5\psi_R)[\sigma_H]}\right]^2} \tag{6-52}$$

其中，一般取齿宽系数 $\psi_R=0.25\sim0.3$，工作齿宽 $b=\psi_R R$，圆整后，通常取 $b_1=b_2=b$；Z_E 查表6-7；K 见表6-6；$[\sigma_H]$ 同直齿轮。

2. 齿根弯曲疲劳强度

将锥齿轮的当量直齿轮的有关参数代入直齿轮传动弯曲疲劳强度的计算公式（6-28），得直齿锥齿轮的弯曲疲劳强度校核公式为

$$\sigma_F=\frac{4KT_1Y_FY_S}{\psi_R(1-0.5\psi_R)^2z_1{}^2m^3\sqrt{u^2+1}}\leqslant[\sigma_F] \tag{6-53}$$

同理，由式（6-29）得锥齿轮的设计公式为

$$m\geqslant\sqrt[3]{\frac{4KT_1}{\psi_R(1-0.5\psi_R)^2z_1{}^2\sqrt{u^2+1}}\frac{Y_FY_S}{[\sigma_F]}} \tag{6-54}$$

其中，一般小锥齿轮齿数 $z_1=13\sim30$，软齿面传动宜取较大值；Y_F、Y_S根据当量齿数 z_V由表6-9查取；$[\sigma_F]$ 同直齿轮。

6.14 齿轮的结构、润滑和精度

通过齿轮传动的强度计算，只能确定齿轮的主要尺寸，如分度圆直径、齿顶圆直径和齿宽等，而齿轮轮毂、轮辐和齿圈等的结构形式主要由毛坯材料、几何尺寸、加工工艺、使用要求等因素确定，结构设计时要综合考虑上述因素。通常先按齿轮直径大小选定合适的结构形式，其余各部分尺寸由经验公式来定。

6.14.1 齿轮的结构设计

常用的结构形式有如下几种：

1. 齿轮轴

对于直径很小的圆柱齿轮，如果从齿根到键槽底部的距离 $x\leqslant(2\sim2.5)m_n$（m_n为齿轮模数），或对于直径很小的锥齿轮，如果从小端齿根到键槽底部的距离 $x\leqslant(1.6\sim2)m$（m为大端模数），必须将齿轮与轴做成整体，称为齿轮轴（图6-63）。若 x 值超过上述尺寸，齿轮与轴分开制造较合理。

2. 实心式齿轮

当顶圆直径 $d_a\leqslant200$mm 或高速传动且要求低噪声时，可做成实心结构的齿轮（图6-64）。这种结构形式常采用锻钢或轧制圆钢毛坯。

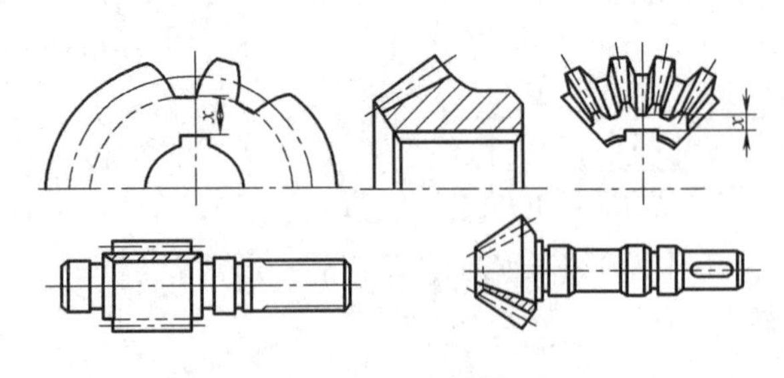

图6-63　齿轮轴

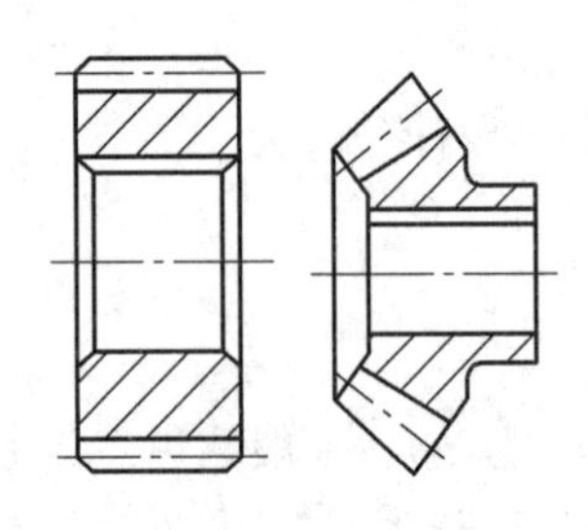

图6-64　实心齿轮

3. 腹板式齿轮

当顶圆直径 $d_a\leqslant500$mm 时，通常做成腹板式结构的齿轮（图6-65），以减轻重量。常

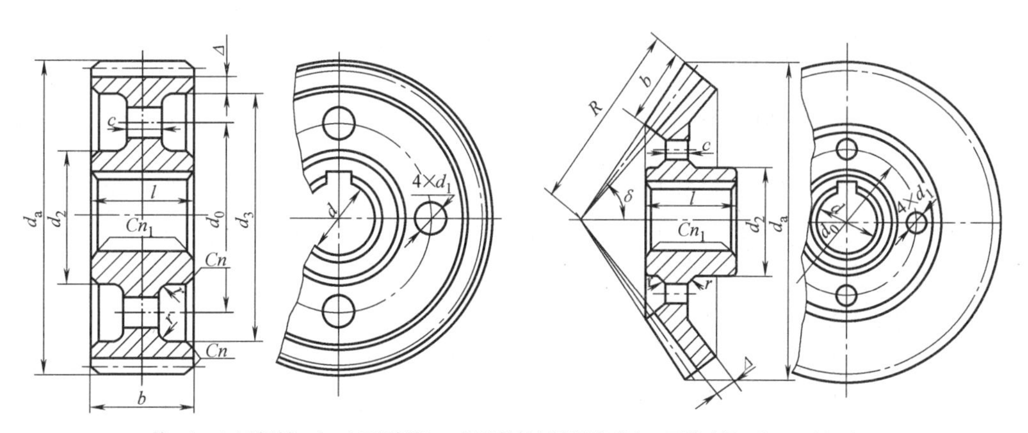

注：$d_2≈1.6d$(钢材)；$d_2≈1.7d$(铸铁)；n_1根据轴的过渡圆角确定。圆柱齿轮：$d_0≈0.5(d_2+d_3)$；$d_1≈0.25(d_3-d_2)≥10\text{mm}$；$d_3≈d_a-(10～14)m_n$；$c≈(0.2～0.3)b$；$n≈0.5m_n$；$r≈5\text{mm}$；$l≈(1.2～1.5)d≥b$。
锥齿轮：$Δ≈(3～4)m≥10\text{mm}$；$l≈(1～1.2)d$；$c≈(0.1～0.7)R≥10\text{mm}$；d_0、d_1、r由结构定。

图6-65　腹板式齿轮

用锻钢毛坯。腹板上开孔的数目按结构尺寸大小及需要而定。

4. 轮辐式齿轮

当顶圆直径 $d_a>500\text{mm}$ 时，常做成轮辐式结构的齿轮（图6-66），不宜锻造毛坯，常用铸铁或铸钢的铸造毛坯。轮辐剖面形状可采用椭圆形（轻载）、十字形（中载）、工字形（重载）等。

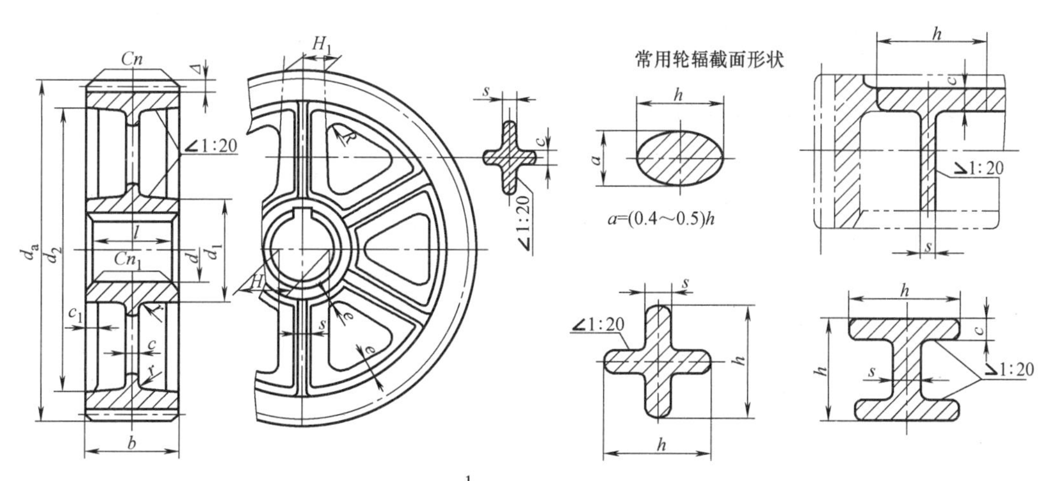

注：$c≈0.2H$；$H≈0.8d$；$s≈\frac{1}{6}H≥10\text{mm}$；$e≈0.2d$；$H_1≈0.8H$；$d_1≈(1.6～1.8)d$；
$l≈(1.2～1.5)d≥b$；$R≈0.5H$；$r≈5\text{mm}$；$c_1≈0.8c$；$n≈0.5m_n$；n_1根据轴的过渡圆角确定。
$Δ=(3～5)m_n≥8\text{mm}$。

图6-66　轮辐式齿轮

在齿轮与轴相配合的轮毂部分的结构设计中，要与轴的结构设计、轴毂联接设计相关联，如毂孔、键槽的形式和尺寸的确定。

齿轮和轴的联接，通常采用单键联接。当齿轮转速较高时，考虑轮芯的平衡和对中性，这时齿轮和轴的联接应采用花键或双键联接。对于沿轴滑移的齿轮，为了操作灵活，齿轮和轴的联接也应采用花键或双键联接。

6.14.2 齿轮传动的润滑

齿轮传动时，相啮合的齿面间既有相对滑动，又承受较高的压力，会产生摩擦和磨损，高速传动时更突出，故对齿轮传动进行润滑是非常必要的。良好的润滑能减摩、散热、防锈蚀，并提高齿轮的传动效率。

1. 齿轮传动的润滑方式

齿轮传动的润滑方式，主要取决于齿轮圆周速度的大小。

1）对于开式齿轮及低速（$v<0.8\sim2$m/s）、轻载、不是很重要的闭式齿轮传动，可定期人工加润滑油或润滑脂。

2）对于$v=2\sim12$m/s 的闭式齿轮传动，采用浸油润滑，如图 6-67a 所示。大齿轮浸入油池，借助齿轮传动将油带入啮合表面。对于圆柱齿轮，浸油深度以 1~2 个齿高为宜，最大浸油深度不超过大齿轮分度圆半径的 1/3。

油池中的油量与传递功率大小有关，单级传动为 0.35~0.7L/kW，多级传动按级数成倍增加。当多级传动中低速级齿轮浸油深度合适，而高速级大齿轮未能浸入油中时，可采用带油轮给高速级大齿轮供油，如图 6-67b 所示。油池深度一般不应小于 30~50mm，以防止齿轮转动时将油池底部的杂质搅起，造成润滑油不洁，加剧齿面磨损。油池中应有充足的油量，以保证散热。

3）对于$v>12$m/s 的闭式齿轮传动，宜采用喷油润滑，如图 6-67c 所示，将一定压力的润滑油喷射到轮齿啮合面。当$v\leqslant25$m/s 时，喷嘴位于轮齿啮入或啮出边均可；当$v\geqslant25$m/s 时，喷嘴应位于啮出一边，及时冷却刚啮合后的轮齿，并进行润滑。喷油润滑供油充分、连续，宜用于高速、重载的重要齿轮传动。

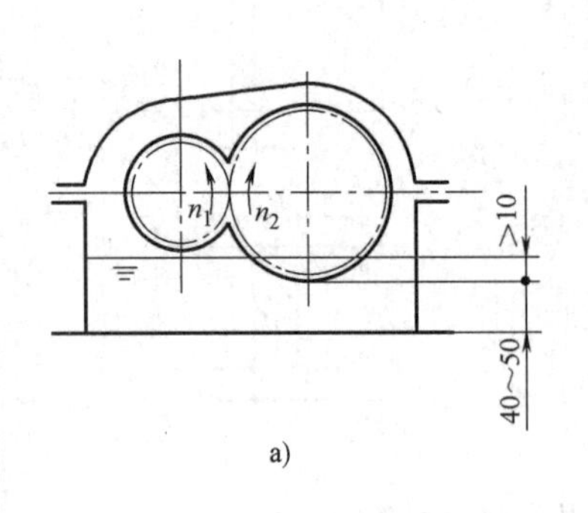

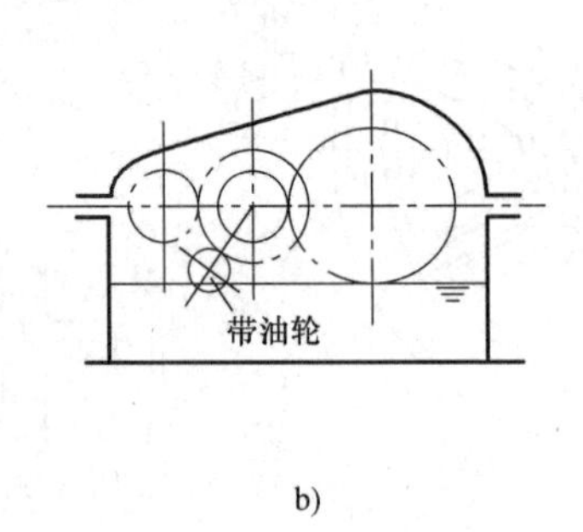

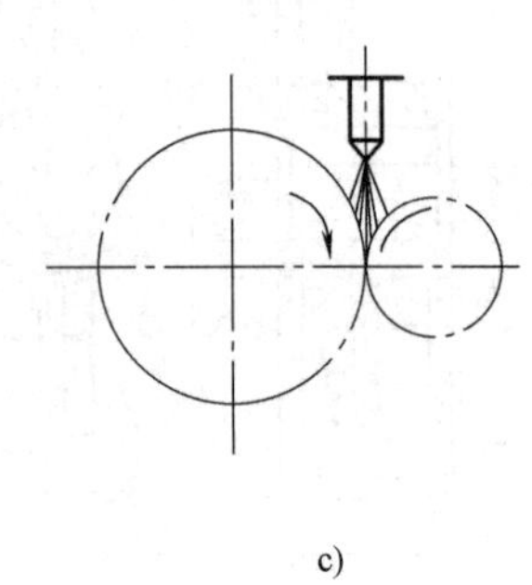

图 6-67 润滑方式

a）浸油润滑 b）带油润滑 c）喷油润滑

2. 润滑剂的选择

齿轮传动常用润滑剂有润滑油和润滑脂。一般情况下常用润滑油，润滑脂多用于不易加油或低速、重载的场合。

表 6-17 给出了不同材料在不同圆周速度下推荐的润滑油黏度，可由此选择相应的润滑

油牌号。

表 6-17　齿轮传动推荐用的润滑油运动黏度

齿轮材料	强度极限 R_m/MPa	圆周速度 v/(m/s)						
		≤0.5	0.5~1	1~2.5	2.5~5	5~12.5	12.5~25	≥25
		运动黏度 ν/cSt(40℃)						
塑料、铸铁、青铜	—	350	220	150	100	80	55	—
钢	450~1000	500	350	220	150	100	80	55
	1000~1250	500	500	350	220	150	100	80
渗碳或表面淬火钢	1250~1580	900	500	500	350	220	150	100

注：对于多级齿轮传动，按各级传动圆周速度的平均值选其润滑油黏度。

小　　结

本章介绍了渐开线圆柱直齿、斜齿轮以及直齿锥齿轮的传动及其设计计算，内容主要包括齿轮结构、传动原理和齿轮强度等，其中着重介绍了圆柱直齿轮的传动原理及设计计算方法。

齿轮传动原理部分介绍了渐开线形成及特性、渐开线齿廓的啮合特性、啮合传动原理等，关于变位齿轮，仅对其传动的概念做了简单介绍。齿轮强度部分介绍齿轮材料的选择、失效形式、设计准则等，从而得出具体的设计计算方法，并简单介绍了齿轮的结构及润滑。

1. 直齿圆柱齿轮传动

本章对直齿圆柱齿轮传动的研究，一方面从几何关系入手研究其传动平稳性，另一方面从承载能力出发研究其设计问题。对于其他类型的齿轮传动，应注意其与直齿圆柱齿轮传动的异同点。

对直齿圆柱齿轮传动原理的学习，要注意按如下四个层次来理解和掌握：

1）齿轮是靠齿廓彼此推动来传动的，在研究齿廓与齿轮传动比之间关系的基础上得出了齿廓啮合的基本定律。渐开线齿廓不仅可保证定传动比，且传动平稳，具有可分性、能用直线切削刃切制等一系列优点。

2）由于齿轮是单个加工出来的，故以单个渐开线齿轮为例，介绍了齿轮各部分的名称和尺寸，同时还介绍了标准齿轮这一重要概念。

3）由于齿轮是成对实现传动的，故要研究一对齿轮的啮合传动，首先提出了一对齿轮要能正确啮合并能连续传动的条件。同时在这一部分还提出与一对齿轮传动有关的其他重要概念。

4）由于标准齿轮传动存在不足之处，于是提出了变位齿轮传动的概念。标准齿轮传动的一个重要缺点是易发生根切，在此详细分析了齿廓根切的原因及避免根切的措施。

对直齿圆柱齿轮传动设计的学习要把握以下内容：

1）齿轮的失效形式及设计准则

轮齿的失效形式主要有轮齿折断、齿面点蚀、齿面胶合、齿面磨损和齿面塑性变形。

一般的齿轮传动设计准则：对于闭式软齿面齿轮传动，其主要失效形式为齿面点蚀，故先按齿面接触疲劳强度进行设计，然后校核轮齿弯曲疲劳强度。对于闭式硬齿面齿轮传动，其主要失效形式为轮齿折断，先按轮齿弯曲疲劳强度进行设计，然后校核齿面接触疲劳强度。对于开式、半开式齿轮传动，其主要失效形式是齿面磨损和因磨损导致的轮齿折断，只进行齿根弯曲疲劳强度计算。用降低轮齿许用弯曲疲劳应力或增大模数的方法来考虑磨损的影响。

2）齿轮材料及热处理

齿轮常用的材料：钢、铸铁、有色金属和非金属材料。

齿轮热处理：软齿面——调质、正火；硬齿面——表面淬火、渗碳淬火、渗氮和碳氮共渗。

配对齿轮齿面硬度选择：软齿面齿轮传动——小齿轮齿面硬度比大齿轮高 30 ~ 50HBW；硬齿面齿轮传动——小齿轮的硬度应略高，也可和大齿轮相等。

3）齿轮传动的受力分析

直齿圆柱齿轮所受的法向压力 $\boldsymbol{F}_n$ 可分解为圆周力 $\boldsymbol{F}_t$ 和径向力 $\boldsymbol{F}_r$；斜齿圆柱齿轮及直齿锥齿轮所受的法向压力 $\boldsymbol{F}_n$ 可分解为圆周力 $\boldsymbol{F}_t$、径向力 $\boldsymbol{F}_r$ 和轴向力 $\boldsymbol{F}_a$，要学会判断各力的方向，结合受力分析图熟记各力的计算公式。

4）齿轮传动的强度计算

为保证齿面不发生接触疲劳点蚀，需进行齿面接触疲劳强度计算；为保证轮齿不发生疲劳折断，需进行轮齿弯曲疲劳强度计算。每一种强度计算有两个公式——设计公式和校核公式。

清楚直齿圆柱齿轮的弯曲疲劳强度与接触疲劳强度计算公式是由材料力学的弯曲应力公式和弹性力学的赫兹公式推导而来；搞清齿根弯曲应力最大时的轮齿啮合位置及齿面接触应力最大时的啮合位置，及一般计算时的处理方法。

2. 斜齿圆柱齿轮传动与锥齿轮传动

在本章主要介绍了平行轴斜齿圆柱齿轮传动（简称斜齿轮传动）的正确啮合条件和重合度、传动中的优缺点及适用场合。

锥齿轮用于相交轴之间的传动，一般 $\Sigma = 90°$。其齿廓曲线是球面渐开线。

斜齿圆柱齿轮与直齿锥齿轮的强度计算公式，是将斜齿圆柱齿轮和直齿锥齿轮转化为当量直齿圆柱齿轮，并考虑斜齿和锥齿的特点推导而来；理解公式中有关系数的物理意义，学会设计参数的选择，掌握各图表和公式的具体应用。

3. 齿轮的结构设计

圆柱齿轮的结构形式有齿轮轴、实心式、腹板式和轮辐式等。一般根据齿顶圆直径大小选定，结构尺寸一般由经验公式确定。正确维护是齿轮传动正常工作的必要条件。

4. 本章的重点与难点

重点：渐开线直齿圆柱齿轮外啮合传动的基本理论和设计计算。

1）直齿圆柱齿轮基本参数的确定与几何尺寸、正确啮合条件、连续传动条件的计算。

2）齿轮传动的受力分析，针对不同失效形式的设计准则，标准直齿圆柱齿轮的强度计算方法，各主要参数（包括齿数、模数、直径齿宽系数等）的选择原则。

难点：

1）一对轮齿的啮合传动过程。

2）斜齿圆柱齿轮和锥齿轮的当量齿轮和当量齿数的概念。

3）齿轮的变位修正和变位齿轮传动。这一部分内容受教学学时的限制，未作为本章的重点内容来阐述，但它在工程实际中却是非常重要的。

4）直齿圆柱齿轮主要参数的选择。

5）斜齿轮、锥齿轮的受力分析和强度计算。

思考与习题

6-1 选择题

1. 渐开线形状决定________的大小。

A. 展角　　B. 压力角　　C. 基圆

2. 斜齿轮的标准模数和压力角在________上。

A. 端面　　B. 法向　　C. 轴面

3. 渐开线齿轮传动的啮合角等于________上的压力角。

A. 分度圆　　B. 节圆　　C. 基圆

4. 要实现两相交轴之间的传动，可采用________。

A. 圆柱直齿轮传动　　B. 圆柱斜齿轮传动C. 直齿锥齿轮传动

5. 锥齿轮的标准参数在________上。

A. 法向　　B. 小端面　　C. 大端面

6. 一标准直齿圆柱齿轮的齿距 $p_t = 15.7\text{mm}$，齿顶圆直径 $d_a = 400\text{mm}$，则该齿轮的齿数为________。

A. 82　　B. 80　　C. 78　　D. 76

7. 一般参数的闭式软齿面齿轮传动的主要失效形式是________。

A. 齿面胶合　　B. 齿面磨粒磨损　　C. 轮齿折断　　D. 齿面点蚀

8. 一般参数的闭式硬齿面齿轮传动的主要失效形式是________。

A. 齿面塑性变形　　B. 齿面胶合　　C. 齿面点蚀　　D. 轮齿折断

9. 一般参数的开式齿轮传动的主要失效形式是________。

A. 齿面塑性变形　　B. 齿面胶合　　C. 齿面点蚀　　D. 齿面磨粒磨损

10. 发生全齿折断而失效的齿轮，一般是________。

A. 斜齿圆柱齿轮　　B. 齿宽较大、齿向受载不均匀的直齿圆柱齿轮

C. 人字齿轮　　D. 齿宽较小的直齿圆柱齿轮

11. 设计一般闭式齿轮传动时，计算接触疲劳强度是为了避免________。

A. 轮齿折断　　B. 齿面胶合　　C. 齿面点蚀　　D. 磨粒磨损

12. 目前设计开式齿轮传动时，一般按弯曲疲劳强度设计计算，用适当增大模数的办法来考虑________的影响。

A. 齿面塑性变形　　B. 齿面胶合　　C. 齿面点蚀　　D. 磨粒磨损

13. 对齿轮轮齿材料性能的基本要求是________。

A. 齿面要硬，齿芯要脆　　B. 齿面要软，齿芯要韧

C. 齿面要硬，齿芯要韧　　　　D. 齿面要软，齿芯要脆

14. 材料为20Cr的齿轮要达到硬齿面，常用的热处理方法是________。

A. 表面淬火　　B. 调质　　C. 整体淬火　　D. 渗碳淬火

15. 设计一对材料相同的软齿面齿轮传动时，一般使小齿轮齿面硬度HBW1和大齿轮齿面硬度HBW2的关系为________。

A. HBW1 > HBW2　　B. HBW1 < HBW2　　C. HBW1 = HBW2

16. 对于一对材料相同的钢制软齿面齿轮传动，常用的热处理方法是________。

A. 小齿轮淬火，大齿轮调质　　　　B. 小齿轮调质，大齿轮淬火

C. 小齿轮正火，大齿轮调质　　　　D. 小齿轮调质，大齿轮正火

17. 对于闭式软齿面齿轮传动，在传动尺寸不变并满足弯曲疲劳强度要求的前提下，齿数宜适当取多些。其目的是________。

A. 提高齿面的接触强度

B. 提高轮齿的抗弯强度

C. 提高传动平稳性

18. 对于闭式硬齿面齿轮传动，宜取较少齿数以增大模数。其目的是________。

A. 提高齿面的接触强度　　　　B. 保证轮齿的抗弯强度

C. 减小轮齿的切削量　　　　D. 减小滑动系数，提高传动效率

19. 在设计圆柱齿轮传动时，通常使小齿轮的宽度比大齿轮宽一些，其目的是________。

A. 使小齿轮和大齿轮的强度接近相等

B. 为了使传动更平稳

C. 为了补偿可能的安装误差，以保证接触线长度

20. 由于断齿破坏比点蚀破坏后果更严重，所以通常设计齿轮时，抗弯强度的安全系数应________接触强度的安全系数。

A. 大于　　B. 小于　　C. 等于

21. 直齿锥齿轮传动的强度计算方法是以________的当量圆柱齿轮为计算基础。

A. 小端　　B. 大端　　C. 齿宽中点处

22. 齿轮传动中，齿间载荷分配不均，除与轮齿变形有关外，还主要与________有关。

A. 齿面粗糙度　　B. 润滑油黏度　　C. 齿轮制造精度

6-2　分析与计算题

1. 要使一对齿轮的瞬时传动比保持不变，其齿廓应符合什么条件？

2. 渐开线齿廓为何能满足齿轮齿廓啮合的基本定律？

3. 节圆与分度圆、啮合角与压力角有什么区别？它们与中心距变化有何关系？

4. 变位齿轮的模数、压力角、分度圆直径、齿数、基圆直径与标准齿轮是否一样？

5. 斜齿轮的端面模数和法向模数的关系如何？端面压力角和法向压力角的关系如何？哪一个模数应取标准值？

6. 什么是斜齿圆柱齿轮的当量齿轮和当量齿数？什么是锥齿轮的背锥和当量齿轮？有何用处？斜齿轮传动的正确啮合条件是什么？

7. 一对圆柱齿轮传动，大齿轮和小齿轮的接触应力是否相等？如大、小齿轮的材料及热处理情况相同，则其许用接触应力是否相等？

8. 在直齿轮和斜齿轮传动中，为什么常将小齿轮设计得比大齿轮宽一些？

9. 齿轮传动的常用润滑方式有哪些？润滑方式的选择主要取决于什么因素？

10. 齿形系数与模数有关吗？有哪些因素影响齿形系数的大小？

11. 为什么设计齿轮时，齿宽系数既不能太大，又不能太小？

12. 选择齿轮毛坯的成形方法时（铸造、锻造、轧制圆钢等），除了考虑材料等因素外，主要依据是什么？

13. 有一标准直齿圆柱齿轮传动，齿轮1和齿轮2的齿数分别为z_1和z_2，且$z_1 < z_2$。若两齿轮的许用接触应力相同，问两齿轮接触强度是否相等？

14. 设计齿轮传动时，若大小齿轮的疲劳强度相同，这时它们的许用应力是否相同？为什么？

15. 设一渐开线标准直齿轮的$z = 30$，$m = 3\text{mm}$，$h_a^* = 1$，$\alpha = 20°$。求其分度圆及齿顶圆上的压力角和曲率半径。

16. 当压力角$\alpha = 20°$的正常齿渐开线标准齿轮的齿根圆与基圆重合时，其齿数应为多少？若齿数大于求出的数值，则基圆和齿根圆哪一个大？

17. 一对按标准中心距安装的正常齿制的外啮合渐开线标准直齿圆柱齿轮，小齿轮已损坏，需配制。今测得两轴中心距$a = 310\text{mm}$，大齿轮齿数$z = 100$，齿顶圆直径$d_a = 408\text{mm}$，压力角$\alpha_2 = 20°$，试确定小齿轮的模数、齿数、压力角、分度圆直径、齿顶圆直径。

18. 已知一正常安装的标准外啮合直齿圆柱齿轮传动的$\alpha = 20°$，$m = 5\text{mm}$，$z_1 = 19$，$z_2 = 42$。试求其重合度ε_α。如果将中心距a加大直至刚好连续传动，试求：①啮合角α'；②两轮的节圆半径；③两分度圆之间的距离。

19. 已知一对标准齿轮$m = 3\text{mm}$，$a = 20°$，$h_a^* = 1$，$c^* = 0.25$，$z_1 = 20$，$z_2 = 40$。今将这一对齿轮安装得刚好连续传动，试求这对齿轮的啮合角、中心距、节圆半径。

20. 有一标准斜齿圆柱齿轮机构，已知$m_n = 5\text{mm}$，$\alpha_n = 20°$，$h_{an}^* = 1$，$c_n^* = 0.25$，$z_1 = 20$，$z_2 = 45$，$\beta = 15°$，齿宽$B = 50\text{mm}$，试求两斜齿轮的分度圆直径d，齿顶圆直径d_a，齿根圆直径d_f，法向齿距p_n，端面齿距p_t，当量齿数z_V，端面啮合角α_t'，中心距a及重合度ε_r。

21. 一对直齿锥齿轮，$z_1 = 15$，$z_2 = 30$，$m = 5\text{mm}$，$\alpha_n = 20°$，$h_a^* = 1$，$c^* = 0.2$，两轴垂直相交。求两轮的传动比，各轮的分度圆锥角δ，当量齿数z_V，齿顶高h_a，齿根高h_f，齿顶角θ_a，齿根角θ_f，顶锥角δ_a，根锥角δ_f及锥距R。

22. 如图6-68所示，在二级展开式斜齿圆柱齿轮减速器中，已知输入轴Ⅰ的转向和齿轮1的旋向，欲使中间轴Ⅱ上的齿轮2和齿轮3的轴向力互相抵消一部分，试确定齿轮2、3、4的旋向，并在图中标出各轴转向及各齿轮在啮合点处所受的力。

23. 设计一对单级直齿圆柱齿轮减速器的齿轮传动。动力机为电动机，传动不逆转，载荷平稳。已知：传递功率$P = 10\text{kW}$，传动比$i = 4$，$n_1 = 955\text{r/min}$，单班工作，预期寿命为10年（每年以260天计）。

24. 一单级斜齿圆柱齿轮传动，传递功率$P = 22\text{kW}$，$n_1 = 1470\text{r/min}$，双向转动，电动机驱动，载荷平稳，$z_1 = 21$，$z_2 = 107$，$m_n = 3\text{mm}$，$\beta = 16°15'$，$b_1 = 85\text{mm}$，$b_2 = 80\text{mm}$，小齿轮材料为40MnB调质，大齿轮材料为35SiMn调质，试校核此闭式齿轮传动的强度。

25. 设计由电动机驱动的单级斜齿圆柱齿轮减速器的齿轮传动。该减速器用于重型机械上。已知：传递功率 $P=70\text{kW}$，小齿轮转速 $n_1=960\text{r/min}$，传动比 $i=4$，单班制，齿轮相对于轴承对称布置，使用期限为 10 年（每年以 260 天计）。工作中有中等冲击，速度允许有 ±5% 的误差。

6-3　作图题

如图 6-69 所示，已知一对渐开线齿轮的基圆、齿顶圆及主动轮的角速度 ω_1 的方向，试作出理论啮合线和实际啮合线。

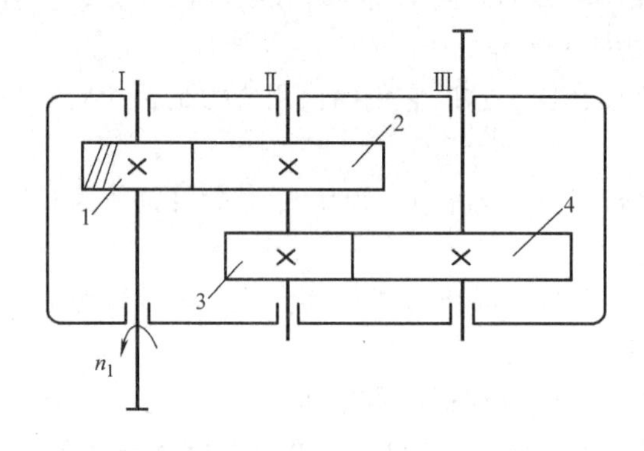

图 6-68　题 6-22 图

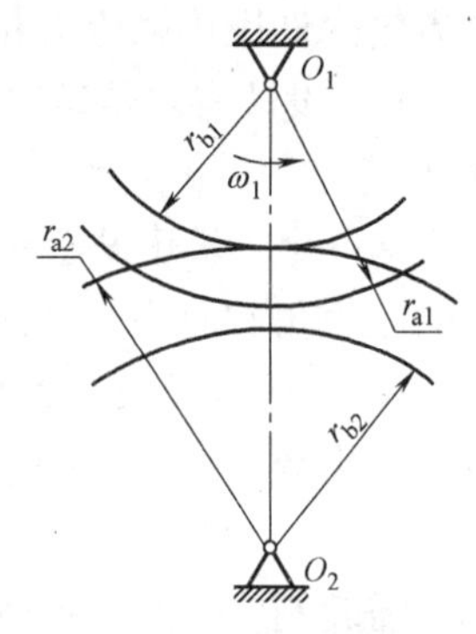

图 6-69　作图题图

第7章 蜗杆传动

本章简要介绍了蜗杆传动的常见类型、传动特点和应用场合，普通圆柱蜗杆传动的主要参数和几何尺寸计算，分析了蜗杆传动的效率、润滑和热平衡问题，讨论了蜗杆、蜗轮的材料和结构，给出了蜗杆传动的基本设计方法。通过本章的学习，要求达到以下学习目标：

1. 掌握蜗杆传动的特点、类型和应用。
2. 掌握蜗杆传动的啮合特点、主要参数和几何尺寸计算。
3. 理解蜗杆传动的失效分析、材料选择和设计准则。
4. 掌握蜗杆传动的受力分析及强度计算。
5. 初步掌握蜗杆传动的效率、润滑和热平衡计算。
6. 了解圆柱蜗杆、蜗轮的结构设计。

7.1 蜗杆传动的特点、类型和应用

蜗杆传动（图7-1）广泛应用于各种机床、汽车、仪器、起重运输、冶金等多种机器和机械设备的传动系统中。它由交错轴斜齿轮传动演化而来，常用于传递空间两交错轴间的运动和功率，最常用的是两轴交错角 $\Sigma=90°$ 的减速传动，通常蜗杆为主动件。在少数机械中（如离心机），利用蜗轮作为主动件，做增速运动。

图7-1 蜗杆传动机构

1. 蜗杆传动的特点

与其他传动形式相比，蜗杆传动具有以下优点：

1）结构紧凑、传动比大。在动力传动中，一般传动比为5～80；在分度机构中，传动比可达300；若只传递运动，传动比可达1000，常用的传动比为10～40。

2）传动平稳。由于蜗杆的轮齿是连续不断的螺旋齿，它和蜗轮轮齿逐渐进入啮合及逐渐退出啮合，且同时啮合的齿对数多，故传动平稳，振动、冲击均很小，几乎无噪声。

3）具有自锁性。当蜗杆的导程角 γ_1 小于轮齿间的当量摩擦角 φ_V 时，蜗杆传动具有自

锁性。在这种情况下，只能以蜗杆为主动件带动蜗轮传动，而不能由蜗轮带动蜗杆。这种自锁蜗杆蜗轮机构常用在需要单向传动的场合，其反向自锁性可起安全保护作用。

蜗杆传动的缺点主要表现在以下几个方面：

1）传动效率低。由于蜗杆蜗轮啮合传动时在啮合处齿面间有较大的相对滑动速度，齿面摩擦损耗大，而发热和温升过高又加剧了磨损，故传动效率较低。具有自锁性的蜗杆蜗轮机构效率低于50%，一般传动效率为70%～80%。

2）蜗轮的造价较高。为减轻齿面磨损及防止胶合，常用耐磨材料（如锡青铜等）制造蜗轮，因此其造价较高。

3）蜗杆轴向力较大，轴承磨损大。

4）不能实现互换。由于蜗轮是用与其匹配的蜗轮滚刀加工的，所以，仅模数和压力角相同的蜗杆与蜗轮是不能任意互换的。

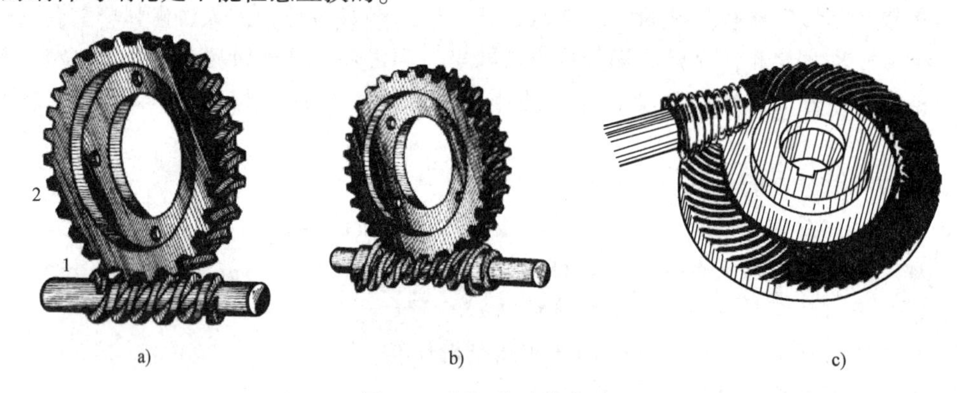

图7-2　蜗杆传动的类型

a）圆柱蜗杆传动　b）环面蜗杆传动　c）锥面蜗杆传动

2. 蜗杆传动的分类及应用

1）按蜗杆形状不同，蜗杆传动可分为圆柱蜗杆传动（图7-2a）、环面蜗杆传动（图7-2b）和锥面蜗杆传动（图7-2c）三大类。环面蜗杆和锥面蜗杆的制造较困难，安装要求较高，故不如圆柱蜗杆应用广泛。圆柱蜗杆机构又可分为普通圆柱蜗杆机构和圆弧蜗杆机构。

普通圆柱蜗杆根据加工方法的不同又可分为阿基米德蜗杆（ZA蜗杆，端面齿形为阿基米德螺线，图7-3a）、渐开线蜗杆（ZI蜗杆，端面齿形为渐开线，图7-3b）和法向直廓蜗杆（ZN蜗杆，法向齿形为直线，端面齿形为延伸渐开线，图7-3c）。目前最常用的是阿基米德蜗杆。如图7-3a所示，在车床上切制阿基米德蜗杆时，所用刀具的两侧刃间夹角$2\alpha=40°$。刀具的切削刃平面通过蜗杆的轴线。这样加工得到的蜗杆在过轴线的截面内获得直线齿廓，在垂直于轴线的截面内获得阿基米德螺旋线，故称为阿基米德蜗杆。

2）按螺旋线旋向不同，蜗杆传动又可分为左旋和右旋，除特殊需要外，一般采用右旋。

3）按蜗杆头数不同，蜗杆可分为单头和多头。蜗杆上只有一条螺旋线的称为单头蜗杆，若蜗杆上有一条以上螺旋线，就称为多头蜗杆。

在各类蜗杆传动中，由于阿基米德蜗杆制造简便、应用广泛，且阿基米德圆柱蜗杆传动的基本知识也适用于其他类型的蜗杆传动，故本节着重介绍阿基米德圆柱蜗杆传动。

由于上述特点，蜗杆蜗轮机构常被用于两轴交错、传动比大且要求结构紧凑、传递功率

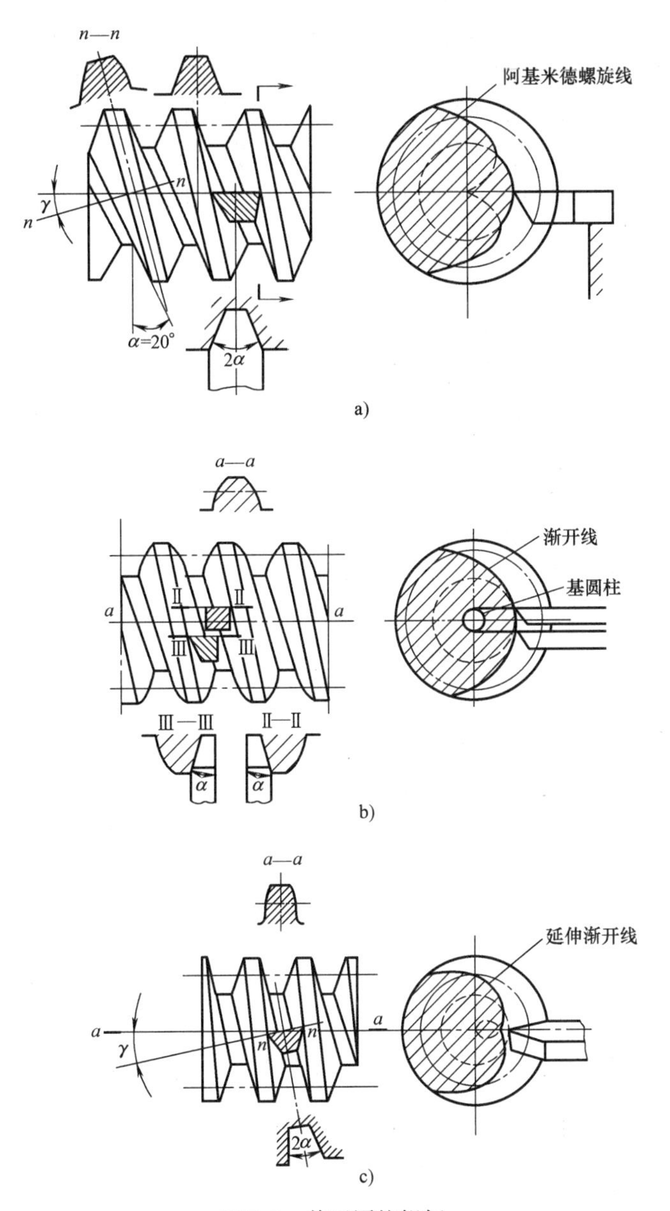

图7-3　普通圆柱蜗杆

不大或间歇工作、为了安全保护而需要机构具有自锁性的场合，其最大传递功率小于750kW，一般控制在50kW以下。

7.2　圆柱蜗杆传动的主要参数及几何尺寸计算

7.2.1　蜗杆传动的主要参数

1. 模数 m 和压力角 α

蜗杆传动的尺寸计算与齿轮传动一样，也以模数 m 作为计算的主要参数。

如图 7-4 所示，过蜗杆的轴线并垂直蜗轮轴线的平面称为中间平面。在中间平面内阿基米德蜗杆具有渐开线齿条的齿廓，其两侧边的夹角为 $2\alpha_a$，与蜗杆啮合的蜗轮齿廓曲线可认为是渐开线。所以在中间平面内阿基米德蜗杆与蜗轮的啮合传动相当于渐开线齿轮和齿条传动，蜗杆的轴向模数和轴向压力角分别与蜗轮的端面模数和端面压力角相等，为此将此平面内的模数和压力角规定为标准值。蜗杆的模数系列与齿轮模数系列有所不同，其常用的标准模数系列见表 7-1。

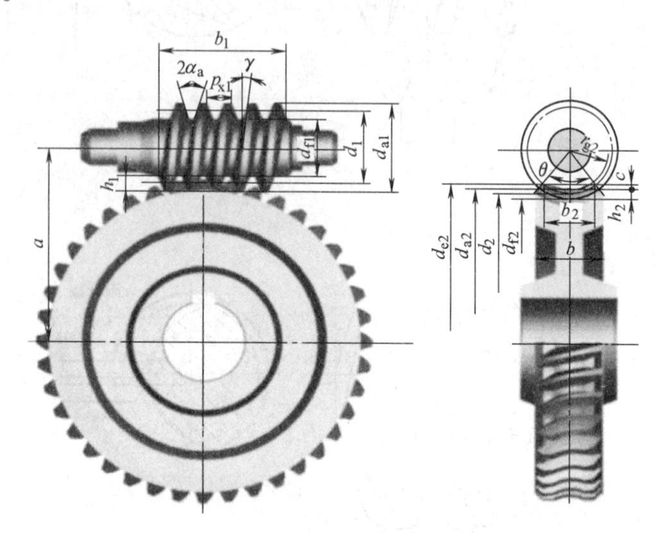

图 7-4　普通蜗杆机构的几何尺寸

阿基米德蜗杆压力角的标准值为 $\alpha=20°$。在动力传动中，当导程角 $\gamma_1>30°$时，推荐采用 $\alpha=25°$；在分度机构中，推荐采用 $\alpha=15°$或$12°$。

2. 蜗杆头数 z_1、蜗轮齿数 z_2 和传动比 i

蜗杆头数 z_1 可根据要求的传动比和效率来选定。通常蜗杆头数 $z_1=1\sim10$。若要得到大的传动比或要求自锁时，可取 $z_1=1$，但此时效率较低；当传递功率较大时，为提高传动效率，或传动速度较高时，导程角 γ_1要大，可增加蜗杆的头数，通常取 $z_1=2$ 或 4，但蜗杆头数过多，又会给加工带来困难。所以，通常蜗杆头数取为 1、2、4、6。

表 7-1　圆柱蜗杆的基本尺寸和参数

m/mm	d_1/mm	z_1	q	m^2d_1/mm³	m/mm	d_1/mm	z_1	q	m^2d_1/mm³
1	18	1	18.000	18	6.3	363	1、2、4、6	10.000	2500
1.25	20	1	16.000	31.25	8	80	1、2、4、6	10.000	5120
1.6	20	1、2、4	12.500	51.2	10	90	1、2、4、6	9.000	9000
2	22.4	1、2、4、6	11.200	89.6	12.5	112	1、2、4	8.960	17500
2.5	28	1、2、4、6	11.200	175	16	140	1、2、4	8.750	35840
3.15	35.5	1、2、4、6	11.270	352	20	160	1、2、4	8.000	64000
4	40	1、2、4、6	10.000	640	25	200	1、2、4	8.000	125000
5	50	1、2、4、6	10.000	1250					

注：本表取材于 GB/T 10085—1988，本表所得的 d_1 数值为国家标准规定的优先使用值。

蜗轮齿数 $z_2=iz_1$，主要取决于传动比和选定的 z_1。为了避免蜗轮轮齿发生根切和干涉，z_2 不应小于 26，但不宜大于 80。因为 z_2 过大，在模数一定时，蜗轮直径将增大，从而使相

啮合的蜗杆支承间距加大，会使结构尺寸增大，致使蜗杆的弯曲刚度降低而影响啮合精度。对于动力传动，推荐 $z_2=29\sim70$。z_1、z_2 的荐用值可参考表 7-2。当设计非标准或分度传动时，z_2 的选择可不受限制。

表 7-2　蜗杆头数和蜗轮齿数的荐用值

传动比 $i=z_2/z_1$	7～8	9～13	14～24	25～27	28～40	≥40
蜗杆头数 z_1	4	3～4	2～3	2～3	1～2	1
蜗轮齿数 z_2	28～32	28～52	28～72	50～81	28～80	≥40

对于蜗杆为主动件的蜗杆传动，其传动比为

$$i_{12}=\frac{n_1}{n_2}=\frac{z_2}{z_1}=\frac{d_2}{d_1\tan\gamma_1} \tag{7-1}$$

式中　n_1、n_2——蜗杆和蜗轮的转速（r/min）；

z_1、z_2——蜗杆头数和蜗轮齿数。

必须指出，蜗杆传动的传动比不等于蜗杆与蜗轮的分度圆直径之比。

对于单级动力蜗杆传动，$i=5\sim80$，常用 15～50。普通圆柱蜗杆减速装置传动比 i 的公称值，推荐按下列数值选取：5、7.5、10、12.5、15、20、25、30、40、50、60、70、80，其中 10、20、40 和 80 为基本传动比，应优先采用。

3. 蜗杆的导程角 γ_1

因蜗杆螺旋面和分度圆柱的交线是螺旋线，其螺旋线与端面的夹角为蜗杆的导程角 γ_1。设蜗杆的头数为 z_1，分度圆直径为 d_1，轴向齿距为 p_{a1}，则螺旋线的导程 $l=z_1p_{a1}=z_1\pi m$。现将蜗杆分度圆柱上的螺旋线展开，如图 7-5 所示，由图知蜗杆的导程角 γ_1 可由下式求得

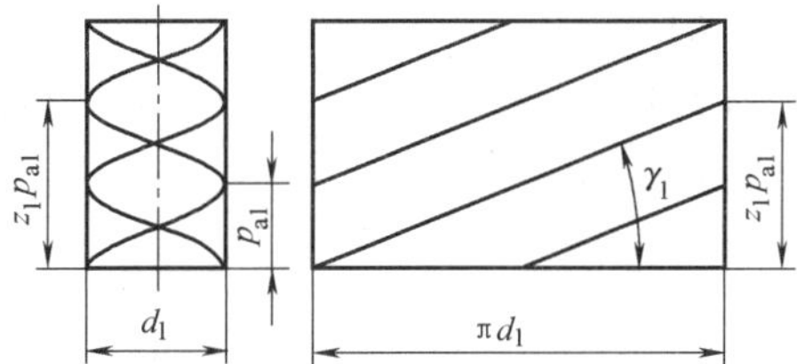

图 7-5　蜗杆螺旋线展开

$$\tan\gamma_1=\frac{l}{\pi d_1}=\frac{mz_1}{d_1} \tag{7-2}$$

4. 蜗杆的分度圆直径 d_1 与直径系数 q

蜗轮通常在滚齿机上用蜗轮滚刀或飞刀加工成形。为了保证蜗杆与蜗轮能正确啮合，常用与相配蜗杆具有同样尺寸的滚刀来加工配对的蜗轮，因此加工蜗轮的滚刀的几何尺寸理论上必须与配对的蜗杆完全相同，但对于相同的模数和压力角，可以有许多不同直径的蜗杆，因而对每一模数就要配备很多蜗轮滚刀。显然，这样很浪费。为限制蜗轮滚刀的数目并便于刀具的标准化，就对每一标准模数规定了一定数量的蜗杆分度圆直径 d_1，令比值

$$\frac{d_1}{m}=q \tag{7-3}$$

称为蜗杆直径系数。因 d_1、m 已规定有标准值，故 q 值也是标准值。与模数 m 匹配的蜗杆分度圆直径 d_1 的标准值见表 7-1。

蜗杆的直径系数在蜗杆传动设计中具有重要意义，因为在 m 一定时，q 大则 d_1 大，蜗杆的强度和刚度也相应增大；而当 z_1 一定时，q 小则 γ_1 增大，可提高传动效率，所以在蜗杆

轴刚度允许的情况下，应尽可能选用较小的 q 值。

5. 齿面间相对滑动速度

蜗杆传动中齿廓间有较大的相对滑动，滑动速度 v_s 沿蜗杆螺旋线的切线方向，如图 7-6 所示，v_1 为蜗杆的圆周速度，v_2 为蜗轮的圆周速度，v_1、v_2 互相垂直，所以

$$v_s=\sqrt{v_1^2+v_2^2}=\frac{v_1}{\cos\gamma_1} \tag{7-4}$$

滑动速度的大小对齿面的润滑状况、齿面失效形式、传动效率等均有影响。

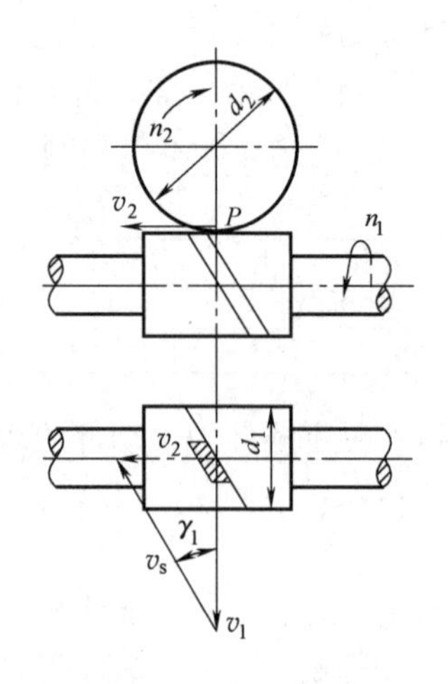

图 7-6　齿面相对滑动速度

7.2.2　蜗杆传动的几何尺寸计算

圆柱蜗杆传动的其他几何尺寸，可按图 7-4 和表 7-3 进行计算。

表 7-3　圆柱蜗杆传动的几何尺寸计算

名　称	符号	计算公式		说　明
		蜗　杆	蜗　轮	
齿顶高	h_a	$h_{a1}=h_a^* m$	$h_{a2}=h_a^* m$	h_a^*—齿顶高系数，$h_a^*=1$；c^*—顶隙系数，$c^*=0.2$；x_2—蜗轮变位系数，当 $x_2=0$ 时，即为不变位齿轮
齿根高	h_f	$h_{f1}=(h_a^*+c^*)m$	$h_{f2}=(h_a^*+c^*)m$	
分度圆直径	d	$d_1=mq=mz_1/\tan\gamma$	$d_2=mz_2=2a-d_1-2x_2m$	
齿顶圆直径	d_a	$d_{a1}=d_1+2h_{a1}$	$d_{a2}=d_2+2h_{a2}$	
齿根圆直径	d_f	$d_{f1}=d_1-2h_{f1}$	$d_{f2}=d_2-2h_{f2}$	
顶隙	c	$c=c^* m$		
蜗杆轴向齿距	p_a	$p_{a1}=p_{t2}=\pi m$		
蜗轮端面齿距	p_t			
蜗轮外圆直径	d_{e2}	当 $z_1=1$ 时，$d_{e2}\leqslant d_{a2}+2m$；当 $z_1=2\sim3$ 时，$d_{e2}\leqslant d_{a2}+1.5m$；当 $z_1=4\sim6$ 时，$d_{e2}\leqslant d_{a2}+m$ 或按结构设计		
蜗轮齿宽	b_2	当 $z_1\leqslant3$ 时，$b_2\leqslant0.75d_{a1}$；当 $z_1=4\sim6$ 时，$b_2\leqslant0.67d_{a1}$		
蜗杆分度圆柱的导程角	γ_1	$\tan\gamma_1=mz_1/d_1=z_1/q$		
蜗轮分度圆柱轮齿的螺旋角	β_2	$\beta_2=\gamma_1$		
蜗轮齿宽角	θ	$\theta=2\arcsin(b_2/d_1)$		
中心距	a	$a=(d_1+d_2)/2=m(q+z_2)/2$		

7.2.3　蜗杆蜗轮正确啮合条件

在中间平面内蜗杆与蜗轮的啮合相当于齿条与齿轮的啮合，因此，设计蜗杆传动时，其参数和尺寸均在中间平面内确定，并沿用渐开线圆柱齿轮传动的计算公式。这样，根据齿轮齿条正确啮合条件可得蜗杆传动的正确啮合条件为：中间平面内蜗杆与蜗轮的模数和压力角分别相等，且为标准值。在中间平面内，蜗杆的模数和压力角表示为 m_{a1}、α_{a1}，蜗轮的模数和压力角表示为 m_{t2}、α_{t2}，于是，蜗轮蜗杆机构的正确啮合条件又可以表示为

1）$m_{a1}=m_{t2}=m$。

2）$\alpha_{a1}=\alpha_{t2}=\alpha$。

3）当两轴间的交错角 $\Sigma=90°$时，还应满足 $\gamma_1=\beta_2$。

其中 γ_1 为蜗杆的导程角；β_2 为蜗轮螺旋角。为保证蜗轮蜗杆的正确啮合，要求相互啮合的蜗杆与蜗轮的螺旋线旋向相同。

7.2.4　蜗杆传动中蜗轮旋向和转动方向的判定

蜗杆传动中蜗轮转动的方向可按照蜗杆的旋向和转向，用左-右手定则判定。如图 7-7a 所示，蜗杆为右旋，让右手四指环绕的方向与蜗杆的转向一致，则大拇指沿蜗杆轴线所指的相反方向，就是蜗轮节点的线速度方向，由此可判定蜗轮的转向为逆时针方向；若蜗杆为左旋，同理用左手可判断蜗轮的转向（图 7-7b）为顺时针方向。

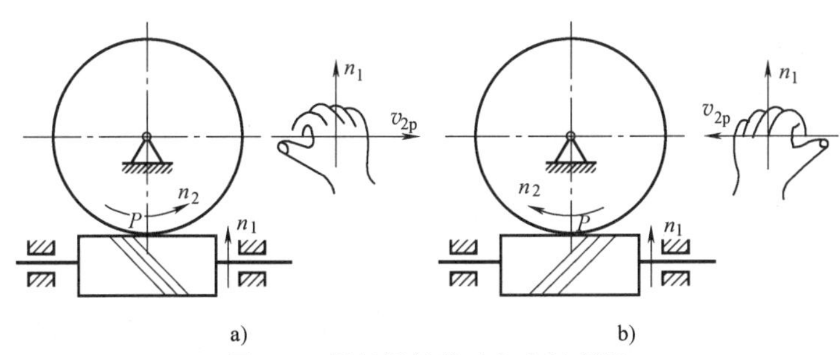

图 7-7　蜗杆蜗轮传动方向的判断

7.3　蜗杆传动的失效形式、计算准则、材料选择和精度

7.3.1　蜗杆传动的失效形式、计算准则

1. 蜗杆传动的失效形式

蜗杆传动时，啮合齿面间的相对滑动速度大，摩擦严重，发热量大，因此蜗杆传动的主要失效形式是胶合、点蚀和磨损。当润滑条件差及散热不良时，闭式传动极易出现胶合。开式传动以及润滑油不清洁的闭式传动中，轮齿磨损的速度很快。对于胶合和磨损，目前尚无较完善的计算方法，所以仍像圆柱齿轮传动那样，对蜗杆传动仅进行齿面接触疲劳强度和齿根弯曲疲劳强度计算。由于材料和齿形结构等原因，与蜗杆相比，蜗轮轮齿比较薄弱，所以失效常发生在蜗轮的轮齿上，故一般只需对蜗轮轮齿进行计算。

2. 蜗杆传动的计算准则

对闭式蜗杆传动，一般按齿面接触疲劳强度设计，按齿根弯曲疲劳强度校核，必要时还需进行热平衡校核。如果载荷平稳、无冲击，可以只按齿面接触疲劳强度设计，不必校核齿根弯曲疲劳强度。对开式蜗杆传动，只按齿根弯曲疲劳强度设计；对跨度大的细长蜗杆，必要时校核蜗杆轴的刚度。

7.3.2　蜗杆传动的材料选择和精度

1. 蜗杆传动的材料选择

针对蜗杆传动的主要失效形式，要求蜗杆、蜗轮的材料应具有良好的耐磨减摩性、抗胶合能力和一定的强度。蜗杆材料常采用碳钢或合金钢，经适当的表面热处理获得较高的表面硬度。常用蜗杆材料见表7-4。

表7-4　蜗杆材料

材料	热处理	硬度	齿面粗糙度 Ra/μm	应用场合
20、15Cr、20Cr 20CrMnTi 20MnVB	渗碳淬火	58～63HRC	1.6～0.4	高速，重载，载荷变化大
45、40Cr 40SiMn 40CrNi	高频淬火	45～55HRC	1.6～0.4	高速，重载，载荷稳定
45、40	调质	≤270HBW	6.3～1.6	一般用途

蜗轮材料通常是指蜗轮齿冠部分的材料。蜗轮常用的材料有：铸锡青铜、铸铝青铜或灰铸铁，常用的蜗轮材料见表7-5。

表7-5　蜗杆蜗轮配对材料

蜗轮材料	适用的滑动速度 v_s/(m/s)	蜗杆材料	应用场合
ZCuSn10P1	≤25	20CrMnTi，渗碳淬火，56～62HRC；20Cr	减摩性好，抗胶合能力强，用于重要场合，但价格昂贵
ZCuSn5Pb5Zn5	≤12	45钢，高频淬火，40～50HRC；40Cr，50～55HRC	
ZCuAl10Fe3 ZCuAl10Fe3Mn2	≤10	45钢，高频淬火，40～50HRC；40Cr，50～55HRC	抗胶合能力比锡青铜差，但抗点蚀能力强，且价格便宜
HT150 HT200	≤2	45钢，调质，220～250HBW	各种性能远不如前几种材料，但价格低，适用于滑动速度较小且不重要的传动场合

2. 普通圆柱蜗杆传动的精度等级及其选择

GB/T 10089—1988对普通圆柱蜗杆传动（阿基米德蜗杆）规定了12个精度等级，1级最高，12级最低。普通圆柱蜗杆采用的精度等级，主要取决于传动功率、使用条件、蜗轮圆周速度等，机械制造中蜗杆传动最常用的精度等级为7～9级，常用精度等级应用见表7-6。

表7-6　普通圆柱蜗杆传动的常用精度等级应用

精度等级	蜗轮圆周速度/(m/s)	应　用
6	>5	中等精密机床的分度机构；发动机调整器的传动
7	≤5	一般中速减速机
8	≤3	不重要的传动，间歇工作动力装置
9	≤1.5	一般手动、低速、间歇、开式传动

7.4　蜗杆传动的强度计算

1. 蜗杆传动的受力分析

受力分析是蜗杆强度计算的条件准备，其受力分析方法与斜齿圆柱齿轮相似，如图7-8

所示为一下置蜗杆传动，蜗杆为主动件，旋向为右旋，按图示方向转动。假定：蜗轮轮齿和蜗杆螺旋面之间的相互作用力集中于节点 P，并按单齿对啮合考虑；暂不考虑啮合齿面间的摩擦力。蜗杆传动的载荷为作用于齿面上的法向力 $\boldsymbol{F}_n$，可将之分解为三个相互垂直的分力，即圆周力 $\boldsymbol{F}_t$、径向力 $\boldsymbol{F}_r$ 和轴向力 $\boldsymbol{F}_a$，如图7-8所示。

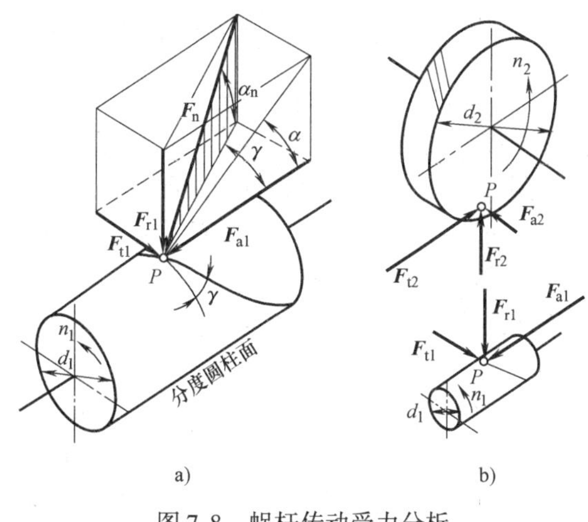

图7-8　蜗杆传动受力分析

$$\left.\begin{aligned} F_{t1} &= F_{a2} = \frac{2T_1}{d_1} \\ F_{a1} &= F_{t2} = \frac{2T_2}{d_2} \\ F_{r1} &= F_{r2} = F_{t2}\tan\alpha \\ T_2 &= T_1 i\eta_1 \end{aligned}\right\} \tag{7-5}$$

式中　T_1、T_2——蜗杆、蜗轮传递的转矩（N·mm）；

d_1、d_2——蜗杆、蜗轮分度圆直径（mm）；

α——蜗杆轴面压力角（°）；

η_1——传动效率。

如不考虑摩擦力的影响，法向力可按下式计算，即

$$F_n = \frac{F_{t2}}{\cos\alpha_n\cos\gamma} = \frac{2T_2}{d_2\cos\alpha\cos\gamma} \tag{7-6}$$

蜗杆、蜗轮所受各力方向的判定（图7-8）：

（1）圆周力 $\boldsymbol{F}_t$ 的方向　主动件的圆周力方向与其啮合点的速度方向相反，从动件的圆周力方向与其啮合点的速度方向相同。

（2）径向力 $\boldsymbol{F}_r$ 的方向　由啮合点沿径向指向各自的轮心。

（3）轴向力 $\boldsymbol{F}_a$ 的方向　当蜗杆为主动件时，仍可用“主动轮左-右手定则”判定蜗杆的轴向力方向：用右手四指沿右旋蜗杆（左旋用左手）转动方向环绕，则大拇指的指向即为蜗杆轴向力 $\boldsymbol{F}_{a1}$ 的方向。从动蜗轮所受的轴向力与蜗杆圆周力方向相反。

2. 蜗轮齿面接触疲劳强度计算

如7.3.1所述，蜗杆传动的失效形式多发生在蜗轮齿面上，所以蜗杆传动的强度计算主要是针对蜗轮轮齿进行的。此项计算的目的是限制接触应力 σ_H，以防止点蚀或胶合。在中间平面内蜗杆传动近似于斜齿轮与斜齿条的啮合，传动蜗轮齿面接触疲劳强度的计算也可以参照斜齿轮的计算方法进行，仍以赫兹公式为基础，按节点处的啮合条件计算齿面的接触应力，推导出蜗轮齿面接触疲劳强度的条件为

校核公式为

$$\sigma_H = 500\sqrt{\frac{KT_2}{d_1 d_2^2}} = 500\sqrt{\frac{KT_2}{m^2 d_1 z_2^2}} \leqslant [\sigma_H] \tag{7-7}$$

设计公式为

$$m^2 d_1 \geqslant KT_2\left(\frac{500}{z_2[\sigma_H]}\right)^2 \quad (7\text{-}8)$$

由上式求出 m^2d_1 后，由表7-1查出相应的 m、q 值。上两式适用于钢制蜗杆配对青铜或铸铁蜗轮。

上两式中，K 为载荷系数，主要考虑工作情况、载荷沿齿宽分布不均和动载荷对强度的影响。一般取 $K=1.1\sim1.5$。载荷稳定、蜗轮圆周速度较低（$v_2\leqslant3\text{m/s}$）时，取较小值；反之，取大值。

蜗轮齿数 z_2 主要根据传动比来确定。选择原则见7.2.1（蜗杆传动的主要参数）。z_1、z_2 的荐用值可参考表7-2选用。

$[\sigma_H]$ 为蜗轮的许用接触应力，由材料的抗失效能力决定。因蜗轮材料的强度和性能差异较大，导致的失效形式不同，故将蜗轮材料的许用接触应力分两种情况予以说明。

1）当蜗轮材料为低强度的锡青铜（$R_m\leqslant300\text{MPa}$）时，其失效形式主要为疲劳点蚀，许用应力的大小与应力循环次数有关，其计算公式为

$$[\sigma_H]=Z_N[\sigma_{OH}] \quad (7\text{-}9)$$

式中 $[\sigma_{OH}]$——基本许用接触应力，可查表7-7；

Z_N——寿命系数，$Z_N=\sqrt[8]{\frac{10^7}{N}}$，其中，应力循环系数 $N=60n_2kL_h$；

n_2——蜗轮转速（r/min）；

k——蜗轮每转一周每齿单侧啮合次数；

L_h——工作寿命（h）。

2）当蜗轮材料为高强度的无锡青铜（$R_m>300\text{MPa}$）或铸铁时，其失效形式为胶合，其值与应力循环次数无关，$[\sigma_H]$ 可直接查表7-8。

表7-7 锡青铜蜗轮的基本许用接触应力 $[\sigma_{OH}]$ （单位：MPa）

蜗轮材料	铸造方法	滑动速度 v_s/(m/s)	蜗杆齿面硬度	
			≤350HBW	>45HRC
ZCuSn10P1	砂型	≤12	180	200
	金属型	≤25	200	220
ZCuSn5Pb5Zn5	砂型	≤10	110	125
	金属型	≤12	135	150

注：锡青铜的基本许用接触应力为应力循环次数 $N=10^7$ 时之值。当 $N\neq10^7$ 时，需将表中数值乘以寿命系数 Z_N；当 $N>25\times10^7$ 时，取 $N=25\times10^7$；当 $N<2.6\times10^5$ 时，取 $N=2.6\times10^5$。

表7-8 铝青铜及铸铁蜗轮的许用接触应力 $[\sigma_H]$ （单位：MPa）

蜗轮材料	蜗杆材料	滑动速度 v_s/(m/s)						
		0.5	1	2	3	4	6	8
ZCuAl10Fe3 ZCuAl10Fe3Mn2	淬火钢①	250	230	210	180	160	120	90
HT150 HT200	渗碳钢	130	115	90	—	—	—	—
HT150	调质钢	110	90	70	—	—	—	—

① 蜗杆未经淬火时，需将表中值降低20%。

3. 蜗轮齿根弯曲疲劳强度计算

蜗轮的齿根弯曲疲劳强度计算是针对轮齿折断的。对于闭式蜗杆传动，蜗轮轮齿的弯曲

疲劳强度所限定的承载能力，大多超过由齿面接触疲劳强度和热平衡计算所限定的承载能力，轮齿折断较少出现，所以，仅在蜗轮齿数 $z_2>80\sim100$、受强烈冲击或采用脆性材料时进行轮齿弯曲强度计算才有意义。对于开式传动，则按蜗轮轮齿的弯曲疲劳强度设计，设计计算时，可参阅有关设计手册。

7.5　蜗杆传动的效率、润滑及热平衡计算

1. 蜗杆传动效率

闭式蜗杆传动的功率损耗一般包括三个方面，即轮齿啮合摩擦损耗、轴承摩擦损耗和搅油损耗。总效率为

$$\eta = \eta_1\eta_2\eta_3 \tag{7-10}$$

式中　η_2——轴承效率；

η_3——搅油效率。

η_1——轮齿啮合效率，当蜗杆主动时，η_1 可近似按螺旋副的效率计算，即

$$\eta_1=\frac{\tan\gamma_1}{\tan(\gamma_1+\rho_V)} \tag{7-11}$$

式中　ρ_V——当量摩擦角，$\rho_V=\arctan f_V$，见表7-9，其值与蜗杆传动的材料、表面硬度和相对滑动速度有关。

由式（7-11）可知：在一定范围内，η_1 随 γ_1 增大而增大，故动力传动常用多头蜗杆，以增大 γ_1，但 γ_1 过大时，η_1 提高的效果不明显，且蜗杆制造困难，故通常取 $\gamma_1<28°$。

由于轴承摩擦及溅油这两项功率损耗不大，一般取 $\eta_2\eta_3=0.95\sim0.97$，则总效率 η 为

$$\eta=\eta_1\eta_2\eta_3=(0.95\sim0.97)\eta_1=(0.95\sim0.97)\ \tan\gamma/\tan(\gamma+\rho_V) \tag{7-12}$$

在设计之初，为求出蜗轮轴上的转矩 T_2，可根据蜗杆头数 z_1，初步估计传动效率，η 值可由表7-10估取。

表7-9　当量摩擦系数 f_V 和当量摩擦角 ρ_V

蜗轮材料	锡青铜				无锡青铜		灰铸铁			
蜗杆齿面硬度	≥45HRC		<45HRC		≥45HRC		≥45HRC		<45HRC	
滑动速度 v_s/(m/s)	f_V	ρ_V	f_V	ρ_V	f_V	ρ_V	f_V	ρ_V	f_V	ρ_V
0.01	0.11	6°17′	0.12	6°51′	0.18	10°12′	0.18	10°12′	0.19	10°45′
0.1	0.08	4°34′	0.09	5°09′	0.13	7°24′	0.13	7°24′	0.14	7°28′
0.25	0.065	3°43′	0.075	4°17′	0.1	5°43′	0.1	5°43′	0.12	6°51′
0.5	0.055	3°09′	0.065	3°43′	0.09	5°09′	0.09	5°09′	0.10	5°43′
1.0	0.045	2°35′	0.055	3°09′	0.07	4°00′	0.07	4°00′	0.09	5°09′
1.50	0.04	2°17′	0.05	2°52′	0.065	3°43′	0.065	3°43′	0.08	4°34′
2.00	0.035	2°00′	0.045	2°35′	0.055	3°09′	0.055	3°09′	0.07	4°00′
2.50	0.03	1°43′	0.04	2°17′	0.05	2°52′				
3.00	0.028	1°36′	0.035	2°00′	0.045	2°35′				
4.00	0.024	1°22′	0.031	1°47′	0.04	2°17′				
5.00	0.022	1°16′	0.029	1°40′	0.035	2°00′				
8.00	0.018	1°02′	0.026	1°29′	0.03	1°43′				
10.0	0.016	0°55′	0.024	1°22′						
15.0	0.014	0°48′	0.020	1°09′						
24.0	0.013	0°45′								

注：蜗杆齿面粗糙度 Ra 为1.6～0.4μm，经过仔细磨合，正确安装并采用黏度合适的润滑油进行充分的润滑。

表 7-10　η 值的选用

蜗杆头数 z_1	1	2	4	6
传动效率 η	0.7 ~ 0.75	0.75 ~ 0.82	0.82 ~ 0.92	0.92 ~ 0.95

注：自锁时 $\eta<0.5$。

2. 蜗杆传动的润滑

润滑对蜗杆传动来说，具有特别重要的意义。由于蜗杆传动效率低，滑动速度大，当润滑不良时，传动效率将显著降低，并且会带来剧烈的磨损和产生胶合破坏的危险，所以往往采用黏度较大的矿物油进行润滑，并加入适当油性添加剂，以提高抗胶合能力。但对于青铜蜗轮，不允许用油性大的活性添加剂，以免腐蚀青铜。

蜗杆传动所采用的润滑油、润滑方法及润滑装置与齿轮传动的基本相同，润滑油黏度及给油方法，一般根据相对滑动速度及载荷类型进行选择。

对于闭式传动，常用的润滑油黏度及给油方法可查表 7-11；对于开式传动，则采用黏度较高的润滑油或润滑脂。

如果采用喷油润滑，喷油器要对准蜗杆啮入端；蜗杆正反转时，两边都要装喷油器。

浸油润滑时宜将蜗杆布置在下方，浸油深度约为一个齿高，且油面不应超过蜗杆轴承的最低滚动体中心。如结构不允许或 $v_s>5\mathrm{m/s}$，可采用蜗杆上置，蜗轮浸油深度允许达到蜗轮半径的 1/3。

表 7-11　蜗杆传动的润滑油黏度和润滑方法（推荐使用）

滑动速度 $v_s/(\mathrm{m/s})$	<1	1 ~ 2.5	2.5 ~ 5	5 ~ 10	10 ~ 15	15 ~ 25	>25
工作条件	重载	重载	中载	—	—	—	—
黏度 $\nu_{40℃}/(\mathrm{mm^2/s})$	900	500	350	220	150	100	80
润滑方法	浸油润滑			浸油或喷油润滑	压力喷油润滑及其油压/MPa		
					0.07	0.2	0.3

3. 蜗杆传动的热平衡计算

由于蜗杆传动效率低，发热量大，如果闭式蜗杆传动散热不良，容易使润滑油温升过高，黏度下降，变质，老化，润滑失效，加剧齿面磨损，甚至引起胶合，故对闭式蜗杆传动应进行热平衡计算。所谓热平衡，是指蜗杆传动单位时间内因摩擦产生的热量应小于或等于同时间内由箱体表面散发的热量。热平衡计算的目的在于计算润滑油的工作温度，将它控制在许可范围内。

热平衡状态下，单位时间内的发热量与散热量相等，即

$$1000P_1(1-\eta) = K_s A(t_1-t_0)$$

$$t_1=\frac{1000P_1(1-\eta)}{K_s A}+t_0 \tag{7-13}$$

式中　P_1——蜗杆传递的功率（kW）；

K_s——箱体表面传热系数 [$\mathrm{W/(m^2 \cdot ℃)}$]，一般 $K_s=8.15\sim17.45\mathrm{W/(m^2 \cdot ℃)}$，环境通风良好时，取大值；

t_0——周围空气的温度，通常取 $t_0=20℃$；

t_1——热平衡时的油温，应控制 $t_1\leqslant60\sim70℃$，最高不应超过 80℃；

A——箱体有效散热面积（$\mathrm{m^2}$）。

有效散热面积是指箱体内表面被油浸泡而外表面又被空气所冷却的箱体表面积，凸缘和

散热片的表面积按50%计算。初步计算时，普通蜗杆传动的箱体散热面积也可由经验公式 $A=0.33(a/100)^{1.75}$估计，a为中心距（mm）。

如油温超过允许值，可采取如下散热方式：

1）箱体外加装散热片，以增加散热面积。

2）利用蜗杆上加装风扇（图7-9a）。

3）可采用冷却器（图7-9b），既润滑又冷却。

4）在箱体内加蛇形冷却水管（图7-9c），以冷却润滑油。

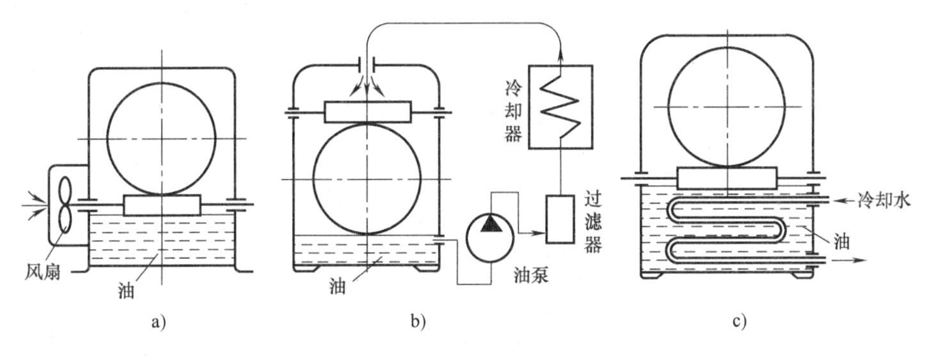

图7-9　蜗杆减速器的散热措施

a）风扇冷却　b）外冷却器冷却　c）内装蛇形循环冷却水管冷却

7.6　蜗杆蜗轮的结构

1. 蜗杆结构

蜗杆直径较小，一般和轴做成整体，称为蜗杆轴。蜗杆螺旋部分可采用车削或铣削两种方式来加工。图7-10a中所示为铣制蜗杆，无退刀槽，且轴的直径 d_1 可大于蜗杆齿根圆直径 d_{f1}；图7-10b所示为车制蜗杆，车削螺旋部分需设退刀槽，因而削弱了蜗杆的刚度。当蜗杆螺旋部分的直径较大时，或与轴所用的材料不同时，可以将蜗杆与轴分开制作，然后再套装在一起。

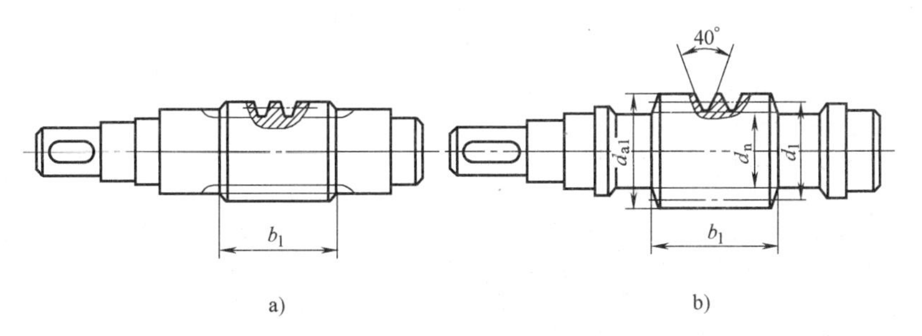

图7-10　蜗杆的结构形式

2. 蜗轮结构

蜗轮的结构有整体式和组合式两类。直径较小（小于100mm）的青铜蜗轮或铸铁蜗轮常做成整体式，如图7-11a所示。为了降低材料成本，大多数蜗轮采用组合结构，齿圈用青铜，而轮齿用价格较低的铸铁或钢制造。齿圈与轮芯的联接方式有以下三种：

(1) 压配式　齿圈和轮芯用过盈配合联接（图7-11b），这种结构由青铜齿圈及铸铁轮芯所组成。齿圈与轮芯多用H7/r6配合，并加装4～6个紧定螺钉（或用螺钉拧紧后将头部锯掉）加固，以增强联接的可靠性。螺钉直径取（1.2～1.5）m，m为蜗轮的模数。螺钉拧入深度为（0.3～0.4）b_2，b_2为蜗轮宽度。为了便于钻孔，应将螺孔中心线由配合缝向材料较硬的轮芯部分偏移2～3mm。这种结构多用于尺寸不太大或工作温度变化较小的地方，以免热胀冷缩影响配合的质量。

(2) 螺栓联接式（图7-11c）　蜗轮齿圈和轮芯常用普通螺栓联接，或用铰制孔用螺栓联接，螺栓的尺寸和数目可参考蜗轮的结构尺寸取定，然后做适当的校核。这种结构装拆比较方便，多用于尺寸较大或容易磨损的蜗轮，有利于齿圈的更换。

(3) 镶铸式（图7-11d）　这种结构是将青铜齿圈镶铸在铸铁轮芯上，然后切齿。这种结构不利于材料的回收，只用于中等尺寸、成批制造的蜗轮。

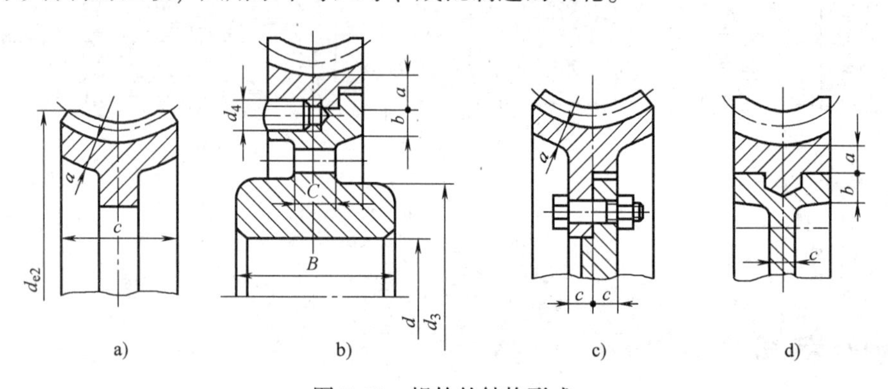

图7-11　蜗轮的结构形式

a) $a\approx1.5$mm　b) $a\approx1.6m+1.5$mm　c) $a\approx1.5m$　d) $a\approx1.6m+1.5$mm

例7-1　试设计轻纺机械中的一单级蜗杆减速器，传递功率$P_1=8.5$kW，主动轴转速$n_1=1460$r/min，传动比$i=20$，载荷平稳，单向工作，长期连续运转，润滑情况良好，工作寿命$L_h=15000$h。

解　设计计算步骤及结果见表7-12。

表7-12　例7-1解题过程

设计计算和说明	结　果
1. 选择材料、确定精度等级 考虑到蜗杆传动的功率不大，速度为中等，故选： 蜗杆：45钢，调质，因希望效率高些，耐磨性好些，整体调质后，蜗杆螺旋面要求淬火，硬度为45～50HRC。 蜗轮齿圈：ZCuSn10P1（砂型），滚铣后加载磨合。为节约贵重的有色金属，仅齿圈用青铜制造，而轮芯用灰铸铁HT100制造。 精度等级选择：因该蜗杆传动的功率较小，估计蜗轮尺寸不会大，且蜗轮转速$n_2=1460/20$r/min$=73$r/min，故蜗轮的圆周速度不高。初估$v_2<3$m/s，查表7-6选择精度为8级	蜗杆：45钢，调质，硬度为45～50HRC 蜗轮：ZCuSn10P1 精度为8级
2. 确定设计准则 按接触疲劳强度设计并进行热平衡计算	按接触疲劳强度设计并进行热平衡计算

（续）

设计计算和说明	结　果
3. 按接触疲劳强度设计 $$m^2d_1 \geqslant KT_2\left(\frac{500}{z_2[\sigma_H]}\right)^2$$ (1)选 z_1、z_2　根据传动比 $i=20$，查表7-2，取 $z_1=2$。 $z_2=iz_1=20\times2=40$ (2)蜗轮转矩　由 $z_1=2$，根据表7-10 初估 $\eta=0.80$ $$T_2=T_1i\eta=9.55\times10^6\frac{P_1}{n_1}i\eta$$ $$=9.55\times10^6\times\frac{8.5}{1460}\times20\times0.8\text{N}\cdot\text{mm}$$ $=889589\text{N}\cdot\text{mm}$ 因工作平稳，选载荷系数 $K=1.1$。 查表7-7 得基本许用接触应力$[\sigma_{OH}]=180\text{MPa}$ (3)计算许用接触应力$[\sigma_H]$ $L_h=15000\text{h}$ $N=60njL_h=60\times73\times1\times15000\text{h}=65700000\text{h}$ $$Z_N=\sqrt[8]{\frac{10^7}{N}}=\sqrt[8]{\frac{10^7}{60\times73\times15000}}=0.79$$ $[\sigma_H]=Z_N[\sigma_{OH}]=0.79\times180\text{MPa}\approx142\text{MPa}$ (4)求 m^2d_1 值 $$m^2d_1\geqslant KT_2\left(\frac{500}{z_2[\sigma_H]}\right)^2$$ $$=1.1\times889589\times\left(\frac{500}{40\times142}\right)^2\text{mm}^3$$ $=7582.7\text{mm}^3$ 初选 m、d_1。 由表7-1，选 $m=10\text{mm}$，$d_1=90\text{mm}$，$q=9$，此时，$m^2d_1=9000\text{mm}^3$	$z_1=2$ $z_2=40$ 估计 $\eta=0.80$ $T_2=889589\text{N}\cdot\text{mm}$ $K=1.1$ $[\sigma_{OH}]=180\text{MPa}$ $N=65700000\text{h}$ $Z_N=0.79$ $[\sigma_H]=142\text{MPa}$ $m^2d_1=7582.7\text{mm}^3$ $m=10\text{mm}$，$d_1=90\text{mm}$，$q=9$ $m^2d_1=9000\text{mm}^3$
4. 计算传动效率 (1)蜗轮速度 v_2 $$v_2=\frac{\pi d_2n_2}{60\times1000}=\frac{\pi mz_2n_2}{60\times1000}$$ $$=\frac{\pi\times10\times40\times73}{60\times1000}\text{m/s}=1.53\text{m/s}$$ (2)求蜗杆导程角 γ $$\tan\gamma=\frac{z_1}{q}=\frac{2}{9}=0.2222$$ $\gamma=12.53°=12°31'48''$ (3) 计算滑动速度 v_s $$v_s=\frac{v_2}{\sin\gamma}=\frac{1.53}{\sin12.53°}\text{m/s}=7.04\text{m/s}$$ (4)计算啮合效率　查表7-9，得 $\rho_V=1°6'30''=1.12°$。 啮合效率 η_1 为 $$\eta_1=\frac{\tan\gamma}{\tan(\gamma+\rho_V)}=\frac{\tan12.53°}{\tan(12.53°+1.12°)}=0.915$$ (5)传动效率 η $\eta=\eta_1\eta_2\eta_3=0.915\times(0.95\sim0.97)=0.87\sim0.89$ 取 $\eta=0.88$。 (6)检验 m^2d_1 值 $$T_2=T_1i\eta=9.55\times10^6\times\frac{8.5}{1460}\times20\times0.88\text{N}\cdot\text{mm}$$ $=978547.9\text{N}\cdot\text{mm}$ $$m^2d_1\geqslant KT_2\left(\frac{500}{z_2[\sigma_H]}\right)^2$$ $$=1.1\times978547.9\times\left(\frac{500}{40\times142}\right)^2\text{mm}^3$$ $=8341\text{mm}^3<9000\text{mm}^3$ 原选参数，强度足够	$v_2=1.53\text{m/s}$；精度等级选8级合理 $\gamma=12.53°=12°31'48''$ $v_s=7.04\text{ m/s}$ $\rho_V=1°6'30''=1.12°$ $\eta_1=0.915$ $\eta=0.88$ $T_2=978547.9\text{N}\cdot\text{mm}$ 原选参数，强度足够

（续）

设计计算和说明	结　果
5. 确定传动的主要尺寸 $m=10\text{mm}$, $d_1=90\text{mm}$, $q=9$, $z_1=2$, $z_2=40$ (1)中心距 a $a=\frac{m}{2}(q+z_2)=\frac{10}{2}\times(9+40)\text{mm}=245\text{mm}$ (2)蜗杆尺寸 分度圆直径 $d_1=mq=10\times9\text{mm}=90\text{mm}$ 导程角 $\gamma=12.53°$，右旋。 (3)蜗轮尺寸 $d_2=mz_2=10\times40\text{mm}=400\text{mm}$ $d_{a2}=d_2+2h_{a2}=(400+2\times1\times10)\text{mm}=420\text{mm}$ $d_{f2}=d_2-2h_{f2}=(400-2\times1.2\times10)\text{mm}=376\text{mm}$ $d_{e2}=d_{a2}+1.5m=(420+1.5\times10)\text{mm}=435\text{mm}$ $d_{a1}=d_1+2h_{a1}=(90+2\times1\times10)\text{mm}=110\text{mm}$ $b_2\leqslant0.75d_{a1}=0.75\times110\text{mm}=82.5\text{mm}$ $\beta=\gamma=12.53°$ $\sin\frac{\theta}{2}=\frac{b_2}{d_1}=\frac{82.5}{90}=0.917$ $\theta=132.9°$	$m=10\text{mm}$, $d_1=90\text{mm}$, $q=9$, $z_1=2$, $z_2=40$ $a=245\text{mm}$ $\gamma=12.53°$，右旋 分度圆直径 $d_2=400\text{mm}$ 齿顶圆直径 $d_{a2}=420\text{mm}$ 齿根圆直径 $d_{f2}=376\text{mm}$ 外圆直径 $d_{e2}=435\text{mm}$ 蜗轮轮缘宽度 $b_2=82.5\text{mm}$ 蜗轮分度圆上轮齿的螺旋角 $\beta=12.53°$，右旋 蜗轮轮齿包角 $\theta=132.9°$
6. 热平衡计算 (1)估计散热面积 A $A=0.33\left(\frac{a}{100}\right)^{1.75}=0.33\times\left(\frac{245}{100}\right)^{1.75}\text{m}^2=1.58\text{m}^2$ (2)油的工作温度 t_1 $t_1=\frac{1000P_1(1-\eta)}{K_sA}+t_0$ 取 $t_0=20℃$，因通风良好，取 $K_s=14\text{W}/(\text{m}^2\cdot℃)$ $t_1=\left[\frac{1000\times8.5\times(1-0.88)}{14\times1.58}+20\right]℃=46.1℃$ $t_1=46.1℃<80℃$（油温未超过最高限度）	$A=1.58\text{m}^2$ $t_1=46.1℃<80℃$
7. 润滑方式 由表7-11，采用浸油或喷油润滑 油的黏度 $\nu_{40℃}=220\text{mm}^2/\text{s}$	$\nu_{40℃}=220\text{mm}^2/\text{s}$ 浸油或喷油润滑
8. 弯曲疲劳强度验算（一般不需进行）	不需进行
9. 蜗杆、蜗轮的结构设计 蜗杆：车制（工作图略） 蜗轮：采用齿圈压配式（工作图略）	蜗杆：车制 蜗轮：采用齿圈压配式

小　结

本章主要介绍了蜗杆传动的特点和类型，普通圆柱蜗杆传动的主要参数和几何尺寸，蜗杆传动的失效形式、设计准则和材料选择，普通圆柱蜗杆的强度计算，蜗杆传动的效率、润滑和热平衡计算以及蜗杆和蜗轮的结构等内容。

1. 蜗杆传动的特点

了解蜗杆传动的特点。传动比大，结构紧凑，具有自锁性，工作平稳噪声低，冲击载荷小。但传动的效率低，发热大，易发生磨损和胶合等失效形式，蜗轮齿圈常需用比较贵重的青铜制造，因此蜗杆传动成本较高。

2. 蜗杆传动的设计

1）设计蜗杆传动时，除了模数 m 取标准值外，蜗杆的分度圆直径 d_1 也需取标准值。这样做的目的是限制切制蜗轮时所需的滚刀数目，以提高生产的经济性，并保证配对的蜗杆与蜗轮能正确地啮合。

2）蜗杆传动受力分析的目的在于找出蜗杆、蜗轮上作用力的大小和方向。它们是进行强度计算和轴的计算的前提。分析的方法类似于齿轮传动的分析方法，但各力的对应关系不同于齿轮传动的情况，这一点要特别注意。

3）蜗杆传动的强度计算。应该明确，蜗杆传动的主要失效形式是胶合，其次才是点蚀和磨损。但目前对胶合和磨损的计算还缺乏妥善的方法，因而通常只仿照圆柱齿轮进行齿面及齿根强度的条件性计算，并在选取许用应力时，根据蜗轮的特性来考虑胶合和磨损失效因素的影响。

4）在普通圆柱蜗杆传动中，因为有很大的滑动速度，摩擦损耗大（特别是轮齿的啮合摩擦损耗），所以传动的效率低，工作时发热量大。由于蜗杆传动结构紧凑，箱体的散热面积小，散热能力差，所以在闭式传动中，所产生的热量不能及时散去，油温急剧升高，这样就容易使齿面产生胶合。这就是要进行热平衡计算的原因。热平衡计算的基本原理是单位时间产生的热量不大于单位时间能散发出去的热量。在实际工作中，主要是利用热平衡条件，找出工作条件下应该控制的油温。只要油的工作温度能满足要求，蜗杆传动就能正常地进行工作。

3. 本章重点与难点

蜗杆传动的受力分析和强度计算是本章的重点和难点。蜗杆的受力分析方法与斜齿轮传动相似，但蜗杆、蜗轮所受各分力的对应关系与斜齿轮不同，这一点要引起足够的重视。另外蜗轮的转动方向与蜗杆的转动方向及轮齿的螺旋方向有关，蜗杆为主动轮时，蜗杆轴向力的反方向即为蜗轮的转动方向。

思考与习题

7-1　与其他传动类型相比，蜗杆传动有何特点？

7-2　何谓蜗杆传动的中间平面？蜗杆的直径系数有何意义？

7-3　蜗杆传动的传动比如何计算？能否用分度圆直径之比表示传动比？为什么？

7-4　与齿轮传动相比较，蜗杆传动的失效形式有何特点？为什么？设计准则又如何？

7-5　图 7-12 所示蜗杆传动，已知蜗杆的转向，蜗杆主动，试画出蜗轮转向及蜗杆和蜗轮上各力的方向。

7-6　有一阿基米德蜗杆传动，已知：传动比 $i = 18$，蜗杆头数 $z_1 = 2$，直径系数 $q =$

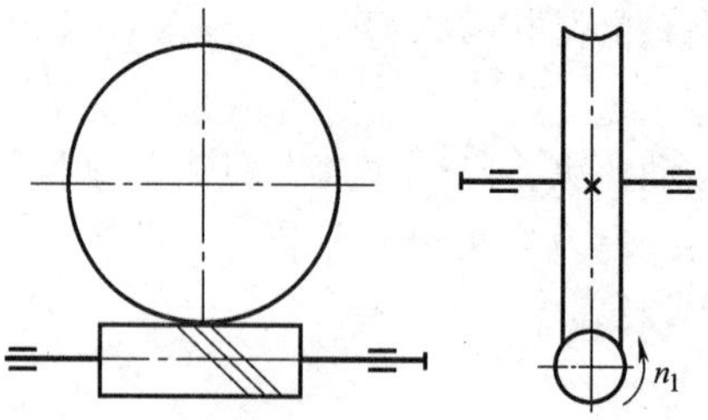

图 7-12　题 7-5 图

8，分度圆直径 $d_1 = 80\text{mm}$。试求：

1）模数 m、蜗杆分度圆柱导程角 γ、蜗轮齿数 z_2 及分度圆柱螺旋角 β。

2）蜗轮的分度圆直径 d_2 和蜗杆传动中心距 a。

7-7　设计起重设备用闭式蜗杆传动。蜗杆轴的输入功率 $P_1 = 11\text{kW}$，蜗杆转速 $n_1 = 1460\text{r/min}$，蜗轮转速 $n_2 = 73\text{r/min}$，间歇工作，每日工作 4h，预定寿命 10 年。

第8章 轮　系

1. 明确轮系的功用。
2. 了解轮系的分类方法，能正确划分轮系。
3. 熟练掌握轮系传动比的计算方法，并能正确判定两轮的相对转向。

齿轮机构是应用最广的传动机构之一，其最简单的形式是由一对齿轮组成。但在现代机械中，为了满足较远距离传动、大传动比传动、变速传动、变向传动、合成或分解运动等要求，只用一对齿轮传动往往是不够的，通常用一系列互相啮合的齿轮将主动轴与从动轴连接起来传动。这种由一系列齿轮组成的传动系统称为齿轮系，简称轮系。

本章主要讨论轮系的传动比计算和转向的确定，并简要介绍轮系的应用。

8.1　轮系的分类

轮系的形式很多，其组成又是多种多样的，因而其分类的方法也很多，如果轮系中各齿轮的轴线互相平行，则称为平面轮系，否则称为空间轮系；根据轮系运转时齿轮的轴线位置相对于机架是否固定，又可将轮系分为定轴轮系、周转轮系和混合轮系。

8.1.1　定轴轮系

当轮系运转时，轮系中各个齿轮的几何轴线都是固定的，这种轮系称为定轴轮系，或称为普通轮系，它又包括平面定轴轮系和空间定轴轮系，如图8-1所示。

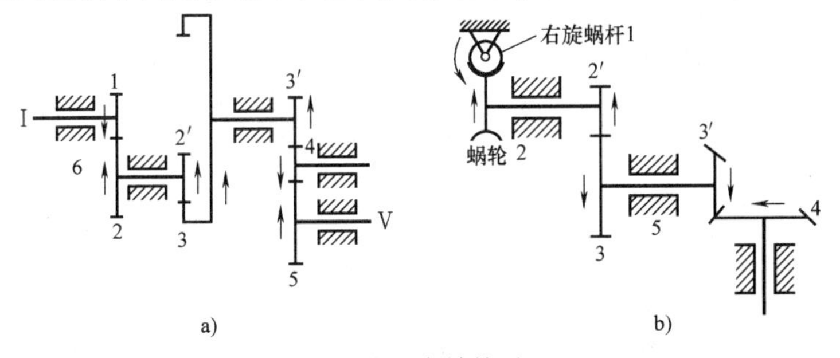

图8-1　定轴轮系
a）平面定轴轮系　b）空间定轴轮系

8.1.2 周转轮系

若在轮系运动中，其各组成齿轮的几何轴线的位置至少有一个不固定，绕着其他齿轮的固定几何轴线回转，则该轮系中必定包含周转轮系。如图 8-2 所示的轮系中，像这样由一个轴线位置不固定的齿轮 2、支承其转动轴的构件 H、与齿轮 2 啮合的齿轮 1、3 这四个活动构件组成的轮系称为周转轮系。

其中齿轮 1、3 和构件 H 均绕其固定的且互相重合的几何轴线（轴线 O_1、O_3 和 O_H 重合）转动，齿轮 2 空套在构件 H 上，与齿轮 1、3 相啮合。齿轮 2 一方面绕其自身轴线 O_2 转动（自转），同时又随构件 H 绕轴线 O_H 转动（公转）。齿轮 2 称为行星轮，支持行星轮的构件称为行星架或系杆，常以字母 H 来表示。齿轮 1、3 称为太阳轮，常以字母 K 来表示。太阳轮 1、3 及系杆 H 统称为基本构件，三者必须共几何轴线，否则轮系不能转动。注意，每一个单一的周转轮系具有一个行星架，太阳轮的数目不超过两个。

按照周转轮系自由度的数目，可将其分成差动轮系与行星轮系。

1. 行星轮系

如图 8-2a 所示轮系，此时太阳轮 3 固定，由机构自由度计算公式可算得该轮系有一个自由度，通常将这样具有一个自由度的轮系称为行星轮系。

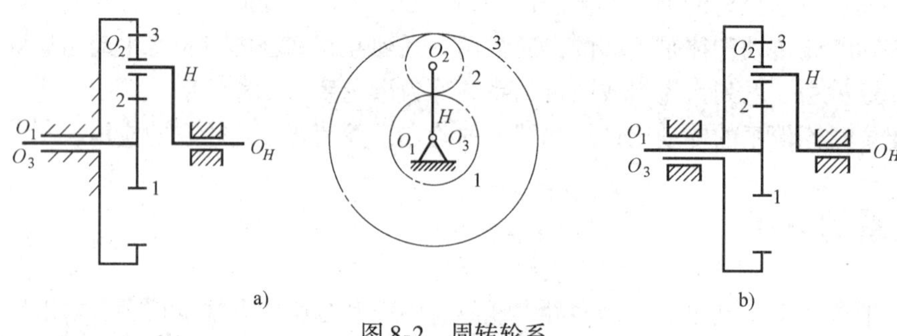

图 8-2 周转轮系

a）行星轮系 b）差动轮系

2. 差动轮系

如图 8-2b 所示轮系，此时两个太阳轮都能动，由机构自由度计算公式可算得该轮系有两个自由度。将具有两个自由度的轮系称为差动轮系。

8.1.3 混合轮系

如果轮系中既包含定轴轮系，又包含周转轮系，或者包含几个周转轮系，则称为混合轮系。如图 8-3a 所示为两个行星轮系串联在一起的混合轮系，图 8-3b 是由定轴轮系和行星轮系串联在一起的混合轮系。

8.2 轮系的传动比

轮系的传动比的定义是指该轮系中输入轴与输出轴的转速（或角速度）之比。通常，传动比用 i 表示，对输入轴 a 和输出轴 b 的传动比可表示为

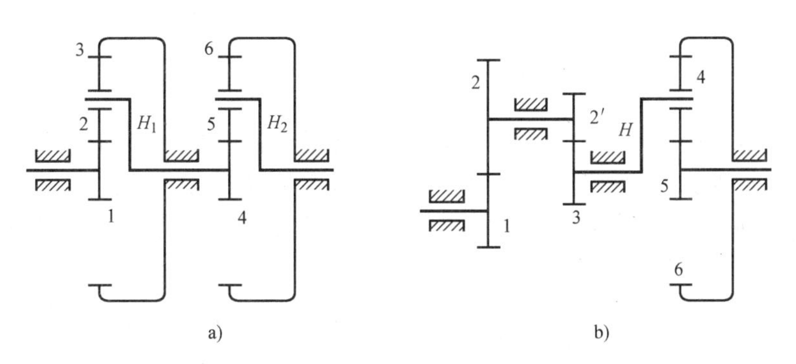

图 8-3　混合轮系

$$i_{ab}=\frac{n_a}{n_b}=\frac{\omega_a}{\omega_b} \tag{8-1}$$

轮系传动比的计算不仅要确定它的数值大小，而且要确定输入轴与输出轴转向之间的关系。

由第 6 章的学习可知，一对相啮合的齿轮 1、2，若已知齿轮 1 的旋转角速度为 ω_1，转速为 n_1，齿数为 z_1；齿轮 2 的旋转角速度为 ω_2，转速为 n_2，齿数为 z_2，则一对齿轮的传动比为

$$i_{12}=\frac{\omega_1}{\omega_2}=\frac{n_1}{n_2}=\frac{z_2}{z_1} \tag{8-2}$$

若是平行轴齿轮传动，外啮合时，传动比取负号，表示主、从动轮转向相反；内啮合时取正号，表示主、从动轮转向相同。

8.2.1　定轴轮系传动比的计算

1. 传动比的大小

如图 8-4 所示为一定轴轮系。设各轮齿数分别为 z_1、z_2……各轮的转速分别为 n_1、n_2……该轮系中各对啮合齿轮的传动比分别为

$$i_{12}=\frac{n_1}{n_2}=-\frac{z_2}{z_1}$$

$$i_{2'3}=\frac{n_{2'}}{n_3}=+\frac{z_3}{z_{2'}}$$

$$i_{3'4}=\frac{n_{3'}}{n_4}=-\frac{z_4}{z_{3'}}$$

$$i_{45}=\frac{n_4}{n_5}=-\frac{z_5}{z_4}$$

将上述等式各段连乘，并考虑到 $n_2=n_{2'}$，$n_3=n_{3'}$，可得

$$i_{12}i_{2'3}i_{3'4}i_{45}=\frac{n_1n_{2'}n_{3'}n_4}{n_2n_3n_4n_5}=(-1)^3\frac{z_2z_3z_4z_5}{z_1z_{2'}z_{3'}z_4}$$

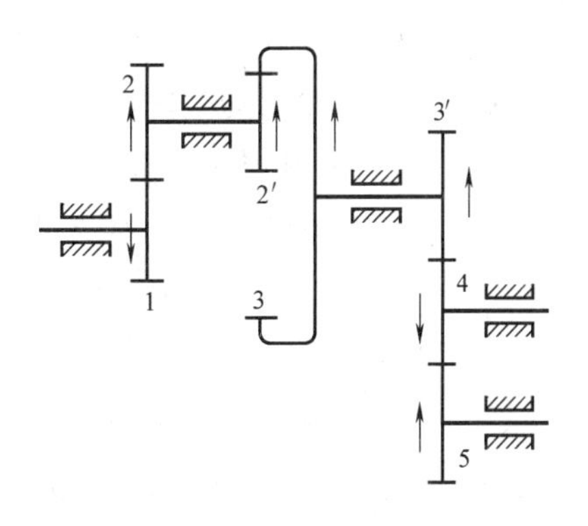

图 8-4　定轴轮系的传动比计算

8 PROJECT

所以

$$i_{15}=\frac{n_1}{n_5}=i_{12}i_{2'3}i_{3'4}i_{45}=(-1)^3\ \frac{z_2z_3z_5}{z_1z_{2'}z_{3'}}$$

上式表明，定轴轮系传动比的大小等于组成该轮系的各对啮合齿轮传动比的连乘积，也等于各对啮合齿轮中所有从动轮齿数的乘积与所有主动轮齿数乘积之比。

以上结论可推广到一般情况。设轮 A 为计算时的起始主动轮，轮 K 为计算时的最末从动轮，则定轴轮系始末两轮传动比计算的一般公式为

$$i_{AK}=\frac{n_A}{n_K}=(-1)^m\ \frac{\text{各对啮合齿轮从动轮齿数的连乘积}}{\text{各对啮合齿轮主动轮齿数的连乘积}} \tag{8-3}$$

式中 n_A——输入轴的转速；

n_K——输出轴的转速；

$(-1)^m$——主、从动轮转向的异同，为正说明 A 轮和 K 轮转向相同，为负说明 A 轮和 K 轮转向相反，m 代表轮系中外啮合齿轮的对数。

2. 首、末轮转向关系的确定

1）对于平面定轴轮系，可以在传动比前加上 $(-1)^m$ 来确定首、末轮的转向关系，如图 8-4 所示。

2）对于空间定轴轮系。

① 如果首、末两轮的轴线平行，此时通过画箭头的方法确定转向后，再在传动比前加“+”或“-”表示转向关系。

② 如果首、末两轮的轴线不平行，此时根本谈不上两轮的转向是否相同，所以，只能用箭头标注各轮的转向，如图 8-1b 所示。

图 8-4 所示轮系中的齿轮 4 同时和两个齿轮啮合，它既是前一级的从动轮，又是后一级的主动轮。其齿数 z_4 在上述计算式中的分子和分母中各出现一次，最后被消去，其齿数对传动比的数值没有影响，但对外啮合次数 m 有影响，从而使转向关系改变，并会改变齿轮的排列位置和距离。在轮系中，这种齿轮称为惰轮。

例 8-1 如图 8-5 所示的空间定轴轮系，设 $z_1=z_2=z_{3'}=20$，$z_3=80$，$z_4=40$，$z_{4'}=2$（右旋），$z_5=40$，$n_1=1000\text{r/min}$，求蜗轮 5 的转速 n_5 及各轮的转向。

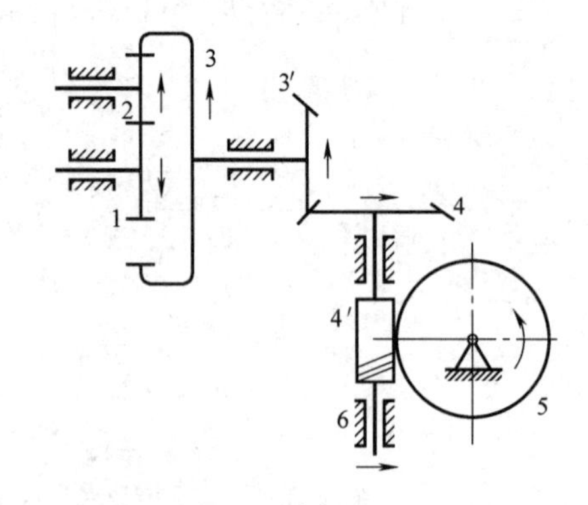

图 8-5 空间定轴轮系的转向

解 因为该轮系为空间定轴轮系，所以只能用式（8-3）计算其传动比的大小。

$$i_{15}=\frac{n_1}{n_5}=\frac{z_2z_3z_4z_5}{z_1z_2z_{3'}z_{4'}}=\frac{20\times80\times40\times40}{20\times20\times20\times2}=160$$

蜗轮 5 的转速为

$$n_5=\frac{n_1}{i_{15}}=\frac{1000}{160}\text{r/min}=6.25\text{r/min}$$

用画箭头的方法判断各轮的转向，如图 8-5 中箭头所示。该例中齿轮 2 为惰轮，它不改变传动比的大小，只改变从动轮的转向。

8.2.2　周转轮系传动比的计算

由于周转轮系中有轴线位置不固定的行星轮，所以周转轮系传动比不能直接用定轴轮系传动比的计算方法来计算。通过对周转轮系的观察和分析就会发现，它们之间的根本差别就在于周转轮系中有转动着的系杆，使行星轮既做自转又做公转。但是，如果能使系杆变为固定的，则周转轮系就转化为一个假想的定轴轮系，就可以利用定轴轮系传动比的计算公式计算周转轮系传动比。通常把这种方法称为反转法或转化机构法，具体转化方法为：

如图8-6a所示周转轮系，假想地对整个周转轮系加上一个与系杆的转速大小相等而方向相反的公共转速“$-\omega_H$”，由相对运动原理可知，轮系中各构件之间的相对运动关系并不因此改变，但此时系杆变为相对静止不动，齿轮2的轴线O_1也随之相对固定，行星轮系转化为假想的“定轴轮系”。这个经转化后得到的假想定轴轮系，称为该行星轮系的转化轮系。现将各构件在转化前、后的转速列于表8-1。转化轮系中各构件的角速度ω_1^H、ω_2^H、ω_3^H、ω_H^H右上方加的角标H，表示这些转速是各构件相对系杆H的转速。由表8-1可见，由于$\omega_H^H=0$，所以，该周转轮系已经由图8-6a转化为图8-6b所示的定轴轮系。利用求解定轴轮系传动比的方法，借助于转化轮系，就可以将周转轮系的传动比求出来。

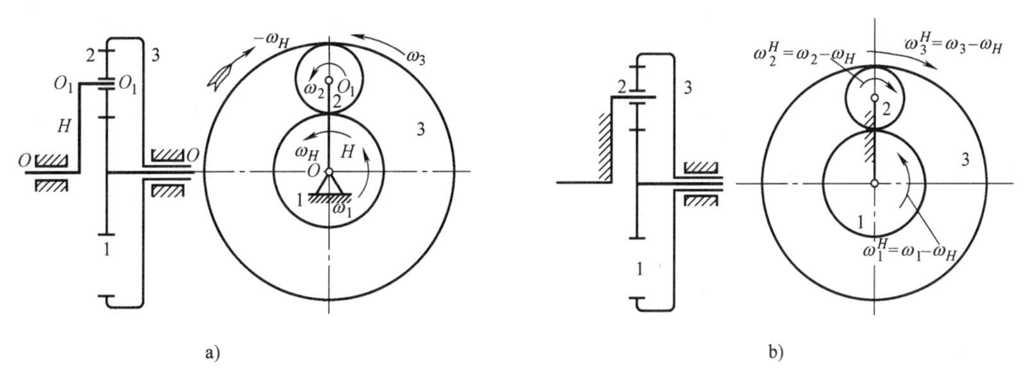

图8-6　周转轮系及其转化机构

表8-1　原周转轮系与转化机构中各构件转速对照

构件	原来的转速	转化后的转速
行星架H	ω_H	$\omega_H-\omega_H=0$
齿轮1	ω_1	$\omega_1^H=\omega_1-\omega_H$
齿轮2	ω_2	$\omega_2^H=\omega_2-\omega_H$
齿轮3	ω_3	$\omega_3^H=\omega_3-\omega_H$

按求定轴轮系传动比的方法可得图8-6b所示转化轮系的传动比为

$$i_{13}^H=\frac{\omega_1^H}{\omega_3^H}=\frac{\omega_1-\omega_H}{\omega_3-\omega_H}=(-1)^1\frac{z_3}{z_1}=-\frac{z_3}{z_1}$$

以此类推，若周转轮系包含有K个齿轮，且主动轮1的转速为n_1，从动轮K的转速为n_K，系杆H的转速为n_H，则

$$i_{1K}^H=\frac{n_1^H}{n_K^H}=\frac{n_1-n_H}{n_K-n_H}=(-1)^m\frac{\text{从1至}K\text{所有从动轮齿数的连乘积}}{\text{从1到}K\text{所有主动轮齿数的连乘积}} \tag{8-4}$$

此式是求周转轮系传动比的普遍计算公式。使用此式时必须注意以下几点：

1）转化机构的传动比 $i_{1K}^{H}=\dfrac{n_1^H}{n_K^H}\neq i_{1K}$，其大小应按照相应的定轴轮系传动比的计算方法求出。

2）齿轮 1、K 及行星架 H 的回转轴线必须相互平行或重合，否则两轮转速不能进行代数相加。

3）等式右边的正负号，指转化轮系中轮 1、轮 K 的转向关系，并不代表原机构中轮 1、轮 K 的真正转向关系，计算时用定轴轮系传动比的转向判断方法确定。当轮 1、轮 K 转向相同时，等式右边取正号，相反时取负号。

4）n_1、n_K、n_H是原周转轮系中相应构件的绝对转速，将其已知值代入公式时必须带"+"号或"-"号。当假定其中某构件转向为正值时，其他构件的转向与其相同者为正，相反者为负。计算出的构件转速根据计算结果的正负，可确定其真实转向。

例 8-2 图 8-7 所示为一大传动比的减速器，$z_1=100$，$z_2=101$，$z_2=100$，$z_3=99$，求传动比 i_{H1}。

解 在图 8-7 所示轮系中，齿轮 1 为活动太阳轮，齿轮 3 为固定太阳轮。双联齿轮 2-2′为行星轮，H 为系杆。由式（8-4）得

$$i_{13}^{H}=\frac{n_1^H}{n_3^H}=\frac{n_1-n_H}{n_3-n_H}=(-1)^2\frac{z_2z_3}{z_1z_{2'}}$$

因为

$$n_3=0$$

故

$$i_{13}^{H}=\frac{n_1-n_H}{0-n_H}=1-\frac{n_1}{n_H}=1-i_{1H}=\frac{101\times 99}{100\times 100}$$

$$i_{1H}=\frac{1}{10000}$$

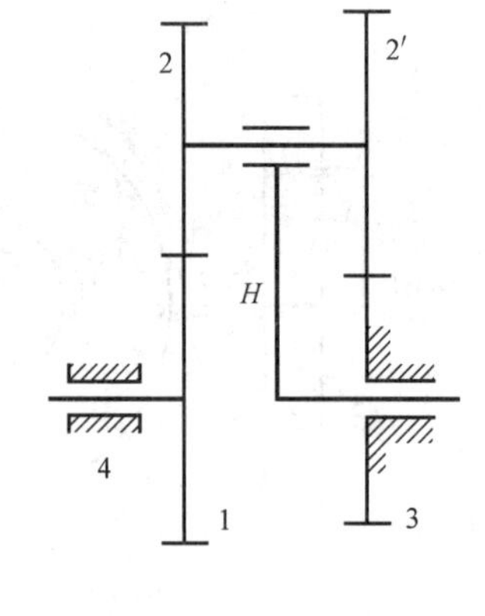

图 8-7　大传动比轮系

所以

$$i_{H1}=\frac{n_H}{n_1}=\frac{1}{i_{1H}}=10000$$

即当系杆 H 转 10000 圈，齿轮 1 才转 1 圈，且两构件转向相同。该例也说明，周转轮系用少数几个齿轮就能获得很大的传动比。

若将 z_3 由 99 改为 100，则 $i_{1H}=\dfrac{n_1}{n_H}=1-\dfrac{101\times 100}{100\times 100}=-\dfrac{1}{100}$

$$i_{H1}=\frac{n_H}{n_1}=-100$$

由此结果可见，同一种结构形式的周转轮系，由于某一齿轮的齿数略有变化，其传动比则会发生巨大变化，同时转向也会改变。

例 8-3 一差动轮系如图 8-8 所示。已知各轮齿数为：$z_1=16$，$z_2=24$，$z_3=64$，当轮 1、3 的转速分别为 $n_1=100\text{r/min}$，$n_3=400\text{r/min}$ 时，转向如图 8-8 所示，试求 n_H、i_{1H}。

解 由式（8-4）可得

$$i_{13}^{H}=\frac{n_1^H}{n_3^H}=\frac{n_1-n_H}{n_3-n_H}=(-1)^1\frac{z_2z_3}{z_1z_2}=-\frac{64}{16}=-4$$

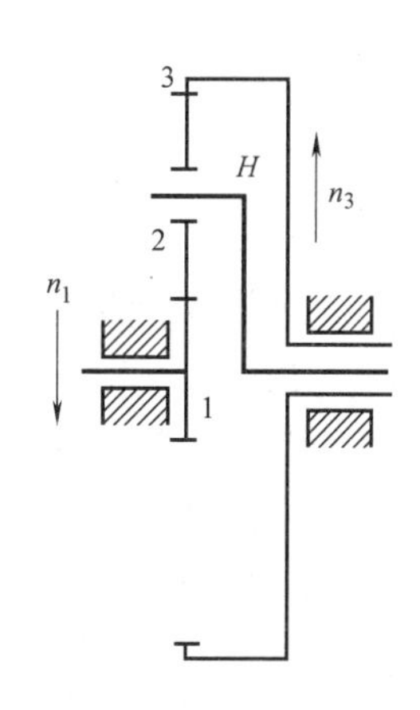

图 8-8　差动轮系

由题意知，轮 1、3 转向相反，计算时要以不同的符号代入到上式中，故有

$$\frac{100-n_H}{-400-n_H}=-4$$

所以 $n_H=-300\text{r/min}$，负号表明系杆 H 的转动方向与齿轮 1 相反。

由此可求得　　$i_{1H}=\frac{n_1}{n_H}=\frac{100}{-300}=-\frac{1}{3}$

例 8-4　图 8-9 所示为锥齿轮组成的差速器，轮 1、轮 3 和系杆 H 的轴线相互平行，各齿轮的齿数为：$z_1=48$、$z_2=42$、$z_2'=18$、$z_3=21$，转速：$n_1=80\text{r/min}$、$n_3=100\text{r/min}$，转向如图 8-9 所示，试求系杆 H 的转速 n_H。

解　由图 8-9 知，齿轮 1、3 及系杆 H 的轴线相互平行，因此可用式（8-4）计算该空间周转轮系的传动比。对轮系施加“$-n_H$”的转速后，在转化轮系中各轮的转向如图 8-9 中虚线箭头所示。由式（8-4）得

$$i_{13}^{H}=\frac{n_1-n_H}{n_3-n_H}=-\frac{z_2z_3}{z_1z_2'}$$

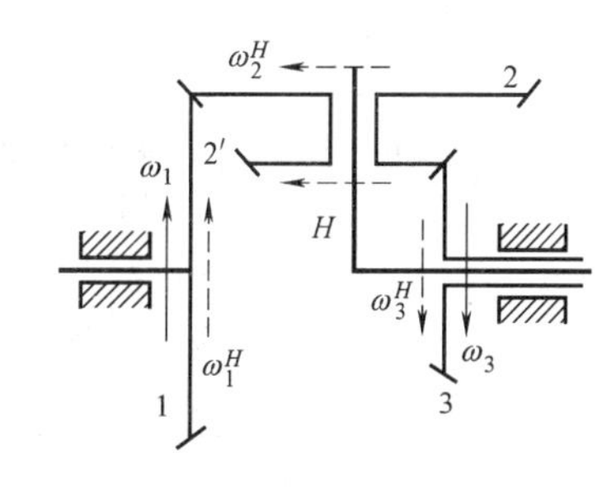

图 8-9　锥齿轮组成的差速器

上式中的“-”号是由转化轮系中轮 1 和轮 3 的转向而确定的，与原机构中轮 1、3 的转向无关。又由题知 n_1 和 n_3 方向相反，应以异号代入上式计算，则

$$\frac{80-n_H}{-100-n_H}=-\frac{42\times21}{48\times18}=-\frac{49}{48}$$

解得 $n_H=-10.93\text{r/min}$，n_H 为负值，表示系杆 H 与齿轮 3 的转向相同，与齿轮 1 的转向相反。

在上述例题中需要说明的是：由圆柱齿轮组成的周转轮系，由于其构件的回转轴线都是相互平行的，故利用转化轮系计算其传动比的计算方法，适合于轮系中的所有活动构件（包括行星轮在内），而由锥齿轮组成的周转轮系，如例 8-4，其行星轮 2-2′的轴线与齿轮 1、3 和系杆 H 的轴线不平行，因而它们的角速度不能按代数量进行加减，故利用转化轮系计算传动比时，只适用于该轮系的基本构件（轮 1、3 和系杆 H），而不适用于行星轮。当需要知道其行星轮的角速度时，应用角速度矢量来进行计算，在此不做详细介绍，可参考相关资料。

8.2.3　混合轮系传动比的计算

混合轮系的组成大体包括两类：一是由定轴轮系和周转轮系组成的混合轮系，二是由几个周转轮系组成的复合周转轮系。显然，对于混合轮系，既不能应用定轴轮系传动比的计算公式，也不能应用单一的周转轮系传动比的计算公式，而唯一正确的方法，是将组成混合轮

系的各部分定轴轮系和各部分周转轮系一一加以分开，并分别写出定轴轮系和周转轮系的传动比计算公式，然后联立求解，从而求出该混合轮系的传动比。计算混合轮系传动比的方法是：

1）首先将各基本周转轮系与定轴轮系正确地区分开来。

2）分别列出各定轴轮系与各基本周转轮系传动比的方程。

3）找出各种轮系之间的联系。

4）联立求解这些方程式，即可求得混合轮系的传动比。

显然，在计算混合轮系的传动比时，首要的问题是必须正确地将轮系中的定轴轮系部分和周转轮系部分加以划分。而为了正确地进行这种划分，关键是要先把其中的周转轮系部分划出来。找周转轮系时，首先根据行星轮轴线不固定的这个特点找出行星轮，再找出支承行星轮的系杆及与行星轮相啮合的太阳轮。每一个系杆及系杆上的行星轮和与行星轮相啮合的太阳轮就构成一个基本的周转轮系。同理，再找出其他的周转轮系，剩下的就是定轴轮系部分。

例 8-5 在图 8-10 所示的电动卷扬机中，已知各轮的齿数 $z_1=24$，$z_2=48$，$z_{2'}=30$，$z_3=90$，$z_{3'}=20$，$z_4=30$，$z_5=80$，$n_1=1450\text{r/min}$，求卷筒的转速 n_H。

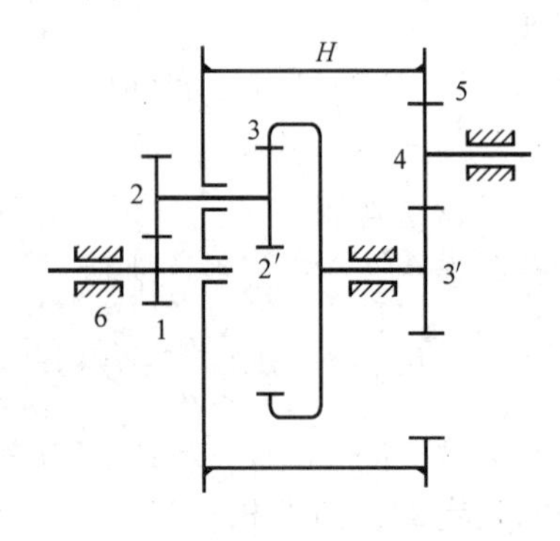

图 8-10 混合轮系传动

解 1）首先划分轮系。该轮系中，由于双联齿轮 2-2′的轴线不固定，所以这两个齿轮是双联的行星轮，支承它运动的卷筒 H 就是系杆，与行星轮 2-2′相啮合的齿轮 1、3 为太阳轮，因此齿轮 1、2-2′、3 和行星架 H 一起组成了差动轮系。其余齿轮 3′、4、5 各绕自身固定几何轴线转动，组成了定轴轮系。二者合在一起便构成一个混合轮系。

2）分别列出定轴轮系与基本周转轮系传动比的方程。周转轮系部分的传动比为

$$i_{13}^H=\frac{n_1-n_H}{n_3-n_H}=-\frac{z_2z_3}{z_1z_{2'}}=-\frac{48\times 90}{24\times 30}=-6$$

定轴轮系部分的传动比为

$$i_{3'5}=\frac{n_{3'}}{n_5}=-\frac{z_4z_5}{z_{3'}z_4}=-\frac{z_5}{z_{3'}}=-\frac{80}{20}=-4$$

3）找出各种轮系之间的联系。

3-3′为双联齿轮，$n_3=n_{3'}$，行星架 H 与齿轮 5 为同一构件，$n_5=n_H$。

4）联立以上四式并代入数值，可解得

$$n_H=\frac{1450}{31}\text{r/min}=46.77\text{r/min}$$

n_H为正值，表明卷筒 H 与齿轮 1 的转动方向相同。

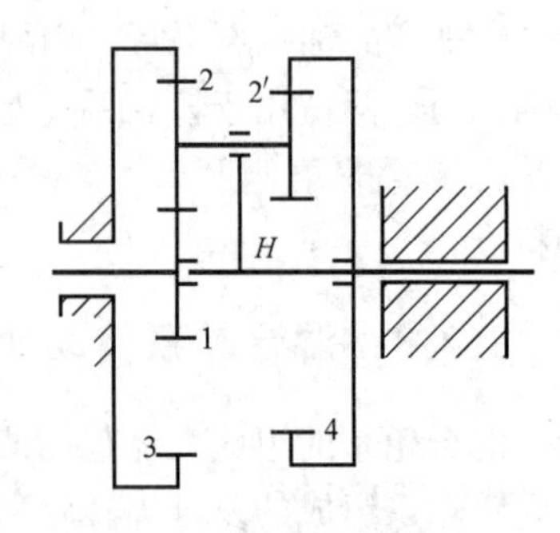

图 8-11 混合轮系传动比

例 8-6 图 8-11 所示为电动自定心卡盘的传动轮系，已知 $z_1=6$，$z_2=z_{2'}=25$，$z_3=57$，$z_4=56$。试求传动比 i_{14}。

解　1）划分轮系。此轮系双联齿轮2-2′的轴线不固定，所以是行星轮，支承齿轮2-2′运动的是系杆H，与行星轮2-2′相啮合的齿轮1、3、4为太阳轮，因此齿轮1、2、3和系杆H一起组成了一个行星轮系；由轮4、2′、2、3和系杆H又组成了另一个行星轮系，整个轮系就是由这两个行星轮系组合而成的。

2）分列方程。因为$n_3=0$，所以由式（8-4）可得

1、2、3、H组成的行星轮系中，有

$$i_{1H}=1-i_{13}^{H}=\frac{n_1}{n_H}=1-\left(-\frac{z_3}{z_1}\right)=1+\frac{57}{6}=\frac{63}{6}$$

4、2′、2、3、H组成的行星轮系中，有

$$i_{4H}=1-i_{43}^{H}=\frac{n_4}{n_H}=1-\frac{z_{2'}z_3}{z_4z_2}=1-\frac{25\times57}{56\times25}=-\frac{1}{56}$$

3）找出各种轮系之间的联系。

2-2′为双联齿轮　　$n_2=n_{2'}$

联立求解得　　$$i_{14}=\frac{i_{1H}}{i_{4H}}=\frac{\frac{63}{6}}{\left(-\frac{1}{56}\right)}=-588$$

8.3　轮系的功能

在实际机械传动中，轮系的应用非常广泛，可归纳为以下几个方面：

1. 实现远距离、大传动比的传动

当两轴之间距离较远或需要较大的传动比时，若仅用一对齿轮传动，必将使两轮的尺寸相差悬殊，从而使机构外廓总体尺寸庞大，如图8-12中虚线所示，所以一对齿轮的传动比一般不大于8。当需要较大的传动比时，就应采用定轴轮系（如图8-12中实线所示）或周转轮系（如例8-2中的轮系）来实现，特别是采用周转轮系，可用很少的齿轮，紧凑的结构，得到很大的传动比。

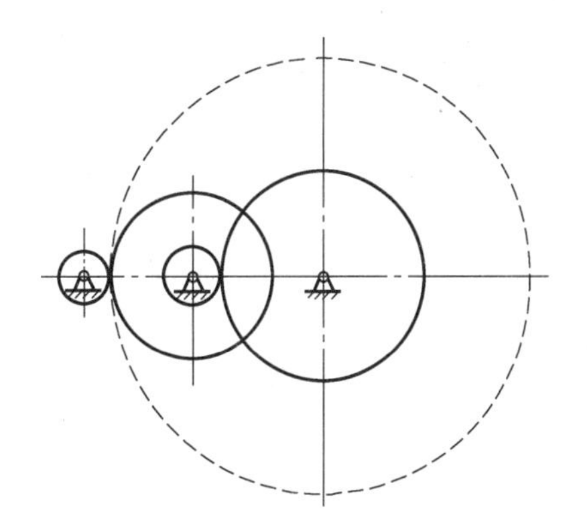

图8-12　获得较大传动比的轮系

2. 实现变速、换向的传动

当主动轴转速、转向不变时，利用轮系可使从动轴获得多种转速或反向转动。在汽车、机床和起重设备等机械中均需这种传动。

图8-13所示为车床上进给丝杠的三星轮换向机构，通过扳动手柄转动三角形构件，在图8-13a所示的位置使轮1与轮2啮合，经齿轮3将运动传给从动轮4，此时从动轮4与主动轮1的转向相反；在图8-13b所示的位置时，齿轮2不参与传动，这时主动轮1的运动就只经过中间轮3而传给从动轮4，故从动轮4与主动轮1的转向相同。

图8-14所示为汽车上常用的三轴四速变速器传动简图。图中轴Ⅰ为输入轴，轴Ⅲ为输

出轴，轴Ⅱ和Ⅳ为中间传动轴。当牙嵌离合器的 x 和 y 半轴接合，滑移齿轮 4、6 空套时，Ⅲ轴得到与Ⅰ轴同样的高转速；当离合器脱开时，运动和动力由齿轮 1、2 传给Ⅱ轴；当移动滑移齿轮使齿轮 4 与 3 啮合或 6 与 5 啮合，Ⅲ轴可得中速档或低速档；当移动齿轮 6 与Ⅳ轴上的齿轮 8 啮合时，Ⅲ轴转速反向，可得低速的倒车档。

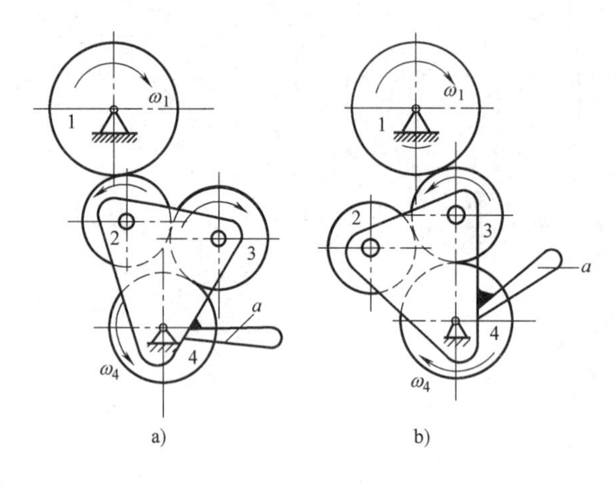

图 8-13　三星轮换向机构

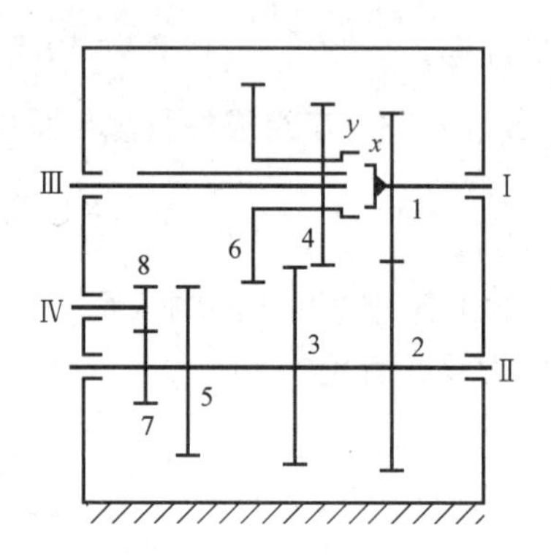

图 8-14　汽车变速器传动简图

3. 实现多路传动

利用轮系可以使一个主动轴带动若干个从动轴同时旋转。例如，图 8-15 所示为某航空发动机附件传动系统的运动简图，它通过定轴轮系把主动轴的运动分成六路传出，带动各附件同时工作。

4. 实现运动的合成和分解

（1）用作运动合成　差动轮系有两个自由度，必须给定三个基本构件中任意两个的确定运动，第三个基本构件的运动才能确定，这就是说，第三个基本构件的运动为另两个基本构件的运动的合成，因此可以利用差动轮系把两个运动合成为一个运动。如图 8-16 所示，若差动轮系中 $z_1 = z_3$，则

$$i_{13}^{H} = \frac{n_1 - n_H}{n_3 - n_H} = -\frac{z_3}{z_1} = -1$$

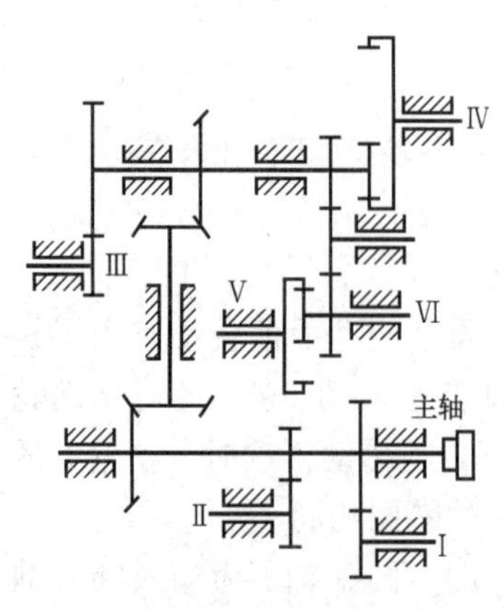

图 8-15　某航空发动机附件传动系统的运动简图

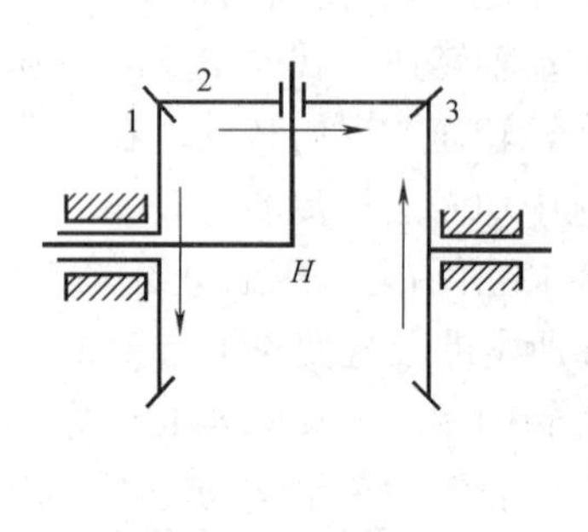

图 8-16　使运动合成的轮系

故
$$n_H = \frac{1}{2}(n_1 + n_3)$$

结果表明：行星架 H 的转速是轮 1 与轮 3 转速的合成。若 n_1 和 n_3 转向相同时，则 n_H 为两个输入之和的 $\frac{1}{2}$，若 n_1 和 n_3 转向相反时，则 n_H 为两个输入之差的 $\frac{1}{2}$。可见这种轮系可用作机械式加、减法机构，它具有不受电磁干扰的特点，可用于处理敏感信号，被广泛应用于运算机构、机床等机械传动装置中。

（2）运动的分解　差动轮系不仅能将两个独立的运动合成为一个运动，还可将一个基本构件的主动转动按所需比例分解成另两个基本构件的不同运动。如图 8-17 所示的汽车后桥的差速器就利用了差动轮系的这一特性，在汽车转弯时它可将发动机传到齿轮 5 的运动以不同的速度分别传递给左右两个车轮，以维持车轮与地面间的纯滚动，避免车轮与地面间的滑动摩擦导致车轮过度磨损。

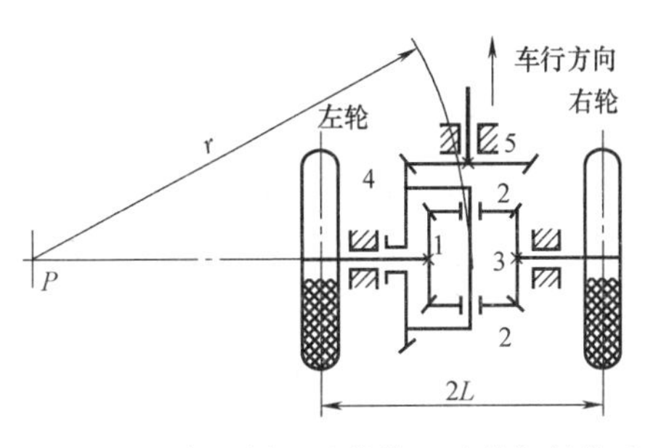

图 8-17　汽车后桥差速器使运动分解的轮系

输入转速为 n_4，两车轮外径相等，轮距为 $2L$，两轮转速分别为 n_1 和 n_3，r 为汽车转弯半径。当汽车直行时，要求 $n_1 = n_3$；当汽车绕 P 点向左转弯时，由于两轮走的路径不同，要求 $n_1 \neq n_3$，其转速比为

$$\frac{n_1}{n_3} = \frac{r - L}{r + L}$$

差速器中轮 5 和轮 4 的几何轴线相对于后桥的壳体是固定不动的，所以它们构成一定轴轮系。锥齿轮 2 活套在轮 4 侧面突出的小轴上，它的几何轴线可随轮 4 一起转动，故轮 2 为行星轮，轮 4 同时是行星架。所以齿轮 1、2、3 和 4 构成一差动轮系。

在该差动轮系中，$z_1 = z_3$，$n_H = n_4$

于是
$$i_{13}^H = \frac{n_1 - n_4}{n_3 - n_4} = -1$$

则有
$$\left.\begin{aligned} n_1 &= \frac{r - L}{r} n_4 \\ n_3 &= \frac{r + L}{r} n_4 \end{aligned}\right\}$$

当从发动机传过来的转速 n_4、轮距 $2L$ 和转弯半径 r 为已知时，即可由以上两式计算出转速 n_1 和 n_3。由此可见，两后轮的转速是随转弯半径的不同而不同的。

这个例子说明差动轮系可将输入的转速 n_4，根据转弯半径 r 的变化，自动分解为左、右两后轮所需的不同转速 n_1 和 n_3。

5. 实现结构紧凑的大功率传动

在周转轮系中，通常采用多个行星轮均匀地分布在太阳轮四周的结构形式，如图 8-18 所示。这样，载荷由多对齿轮共同承受，可大大提高承载能力，改善受力状况。此外，采用内啮合又有效地利用了空间，加之其输入轴与输出轴共线，可减小径向尺寸，因此可在结构紧凑的条件下实现大功率传动。

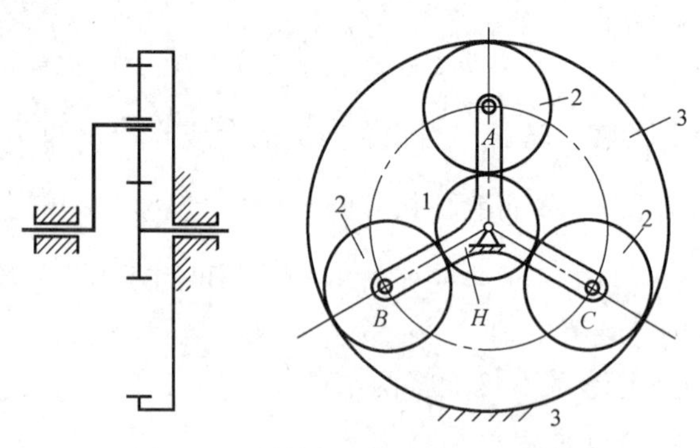

图 8-18 周转轮系实现大功率传动

小 结

本章主要介绍了轮系的分类、轮系传动比大小的计算、轮系相对转向的判定及轮系的用途。

本章的重点和难点是：轮系传动比的计算，行星轮系和混合轮系的传动比计算。

1. 定轴轮系的传动比

（1）平行轴定轴轮系的传动比　在平行轴定轴轮系中，若首轮 1 的转速为 n_1，末轮 K 的转速为 n_K，则此轮系的传动比为

$$i_{1K}=\frac{n_1}{n_K}=(-1)^m\frac{\text{从轮 1 到轮 }K\text{ 之间所有从动轮齿数的连乘积}}{\text{从轮 1 到轮 }K\text{ 之间所有主动轮齿数的连乘积}}$$

式中　m——轮系中从轮 1 到轮 K 间外啮合齿轮的对数。

（2）非平行轴定轴轮系的传动比　其传动比的大小仍可用平行轴定轴轮系的传动比计算公式计算，但因各轴线并不全都相互平行，故不能用 $(-1)^m$ 来确定主动轮与从动轮的转向，必须用画箭头的方法在图上标注出各轮的转向。

2. 周转轮系的传动比

1）传动比大小为

$$i_{1K}^H=\frac{n_1^H}{n_K^H}=\frac{n_1-n_H}{n_K-n_H}=\frac{\text{从轮 1 到轮 }K\text{ 之间所有从动轮齿数的连乘积}}{\text{从轮 1 到轮 }K\text{ 之间所有主动轮齿数的连乘积}}$$

2）传动比符号。通过标出反转机构中各个齿轮的转向来确定传动比符号。当轮 1 与轮 K 的转向相同时，取“+”号，反之取“-”号。

3. 混合轮系传动比的计算

分别列出定轴轮系传动比和行星轮系传动比的计算式，联立求解。

4. 本章重点与难点

重点：各种轮系的划分及其传动比的计算。

难点：周转轮系、混合轮系传动比的计算；轮系传动比计算中方向的确定。

思考与习题

8-1　计算平面定轴轮系和空间定轴轮系传动比时，传动比的大小及方向应怎么确定？

8-2　周转轮系传动比计算中的“转化机构”是什么？其计算公式中的 i_{nK}^{H} 表示什么？

8-3　如何求混合轮系的传动比？

8-4　机械钟表传动机构如图 8-19 所示，E 为擒纵轮，N 为发条盘，S、M 及 H 分别为秒针、分针及时针，设 $z_1=72$，$z_2=12$，$z_3=64$，$z_4=8$，$z_5=60$，$z_7=60$，$z_8=6$，$z_9=8$，$z_{10}=24$，$z_{11}=6$，试求 z_6、z_{12}。

8-5　在图 8-20 所示的滚齿机工作台传动装置中，已知各轮的齿数分别为：$z_1=15$，$z_2=28$，$z_3=15$，$z_4=35$，$z_9=40$，$z_8=1$（右旋），被切齿轮的齿数为 10，求传动比 i_{75}。

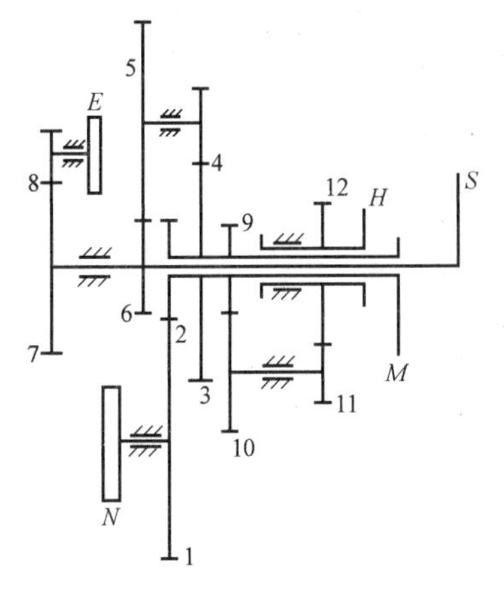

图 8-19　题 8-4 图

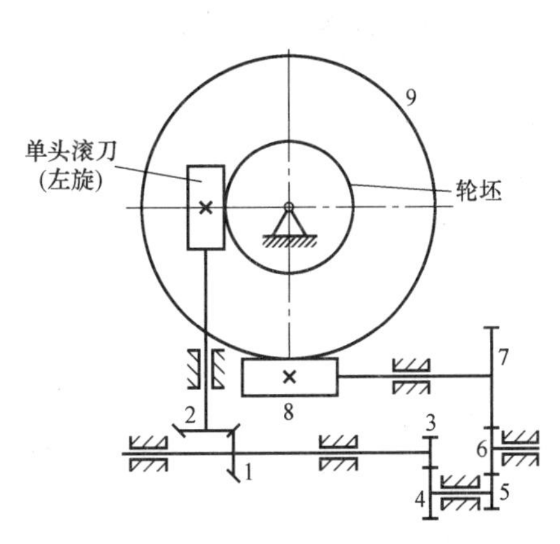

图 8-20　题 8-5 图

8-6　如图 8-21 所示的输送带轮系中，已知各齿轮的齿数分别为 $z_1=12$，$z_2=33$，$z_{2'}=30$，$z_3=78$，$z_4=75$。电动机输入的转速 $n_1=1450\text{r/min}$。试求输出轴转速 n_4 的大小与方向。

8-7　如图 8-22 所示轮系中，已知：$z_1=22$，$z_3=88$，$z_{3'}=z_5$，求传动比 i_{15}。

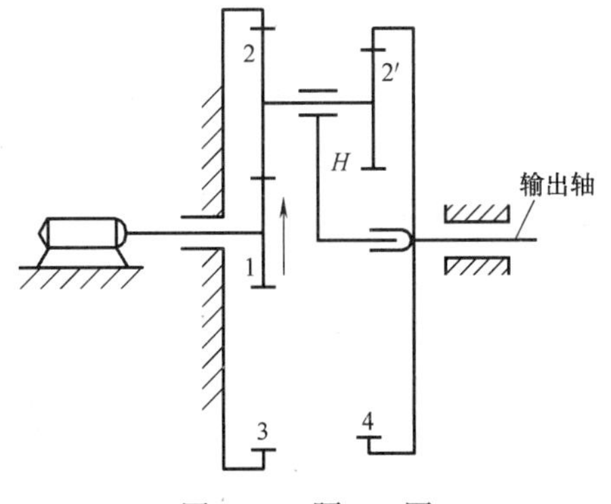

图 8-21　题 8-6 图

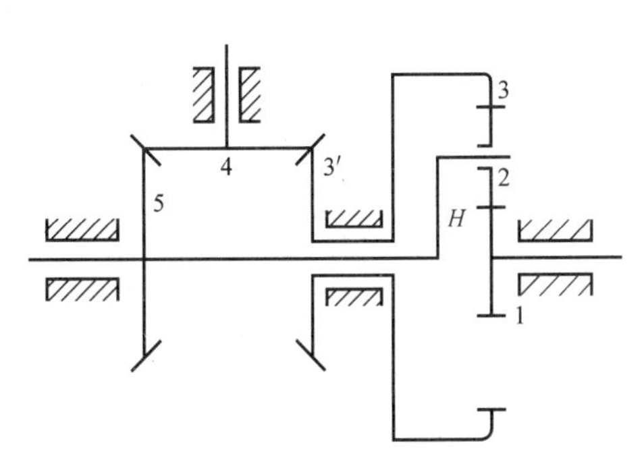

图 8-22　题 8-7 图

8-8　图 8-23 所示万能刀具磨床工作台的进给装置中，运动经手柄输入，由丝杠输出，已知单线丝杠螺距 $P=5\text{mm}$，试计算手柄转动一周时工作台的进给量 S。

8-9　在图 8-24 所示双螺旋桨飞机的减速器中，已知：$z_1=26$，$z_2=20$，$z_4=30$，$z_5=18$，$n_1=15000\text{r/min}$。试求 n_P 和 n_Q 的大小和方向。

8-10　在图 8-25 所示轮系中，已知各轮齿数为：$z_1=z_{2'}=20$，$z_2=z_3=40$，$z_4=100$，$z_5=z_6=z_7=30$，求传动比 i_{17}。

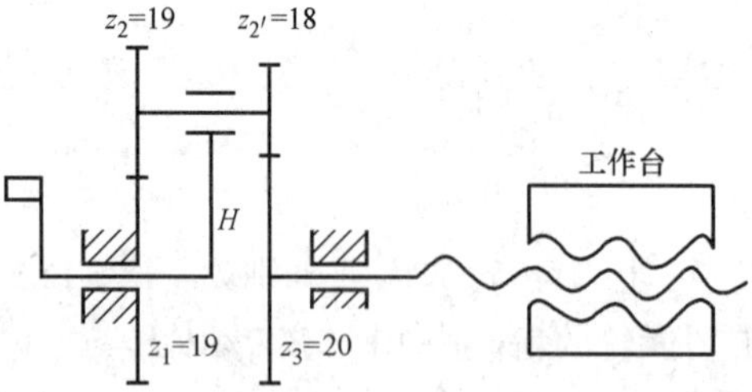

z_2=19　$z_{2'}$=18

工作台

H

z_1=19　z_3=20

图 8-23　题 8-8 图

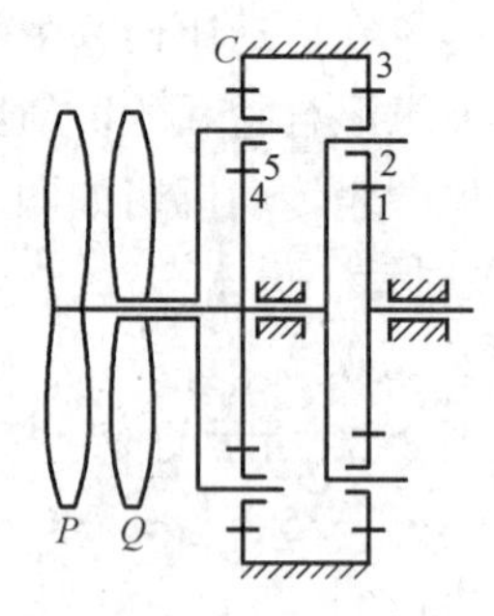

图 8-24　题 8-9 图

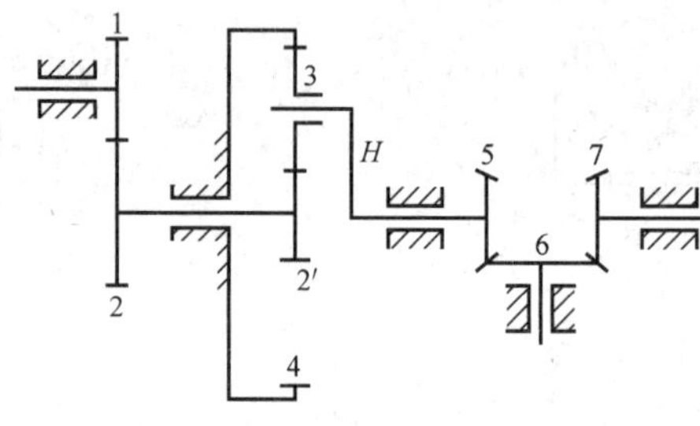

图 8-25　题 8-10 图

第9章 带 传 动

1. 了解带传动的类型、特点和应用，熟悉 V 带和带轮的结构及标准。
2. 掌握带传动的工作原理及其工作能力分析方法，熟悉弹性滑动和打滑的含义与区别。
3. 掌握 V 带传动的失效形式和设计准则，能进行 V 带传动的设计。
4. 掌握 V 带传动的张紧装置及维护。

9.1 带传动的类型、特点和应用

带传动通过主、从动轮之间的中间挠性件与带轮间的摩擦或啮合，将主动轴上的运动和动力传递到从动轴上去。结构简单，特别适合于两轴中心距较大的场合。

9.1.1 带传动的类型

根据传动原理不同，带传动可分为摩擦型和啮合型两大类。摩擦型带传动通常由主动轮、从动轮紧套在两带轮上的传动带及机架组成，如图 9-1 所示。借助带与带轮接触面间的压力所产生的摩擦力来传递运动和动力。啮合型带传动由主动同步带轮、从动同步带轮和套在两轮上的环形同步带组成，如图 9-2 所示。这种带的工作面为齿形，与含齿的带轮进行啮合实现传动。本章将重点介绍摩擦型带传动。

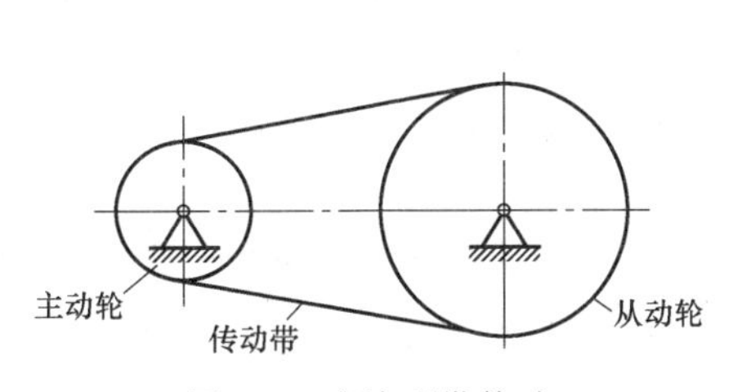

图 9-1 摩擦型带传动

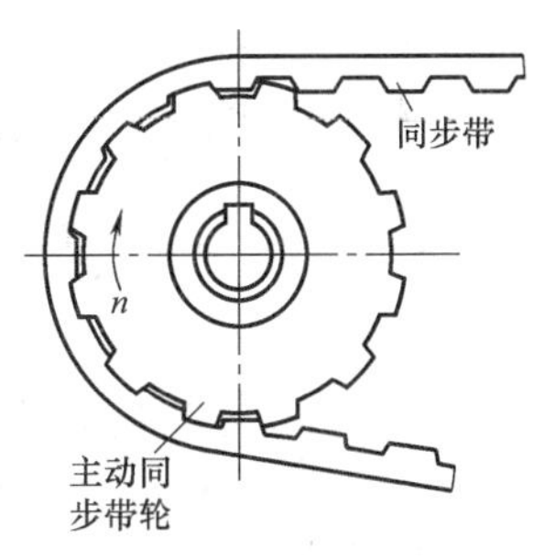

图 9-2 啮合型带传动

摩擦型带传动根据带的截面形状不同又可分为平带传动、V 带传动、多楔带传动和圆带传动等。

（1）平带传动　平带横截面为扁平矩形，其工作面是与轮面相接触的内表面，如图9-3a所示。结构简单，带的挠性好，带轮容易制造，主要应用于传动中心距较大的场合。平带有胶帆布带、编织带、锦纶复合平带等。其各种规格可查阅相关国家标准。

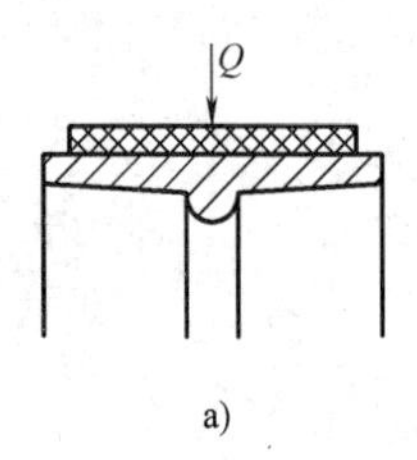

a)

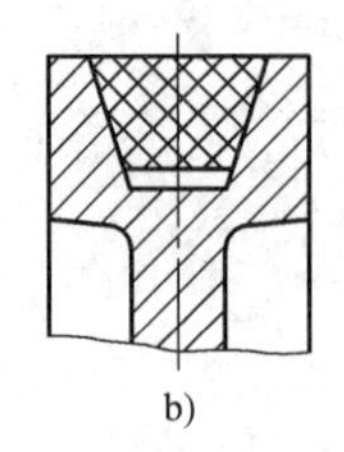

b)

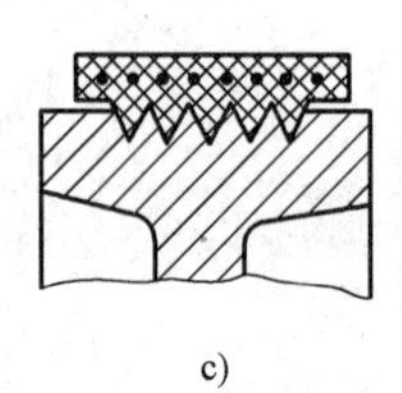

c)

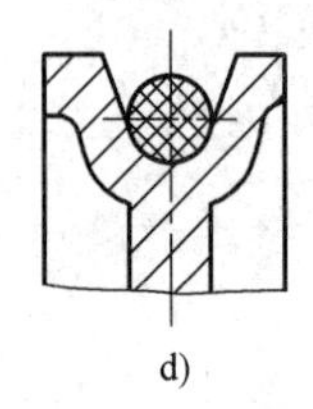

d)

图9-3　带传动的类型

a）平带　b）V带　c）多楔带　d）圆带

（2）V带传动　V带横截面为等腰梯形，其工作面是带的两侧面，如图9-3b所示。传动时，V带只和轮槽的两个侧面相接触，即以两个侧面为工作面，根据摩擦原理，同样的张紧力下，V带传动比平带传动产生更大摩擦力，能传递较大的功率，且结构紧凑，在机械传动中应用最广泛。

（3）多楔带传动　多楔带是在平带基体上由多根V带组成的，如图9-3c所示。多楔带能传递的功率更大，且能避免多根V带长度不等而产生的传力不均的缺点。故适用于传递功率较大且要求结构紧凑的场合。

（4）圆带传动　圆带的截面形状为圆形，如图9-3d所示。圆带传动仅用于低速、小功率的场合，如仪表、缝纫机、牙科医疗器械等。

9.1.2　带传动的特点和应用

1. 带传动的主要优点

1）带传动的特点是带具有良好的弹性，可缓冲、吸振，因此传动平稳、噪声小。

2）适用于中心距较大的两轴间的传动。

3）过载时带与带轮会发生打滑，可防止其他零件损坏，起保护作用。

4）结构简单，制造容易，维护方便，成本低。

2. 带传动的主要缺点

1）带传动的外廓尺寸较大，不紧凑。

2）带与带轮之间存在弹性滑动，所以瞬时传动比不准确。

3）与齿轮传动相比，带传动效率较低，V带的传动效率$\eta=0.87\sim0.96$；带的寿命较短。

4）传动带工作时需要张紧装置，支承带轮的轴及轴承受力较大。

3. 带传动的应用范围

带传动多用于原动机与工作机之间的传动，一般传递的功率$P\leqslant100\text{kW}$；带速$v=5\sim25\text{m/s}$；传动比$i\leqslant7$，平带传动比通常为3左右。需要指出，由于带传动摩擦会产生电火花，故不能用于有爆炸危险的场合。

9.1.3　带传动的主要形式

带传动的主要形式有：开口传动（图9-4a）、交叉传动（图9-4b）、半交叉传动（图

9-4c)、有张紧轮的平行轴传动（图9-4d)、有导轮的相交轴传动（图9-4e）和多从动轮传动（图9-4f)。

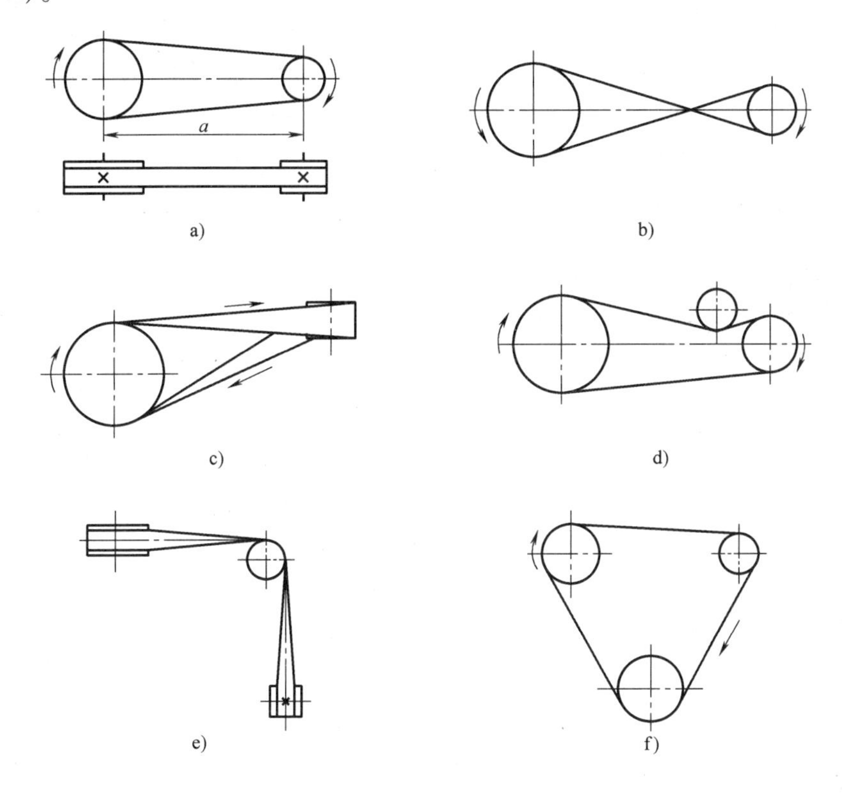

图9-4　带传动的主要形式

a）开口传动　b）交叉传动　c）半交叉传动　d）有张紧轮的平行轴传动

e）有导轮的相交轴传动　f）多从动轮传动

9.2　V带和V带轮

9.2.1　V带的结构和尺寸标准

按V带本身的结构形式来分，V带有普通V带、窄V带、宽V带和大楔角V带、齿形V带等若干种，一般多使用普通V带。

1. V带的结构

普通V带为无接头的环形带，由伸张层1、强力层2、压缩层3、包布层4组成，如图9-5所示。包布层由胶帆布制成，起保护作用；伸张层和压缩层分别由橡胶制成，当带弯曲时承受拉伸和弯曲作用；强力层由几层胶帘布或一排胶线绳制成，前者为帘布结构V带（图9-5a)，后者称为绳芯结构V带（图9-5b)。帘布结构V带抗拉强度大，承载能力较强；绳芯结构V带柔韧性好，抗弯强度高，但抗拉强度较

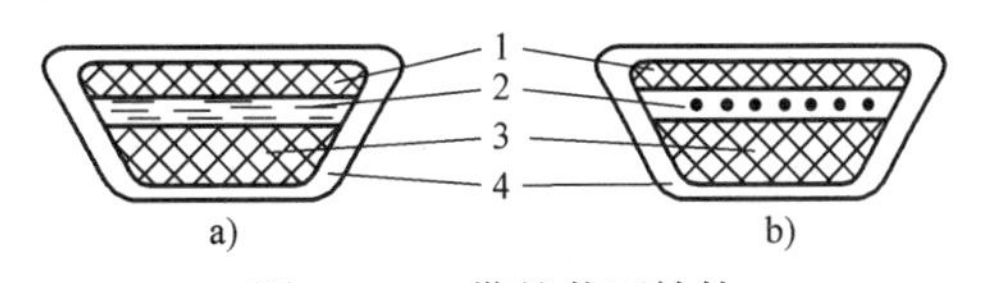

图9-5　V带的截面结构

1—伸张层　2—强力层　3—压缩层　4—包布层

低，通常仅适用于载荷不大、小直径带轮及转速较高的场合。为了提高 V 带抗拉强度，近年来已开始使用合成纤维（锦纶、涤纶等）绳芯作为强力层。

V 带绕在带轮上会产生弯曲变形，拉伸层受到拉伸而变长，压缩层受到压缩而变短。在这两层之间的强力层部分有一层长度不变，它既不受拉伸，也不受压缩，这一层称为中性层。中性层所在的面称为节面，其宽度称为节宽，用 b_p 表示（表 9-1 中的插图）。

2. V 带的标准

普通 V 带的尺寸已经标准化。V 带有基准宽度制和有效宽度制，本章采用的是基准宽度制。

（1）截面尺寸　V 带按其截面尺寸由小到大的顺序可分为 Y、Z、A、B、C、D、E 七种型号，各种型号 V 带的截面尺寸见表 9-1。在相同的条件下，截面尺寸越大，传递的功率就越大。在 V 带轮上，与所配用 V 带的节宽 b_p 相对应的带轮直径称为基准直径 d_d。V 带轮的最小基准直径 d_{dmin} 及基准直径系列见表 9-2。

表 9-1　普通 V 带的截面尺寸（摘自 GB/T 13575.1—2008）

型号	Y	Z	A	B	C	D	E
节宽 b_p/mm	5.3	8.5	11.0	14.0	19.0	27.0	32.0
顶宽 b/mm	6	10	13	17	22	32	38
带高 h/mm	4	6	8	11	14	19	23
楔角 θ	40°						

表 9-2　普通 V 带轮的最小基准直径 d_{dmin} 及基准直径系列

V 带型号	d_{dmin}	d_d 的范围	基准直径的标准值
Y	20	20～125	20,22.4,25,28,31.5,35.5,40,45,50,56,63,71,80,90,100,112,125
Z	50	50～630	50,56,63,71,75,80,90,100,112,125,132,140,150,160,180,200,224,250,280,315,355,400,500,630
A	75	75～800	75,80,85,90,95,100,106,112,118,125,132,140,150,160,180,200,224,250,280,315,355,400,450,500,560,630,710,800
B	125	125～1120	125,132,140,150,160,170,180,200,224,250,280,315,355,400,450,500,560,630,710,750,800,900,1000,1120
C	200	200～2000	200,212,224,236,250,265,280,300,315,335,355,400,450,500,560,600,630,710,750,800,900,1000,1120,1250,1400,1600,2000
D	355	355～2000	355,375,400,425,450,475,500,560,600,630,710,750,800,900,1000,1060,1120,1250,1400,1500,1600,1800,2000
E	500	500～2250	500,560,600,630,670,710,800,900,1000,1060,1120,1250,1400,1500,1600,1800,2000,2240,2250

（2）V带的基准长度　V带的公称长度为其基准长度 L_d（图9-6）。V带在规定的初拉力下，位于带轮基准直径上的圆周长度称为基准长度 L_d。普通V带基准长度 L_d 及长度修正系数 K_L 见表9-3。V带轮轮槽尺寸见表9-4。

普通V带的标记为：

带型　基准长度　标准号

例如，B型带，基准长度为1000mm，其标记为

B1000 GB/T 11544—2012

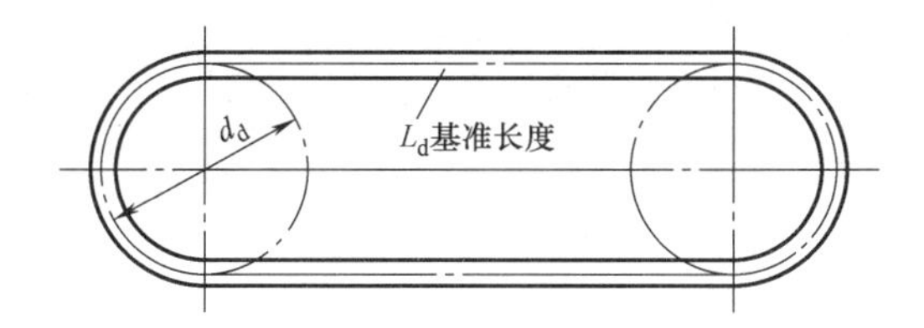

图9-6　V带的公称长度

表9-3　普通V带的基准长度系列及带长修正系数（摘自GB/T 13575.1—2008）

Y		Z		A		B		C		D		E	
L_d/mm	K_L	L_d/mm	K_L	L_d/mm	K_L	L_d/mm	K_L	L_d/mm	K_L	L_d/mm	K_L	L_d/mm	K_L
200	0.81	405	0.87	630	0.81	930	0.83	1565	0.82	2740	0.82	4660	0.91
224	0.82	475	0.90	700	0.83	1000	0.84	1760	0.85	3100	0.86	5040	0.92
250	0.84	530	0.93	790	0.85	1100	0.86	1950	0.87	3330	0.87	5420	0.94
280	0.87	625	0.96	890	0.87	1210	0.87	2195	0.90	3730	0.90	6100	0.96
315	0.89	700	0.99	990	0.89	1370	0.90	2420	0.92	4080	0.91	6850	0.99
355	0.92	780	1.00	1100	0.91	1560	0.92	2715	0.94	4620	0.94	7650	1.01
400	0.96	920	1.04	1250	0.93	1760	0.94	2880	0.95	5400	0.97	9150	1.05
450	1.00	1080	1.07	1430	0.96	1950	0.97	3080	0.97	6100	0.99	12230	1.11
500	1.02	1330	1.13	1550	0.98	2180	0.99	3520	0.99	6840	1.02	13750	1.15
		1420	1.14	1640	0.99	2300	1.01	4060	1.02	7620	1.05	15280	1.17
		1540	1.54	1750	1.00	2500	1.03	4600	1.05	9140	1.08	16800	1.19
				1940	1.02	2700	1.04	5380	1.08	10700	1.13		
				2050	1.04	2870	1.05	6100	1.11	12200	1.16		
				2200	1.06	3200	1.07	6815	1.14	13700	1.19		
				2300	1.07	3600	1.09	7600	1.17	15200	1.21		
				2480	1.09	4060	1.13	9100	1.21				
				2700	1.10	4430	1.15	10700	1.24				
						4820	1.17						
						5370	1.20						
						6070	1.24						

注：表中无长度修正系数的规格均无标准V带供应。

9.2.2　普通V带轮的结构设计

V带轮应具有足够的强度和刚度，结构工艺性好，无过大的铸造内应力；质量小且分布均匀，轮槽的工作表面要有一定的制造精度，以减少带的磨损和载荷分布的不均匀。

表 9-4　V 带轮的轮槽尺寸

型号		Y	Z	A	B	C	D	E
基准宽度 b_d/mm		5.3	8.5	11.0	14.0	19.0	27.0	32.0
基准线上槽深 h_{amin}/mm		1.6	2.0	2.75	3.5	4.8	8.1	9.6
基准线下槽深 h_{fmin}/mm		4.7	7	8.7	10.8	14.3	19.9	23.4
槽间距 e/mm		8 ±0.3	12 ±0.3	15 ±0.3	19 ±0.4	25.5 ±0.5	37 ±0.6	44.5 ±0.7
槽边距 f_{min}/mm		6	7	9	11.5	16	23	28
最小轮缘厚 δ_{min}/mm		5	5.5	6	7.5	10	12	15
轮缘宽 B/mm		$B=(z-1)e+2f$（z 为轮槽数）						
轮缘外径 d_a/mm		$d_a=d_d+2h_a$						
槽角 φ 32°	对应的基准直径 d_d /mm	≤60	—	—	—	—	—	—
槽角 φ 34°	对应的基准直径 d_d /mm	—	≤80	≤118	≤190	≤315	—	—
槽角 φ 36°	对应的基准直径 d_d /mm	>60	—	—	—	—	≤475	≤600
槽角 φ 38°	对应的基准直径 d_d /mm	—	>80	>118	>190	>315	>475	>600

1. V 带轮常用的材料

V 带轮常用的材料是铸铁。当 $v \leqslant 25$m/s 时，常用牌号为 HT150；当 $v \geqslant 25 \sim 30$m/s 时，常用牌号为 HT200；高速带轮可采用铸钢或钢板焊接而成；小功率时也可采用铸铝或工程塑料。

2. V 带轮的结构

V 带轮由轮缘、轮辐和轮毂三部分组成。按轮辐结构的不同可分为实心式、腹板式和轮辐式，如图 9-7 所示。带轮直径较小时［$d_d \leqslant (2.5 \sim 3)d$，$d$ 为轴径］，常采用实心结构，如图 9-7a 所示；$d_d < 300$mm 时，常采用腹板式结构，如图 9-7b 所示；当 $d_2 - d_1 \geqslant 100$mm 时，为了便于吊装和减轻重量，可在腹板上开孔（孔板式，如图 9-7c 所示）；而 $d_d > 300$mm 的大带轮一般采用轮辐式结构，如图 9-7d 所示。

普通 V 带两侧面的夹角均为 40°，由于带安装于带轮上发生弯曲，截面产生的变形将使 V 带两侧面的夹角变小。为了使胶带仍能紧贴轮槽两侧，将 V 带轮槽角规定为 32°、34°、36°和 38°。

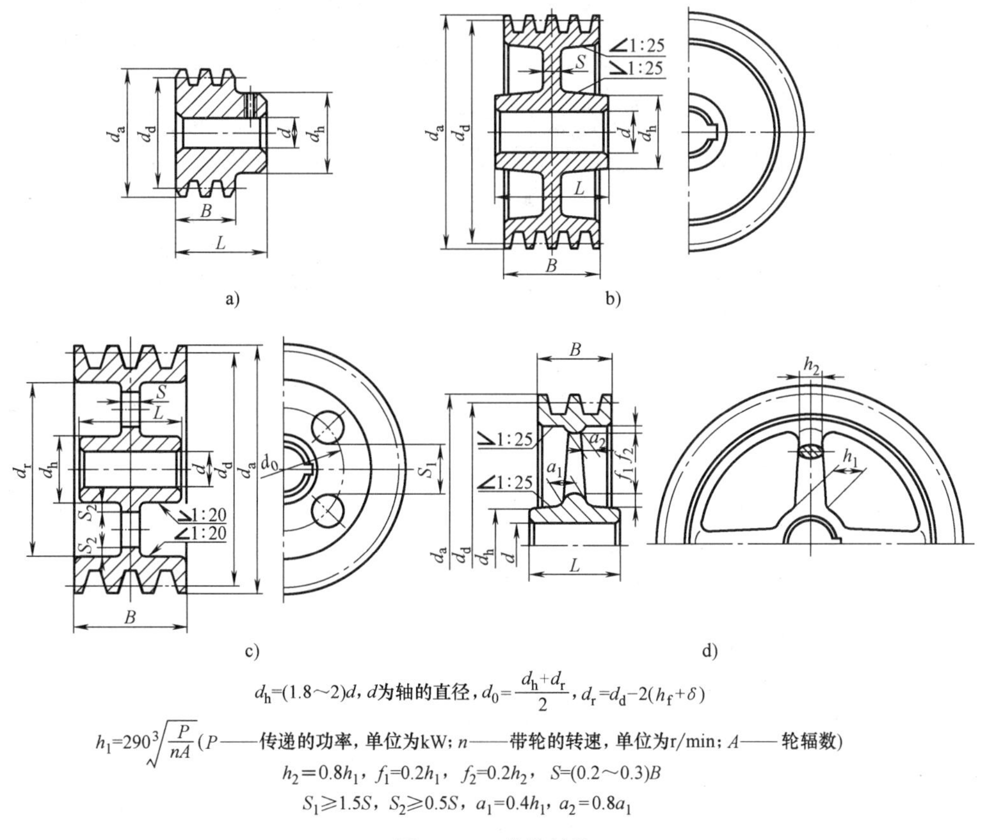

$d_h=(1.8\sim2)d$，d为轴的直径，$d_0=\dfrac{d_h+d_r}{2}$，$d_r=d_d-2(h_f+\delta)$

$h_1=290\sqrt[3]{\dfrac{P}{nA}}$（$P$——传递的功率，单位为kW；$n$——带轮的转速，单位为r/min；$A$——轮辐数）

$h_2=0.8h_1$，$f_1=0.2h_1$，$f_2=0.2h_2$，$S=(0.2\sim0.3)B$

$S_1\geqslant1.5S$，$S_2\geqslant0.5S$，$a_1=0.4h_1$，$a_2=0.8a_1$

图9-7　V带轮结构

a）实心式　b）腹板式　c）孔板式　d）轮辐式

9.3　带传动的工作能力分析

9.3.1　带传动中的受力分析

为保证带传动正常工作，传动带必须以一定的张紧力套在带轮上。当传动带静止时，带两边承受相等的拉力 F_0，F_0称为初拉力。由于 F_0的作用，带与带轮相互压紧，并在接触面之间产生一定的正压力（图9-8a）。

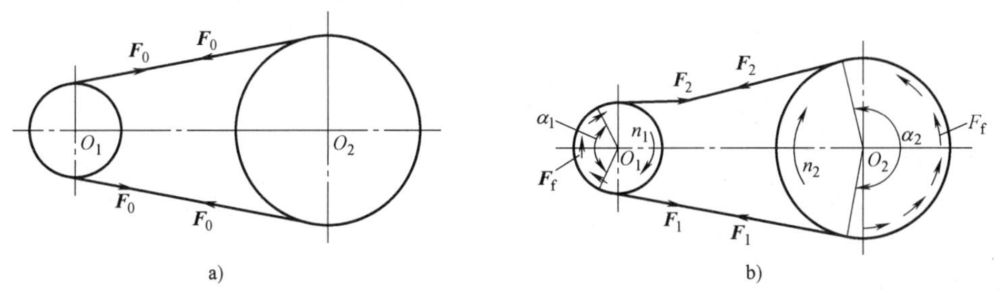

图9-8　带传动的工作原理图

传动带工作时，假设小带轮 1 为主动轮。带轮与带接触面间产生了摩擦力 F_f，此时带两边的拉力不再相等。主动轮对带的摩擦力与带的运动方向一致，从动轮对带的摩擦力方向与带的运动方向相反。这样带进入主动轮的一边被进一步拉紧，拉力由 F_0 增大到 F_1，称为紧边，如图 9-8b 所示；另一边则被放松，带的拉力由 F_0 减小到 F_2，称为松边。

如果近似认为带的总长度不变，则带紧边拉力的增量应等于松边拉力的减量，即

$$F_1 - F_0 = F_0 - F_2$$

$$F_1 + F_2 = 2F_0 \tag{9-1}$$

带传动时，带轮对带的摩擦力 F_f 如图 9-8b 所示，当取主动轮一端的带与带轮为研究对象时，其总摩擦力 F_f 等于两边拉力差。即

$$F_f = F_1 - F_2$$

在带传动中，紧边拉力和松边拉力的差值就是带传动的有效拉力，也就是带所传递的圆周力，它在数值上等于带与带轮接触弧上的摩擦力总和 F_f，即

$$F = F_f = F_1 - F_2 \tag{9-2}$$

带传动所能传递的功率 P（单位：kW）为

$$P = \frac{Fv}{1000} \tag{9-3}$$

式中　F——有效拉力（N）；

　　v——带的速度（m/s）。

由式（9-3）可知，当带速一定时，传递的功率越大，则有效拉力越大，所需带与轮面间的摩擦力也越大。实际上，在一定条件下，带与带轮间的摩擦力存在极限值。当传递的有效拉力 F 超过带与带轮之间的极限摩擦力时，带就会在带轮轮面上发生明显的全面滑动，这种现象称为打滑。打滑将使带的磨损加剧，从动轮转速急剧降低，传动失效。在正常工作时，应当避免出现打滑现象。

当带即将开始打滑时，紧边拉力 F_1 与松边拉力 F_2 之间的关系可以用欧拉公式表示，即

$$\frac{F_1}{F_2} = e^{f\alpha_1} \tag{9-4}$$

式中　f——带与带轮面间的摩擦系数；

　　α_1——小带轮的包角，即带与小带轮接触弧所对应的圆周角（rad），见图 9-8；

　　e——自然对数的底，即 e = 2.718…。

因此，根据式（9-1）、式（9-2）及式（9-4）可推出最大有效拉力为

$$F_{max} = 2F_0 \frac{e^{f\alpha_1} - 1}{e^{f\alpha_1} + 1} \tag{9-5}$$

由式（9-5）可知，在不计离心力的前提下，最大有效拉力与下列的因素有关：

1. 初拉力 F_0

F_{max} 与 F_0 成正比。F_0 越大，则带与带轮间的正压力越大，传动时的摩擦力就越大，F_{max} 也就越大。但 F_0 过大，将使带的拉应力增大，加剧带的磨损，致使带过快松弛，带的寿命将缩短，同时增大轴和轴承上的压力。若 F_0 过小，带的工作能力不能充分发挥，工作时易跳动和打滑，因此带的预紧程度应在合适的范围内。

2. 摩擦系数 f

f 越大，摩擦力就越大，传动能力越大，即 F_{max} 也越大。而摩擦系数 f 与带及带轮的材

料、表面状况、工作环境等有关。V 带传动中，工作面间的当量摩擦系数 $f_V=\frac{f}{\sin 20^\circ}\approx 3f$，故其传动能力较同等条件下的平带显著提高。

3. 小带轮包角

最大有效拉力 F_{max} 随包角 α_1 的增大而增大。包角 α_1 增大，带与带轮之间的摩擦力总和增加，从而提高传动的能力。因此，水平装置的带传动，通常将松边放置在上边，以增大包角。由于大带轮的包角 α_2 大于小带轮的包角 α_1，打滑首先发生在小带轮上，所以设计时为了保证带具有一定的传动能力，要求 V 带小轮上的包角 $\alpha_1\geqslant 120^\circ$。

此外，欧拉公式是在忽略离心力的条件下导出的，若 v 较大，带产生的离心力就大，这将降低带与带轮间的正压力，因而使 F_{max} 减小。

9.3.2 带的应力分析

带传动工作时，在传动带的截面上产生的应力由三部分组成。

1. 拉应力

在带传动工作时，紧边和松边由拉力产生的拉应力分别为

$$\left.\begin{aligned}\sigma_1&=\frac{F_1}{A}\\ \sigma_2&=\frac{F_2}{A}\end{aligned}\right\}\tag{9-6}$$

式中 σ_1、σ_2——紧边、松边上的拉应力（MPa）；

A——带的截面面积（mm^2）；

F_1、F_2——紧边、松边的拉力（N）。

沿着带的转动方向，绕在主动轮上传动带的拉应力由 σ_1 渐渐地降到 σ_2，绕在从动轮上传动带的拉应力则由 σ_2 渐渐上升为 σ_1。

2. 离心应力

当带以切线速度 v 沿带轮轮缘做圆周运动时，带本身的质量将引起离心力。离心力将使带受拉，在截面上产生离心拉应力。虽然离心应力只产生于带的圆周运动部分，但却作用于整个传动带的全长且各处相等。离心拉力在带的横截面上产生的离心应力 σ_c（单位：MPa）为

$$\sigma_c=\frac{qv^2}{A}\tag{9-7}$$

式中 v——带速（m/s）；

q——带单位长度上的质量（kg/m），见表 9-5。

表 9-5 V 带每米长的质量

型号	Y	Z	A	B	C	D	E
q/(kg/m)	0.023	0.060	0.105	0.170	0.300	0.630	0.970

离心应力的方向为离开带轮方向，它降低了带传动的工作能力。由式（9-7）可知，离心应力的大小与带速的平方成正比，故在设计带传动时，为保证其传动能力，一般要求带速不宜过高。高速时宜用轻质带。

3. 弯曲应力

带绕过带轮时，因弯曲而产生弯曲应力 σ_b，如图 9-9 所示。弯曲应力只发生在包角所对的圆弧部分。

$$\sigma_b \approx \frac{Eh}{d_d} \tag{9-8}$$

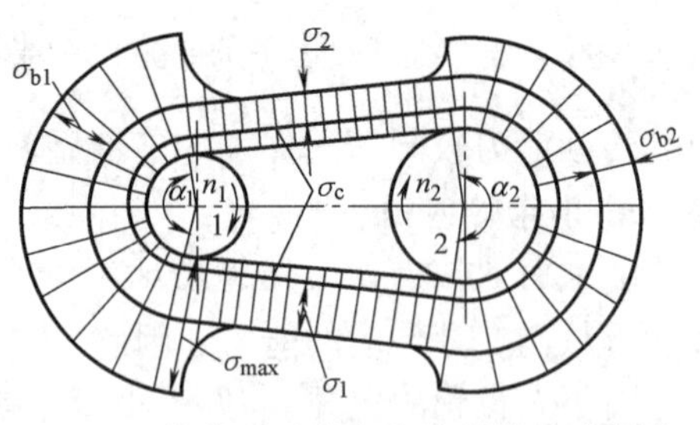

图 9-9　带传动时的应力分布情况示意图

式中　σ_b——弯曲应力（MPa）；

h——带的中性层到最外层的距离（mm）；

d_d——V 带的基准直径（mm）；

E——带材料的弹性模量（MPa）。

由式（9-8）可知，传动带的厚度越大，带轮的直径越小，传动带所受的弯曲应力就越大，寿命也就越短。故设计时应限制小带轮的最小直径。

图 9-9 所示为带的应力分布情况。图中各截面应力的大小用自该处引出的径向线长短来表示。从图中可以看出，带每绕过带轮一次，应力就显著地变化一个循环，最大应力发生在紧边绕上小带轮的横截面上，其值为

$$\sigma_{max} = \sigma_1 + \sigma_c + \sigma_{b1} \tag{9-9}$$

由于作用在带的各截面上的应力是随着带运转位置的变化而不断变化的，即带是处于变应力状况下工作的，因此，当应力循环次数达到一定数值后，将引起带的疲劳破坏。

9.3.3　带的弹性滑动和打滑

1. 带的弹性滑动

带是弹性体，受力后会产生弹性变形。带在工作时，紧边和松边的拉力不同，故弹性变形量也不同。如图 9-10 所示，当带的紧边在 a 点绕上主动轮 1 时，带速 v 与轮 1 的圆周速度 v_1 相等，但在轮 1 由 a 点转动到 b 点的过程中，带所受的拉力由 F_1 逐渐变为 F_2，带的拉伸变形也就随之逐渐减小，使带相对主动轮向后缩，所以带速 v 低于主动轮 1 的圆周速度 v_1，也就是说，在带传动工作时，带与主动轮之间产生了局部微小的相对向后滑动。

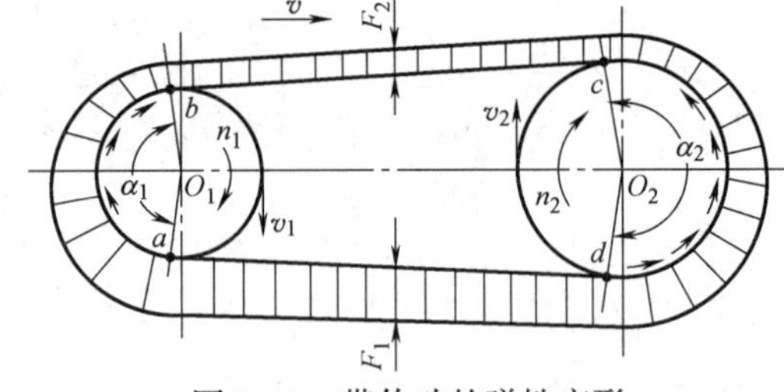

图 9-10　带传动的弹性变形

同样，带绕进从动轮 2 由点 c 转动到点 d 的过程中，作用在带上的拉力逐渐由 F_2 增大到 F_1，带的弹性变形也逐渐增加，这时带相对从动轮向前伸长，因此带速 v 高于从动轮 2 的圆周速度 v_2，即带传动工作时，带与从动轮之间出现了微量的相对向前滑动。

如上所述，由于带的弹性变形而引起的带在带轮上微小相对滑动的现象，称为弹性滑动。弹性滑动是带传动工作时的固有特性，是不可避免的。

弹性滑动使从动轮的圆周速度低于主动轮的圆周速度，产生了速度损失，因此降低了传动效率，使带温升高，增加了带的磨损速度，缩短了带的寿命。

从动轮圆周速度的降低量可用滑动率 ε 来表示，即

$$\varepsilon = \frac{v_1 - v_2}{v_1} \times 100\% = \frac{\pi d_1 n_1 - \pi d_2 n_2}{\pi d_1 n_1} \times 100\% \tag{9-10}$$

此时，从动轮实际的转速和带传动实际传动比分别为

$$\left.\begin{aligned} n_2 &= \frac{d_{d_1}}{d_{d_2}}(1-\varepsilon)n_1 \\ i &= \frac{n_1}{n_2} = \frac{d_{d_2}}{d_{d_1}(1-\varepsilon)} \end{aligned}\right\} \tag{9-11}$$

式中　d_{d_1}、d_{d_2}——两个带轮的基准直径（mm）。

由于滑动率随所传递载荷的大小而变化，不是一个定值，故带传动的传动比也不能保持准确值。带传动正常工作时，其滑动率一般取 $\varepsilon \approx 1\% \sim 2\%$，在粗略计算时可以不予考虑。

2. 带的打滑

当传递的工作载荷增大时，要求有效拉力 F 也随之增大。当 F 达到一定数值时，带与小带轮在整个接触弧上的摩擦力 F_f 将达到极限值。若工作载荷超过这个极限值，带将沿整个接触弧滑动，这种现象称为打滑。由于大带轮上的包角总是大于小带轮上的包角，所以打滑总是从小带轮开始。打滑是由于过载所引起的带在带轮上的全面滑动，它将使带的磨损加剧，从动轮转速急剧降低，所以打滑是带传动的一种失效形式，是应当避免的。

弹性滑动和打滑是两个截然不同的概念。打滑是由于过载引起的全面滑动，它会加剧带的磨损，使从动轮转速急剧下降，失去传动能力，应当避免。而弹性滑动是不可避免的，因为带传动工作时，要传递圆周力，带两边的拉力必然不等，那么产生的弹性变形量也是不同的，所以必然会发生弹性滑动。它使带传动不能保证准确的传动比，是带传动正常工作时固有的一种特性。

9.4　V 带的标准及其传动设计

9.4.1　传动的主要失效形式和设计准则

带传动的主要失效形式是打滑和疲劳破坏，所以带传动的设计准则为：在保证带传动不打滑的条件下，具有一定的疲劳强度和使用寿命。

根据设计准则，为保证 V 带传动的正常工作，必须满足以下条件：

1）为保证带不出现打滑，必须限制带所传递的圆周力，使之不超过最大有效拉力，即 $F_1 \leqslant F_{1\max}$。

2）为保证 V 带有一定的疲劳强度和足够的寿命，必须使带工作时的最大应力小于或等于带的许用应力，即 $\sigma_{\max} \leqslant [\sigma]$。

由上述分析可知，带传动既不打滑又有足够疲劳强度时所传递的功率为

$$P = \frac{Fv}{1000} = \frac{([\sigma] - \sigma_c - \sigma_{b1})\left(1 - \frac{1}{e^{f\alpha}}\right)Av}{1000} \tag{9-12}$$

单根 V 带所能传递的功率 P_1 与带的型号、长度、带速、带轮直径、包角大小以及载荷性质等有关。为了便于设计，测得在载荷平稳，包角为 180°及特定长度的实验条件下，单根 V 带在保证不打滑并具有一定寿命时所能传递的功率 P_1（单位：kW），称为单根普通 V 带的基本额定功率。由标准 GB/T 13575.1—2008 摘录的 A、B 型单根 V 带的 P_1 值见表 9-6 和表 9-7。

当实际使用条件与实验条件不符合时，应当加以修正，修正后即得实际工作条件下单根 V 带所能传递的功率，称为许用功率 $[P_1]$。$[P_1]$ 的计算公式为

$$[P_1] = (P_1 + \Delta P_1)K_\alpha K_L$$

式中　K_α——包角修正系数，考虑不同包角 α 对传动能力的影响，其值见表 9-8；

K_L——带长修正系数，考虑不同带长对传动能力的影响，其值见表 9-3；

ΔP_1——功率增量（kW），考虑传动比 $i \neq 1$ 时带在大带轮上的弯曲应力较小，从而使 P_1 值有所提高，A、B 两种型号 V 带的 ΔP_1 值见表 9-6 和表 9-7。

表 9-6　A 型 V 带单根基准额定功率 P_1 和功率增量 ΔP_1（摘自 GB/T 13575.1—2008）

n_1/(r/min)	d_{d1}/mm								i 或 $1/i$										v/(m/s) ≈
	75	90	100	112	125	140	160	180	1~1.01	1.02~1.04	1.05~1.08	1.09~1.12	1.13~1.18	1.19~1.24	1.25~1.34	1.35~1.51	1.52~1.99	≥2.00	
	P_1/kW								ΔP_1/kW										
200	0.15	0.22	0.26	0.31	0.37	0.43	0.51	0.59	0.00	0.00	0.01	0.01	0.01	0.01	0.02	0.02	0.02	0.03	
400	0.26	0.39	0.47	0.56	0.67	0.78	0.94	1.09	0.00	0.01	0.01	0.02	0.02	0.03	0.03	0.04	0.04	0.05	5
700	0.40	0.61	0.74	0.90	1.07	1.26	1.51	1.76	0.00	0.01	0.02	0.03	0.04	0.05	0.06	0.07	0.08	0.09	
800	0.45	0.68	0.83	1.00	1.19	1.41	1.69	1.97	0.00	0.01	0.02	0.03	0.04	0.05	0.06	0.08	0.09	0.10	
950	0.51	0.77	0.95	1.15	1.37	1.62	1.95	2.27	0.00	0.01	0.03	0.04	0.05	0.06	0.07	0.08	0.10	0.11	10
1200	0.6	0.93	1.14	1.39	1.66	1.96	2.36	2.74	0.00	0.02	0.03	0.05	0.07	0.08	0.10	0.11	0.13	0.15	
1450	0.68	1.07	1.32	1.61	1.92	2.28	2.73	3.16	0.00	0.02	0.04	0.06	0.08	0.09	0.11	0.13	0.15	0.17	15
1600	0.73	1.15	1.42	1.74	2.07	2.45	2.94	3.40	0.00	0.02	0.04	0.06	0.09	0.11	0.13	0.15	0.17	0.19	
2000	0.84	1.34	1.66	2.04	2.44	2.87	3.42	3.93	0.00	0.03	0.06	0.08	0.11	0.13	0.16	0.19	0.22	0.24	20
2400	0.92	1.50	1.87	2.30	2.74	3.22	3.80	4.32	0.00	0.03	0.07	0.10	0.13	0.16	0.19	0.23	0.26	0.29	25
2800	1.00	1.64	2.05	2.51	2.98	3.48	4.06	4.54	0.00	0.04	0.08	0.11	0.15	0.19	0.23	0.26	0.30	0.34	30
3200	1.04	1.75	2.19	2.68	3.16	3.65	4.19	4.58	0.00	0.04	0.09	0.13	0.17	0.22	0.26	0.30	0.34	0.69	
3600	1.08	1.83	2.28	2.78	3.26	3.72	4.17	4.40	0.00	0.05	0.10	0.15	0.19	0.24	0.29	0.34	0.39	0.44	35
4000	1.09	1.87	2.34	2.83	3.28	3.67	3.98	4.00	0.00	0.05	0.11	0.16	0.22	0.27	0.32	0.38	0.43	0.48	40
4500	1.07	1.83	2.33	2.79	3.17	3.44	3.48	3.13	0.00	0.06	0.12	0.18	0.24	0.30	0.36	0.42	0.48	0.54	
5000	1.02	1.82	2.25	2.64	2.91	2.99	2.67	1.81	0.00	0.07	0.14	0.20	0.27	0.34	0.40	0.47	0.54	0.60	
5500	0.96	1.70	2.07	2.37	2.48	2.31	1.51	—	0.00	0.08	0.15	0.23	0.30	0.38	0.46	0.53	0.60	0.68	
6000	0.80	1.50	1.80	1.96	1.87	1.37	—	—	0.00	0.08	0.16	0.24	0.32	0.40	0.49	0.57	0.65	0.73	

表 9-7　B 型 V 带单根基准额定功率 P_1 和功率增量 ΔP_1（摘自 GB/T 13575.1—2008）

n_1/(r/min)	d_{d1}/mm								i 或 $1/i$										v/(m/s) ≈
	125	140	160	180	200	224	250	280	1~1.01	1.02~1.04	1.05~1.08	1.09~1.12	1.13~1.18	1.19~1.24	1.25~1.34	1.35~1.51	1.52~1.99	≥2.00	
	P_1/kW								ΔP_1/kW										
200	0.48	0.59	0.74	0.88	1.02	1.19	1.37	1.58	0.00	0.01	0.01	0.02	0.03	0.04	0.04	0.05	0.06	0.06	5
400	0.84	1.05	1.32	1.59	1.85	2.17	2.50	2.89	0.00	0.01	0.03	0.04	0.06	0.07	0.08	0.10	0.11	0.13	
700	1.30	1.64	2.09	2.53	2.96	3.47	4.00	4.61	0.00	0.02	0.05	0.07	0.10	0.12	0.15	0.17	0.20	0.22	10
800	1.44	1.82	2.32	2.81	3.30	3.86	4.46	5.13	0.00	0.03	0.06	0.08	0.11	0.14	0.17	0.20	0.23	0.25	
950	1.64	2.08	2.66	3.22	3.77	4.42	5.10	5.85	0.00	0.03	0.07	0.10	0.13	0.17	0.20	0.23	0.26	0.30	15
1200	1.93	2.47	3.17	3.85	4.50	5.26	6.04	6.90	0.00	0.04	0.08	0.13	0.17	0.21	0.25	0.30	0.34	0.38	
1450	2.19	2.82	3.62	4.39	5.13	5.97	6.82	7.76	0.00	0.05	0.10	0.15	0.20	0.25	0.31	0.36	0.40	0.46	20
1600	2.33	3.00	3.86	4.68	5.46	6.33	7.20	8.13	0.00	0.06	0.11	0.17	0.23	0.28	0.34	0.39	0.45	0.51	
1800	2.50	3.23	4.15	5.02	5.83	6.73	7.63	8.46	0.00	0.06	0.13	0.19	0.25	0.32	0.38	0.44	0.51	0.57	25
2000	2.64	3.42	4.40	5.30	6.13	7.02	7.87	8.60	0.00	0.07	0.14	0.21	0.28	0.35	0.42	0.49	0.56	0.63	
2200	2.76	3.58	4.60	5.52	6.35	7.19	7.97	8.53	0.00	0.08	0.16	0.23	0.31	0.39	0.46	0.54	0.62	0.70	30
2400	2.85	3.70	4.75	5.67	6.47	7.25	7.89	8.22	0.00	0.08	0.17	0.25	0.24	0.42	0.51	0.59	0.68	0.76	35
2800	2.96	3.85	4.89	5.76	6.43	6.95	7.14	6.80	0.00	0.10	0.20	0.29	0.39	0.49	0.59	0.69	0.79	0.89	40
3200	2.94	3.83	4.8	5.52	5.95	6.05	5.60	4.26	0.00	0.11	0.23	0.34	0.45	0.56	0.68	0.79	0.90	1.01	
3600	2.80	3.63	4.46	4.92	4.98	4.47	3.12	—	0.00	0.13	0.25	0.38	0.51	0.63	0.76	0.89	1.01	1.14	
4000	2.51	3.24	3.82	3.92	3.47	2.14	—	—	0.00	0.14	0.28	0.42	0.56	0.70	0.84	0.99	1.13	1.27	
4500	1.93	2.45	2.59	2.04	0.73	—	—	—	0.00	0.16	0.32	0.48	0.63	0.79	0.95	1.11	1.27	1.43	
5000	1.09	1.29	0.81	—	—	—	—	—	0.00	0.18	0.36	0.53	0.71	0.89	1.07	1.24	1.42	1.60	

表 9-8　包角系数 K_α

包角 $\alpha_1/(°)$	180	175	170	165	160	155	150	145	140
K_α	1.00	0.99	0.98	0.96	0.95	0.93	0.92	0.91	0.89
包角 $\alpha_1/(°)$	135	130	125	120	115	110	105	100	95	90
K_α	0.88	0.86	0.84	0.82	0.80	0.78	0.76	0.74	0.72	0.69

9.4.2　V 带传动设计

1. 设计原始数据及内容

设计 V 带传动给定的原始数据一般为：

传动的用途和工作条件，传递的功率 P，主动轮和从动轮的转速 n_1、n_2（或传动比 i_{12}），传动的用途、工况条件（温度、介质条件、运转时间、载荷变动等）及原动机的类型等。

设计的内容一般有：确定 V 带的型号，带的基准长度和根数，传动中心距，带轮的材料、结构和尺寸；确定初拉力 F_0及作用在轴上的压力 F_Q、带的张紧装置等。

2. 设计方法及步骤

（1）确定计算功率 P_c

$$P_c = K_A P \tag{9-13}$$

式中　P——传递的名义功率（kW）；

K_A——工况系数，见表 9-9。

表 9-9　工况系数 K_A

工作情况		K_A					
		空、轻载起动			重载起动		
		每天工作小时数/h					
		<10	10～16	>16	<10	10～16	>16
载荷变动微小	液体搅拌机、通风机和鼓风机（≤7.5kW）、离心式水泵和压缩机、轻型输送机等	1.0	1.1	1.2	1.1	1.2	1.3
载荷变动小	带式输送机（不均匀载荷）、通风机（>7.5kW）、压缩机、发电机、金属切削机床、印刷机、木工机械等	1.1	1.2	1.3	1.2	1.3	1.4
载荷变动较大	制砖机、斗式提升机、起重机、冲剪机床、纺织机械、橡胶机械、重载输送机、磨粉机等	1.2	1.3	1.4	1.4	1.5	1.6
载荷变动大	破碎机、磨碎机等	1.3	1.4	1.5	1.5	1.6	1.8

注：1. 空、轻载起动——电动机（交流起动、三角起动、直流并励），四缸以上的内燃机，装有离心式离合器、液力联轴器的动力机。

2. 重载起动——电动机（联机交流起动、直流复励或串励）、四缸以下的内燃机。

3. 反复起动、正反转频繁、工作条件恶劣等场合，K_A 应乘以 1.2。

(2) 选择带的型号　根据计算功率 P_c 和主动轮（通常是小带轮）转速 n_1，由图9-11选择V带型号。当所选取的结果在两种型号的分界线附近时，可以两种型号同时计算，最后从中选择较好的方案。选用截型小的V带型号会使带的根数增加，选用截型大的V带型号会使传动结构尺寸增大，但所需带的根数减少。

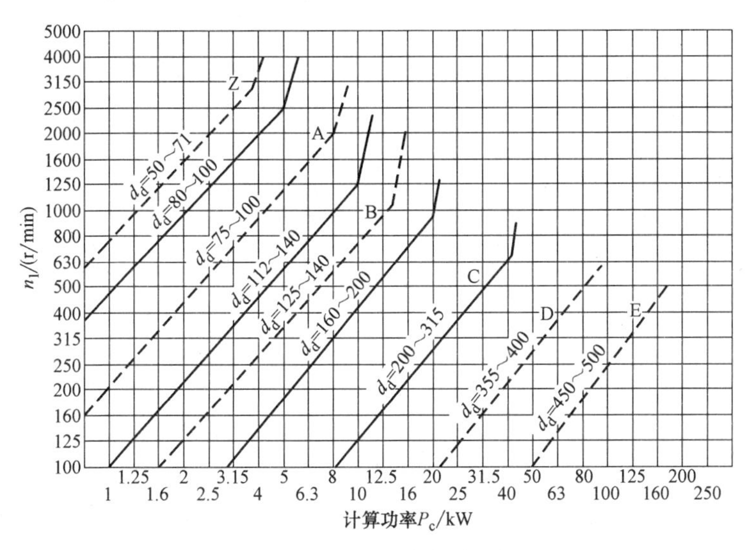

图9-11　普通V带的选型图

(3) 确定带轮基准直径 d_{d1} 和 d_{d2}

1) 确定带轮基准直径 d_{d1}、d_{d2}。小带轮的直径越小，结构越紧凑，但带的弯曲应力增大，寿命降低，且带速也低，使带的传动能力（功率）降低，所以小带轮的基准直径 d_{d1} 不宜选得太小。可参考表9-2选取 $d_{d1} \geqslant d_{dmin}$，并应按表9-2选取直径系列值。

忽略弹性滑动的影响，大带轮的基准直径

$$d_{d2} = \frac{n_1}{n_2} d_{d1} \tag{9-14}$$

算出 d_{d2} 后应圆整并按表9-2中的带轮直径系列取值。

2) 验算带速。带速太高会使离心力增大，使带与带轮间的摩擦力减小，传动时容易打滑；带速太低，由 $P = \frac{Fv}{1000}$ 可知，当传递功率一定时，要求有效初拉力加大，带的根数将增多。带速（单位：m/s）计算公式为

$$v = \frac{\pi d_{d1} n_1}{60 \times 1000} \tag{9-15}$$

式中　n_1——小带轮转速（r/min）；

　　d_{d1}——小带轮直径（mm）。

通常应使带速在5～25m/s范围内。对于普通V带，$v_{max} = 25 \sim 30$m/s；对于窄V带，$v_{max} = 25 \sim 30$m/s；如果 $v > v_{max}$，应减小小带轮直径 d_{d1}，反之，$v < 5$m/s，则需增大 d_{d2}。

(4) 确定中心距 a 和带的基准长度 L_d　如果中心距未给出，一般推荐按下式初步确定中心距 a_0，即

$$0.7(d_{d1} + d_{d2}) \leqslant a_0 \leqslant 2(d_{d1} + d_{d2}) \tag{9-16}$$

带传动的中心距较小，则传动较为紧凑，但带长也减小，带的应力变化也就越频繁，加速了带的疲劳破坏，并且在传动比较大时会使小带轮包角 α_1 过小，导致带的传动能力降低；中心距过大时，传动的外廓尺寸大，且高速时容易引起带的抖动，影响正常工作。

初选 a_0 后，可根据下式计算 V 带的初选长度 L_{d0}。

$$L_{d0} \approx 2a_0 + \frac{\pi}{2}(d_{d1} + d_{d2}) + \frac{(d_{d2} - d_{d1})^2}{4a_0} \tag{9-17}$$

根据初选长度 L_{d0}，由表 9-3 选取与 L_{d0} 相近的基准长度 L_d 作为所选带的基准长度，传动的实际中心距计算式为

$$a \approx a_0 + \frac{L_d - L_{d0}}{2} \tag{9-18}$$

考虑到安装调整和带松弛后张紧的需要，应给中心距留出一定的调整余量。中心距的变动范围为

$$\left.\begin{aligned} a_{min} &= a - 0.015L_d \\ a_{max} &= a + 0.03L_d \end{aligned}\right\} \tag{9-19}$$

（5）小带轮包角　小带轮包角可按下式计算，即

$$\alpha_1 \approx 180° - \frac{d_{d2} - d_{d1}}{a} \times 57.3° \tag{9-20}$$

小带轮包角不宜过小，以免影响传动能力，一般要求 $\alpha_1 \geqslant 120°$，否则应适当增大中心距或减小传动比，也可加张紧轮。

（6）确定 V 带的根数 Z　V 带的根数可用下式计算，即

$$Z = \frac{P_c}{[P_1]} = \frac{P_c}{(P_1 + \Delta P_1)K_\alpha K_L} \tag{9-21}$$

式中各符号的意义同前所述。

带的根数 Z 应圆整为整数。为使各根带受力均匀，其根数不宜过多，一般 $Z = 2 \sim 5$ 根为宜，最多不能超过 8～10 根，否则应改选型号或加大带轮直径后重新设计。

（7）计算初拉力 F_0　保持适当的初拉力 F_0 是带传动工作的首要条件，初拉力过小，摩擦力小，传动易打滑。初拉力过大会增加带的拉应力，因而使带的寿命降低，同时对轴和轴承的压力也增大。

单根普通 V 带最合适的初拉力可按下式计算，即

$$F_0 = 500\frac{P_c}{vZ}\left(\frac{2.5}{K_\alpha} - 1\right) + qv^2 \tag{9-22}$$

式中各符号的意义同前所述。

由于新带容易松弛，对不能调整中心距的普通 V 带传动，安装新带时初拉力 F_0 应为上述计算值的 1.5 倍。

（8）确定径向压力 F_Q　为了设计安装带传动的轴和轴承，必须确定带传动作用在轴上的径向压力 F_Q（单位：N）。为了简化计算，可近似地按两边带初拉力 F_0 的合力进行计算。由图 9-12 可知

$$F_Q = 2ZF_0 \sin\frac{\alpha_1}{2} \tag{9-23}$$

式中　Z——带的根数，其他符号如前述。

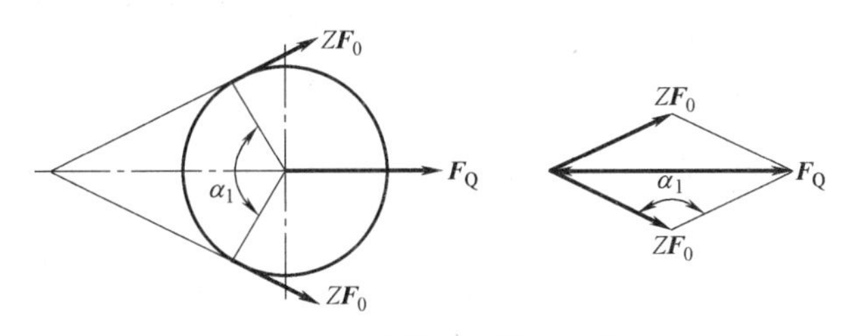

图 9-12　带传动对轴的压力

（9）带轮结构设计　带轮的结构设计，参见本章 9.2.2，根据带的型号确定轮槽尺寸（见表 9-4）后，其他结构尺寸的确定可参照图 9-7 所列的经验公式计算，并画出带轮工作图。

例 9-1　试设计 V 带输送机的带传动，采用三相异步电动机 Y160L-6，其额定功率 $P=8\text{kW}$，转速 $n_1=970\text{r/min}$，传动比 $i=2$，两班制工作。

解　设计步骤及结果见表 9-10。

表 9-10　例 9-1 解题过程

设计计算和说明	结　　果
1. 选取 V 带型号 确定计算功率 P_c，选取 V 带类型。查表 9-9 得工况系数 $K_A=1.2$，由式(9-13)得 $$P_c=K_AP=1.2\times8\text{kW}=9.6\text{kW}$$ 根据 $P_c=9.6\text{kW}$、$n_1=970\text{r/min}$，从图 9-11 中选用 B 型普通 V 带	B 型
2. 确定带轮基准直径 由表 9-2 查得主动轮的最小基准直径 $d_{d1\min}=125\text{mm}$，从带轮的基准直径系列中，取 $d_{d1}=160\text{mm}$。 根据式(9-14)，计算从动轮基准直径 d_{d2} $$d_{d2}=id_{d1}=2\times160\text{mm}=320\text{mm}$$ 估算 $d_{d2}=id_{d1}=2\times160\text{mm}=320\text{mm}$ 从表 9-2 中选取 $d_{d2}=315\text{mm}$	$d_{d1}=160\text{mm}$ $d_{d2}=315\text{mm}$
3. 验算带的速度 由式(9-15)得 $$v=\frac{\pi d_{d1}n_1}{60\times1000}=\frac{\pi\times160\times970}{60\times1000}\text{m/s}=8.1\text{m/s}$$	因为 $5\text{m/s}<v<25\text{m/s}$，所以符合要求
4. 确定传动中心距和普通 V 带的基准长度 由式(9-16)得 $$a_0=(0.7\sim2)(d_{d1}+d_{d2})=(0.7\sim2)\times(160+315)\text{mm}=332.5\sim950\text{mm}$$ 初步确定中心距 $a_0=600\text{mm}$。 根据式(9-17)计算带的初选长度： $$L_{d0}\approx2a_0+\frac{\pi}{2}(d_{d1}+d_{d2})+\frac{(d_{d2}-d_{d1})^2}{4a_0}$$ $$=2\times600\text{mm}+\frac{\pi}{2}\times(160+315)\text{mm}+\frac{(315-160)^2}{4\times600}\text{mm}=1956.14\text{mm}$$ 根据表 9-3，选带的基准长度 $L_d=1950\text{mm}$。 由式(9-18)，得带的实际中心距 a： $$a\approx a_0+\frac{L_d-L_{d0}}{2}=\left(600+\frac{1950-1956.14}{2}\right)\text{mm}=596.93\text{mm}$$ $$a_{\min}=a-0.015L_d=(596.93-0.015\times1950)\text{mm}=567.68\text{mm}$$ $$a_{\max}=a+0.03L_d=(596.93+0.03\times1950)\text{mm}=655.43\text{mm}$$	$L_d=1950\text{mm}$ $a=596.93\text{mm}$

（续）

设计计算和说明	结　果
5. 验算小带轮包角 α_1 由式(9-20)得 $\alpha_1=180°-\frac{d_{d2}-d_{d1}}{a}\times57.3°=180°-\frac{315-160}{596.93}\times57.3°=165.1°\geqslant120°$	因为 $\alpha_1>120°$，所以主动轮上的包角合适
6. 计算 V 带的根数 Z 由式(9-21)有 $Z=\frac{P_c}{[P_1]}=\frac{P_c}{(P_1+\Delta P_1)K_\alpha K_L}$ 由 B 型普通 V 带，$n_1=970\text{r/min}$，$d_{d1}=160\text{mm}$，查表 9-7 并利用插值法得 $P_1=2.70\text{kW}$；由 $i=2$，查表 9-7 得 $\Delta P_1=0.3\text{kW}$；由 $\alpha_1=165.1°$，查表 9-8 得 $K_\alpha=0.96$；由 $L_d=1950\text{mm}$，查表 9-3 得 $K_L=0.97$。则 $Z=\frac{9.6}{(2.70+0.3)\times0.96\times0.97}\approx3.4$	取 $Z=4$ 根
7. 计算初拉力 F_0 由式(9-22)得 $F_0=500\frac{P_c}{vZ}\left(\frac{2.5}{K_\alpha}-1\right)+qv^2$ 查表 9-5 得：$q=0.17\text{kg/m}$，故 $F_0=500\times\frac{9.6}{8.1\times4}\left(\frac{2.5}{0.96}-1\right)\text{N}+0.17\times8.1^2\text{N}\approx246.8\text{N}$	$F_0=248.8\text{N}$
8. 计算作用在轴上的压力 F_Q 根据式(9-23)得 $F_Q=2ZF_0\sin\frac{\alpha_1}{2}=2\times4\times248.8\times\sin\frac{165.1°}{2}\text{N}\approx1973.6\text{N}$	$F_Q=1973.6\text{N}$
9. 带轮结构设计，画带轮工作图（略）	

9.5　V 带传动的张紧装置及维护

9.5.1　常见的张紧装置

由于传动带的材料不是完全的弹性体，因此带在工作一段时间后会发生塑性伸长而松弛，张紧力降低。因此，带传动应设置张紧装置，以保持正常工作。常用的张紧方式有两种，即调整中心距和使用张紧轮。

1. 调整中心距方式

（1）定期张紧装置 通过定期调整中心距以恢复带的张紧力，使带重新张紧。常见的定期张紧装置分滑道式（图 9-13a）和摆架式（图 9-13b）两种。滑道式张紧装置常用在水平或接近水平的传动，常用调整螺钉 3 使装在机架滑槽上的电动机沿滑槽导路方向移动（图 9-13a），图 9-13b 所示装置则是利用螺杆及调整螺母 4 使电动机绕小轴 5 摆动，这种装置适用于垂直或接近垂直的布置。

（2）自动张紧装置　如图9-14所示的自动张紧装置是利用安装在摆架上的电动机自重下垂来张紧传动带的，通过载荷的大小自动调整张紧力。这种装置适用于中、小功率的带传动。

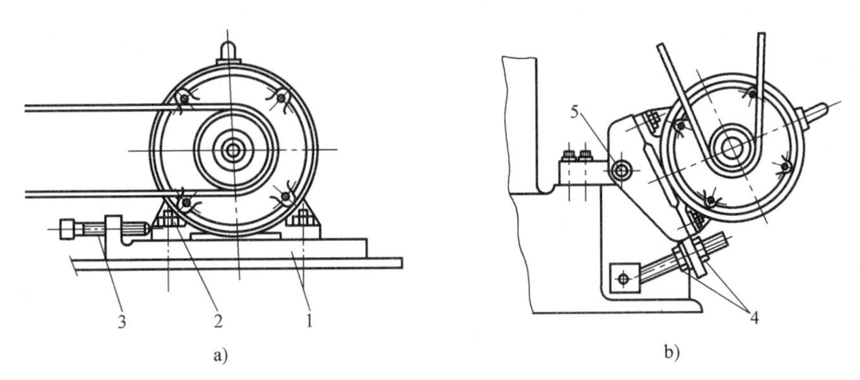

图9-13　带的定期张紧装置

a）滑道式　b）摆架式

1—机架　2—螺母　3—调整螺钉　4—调整螺母　5—小轴

2. 张紧轮方式

当传动带的中心距不可调时，可采用图9-15所示的张紧轮装置张紧。张紧轮一般设置在松边的内侧，使带只受单向弯曲。同时张紧轮应尽量靠近大带轮，以免小带轮包角过分减小。若设置在松边的外侧，应靠近小带轮处，以增加小带轮上的包角。张紧轮直径近似等于小带轮的直径。

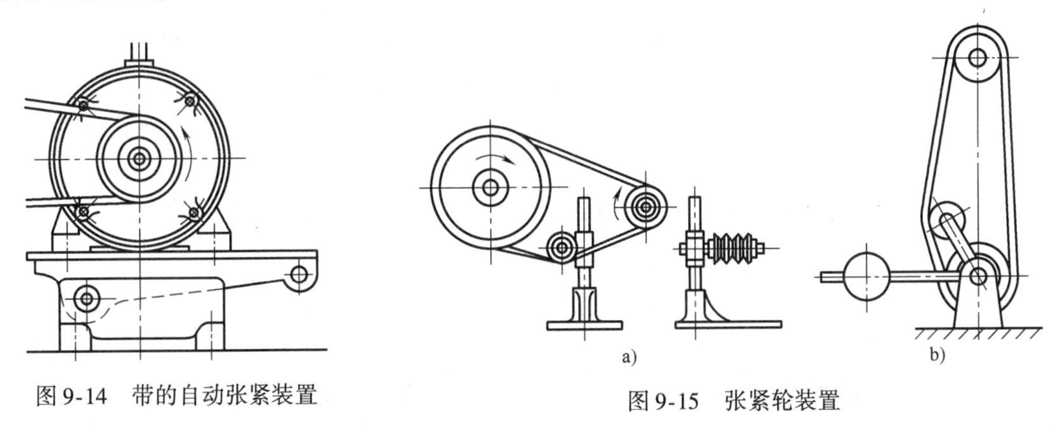

图9-14　带的自动张紧装置

图9-15　张紧轮装置

9.5.2　带传动的安装与维护

正确安装、使用和维护是V带传动正常工作和延长使用寿命的有效措施，一般需要注意以下要求：

1）安装时，应先缩小中心距，将带套入槽中后，再慢慢地调整到合适的中心距并予以张紧；注意带的张紧程度要适当，生产实践中可以根据经验来测定张紧力是否适当；一般情况下长度为1m的带，以大拇指能按下15mm为宜（图9-16）。

2）安装V带轮时，两带轮的轴线应相互平行，必须保持规定的平行度（图9-17），两带轮轮槽的中间平面应重合，其偏角误差不得超过20′，以防带侧面磨损加剧。

3）选用V带时要注意截型和长度。截型应和带轮轮槽相符合。当使用多根V带传动时，因带的基准长度极限偏差值较大，为避免各根带的载荷分布不均匀，其长度的最大允许差值应在规定范围内，其值可查阅GB/T 13575.1—2008。

4）普通V带和窄V带不得混用在同一传动装置上，同组使用的V带应型号相同，长度相等。

5）在使用过程中应定期进行检查且及时调整，必须使同一组V带中各带的配合公差带在同一档次。

6）V带应保持清洁，避免接触酸、碱、油等有腐蚀作用的介质，避免日光暴晒。不在60°以上的环境下工作。

7）为了保证生产安全，应给V带传动加防护罩。

8）使用中应定期检查V带，发现其中一根松弛或损坏，应及时全部更换新带。注意：新旧不同的V带不能同时使用。

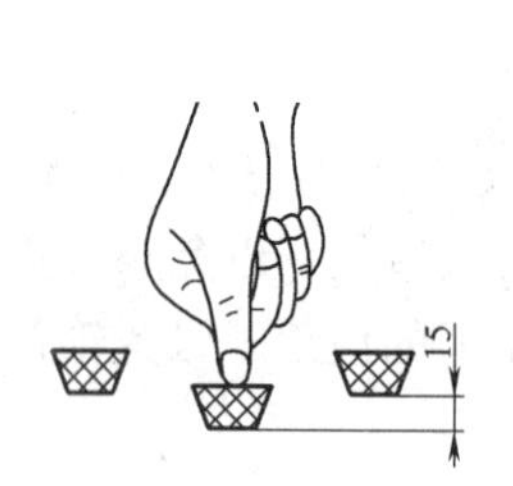

图9-16　V带的张紧程度

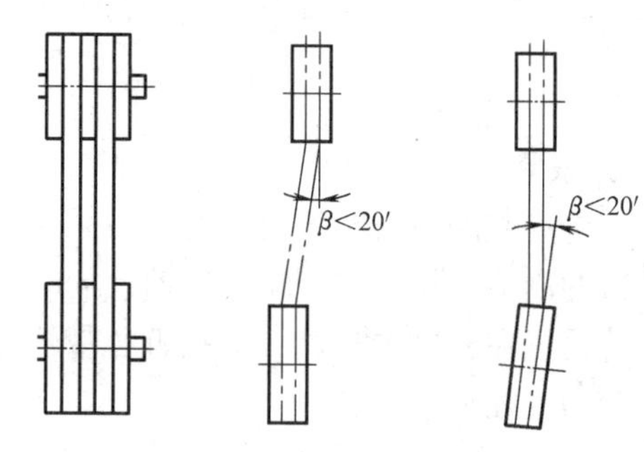

图9-17　两带轮的相对位置

小　　结

本章主要介绍了带传动的工作能力分析、V带的标准选用、设计方法和带轮工作图的绘制；同时还介绍了带传动的类型、特点、应用，V带的结构和尺寸标准及V带轮的材料和结构；最后简单介绍了带传动装置的维护和张紧方法等内容。

1. 本章重点

本章重点是带传动的工作原理和V带传动的设计方法。

（1）带传动的工作原理　带传动类型的划分是根据工作原理的不同而确定的。工作时依靠带与带轮接触面上的摩擦力来传递运动和动力的称为摩擦型带传动；工作时是靠带齿与带轮齿间的啮合来传递运动的称为啮合型带传动。

（2）V带传动的设计方法　V带传动的设计方法主要介绍了V带设计的参数选择和一般步骤。普通V带传动设计计算的主要内容是确定V带的型号、长度、根数、中心距、带轮直径、材料、结构以及对带轮轴的压力等。设计中应注意带轮最小直径、传动中心距、带根数的选取和小带轮包角与带速的验算。

2. 本章难点

本章难点有四部分，即

1）带传动的有效拉力及带传动的应力分析。摩擦型带传动在工作前已有一定的初拉力，工作时靠带与带轮间的摩擦力工作，带的两边形成松边和紧边，两边的拉力差是带传递的有效圆周力，最大有效圆周力可以通过欧拉公式计算出来。

带的工作应力为变应力，由带拉力产生的拉应力 σ_1、离心力产生的拉应力 σ_c 和带在带轮上环绕而产生的弯曲应力 σ_b 三部分组成。为避免 σ_1 过大，应限制最小带速，为避免 σ_c 过大，应限制最大带速，为避免 σ_b 过大，应限制小带轮的最小计算直径。

2）带传动的主要失效形式与计算准则。带传动的失效形式是打滑和带的疲劳损坏，设计准则是在保证带传动不打滑的条件下，使带具有足够的疲劳强度（寿命）。

3）带传动中的弹性滑动和打滑。带传动的打滑和弹性滑动是两个截然不同的概念。打滑是可以避免的，弹性滑动是不可避免的。弹性滑动造成从动轮圆周速度降低，降低量用滑动率表示。

4）影响带使用寿命的原因。

思考与习题

9-1　带传动为什么会产生弹性滑动？弹性滑动与打滑有什么不同？

9-2　设计 V 带传动时，如果带根数过多，应如何处理？

9-3　设计 V 带传动时，如果小带轮包角 α_1 太小，应如何处理？

9-4　设计 V 带传动时，为什么直径不宜取得太小？

9-5　如何判别带传动的紧边与松边？带传动有效圆周力 F 与紧边拉力 F_1、松边拉力 F_2 有什么关系？带传动的有效圆周力 F 与传递功率 P、转矩 T、带速 v、带轮直径 d_d 之间有什么关系？

9-6　试设计一鼓风机用 V 带传动。小带轮装在电动机轴上，已知：电动机功率 $P=10\text{kW}$，转速 $n_1=1450\text{r/min}$，从动轮转速 $n_2=400\text{r/min}$，每天工作 24h，中心距约为 1500mm。

9-7　试设计一带式运输机用 V 带传动。小带轮装在电动机轴上，已知：电动机功率 $P=4\text{kW}$，转速 $n_1=960\text{r/min}$，从动轮转速 $n_2=295\text{r/min}$，三班制工作，载荷变动较小。

9-8　一普通 V 带传动，已知带的型号为 A 型，两个 V 带轮的基准直径分别为 125mm 和 250mm，初定中心距 $a_0=480\text{mm}$，试设计此 V 带传动。

第10章 链传动

1. 了解链传动的特点、类型及应用。
2. 了解链传动的运动特性。
3. 熟悉链传动的常见失效形式。
4. 掌握滚子链传动的设计计算方法。
5. 了解链传动的张紧与润滑。

链传动是一种常见的机械传动形式，兼有带传动和齿轮传动的一些特点。本章主要以滚子链传动为对象，重点分析讨论滚子链传动的设计方法及使用与维护。

10.1 链传动的组成、类型和特点

10.1.1 链传动的组成

链传动是一种具有中间挠性件（链条）的啮合传动，它同时具有刚、柔特点，是一种应用十分广泛的机械传动形式。如图 10-1 所示，链传动由主动链轮 1、从动链轮 2 和中间挠性件（链条）3 组成，通过链条的链节与链轮上的轮齿相啮合传递运动和动力。

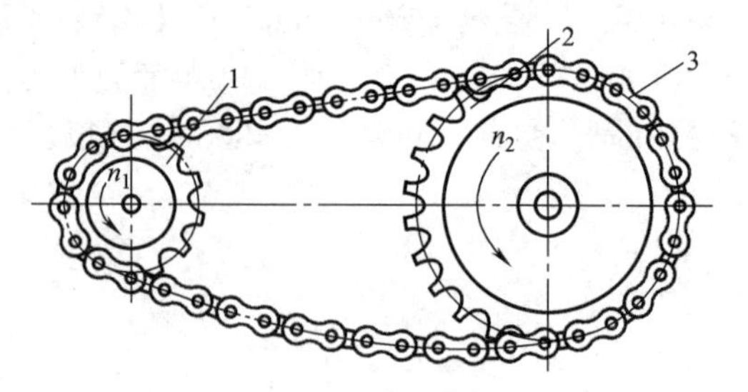

图 10-1 链传动

1—主动链轮 2—从动链轮 3—链条

10.1.2 链传动的特点及应用

与带传动相比，链传动无弹性滑动和打滑现象，因而能保持准确的平均传动比；链传动不需很大的初拉力，故对轴的压力小；相同使用条件下结构比带传动紧凑，同时链传动能在高温、低速、潮湿、多尘、油污和有腐蚀等恶劣条件下工作。

与齿轮传动相比，链传动能缓冲吸振，结构简单，加工成本低廉，安装精度要求低；中心距适用范围大，最大中心距可达十多米。

链传动的主要缺点是：只能在平行轴之间实现同向传动；瞬时链速和瞬时传动比一般不是常数，因此传动平稳性较差，工作中有一定的冲击和噪声。

链传动主要用于要求工作可靠，两轴相距较远（中心距 $a \leqslant 5 \sim 6\text{m}$），不宜采用齿轮传动，要求平均传动比准确但不要求瞬时传动比准确的场合。它可以用于环境条件较恶劣的场合，广泛用于农业、矿山、冶金、运输机械以及机床和轻工机械中。

链传动传递的功率一般在 10kW 以下，推荐的传动比 $i \leqslant 8$，链速一般不超过 15m/s，传动效率通常为 0.95 ~ 0.98。

10.1.3　链传动的类型

按用途的不同链可分为传动链、起重链和曳引链。用于传递动力的传动链又有齿形链（图 10-2）和滚子链（图 10-3）两种。齿形链运转较平稳，噪声小，又称为无声链。它适用于高速（40m/s）、运动精度要求较高的传动中，但缺点是制造成本高，重量大。起重链主要用于起重机械中，其工作速度 $v \leqslant 0.25\text{m/s}$；牵引链主要用于链式输送机中移动重物，其工作速度 $v \leqslant 4\text{m/s}$；传动链用于一般机械中传递运动和动力，通常工作速度 $v \leqslant 15\text{m/s}$。本章主要讨论滚子链传动。

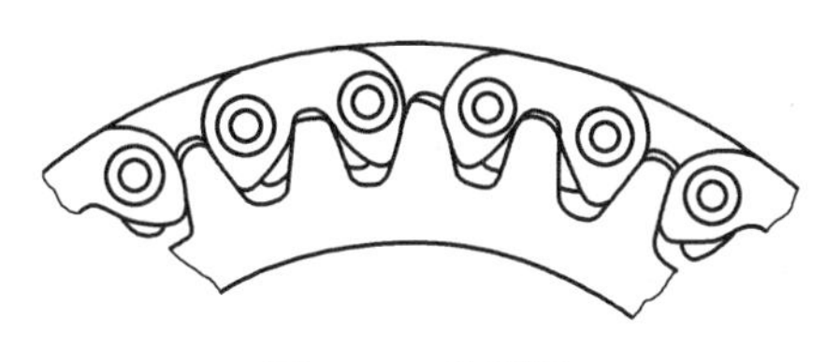

图 10-2　齿形链

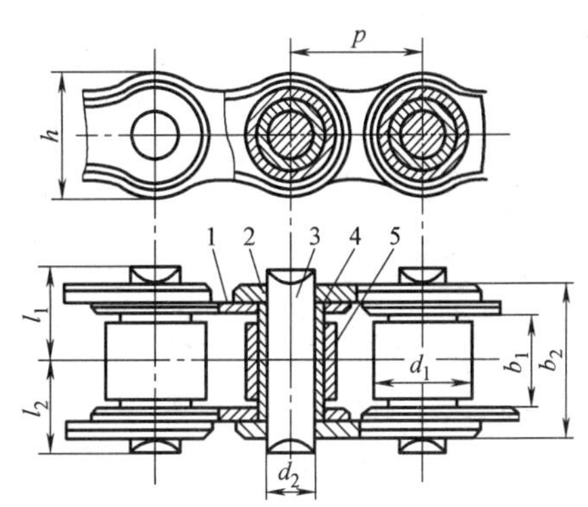

图 10-3　滚子链

1—内链板　2—套筒　3—销轴　4—外链板　5—滚子

10.2　滚子链的结构和标准

10.2.1　滚子链的结构

如图 10-3 所示，滚子链由内链板 1、套筒 2、销轴 3、外链板 4 和滚子 5 组成。内链板与套筒、外链板与销轴间均为过盈配合；套筒与销轴、滚子与套筒间均为间隙配合。内、外链板交错连接而构成铰链。工作时，滚子沿链轮齿廓滚动，这样可以减轻齿廓磨损。

链板一般制成 8 字形，以使它的各个横截面具有接近相等的抗拉强度，同时也减小了链的质量和运动时的惯性力。

链条上相邻两销轴中心的距离称为节距，标记为 p，节距是链传动的重要参数。节距 p 越大，传动的承载能力越高。但在链轮齿数一定时，链轮尺寸和重量随之增大。因此，设计时在保证承载能力的前提下，应尽量采取较小的节距。

当传递功率较大时，可采用双排链（图 10-4）或多排链。当多排链的排数较多时，各排受载不易均匀，因此实际运用中排数一般不超过 4。

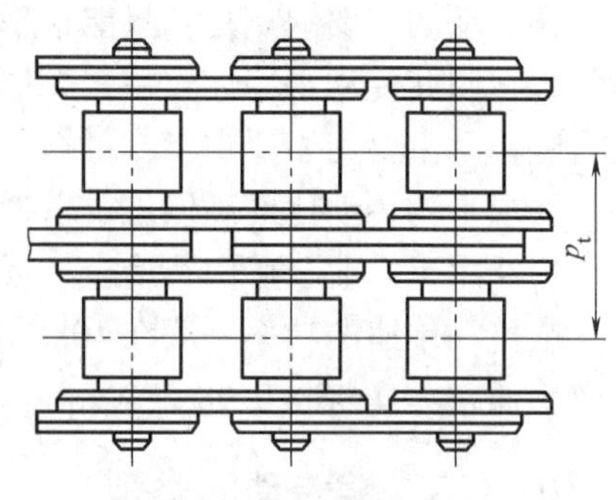

图 10-4　双排滚子链

链条在使用时封闭为环形，其长度以链节数来表示。当链节数为偶数时，正好是外链板与内链板相接，可用开口销或弹簧卡固定销轴，如图 10-5a、b 所示，前者用于大节距，后者用于小节距；若链节数为奇数，则需采用过渡链节，如图 10-5c 所示。由于过渡链节的链板要受附加的弯矩作用，一般应避免使用。但是，这种链节的弹性较好，可以缓冲和吸振，在重载、有冲击、经常正反转条件下工作时可采用。

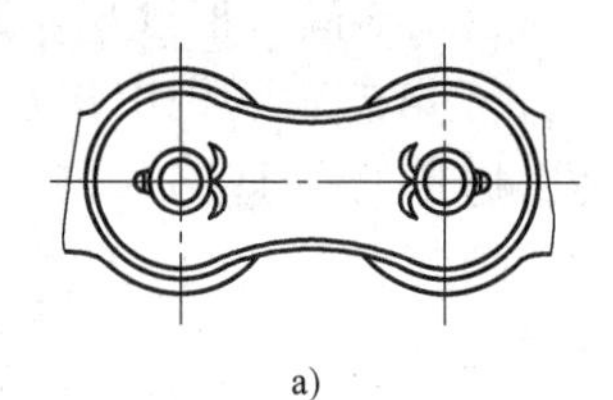
a)

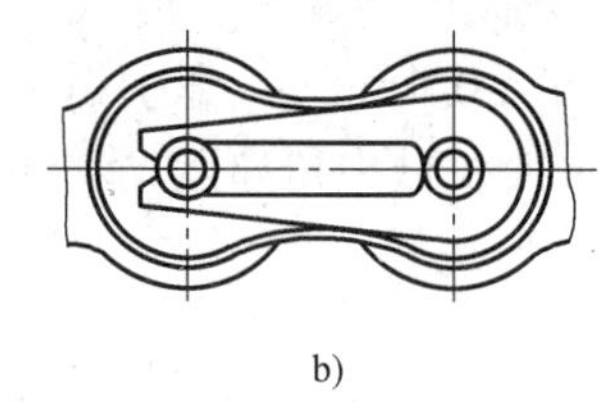
b)

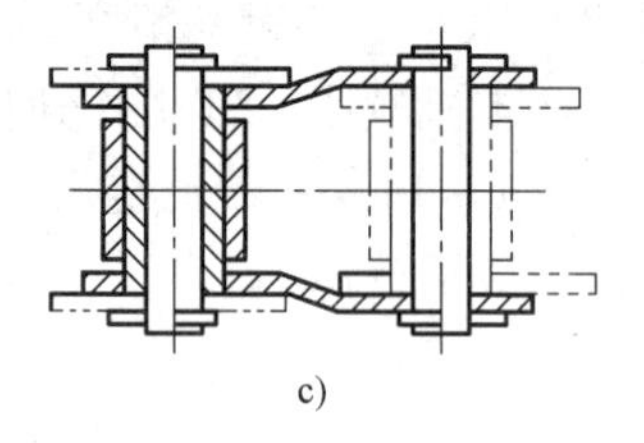
c)

图 10-5　滚子链接头形式

滚子链和链轮啮合的基本参数是节距 p、滚子外径 d_1 和内链宽度 b_1（图 10-3），对于多排链，还有排距 p_t（图 10-4）。

10.2.2　滚子链的标准

我国目前使用的滚子链标准为 GB/T 1243—2006，分为 A、B 两个系列。A 系列用于重载、高速和重要传动，B 系列用于一般传动。常用的 A 系列主要参数见表 10-1。国际上链节距均采用英制单位，我国标准中规定链节距采用米制单位（按转换关系从英制折算成米制）。对应于链节距有不同的链号，用链号乘以 25.4/16 所得的数值即为链节距 p（单位：mm）。

表 10-1　A 系列滚子链的基本参数和尺寸（摘自 GB/T 1243—2006）

链号	节距	排距	滚子直径	内节内宽	销轴直径	内链板高度	抗拉强度（单排）	每米质量（单排）
	p/mm	p_t/mm	d_{1max}/mm	b_{1min}/mm	d_{2max}/mm	h_{2max}/mm	F_{lim}/N	q/(kg/m)
08A	12.70	14.38	7.92	7.85	3.98	12.07	13900	0.60
10A	15.875	18.11	10.16	9.40	5.09	15.09	21800	1.00
12A	19.05	22.78	11.91	12.57	5.96	18.10	31300	1.50
16A	25.40	29.29	15.88	15.75	7.94	24.13	55600	2.60
20A	31.75	35.76	19.05	18.90	9.54	30.17	87000	3.80
24A	38.10	45.44	22.23	25.22	11.11	36.20	125000	5.60
28A	44.45	48.87	25.40	25.22	12.71	42.23	170000	7.50
32A	50.80	58.55	28.58	31.55	14.29	48.26	223000	10.10
40A	63.50	71.55	39.68	37.85	19.85	60.33	347000	16.10
48A	76.20	87.83	47.63	47.35	23.81	72.39	500000	22.60

注：1. 多排链极限拉伸载荷按表中所列 F_{lim} 值乘以排数计算。

2. 使用过渡链节时，其极限拉伸载荷按表中所列数值的 80% 计算。

滚子链的标记方法为：链号-排数-链节数 国家标准代号。例如，A 系列滚子链，节距为 19.05mm，双排，链节数为 100，其标记为

12A-2-100　GB/T 1243—2006

10.2.3　链轮

链轮设计主要是确定其结构及尺寸，选择材料及热处理方法。

1. 链轮的齿形及尺寸

链轮轮齿的齿形应便于链条顺利地进入和退出啮合，使其不易脱链，且形状简单，便于加工。国家标准 GB/T 1243—2006 已经将链轮的齿形标准化，标准规定了滚子链链轮端面齿形有两种形式：二圆弧齿形（图 10-6b）、三圆弧-直线齿形（图 10-6c）。常用的为三圆弧-直线齿形。各种链轮的实际端面齿形只要在最大、最小范围内都可用，如图 10-6a 所示。齿槽各部分尺寸的计算公式列于表 10-2 中。链轮的轴向齿廓及尺寸见表 10-3。

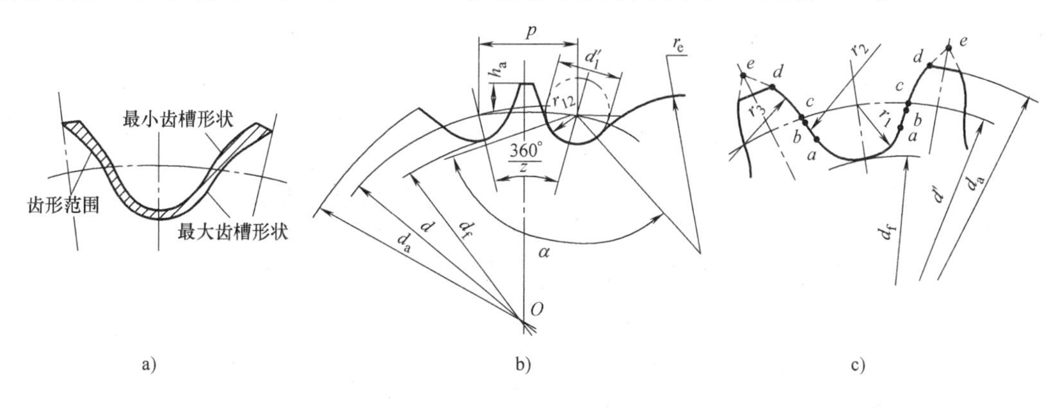

图 10-6　链轮端面齿形

表 10-2　滚子链链轮齿槽各部分尺寸的计算公式

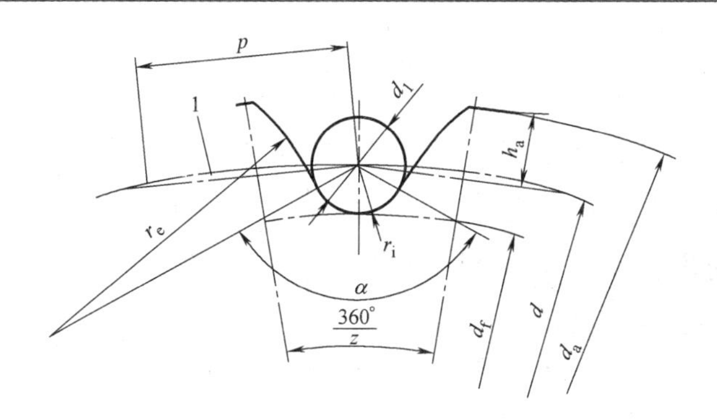

名　称	代号	计算公式	
		最大齿槽形状	最小齿槽形状
齿面圆弧半径/mm	r_e	$r_{emin}=0.008d_1(z^2+180)$	$r_{emax}=0.12d_1(z+2)$
齿沟圆弧半径/mm	r_i	$r_{imax}=0.505d_1+0.069\sqrt[3]{d_1}$	$r_{imin}=0.505d_1$
齿沟角/(°)	a	$a_{min}=120°-\frac{90°}{z}$	$a_{max}=140°-\frac{90°}{z}$

链轮的主要参数为齿数 z、节距 p（与链节距相同）、滚子的最大外径 d_1 和分度圆直径 d。链轮的齿形用标准刀具加工，在其工作图上一般不绘制端面齿形，只需注明“齿形按 GB/T 1243—2006 规定制造和检验”即可。但为了车削毛坯，需将链轮的轴向齿形画出。

表 10-3 链轮的轴向齿廓及尺寸

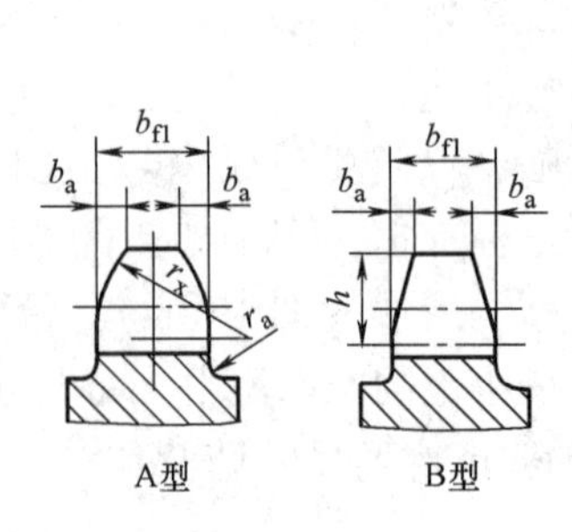

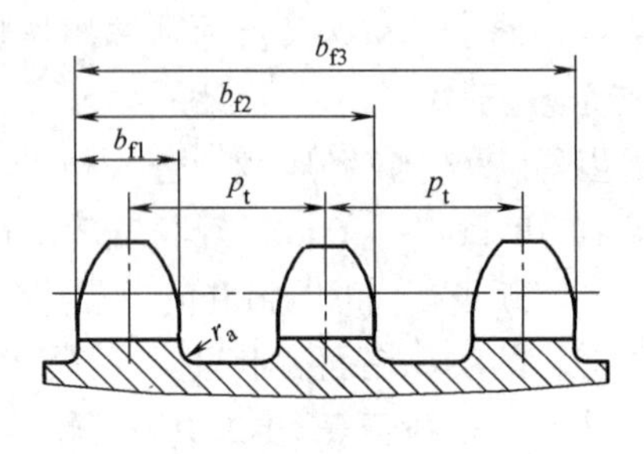

名 称		代 号	计算公式		备 注
			$p\leqslant 12.7$mm	$p>12.7$mm	
齿宽	单排、双排、三排、四排及以上	b_{f1}	$0.93b_1$ $0.91b_1$ $0.88b_1$	$0.95b_1$ $0.93b_1$ $0.93b_1$	$p>12.7$mm 时，经制造厂同意也可使用 $p\leqslant 12.7$mm 时的齿宽 b_1——内链节宽度（见表 10-1）
倒角宽		b_a	$b_a=(0.1\sim0.15)p$		
倒角半径		r_x	$r_x\geqslant p$		
倒角深		h	$h=0.5p$		仅适用于 B 型
齿侧凸缘（或排间槽）圆角半径		r_a	$r_a\approx 0.04p$		
链轮齿总宽		b_{fn}	$b_{fn}=(n-1)p_t+b_{f1}$		n——排数

滚子链链轮的主要尺寸列于表 10-4 中。

表 10-4 滚子链链轮的主要尺寸

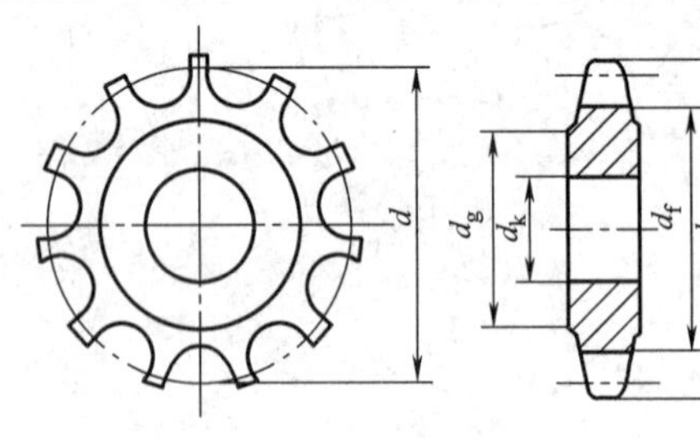

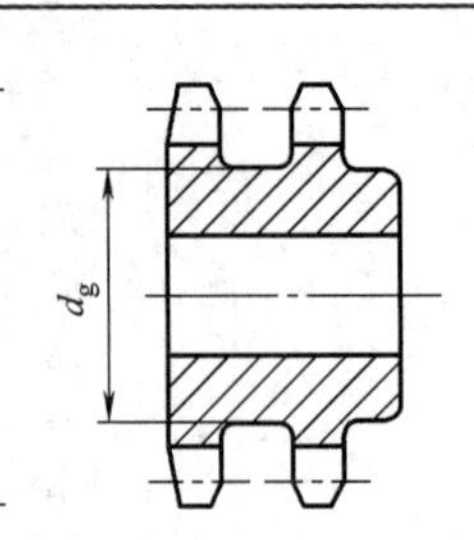

名 称	代号	计算公式	备 注
分度圆直径	d	$d=p/\sin\dfrac{180^\circ}{z}$	
齿顶圆直径	d_a	$d_{amax}=d+1.25p-d_r'$ $d_{amin}=d+\left(1-\dfrac{1.6}{z}\right)p-d_r'$	可在 d_{amax}、d_{amin} 范围内任意选取，但用 d_{amax} 时，应考虑展成法加工时有发生顶切的可能性

（续）

名　　称	代号	计算公式	备　　注
分度圆弦齿高	h_a	$h_{amax}=\left(0.625+\frac{0.8}{z}\right)p-0.5d_r'$ $h_{amin}=0.5(p-d_r')$	h_a 是为简化放大齿形图的绘制而引入的辅助尺寸(图10-6) h_{amax} 相当于 d_{amax} h_{amin} 相当于 d_{amin}
齿根圆直径	d_f	$d_f=d-d_r'$	
齿凸缘（或排间槽）直径	d_g	$d_g\leqslant p\cos\frac{180°}{z}-1.04h_2-0.76$	h_2——内链板高度

注：d_a、d_g 值取整数，其他尺寸精确到0.01mm。

2. 链轮的结构与材料

链轮的结构如图10-7所示。链轮的直径比较小时通常制成实心式（图10-7a），直径较大时制成孔板式（图10-7b），直径很大时（≥200mm）制成组合式，可将齿圈焊接到轮毂上（图10-7c），或采用螺栓联接（图10-7d）。

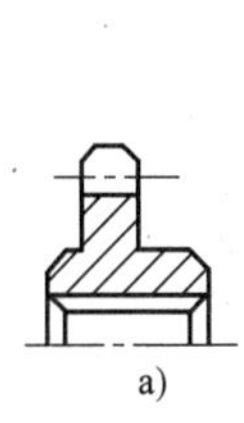
a)

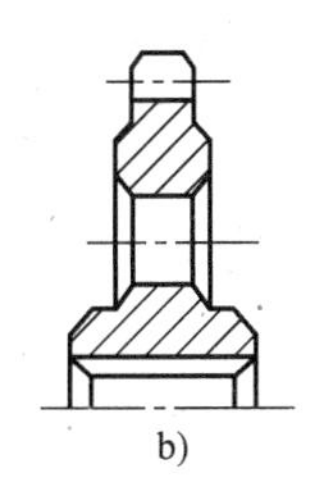
b)

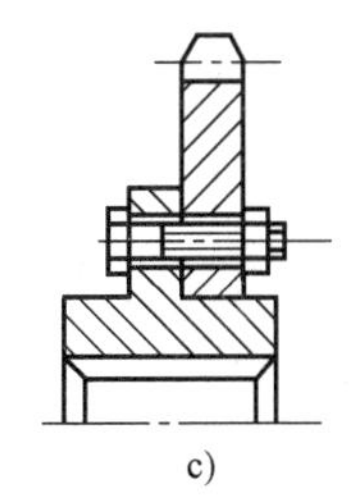
c)

d)

图10-7　链轮结构

链轮轮齿应有足够的接触强度和耐磨性。由于小链轮的啮合次数比大链轮轮齿的啮合次数多，所受冲击也较严重，所以小链轮的材料应优于大链轮。链轮常用的材料及其应用范围见表10-5。

表10-5　链轮常用的材料及其应用范围

材　　料	热处理	热处理后的硬度	应用范围
15、20	渗碳、淬火、回火	50～60HRC	$z\leqslant 25$，有冲击载荷的主、从动链轮
35	正火	160～200HBW	在正常工作条件下，齿数较多($z>25$)的链轮
40、50、ZG310-570	淬火、回火	40～50HRC	无剧烈振动及冲击的链轮
15Cr、20Cr	渗碳、淬火、回火	50～60HRC	有动载荷及传递较大功率的重要链轮($z<25$)
35SiMn、40Cr、35CrMo	淬火、回火	40～50HRC	使用优质链条、重要的链轮
Q235A、Q275	焊接后退火	140HBW	中等速度、传递中等功率的较大链轮
灰铸铁(不低于HT150)	淬火、回火	260～280HBW	$z_2>50$ 的从动轮
夹布胶木	—	—	功率小于6kW、速度较高、要求传动平稳和噪声小的链轮

10.3　链传动的运动特性

10.3.1　链传动的运动不确定性

链条是由内外链节相连而成的，内外链节间可相对转动，但各个链节都是刚性体，所以链条进入链轮后形成折线，各段折线为正多边形的一部分，此正多边形的边长为链节距 p，边数为链轮的齿数 z。所以从结构形式上来看，链传动就像是绕在多边形带轮上的带传动。如图 10-8 所示，链轮每转过一周，链条前进的长度为 pz。设两轮的转速分别为 n_1、n_2（单位：r/min），则链的平均速度为

$$v=\frac{z_1pn_1}{60\times1000}=\frac{z_2pn_2}{60\times1000} \tag{10-1}$$

式中　z_1、z_2——主、从动链轮的齿数；

p——链节距。

由上式可得链传动的传动比为

$$i_{12}=\frac{n_1}{n_2}=\frac{z_2}{z_1}=\text{常数} \tag{10-2}$$

由式（10-1）求得的链速是平均值，因此由式（10-2）求得的链传动比也是平均值。实际上链速和链传动比在每一瞬时都是变化的，而且是按每一链节的啮合过程做周期性变化。在图 10-8 中，假设链条的上边始终处于水平位置，铰链 A 已进入啮合。主动轮以角速度 ω_1 回转，其圆周速度 $v_1=d_1\omega_1/2$，将其分解为沿链条前进方向的分速度 v 和垂直方向的分速度 v'，则 v 和 v'的值分别为

$$v=v_1\cos\beta=\frac{d_1\omega_1}{2}\cos\beta \tag{10-3}$$

$$v'=v_1\sin\beta=\frac{d_1\omega_1}{2}\sin\beta \tag{10-4}$$

式中　β——主动轮上铰链 A 的圆周速度方向与链条前进方向的夹角。

从销轴 A 进入铰链啮合位置开始到销轴 B 也进入铰链啮合位置为止，β 角是在 $+\frac{180°}{z_1}\sim-\frac{180°}{z_1}$范围内变化的。当 $\beta=0$ 时，其链速达最大值，$v_{\max}=v_1=d_1\omega_1/2$；当 $\beta=\pm\frac{180°}{z_1}$时，链速最小，$v_{\min}=\frac{1}{2}d_1\omega_1\cos\frac{180°}{z_1}$。由此可见，链轮每送进一个链节，其链速 v 经历“最小-最大-最小”的周期性变化。这种由于链条绕在链轮上形成多边形啮合传动而引起传动速度不均匀的现象，称为多边形效应。

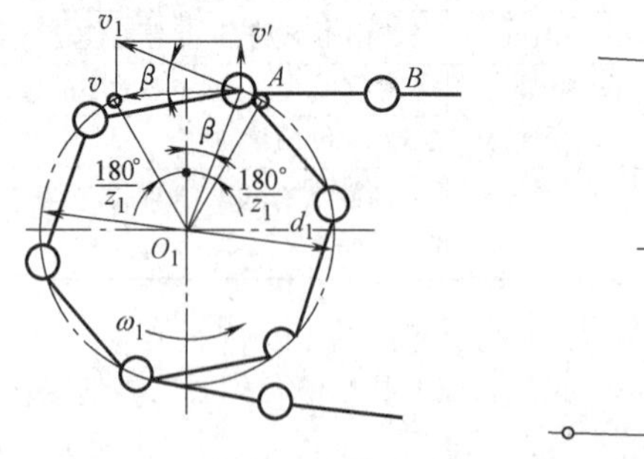

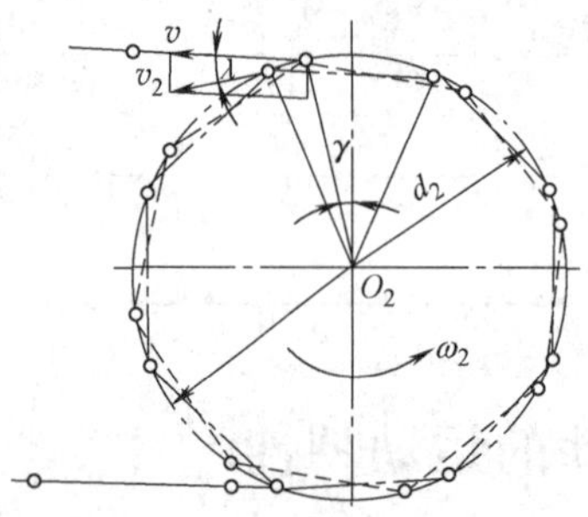

图 10-8　链传动的速度分析

此外，随着 β 值的变化，链条在垂直方向上的分速度 v' 也做周期性变化，使链条上下抖动。

用同样的方法对从动轮进行分析可知，从动轮的角速度 ω_2 也是变化的，其瞬时传动比 $\left(i_{12}=\dfrac{\omega_1}{\omega_2}=\dfrac{d_2\cos\gamma}{d_1\cos\beta}\right)$也是变化的。

由上述分析可知，尽管 ω_1 为常数，但瞬时传动比 i_{12}也不恒定，链节这种忽快忽慢、忽上忽下的变化，必然给链传动带来了工作的不平稳性和有规律的振动，因此链传动不适用于高速传动。

显然，链轮的齿数 z 越少，β 的变化范围越大，转速 n 越高，链节距 p 和质量越大时，链传动的多边形效应就越明显。因此，链传动不宜用在高速级，并且当链速一定时，应采用小节距链条和尽量增加小链轮齿数，这对减少冲击和动载荷是有利的。

10.3.2　链传动的受力分析

链传动在安装时，应使链条受一定的张紧力，其张紧力是通过使链保持适当的垂度所产生的悬垂拉力获得的。链传动张紧的目的主要是防止垂度过大，以免引起啮合不良，因而所需的张紧力比带传动小得多。

张紧后的链传动在工作时，一般紧边在上且处于拉直状态，松边在下且有一定垂度。

不计动载荷，链传动中的主要作用力有：

（1）作用于紧边的工作拉力 F_e（单位：N）

$$F_e=1000\frac{P}{v}$$

式中　P——链传动所传递的功率（kW）；

v——链速（m/s）。

（2）作用于全链长的离心拉力 F_c（单位：N）

$$F_c=qv^2$$

式中　q——单位长度链条的质量（kg/m）。

当 $v<7\text{m/s}$ 时可不考虑 F_c。

（3）垂度拉力 F_f　链松边下垂时，重力引起的拉力作用于链全长。F_f的大小与链条的松边垂度及传动的布置方式有关，在 F_f'和 F_f''中选大者，如图 10-9 所示。

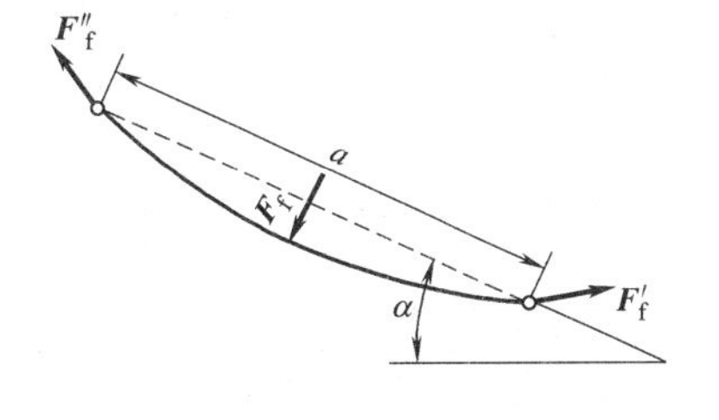

图 10-9　链的松边垂度与受力

$$F_f'=K_fqa\times10^{-2}$$

$$F_f''=(K_f+\sin\alpha)qa\times10^{-2}$$

式中　a——链传动的中心距（mm）；

K_f——垂度系数，查表 10-6。

表 10-6　垂度系数

α	0°	30°	60°	75°	90°
K_f	7	6	4	2.5	1

10.4　滚子链传动的设计计算

链条是标准件，设计链传动的主要内容包括：根据工作要求选择链条的型号、节距及排数，合理选择传动参数（链轮齿数 z_1 和 z_2、传动比 i、中心距 a、链节数 L_p 等），确定润滑方式，设计链轮等。

10.4.1 链传动的失效形式

由于链条强度不如链轮高，所以一般链传动的失效主要是链条的失效。常见的失效形式有以下几种：

1. 链板疲劳破坏

由于链条松边和紧边的拉力不等，在其反复作用下经过一定次数的循环后，链板将发生疲劳断裂。在正常的润滑条件下，一般是链板首先发生疲劳断裂，其疲劳强度成为限定链传动承载能力的主要因素。

2. 滚子和套筒的冲击疲劳破坏

链传动在反复起动、制动或反转时产生巨大的惯性冲击，会使滚子和套筒发生冲击疲劳破坏。

3. 链条铰链磨损

链的各元件在工作过程中都会有不同程度的磨损，但主要磨损发生在铰链的销轴与套筒的承压面上。磨损使链条的节距增加，容易产生跳齿和脱链。开式传动或润滑不良时，链传动的主要失效形式是铰链磨损。

4. 链条铰链的胶合

当链轮转速达到一定值，链节啮入时受到的冲击能量增大，工作表面的温度过高，销轴和套筒间的润滑油膜被破坏而产生胶合。胶合限制了链传动的极限转速。

5. 静力拉断

在低速（$v<0.6$m/s）、重载或瞬时严重过载的场合，当载荷超过链条的静力强度时导致链条被拉断。

10.4.2 额定功率曲线

为使链传动的设计有可靠的依据，对各种规格的链条进行试验，可得出链传动不失效时所能传递的功率。如图10-10所示为A系列滚子链的额定功率曲线，它是在特定条件下经试验和分析得出的不同规格链条所能传递的额定功率 P_0。其特定条件为：①两链轮轴水平安装，两链轮共面；②小链轮齿数 $z_1=19$，传动比 $i=3$；③链节数 $L_p=100$ 节；④链条因磨损引起的相对伸长量不超过3%；⑤载荷平稳；⑥单排链；⑦工作寿命为15000h；⑧按推荐的润滑方式润滑。设计时，如与上述条件不符，应对其所传递的功率进行修正。

10.4.3 设计计算准则

1. 中、低速链传动（$v>0.6$m/s）

对于一般链速（$v>0.6$m/s）的链传动，其主要失效形式为疲劳破坏，故设计计算通常以疲劳强度为主，并综合考虑其他失效形式的影响。计算准则为：传递的功率值（计算功率值）小于许用功率值，即

$$P_c \leqslant [P]$$

由图10-10查得的 P_0 值是在规定的试验条件下得到的，与实际工作条件往往不一致，

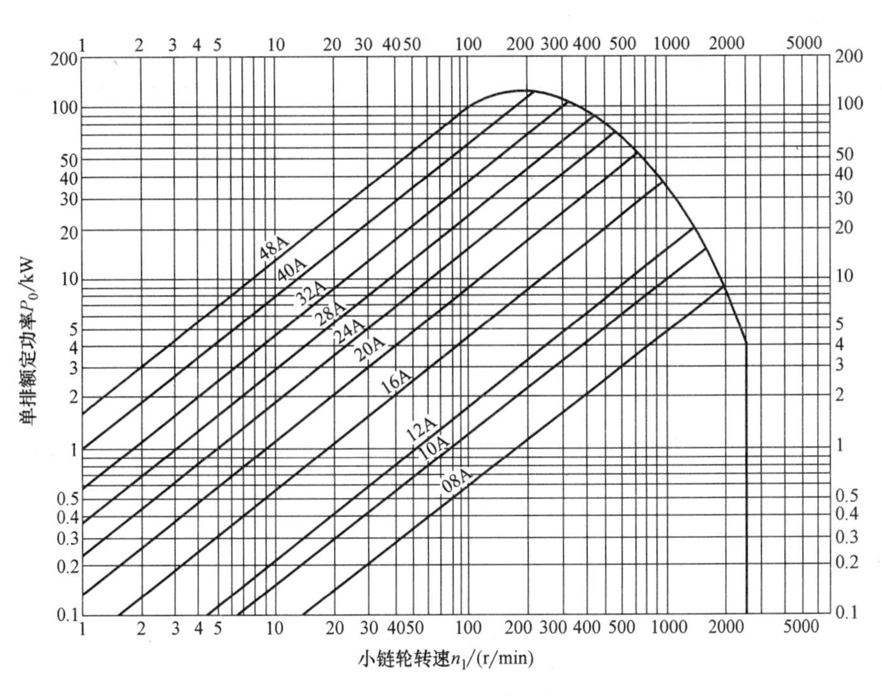

图 10-10　额定功率曲线图

所以 P_0 值不能作为 $[P]$，而必须对 P_0 值进行修正，即

$$P_0 = K_A P \leqslant K_z K_i K_a K_{pt} P_0$$

$$P_0 \geqslant P \frac{K_A}{K_z K_i K_a K_{pt}} \tag{10-5}$$

式中　P——名义功率（kW）；

K_A——工作情况系数（见表 10-7）；

K_z——小链轮齿数系数（见表 10-8）；

K_i——传动比系数（见表 10-9）；

K_a——中心距系数（见表 10-10）；

K_{pt}——多排链系数（见表 10-11）。

表 10-7　工作情况系数 K_A

载荷种类	原动机类型	
	电动机或汽轮机	内燃机
载荷平稳	1.0	1.2
中等冲击	1.3	1.4
较大冲击	1.5	1.7

表 10-8　小链轮齿数系数 K_z

z_1	9	11	13	15	17	19	21	23	25	27	29	31	33	35	37
K_z	0.446	0.555	0.667	0.775	0.893	1.00	1.12	1.23	1.35	1.46	1.58	1.70	1.81	1.94	2.12

表 10-9　传动比系数 K_i

i	1	2	3	5	≥7
K_i	0.82	0.925	1.00	1.09	1.15

表 10-10　中心距系数 K_a

a	$20p$	$40p$	$80p$	$160p$
K_a	0.87	1.00	1.18	1.45

表 10-11　多排链系数 K_{pt}

排数	1	2	3	4	5	6
K_{pt}	1.0	1.7	2.5	3.3	4.1	5.0

2. 低速链传动（$v\leqslant0.6$m/s）

当链速 $v\leqslant0.6$m/s 时，链传动的主要失效形式为链条的过载拉断，因此应进行静强度计算，校核其静强度安全系数 S，即

$$S=\frac{F_Q m}{K_A F_e}\geqslant4\sim8$$

式中　F_Q——单排链的极限拉伸载荷（见表 10-1 中抗拉强度）；

m——链条排数；

F_e——链的工作拉力（N），$F_e=\frac{1000P}{v}$，其中 P 为名义功率（kW），v 为链速（m/s）。

链条作用在链轮轴上的压力 F' 可近似取为

$$F'=(1.2\sim1.3)F_e \tag{10-6}$$

当有冲击、振动时，式中的系数取大值。

10.4.4　链传动的主要参数选择及设计步骤

根据链速的大小，链传动的计算方法有以下两种：

1. 中、高速链传动（$v\geqslant0.6$m/s）**按功率曲线进行设计**

链条在中、高速条件下，易出现的失效形式有链板疲劳破坏、铰链的磨损、滚子和套筒点蚀以及套筒和销轴胶合，所以应按功率曲线设计计算。按照 GB/T 18150—2006《滚子链传动选择指导》，设计的大致步骤如下：

1）选择链轮齿数和传动比。小链轮齿数 z_1 小可减少外廓尺寸，但齿数过少，会使链传递的圆周力增大，多边效应显著，传动的不均匀性和动载荷增加，铰链磨损加剧。为保证传动平稳，减少冲击和动载荷，小链轮齿数 z_1 不宜过小（一般应大于 17），通常可按表 10-12 选取。但是小链轮齿数也不能选得太大，如果 z_1 选得太大，大链轮齿数 $z_2=iz_1$，z_2 将更大，这样除了增大传动结构的尺寸和重量外，还会出现跳齿和脱链等现象，通常 $z_2\leqslant120$。

表 10-12　小链轮齿数

链速 v/(m/s)	0.6~3	3~8	>8
z_1	≥17	≥21	≥35

由于链节数常取为偶数，为使链条与链轮的轮齿磨损均匀，链轮齿数一般应取与链节数互为质数的奇数。

滚子链的传动比 $i(i=z_2/z_1)$ 不宜大于 7，一般推荐 $i=2\sim3.5$，只有在低速时才可取大些。i 过大，链条在小链轮上的包角减小，啮合的轮齿数减少，从而加速轮齿的磨损。

2）选择链条的型号、确定链的节距和排数。链节距越大，则链的零件尺寸越大，承载能力越强，但传动时的不平稳性、动载荷和噪声也越大。链的排数越多，则其承载能力增强，传动的轴向尺寸也越大。因此，选择链条时应在满足承载能力要求的前提下，尽量选用

较小节距的单排链。当在高速大功率时，可选用小节距的多排链。

根据链传动的计算功率 P_c 和小链轮转速 n_1，由图 10-10 即可查得链的型号，根据链号查表 10-1 可知节距 p。

3）校核链速 v 并确定润滑方式。链速的计算见式（10-1）。

v 应符合选取 z_1 时所假定的链速范围，否则应返回步骤 1)，调整齿数取值，重新计算。

链传动的润滑方式可根据链条型号和链速，查图 10-11 确定。图中给出的是传动对润滑方式的最低要求。

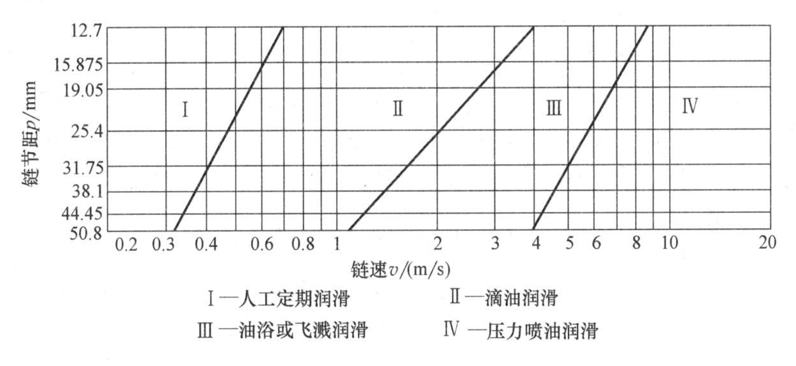

图 10-11　推荐的润滑方式

注意：假如链传动是在高速和大功率下的密闭传动，则必须采用油冷却器。

4）计算中心距和链节数。如果中心距过小，则链条在小链轮上的包角较小，啮合的齿数少，导致磨损加剧，且易产生跳齿、脱链等现象。同时链条的绕转次数增多，加剧了疲劳磨损，从而影响链条的寿命。中心距大时，链节数增多，吸振能力强，使用寿命增加；若中心距过大，则链传动的结构大，且由于链条松边的垂度大而产生抖动。具体计算过程如下：

① 初定中心距 a。一般中心距取 $a \leqslant 80p$，大多数情况下取 $a = (30 \sim 50)p$。

② 计算链条节数 L_p。链条的长度一般以链节数 L_p 表示，L_p 可按下式计算，即

$$L_p = \frac{L}{P} = 2\frac{a}{p} + \frac{z_1 + z_2}{2} + \left(\frac{z_2 - z_1}{2\pi}\right)^2 \frac{p}{a} \tag{10-7}$$

由上式计算得到的链节数应圆整为偶数。

由上式可推导出实际中心距的计算公式为

$$a = \frac{p}{4}\left[\left(L_p - \frac{z_1 + z_2}{2}\right) + \sqrt{\left(L_p - \frac{z_1 + z_2}{2}\right)^2 - 8\left(\frac{z_2 - z_1}{2\pi}\right)^2}\right] \tag{10-8}$$

一般情况下中心距设计成可调节的，以便链节铰链磨损使节距变长后能调节链条的张紧程度。若中心距不可调节，则实际安装中心距应比计算值小 2 ~5mm 或设张紧装置。

5）计算轴压力 F'。轴压力按下式计算，即

$$F' = (1.2 \sim 1.3)F_e = 1000(1.2 \sim 1.3)P/v \tag{10-9}$$

式中　F_e——链传递的有效圆周力。

6）计算链轮端面和轴面尺寸，绘制链轮工作图。

2. 低速链传动（$v < 0.6$m/s）**按静强度计算**

对于低速链传动，其主要失效形式为静力拉断，故应按静强度计算，校核其静强度安全系数 S。

10.5 链传动的布置、张紧及润滑

10.5.1 链传动的布置

链传动的布置对传动的工作状况和使用寿命有较大影响。通常情况下链传动的两轴线应平行布置，两链轮的回转平面应在同一平面内，否则易引起脱链和不正常磨损。两链轮的中心连线最好在水平面内（图10-12）；如果两链轮中心的连线不能布置在水平面上，其与水平面的夹角应小于45°（图10-13b）；应尽量避免中心线垂直布置，以防止下链轮啮合不良（图10-13c）。链条应使主动边（紧边）在上，从动边（松边）在下，以免松边垂度过大时链与轮齿相干涉或紧、松边相碰（图10-13a）。

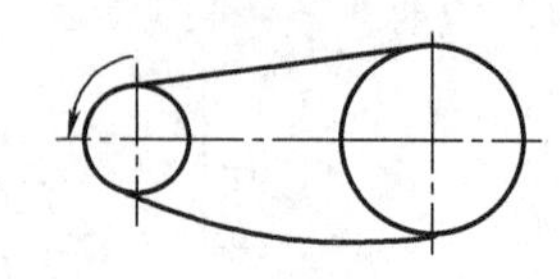

图10-12 链传动的布置

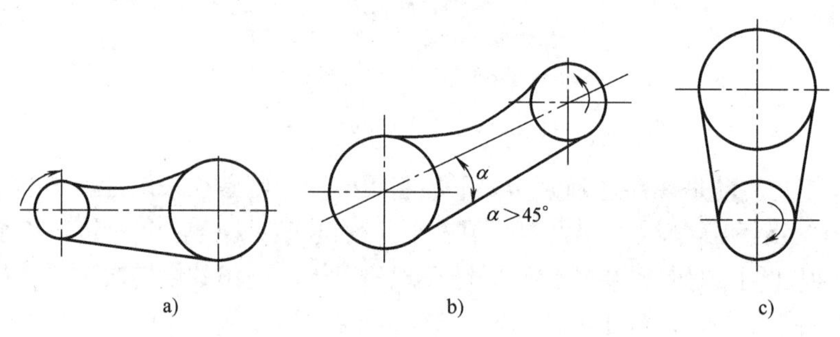

图10-13 应避免的链传动的布置

10.5.2 链传动的张紧

链传动需适当张紧，以免垂度过大而引起啮合不良。一般情况下链传动设计成中心距可调整的形式，通过调整中心距来张紧链轮。当中心距不可调时，也可采用张紧轮（图10-14a、b、c）定期或自动张紧，张紧轮应设在松边，靠近小链轮处。另外，还可用压板和托板张紧（图10-14d），特别是中心距大的链传动，用托板控制垂度更为合理。

10.5.3 链传动的润滑

链传动的润滑是影响传动工作能力和寿命的重要因素之一，润滑良好可减少铰链磨损。润滑方式可根据链速和链节距的大小由图10-11选择。具体的润滑装置如图10-15所示。润滑油应加于松边，以便润滑油渗入各运动接触面。润滑油的牌号一般可采用L-AN32、L-AN46、L-AN68。

例10-1 试设计一链式输送机的滚子链传动。已知传递功率 $P=10\text{kW}$，$n_1=950\text{r/min}$，$n_2=250\text{r/min}$，电动机驱动，载荷平稳，单班制工作。

解 1. 选择链轮齿数 z_1、z_2

$$传动比\ i=\frac{n_1}{n_2}=\frac{950}{250}=3.8$$

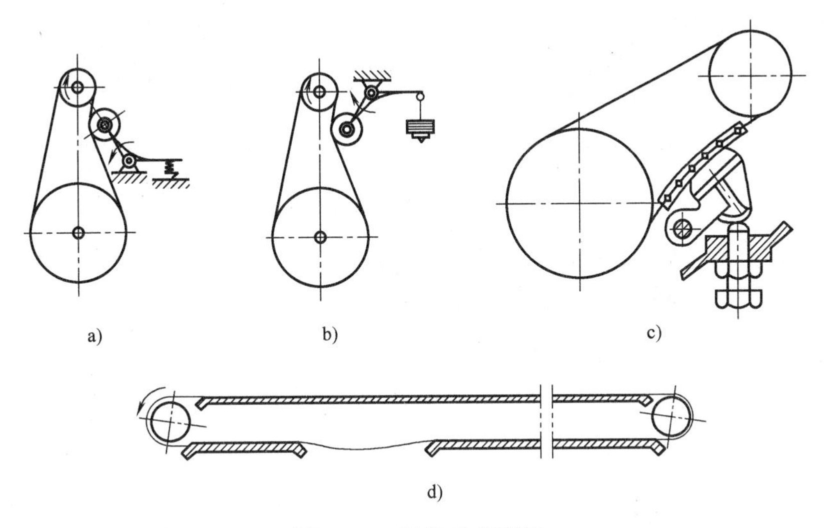

图 10-14　链传动的张紧

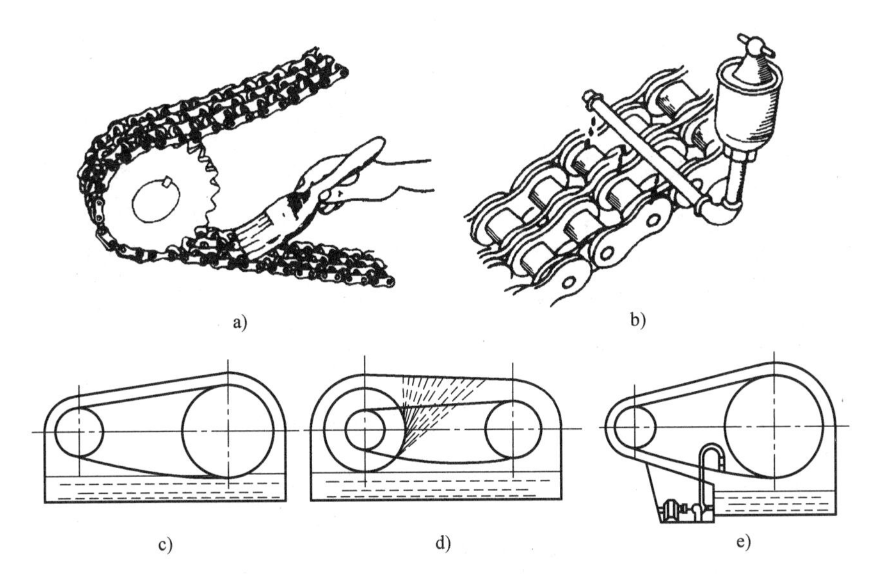

图 10-15　链传动的润滑装置

估计链速 $v=3\sim8\text{m/s}$，根据表 10-9 选取小链轮齿数 $z_1=25$，则大链轮齿数 $z_2=iz_1=3.8\times25=95$。

2. 选择链条的型号，确定链的节距和排数

因结构上无限定，初选中心距 $a_0=40p$。

由表 10-7 查得 $K_A=1$；由表 10-8 查得 $K_z=1.35$；由表 10-9 查得 $K_i=1.04$；由表 10-10 查得 $K_a=1$；采用单排链，由表 10-11 查得 $K_{pt}=1$。

由式（10-5）计算特定条件下链传递的功率

$$P_0 \geqslant \frac{K_A P}{K_z K_i K_a K_{pt}} = \frac{1\times10}{1.35\times1.04\times1\times1}\text{kW}=7.12\text{kW}$$

由图 10-10 选取链号为 10A，查表 10-1 可知，其节距 $p=15.875\text{mm}$。

3. 验算链速并确定润滑方式

$$v=\frac{z_1pn_1}{60\times1000}=\frac{25\times15.875\times950}{60\times1000}\text{m/s}=6.28\text{m/s}$$

v 值在 3 ~ 8m/s 范围内，与估计相符。根据链条型号和链速，查图 10-11 确定润滑方式为油浴润滑或飞溅润滑。

4. 计算实际中心距

初选中心距 $a_0=40p$。由式（10-7）得链节数 L_p 为

$$L_p=\frac{2a_0}{p}+\frac{z_1+z_2}{2}+\frac{p\,(z_2-z_1)^2}{39.5a_0}$$

$$=\frac{2\times40p}{p}+\frac{25+95}{2}+\frac{p\,(95-25)^2}{39.5\times40p}=143.1$$

由式（10-8）得

$$a=\frac{p}{4}\left[\left(L_p-\frac{z_1+z_2}{2}\right)+\sqrt{\left(L_p-\frac{z_1+z_2}{2}\right)^2-8\left(\frac{z_2-z_1}{2\pi}\right)^2}\right]$$

$$=\frac{15.875}{4}\times\left[\left(144-\frac{25+95}{2}\right)+\sqrt{\left(144-\frac{25+95}{2}\right)^2-8\left(\frac{95-25}{2\pi}\right)^2}\right]\text{mm}$$

$$=643\text{mm}$$

若设计成可调整中心距的形式，则不必精确计算中心距，可取

$$a\approx a_0=40p=40\times15.875\text{mm}=635\text{mm}$$

5. 计算对链轮轴的压力 F'

由式（10-9）$F'=(1.2\sim1.3)F$ 得

$$F=\frac{1000P}{v}=\frac{1000\times10}{6.28}\text{N}=1592.4\text{N}$$

故

$$F'=(1.2\sim1.3)F=1910.8\sim2070\text{N}$$

6. 链轮设计（略）

7. 设计张紧、润滑等装置（略）

小　　结

1. 本章主要内容

链传动是一种挠性啮合型传动，可实现中心距较远的两平行轴间运动的传递。本章主要介绍了滚子链的失效形式，链传动主要参数的选择和设计步骤；同时还介绍了链传动的类型、结构和特点、链传动的运动特性及受力分析等；最后简单介绍了链传动的使用和维护。

2. 本章重点及难点

重点：链传动的设计计算方法及主要参数的选择。

链传动节距 p 越大，传动的承载能力越高，但传动平稳性下降。因而在保证承载能力的前提下应尽量采用较小的节距。

链传动的瞬时传动比一般不是常数。

链传动最容易失效的是链条。根据链速的高低，设计方法有所不同。

链传动应尽量水平布置，并合理张紧和润滑。

难点：本章难点有三部分，即

1）链传动的“多边形效应”，理解链传动的传动不均匀性及动载荷产生的原因。

2）链传动的各种失效形式及其产生原因，确定滚子链传动的承载能力的主要依据。

3）链传动主要参数对传动性能的影响，合理地选择参数。

思考与习题

10-1　链传动和带传动相比有哪些优缺点？

10-2　影响链传动速度不均匀性的主要参数是什么？为什么？

10-3　链节距 p 的大小对链传动的动载荷有何影响？

10-4　链传动的主要失效形式有哪几种？

10-5　链传动的设计准则是什么？

10-6　设计链传动时，为减少速度不均匀性，应从哪几方面考虑？如何合理选择参数？

10-7　链传动的功率曲线是在什么条件下得到的？在实际使用中要进行哪些项目的修正？

10-8　链传动的合理布置有哪些要求？

10-9　链传动为何要适当张紧？常用的张紧方法有哪些？

10-10　如何确定链传动的润滑方式？常用的润滑装置和润滑油有哪些？

10-11　在链传动、齿轮传动和带传动组成的多级传动中，链传动宜布置在哪一级？为什么？

10-12　链轮的极限转速为什么比带传动小？

10-13　链传动与带传动的张紧目的有何区别？

10-14　试设计一链式输送机中的链传动。已知传递功率 $P=20\text{kW}$，主动轮的转速 $n_1=230\text{r/min}$，传动比为 $i=2.5$，电动机驱动，三班制，有中等冲击，按推荐方式润滑。

第11章 轴

1. 明确轴的功用，了解轴的类型。
2. 会选择轴的材料。
3. 掌握轴的结构工艺性和轴上零件的定位原则，明确轴的结构设计原则和提高轴的强度的措施。
4. 会进行轴的强度计算和校核。

11.1 轴的功用和类型

11.1.1 轴的功能和分类

轴是组成机器的重要零件之一，其主要功能是支持做回转运动的传动零件（如带轮、链轮、齿轮和联轴器等），并传递运动和动力，承受弯矩和转矩。轴的工作状况对整台机器的性能有着很大的影响，它的结构和尺寸是由被支承的零件和支承它的轴承的结构和尺寸决定的。

1. 根据轴受载情况的不同分类

根据轴受载情况的不同，可分为转轴、心轴和传动轴三类。

（1）转轴　工作时既受弯矩又受扭矩的轴称为转轴。转轴是各类机械中最常见的轴，如图 11-1 所示减速器中的轴即为转轴。

（2）心轴　只承受弯矩而不传递扭矩的轴称为心轴。心轴又可分为固定心轴和转动心轴，固定心轴工作时不转动，轴上承受的弯曲应力不变，如图 11-2a 所示的自行车前轮轴为固定心轴；转动心轴工作时随转动件一起转动，轴上一点所承受的弯曲应力随轴每转动一圈循环变化一次，如图 11-2b 所示的自行车后轮轴为转动心轴。

（3）传动轴　只承受转矩而不承受弯矩或承受弯矩很小的轴称为传动轴，如图 11-3 所示汽车中连接变速器与后桥的轴为传动轴。

2. 根据轴线形状的不同分类

根据轴线形状的不同，轴又可分为曲轴、直轴和钢丝软轴。

（1）曲轴　曲轴的各轴段轴线不在同一条直线上，属于专用零件，主要用于有往复式

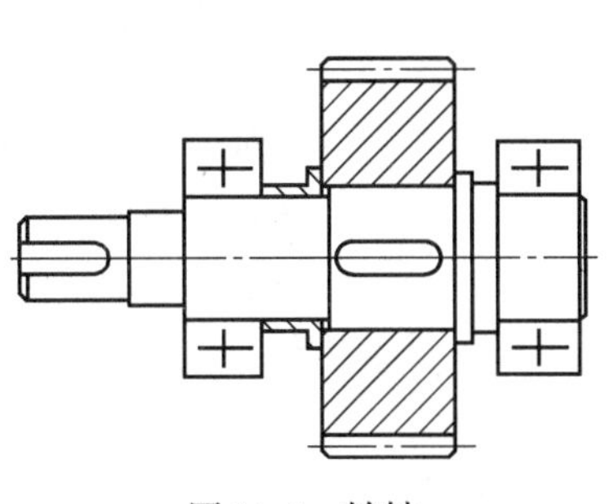

图 11-1　转轴

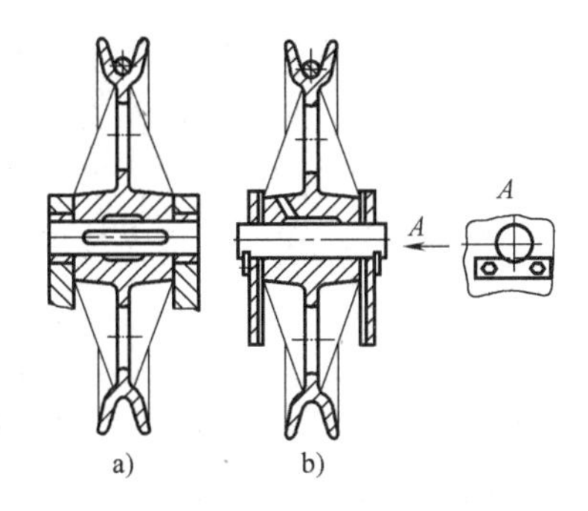

图 11-2　心轴

运动的机械中，如图 11-4 所示内燃机中的曲轴。

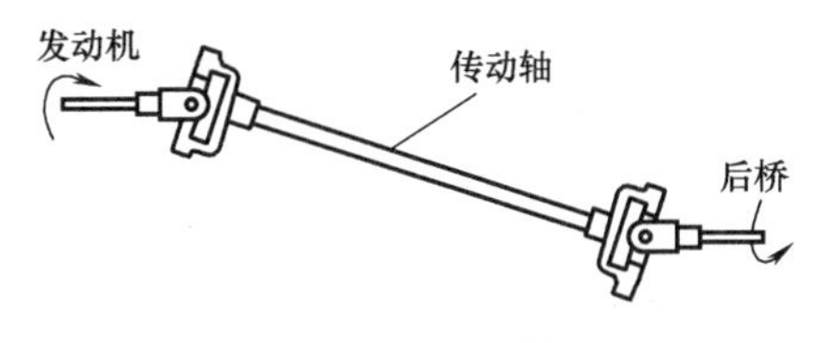

图 11-3　传动轴

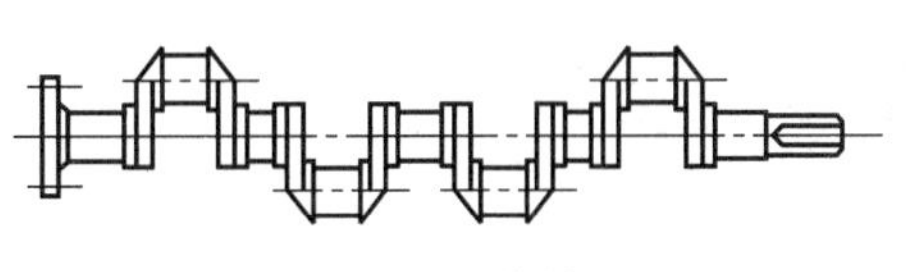

图 11-4　曲轴

（2）直轴　直轴的各轴段轴线在同一条直线上。直轴按外形不同又可分为光轴与阶梯轴。光轴的形状简单，应力集中少，易加工，但轴上零件不易装配和定位，常用于心轴和传动轴（图 11-5a）。阶梯轴的轴上零件易装配和定位，但形状较复杂，易出现应力集中，且加工不易，常用于转轴（图 11-5b）。

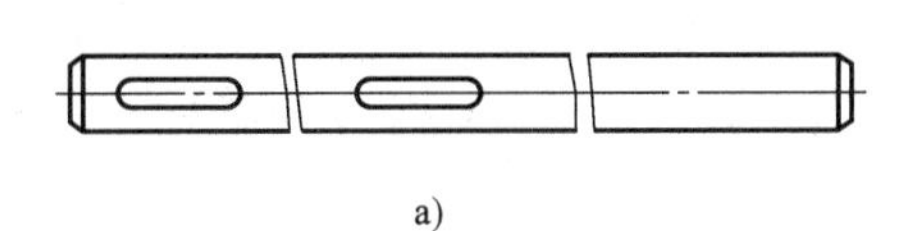

a)

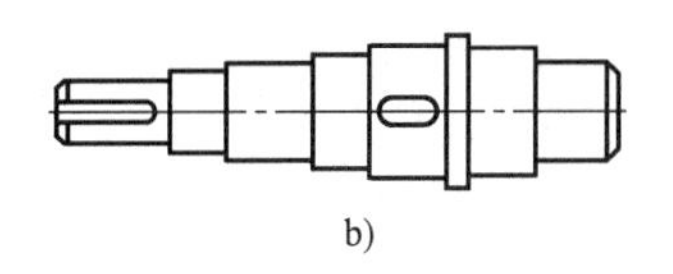

b)

图 11-5　直轴

（3）钢丝软轴　钢丝软轴由多组钢丝分层卷绕而成（图 11-6），具有良好的挠性，能在轴线弯曲的状态下灵活地传递回转运动和转矩，主要用于两个传动件轴线不在同一条直线或工作时彼此有相对运动的空间传动，还可用于受连续振动的场合，以缓和冲击。近年来，钢丝软轴成功地用于机器人、机械手和微型机械中。

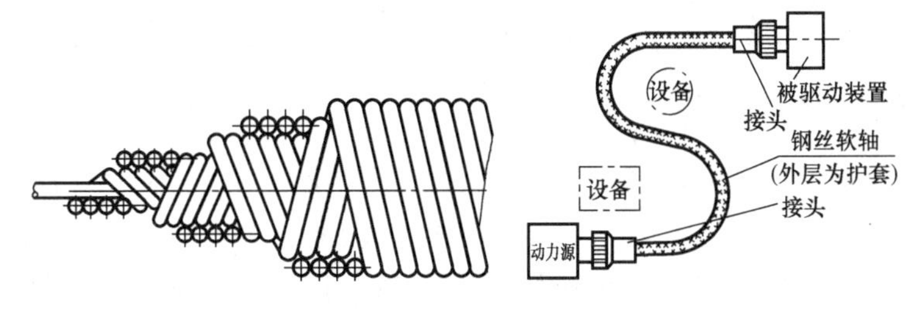

图 11-6　钢丝软轴

11.1.2　轴设计的基本要求

合理的结构和足够的强度是一般用途轴的设计必须满足的基本要求。如果轴的结构设计不合理，则会影响轴的加工和轴上零件的装配，从而增加制造成本。如果轴的强度不够，则可能会在传动中产生塑性变形甚至发生断裂，导致无法正常工作。轴的设计，主要是根据工作要求并考虑制造工艺等因素，选择合适的材料，通过轴的结构设计和强度计算，确定出轴的结构形状和尺寸，在传动精度要求高的场合，还应对弯曲刚度、扭转刚度和振动稳定性等进行校核。

轴的设计一般随实际情况而有所不同，但基本上遵循如下步骤：

1）根据工作要求选择轴的材料。

2）初步估算轴的最小直径。

3）进行轴的结构设计。

4）精确校核（强度、刚度、振动等）。

5）绘制零件的工作图。

11.2 轴的材料

11.2.1 轴的常用材料

轴在工作时主要承受弯矩和扭矩。轴的主要失效形式是疲劳断裂，因此轴应具有足够的强度、韧性和耐磨性。轴的材料主要是碳钢和合金钢，钢轴的毛坯多数用圆钢或锻件，各种热处理和表面强化处理可以显著提高轴的疲劳强度。

1. 碳素钢

优质碳素钢具有较好的力学性能，对应力集中敏感性较低，价格便宜，应用广泛。如35、45、50等优质碳素钢。其中45钢最为常用，可以采用调质或正火处理；有耐磨性要求的轴段，应进行表面淬火及低温回火处理，以提高其表面质量。

2. 合金钢

合金钢具有较高的力学性能，淬火性较好，热处理变形小，但对应力集中比较敏感，价格较贵，多使用于要求重量轻和轴颈耐磨性好的轴。例如，汽轮发电机轴在高速、高温重载下工作，采用27Cr2MoV、38CrMoAlA等。滑动轴承的高速轴，采用20Cr、20CrMnTi等。

3. 球墨铸铁

高强度铸铁和球墨铸铁可用于制造外形复杂的轴，且具有价格低廉、良好的吸振性和耐磨性，以及对应力集中的敏感性较低等优点，但是其脆性较强。如内燃机中的曲轴等。

11.2.2 轴的材料选择

轴的材料种类很多，选择时应主要考虑如下因素：轴的强度、刚度及耐磨性要求；轴的热处理方法及机加工工艺性的要求；轴的材料来源和经济性等。

由于常温下合金钢与碳素钢的弹性模量相差不多，因此当其他条件相同时，如想通过选用合金钢来提高轴的刚度是难以实现的。

低碳钢和低碳合金钢经渗碳淬火可提高其耐磨性，常用于韧性要求较高或转速较高的轴。

球墨铸铁和高强度铸铁因其具有良好的工艺性，不需要锻压设备，吸振性好，对应力集中的敏感性低，近年来被广泛应用于制造结构形状复杂的曲轴等。只是铸件质量难以控制。

轴的毛坯多用轧制的圆钢或锻钢。锻钢内部组织均匀，强度较好，因此，对材料的力学性能要求高的轴，常用锻造毛坯。轴的常用材料力学性能见表11-1。

表11-1　轴的常用材料力学性能

材料牌号	热处理类型	毛坯直径/mm	硬度 HBW	抗拉强度 R_m/MPa	屈服强度 σ_s/MPa	应用说明
Q275～Q235				600～440	275～235	用于不重要的轴
35	正火	≤100	149～187	520	270	用于一般轴
	调质	≤100	156～207	560	300	
45	正火	≤100	170～217	600	300	用于强度高、韧性中等的较重要的轴
	调质	≤200	217～255	650	360	
40Cr	调质	25	≤207	1000	800	用于强度要求高、有强烈磨损而无很大冲击的重要轴
		≤100	241～286	750	550	
35SiMn	调质	25	≤229	900	750	可代替40Cr，用于中、小型轴
		≤100	229～286	800	520	
42SiMn	调质	25	≤220	900	750	与35SiMn相同，但专供表面淬火之用
		≤100	229～286	800	520	
		>100～200	217～269	750	470	
40MnB	调质	25	≤207	1000	800	可代替40Cr，用于小型轴
		≤200	241～286	750	500	
35CrMo	调质	25	≤229	1000	350	用于重载的轴
		≤100	207～269	750	550	
		>100～300		700	500	
QT600-2			229～302	600	420	用于发动机的曲轴和凸轮轴等

11.3　轴的结构设计

轴的结构设计包括定出轴的合理外形和全部结构尺寸，通常，轴结构设计时应考虑如下因素：

1）轴在机器中的安装位置及形式。

2）轴上安装零件的类型、尺寸、数量以及和轴连接的方法。

3）载荷的性质、大小、方向及分布情况。

4）零件在轴上的定位及固定方法。

5）轴的加工工艺及装配方法等。

由于影响轴的结构的因素较多，且其结构形式又要随着具体情况的不同而异，所以轴的结构没有固定的标准。设计时，必须结合具体要求。

11.3.1 轴的结构设计原则

由于需要考虑的因素很多，轴的结构设计具备较大的灵活性和多样性，但轴的结构设计原则上都应满足如下要求：

1）轴和轴上的零件准确定位，固定可靠，具体定位措施详见11.3.3。

2）轴上零件便于调整和装拆。轴的结构外形主要取决于轴在箱体上的安装位置及形式，轴上零件的布置和固定方式，受力情况和加工工艺等。为了便于轴上零件的装拆，将轴制成阶梯轴，中间直径最大，向两端逐渐减小，近似为等强度轴，这样也能让轴上各段的材料充分发挥其作用。

3）轴应具有良好的结构工艺性，详见11.3.4。

4）形状、尺寸应尽量减少应力集中，详见11.3.5。

11.3.2 装配方案的拟订与轴的结构组成

轴上零件的装配方案不同，则轴的结构形状也不相同。要根据装配方案，拟订出轴上主要零件的装配方向、顺序和相互关系。图11-7所示是减速器输出轴的装配方案，齿轮、套筒、右端轴承、右轴承端盖、半联轴器依次从轴的右端向左安装，左端只装轴承和左轴承端盖，这样就对各轴段的粗细顺序做了初步安排。拟订装配方案时，一般应考虑几个方案，进行分析与比较后确定最终方案。

从图11-7可以看出轴上各段的作用不尽相同。一般地，将轴上与轴承配合处的轴段称为轴颈，如图中①、③两处。根据轴颈所在的位置又可分为端轴颈（只承受弯矩，例如轴颈①）和中轴颈（同时承受弯矩和扭矩，例如轴颈③）。将安装轮毂的轴段称为轴头，如图中②、⑤两处。将轴头与轴颈之间的轴段称为轴身。起定位作用的阶梯轴上截面变化的部分称为轴肩或轴环。

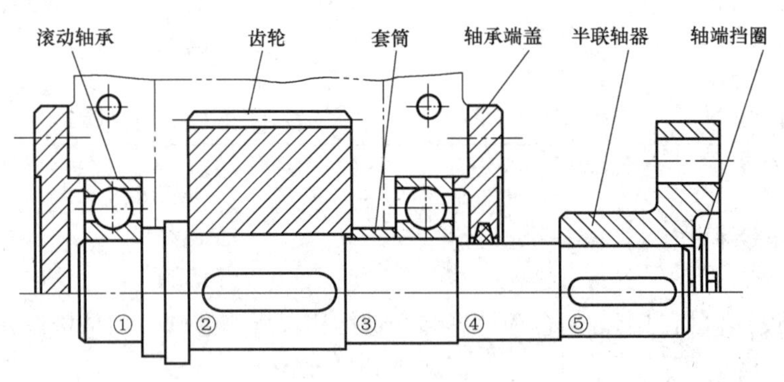

图11-7　轴的结构组成

11.3.3 轴上零件的定位及固定

为了防止轴上零件受力时发生沿轴向或周向的相对运动，轴上零件除了有游动或空转要求的零件之外，都必须进行必要的轴向和周向定位，以保证其正确的工作位置。

1. 轴上零件的轴向固定

当要求轴上零件与轴之间不可发生沿轴线方向的相对移动时，要对轴上零件进行轴向定位。常用的轴向定位措施有轴肩、轴环、螺母、套筒及轴端挡圈定位等，各种定位方法的特点详见表11-2。其中零件倒角 C 与圆角半径 R 的推荐值可查表11-3。

表11-2　轴上零件的轴向定位与固定

固定方式	结构图	特点
轴肩或轴环	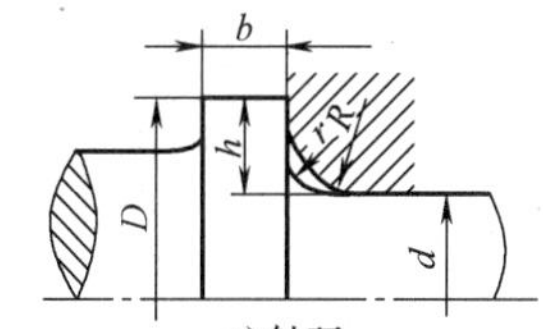 a) 轴环 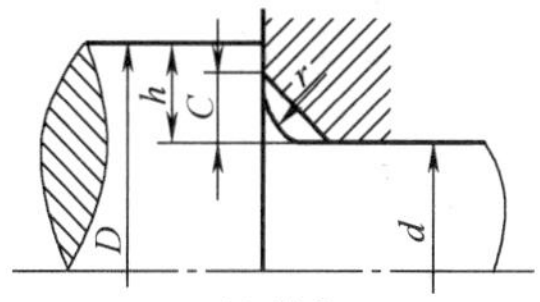 b) 轴肩	固定可靠，可承受较大轴向力，轴肩的圆角半径 r 必须小于零件毂孔的倒角 C（或圆角半径 R），轴肩、轴环高度 h 应大于零件毂孔的圆角半径 R 或倒角高度 C，一般取 $h_{min} \geqslant (0.07 \sim 0.1)d$ 或 $h \approx (2 \sim 3)C$；但安装滚动轴承的轴肩、轴环高度 h 必须小于轴承内圈高度 h_1（由轴承标准查取），以便轴承的拆卸。轴环宽度 $b \approx 1.4h$
定位套筒	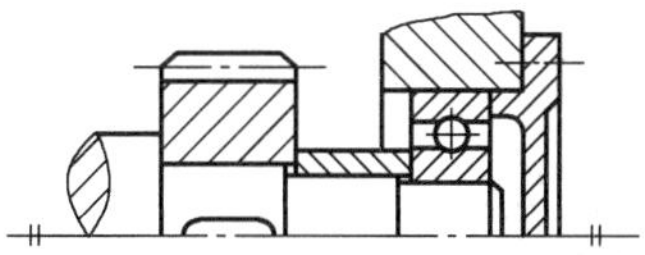	固定可靠，可承受较大轴向力，但套筒不宜过长，由于套筒与轴配合较松，多用于两个轴向相距不远的零件之间
圆螺母	 双圆螺母 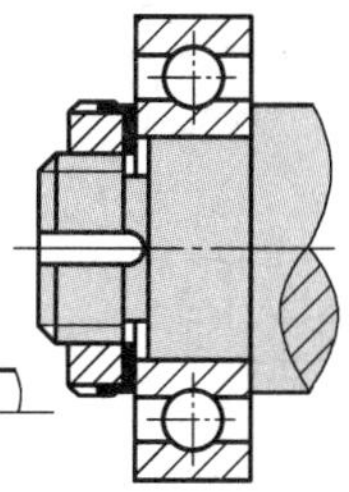 圆螺母与止动垫圈	轴向定位可靠，简单，但有应力集中（细牙），需要防松。常用于轴承的固定
轴用弹性挡圈	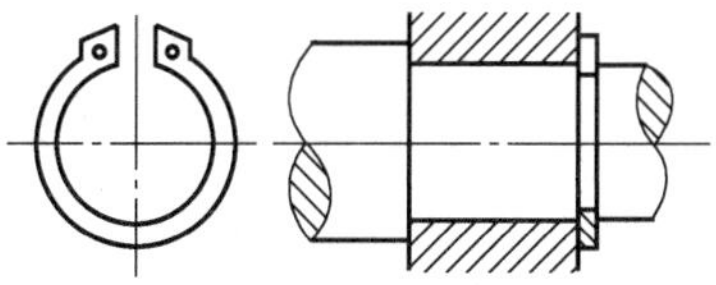	承受轴向力小或不承受轴向力的场合，常用作滚动轴承的轴向固定
轴端挡圈	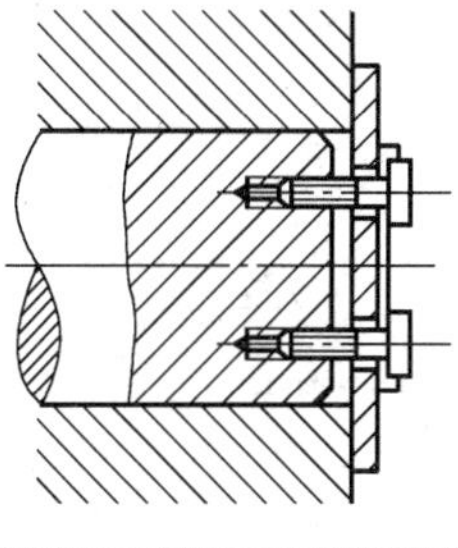	可承受较大轴向力，用于轴端且要求固定可靠的场合

（续）

固定方式	结构图	特点
紧定螺钉	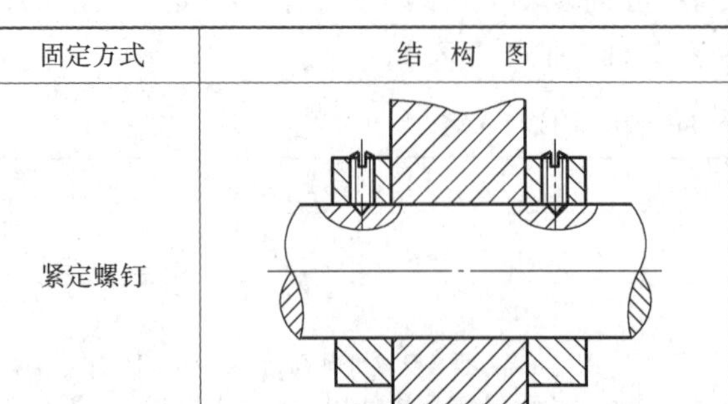	承受轴向力小或不承受轴向力的场合

表 11-3　零件倒角 *C* 与圆角半径 *R* 的推荐值　　（单位：mm）

直径 *d*	>6～10		>10～18	>18～30	>30～50		>50～80	>80～120	>120～180
C 或 *R*	0.5	0.6	0.8	1.0	1.2	1.6	2.0	2.5	3.0

2. 轴上零件的周向固定

轴上零件常用的周向固定方法有键联接、花键联接、销联接以及过盈配合、成形联接、紧定螺钉联接等，结构如图 11-8 所示。其中普通平键联接最为常用；花键联接定心精度高、承载能力强，可用于动联接；销联接与紧定螺钉联接能同时实现轴向与周向定位，用于传力不大的场合。

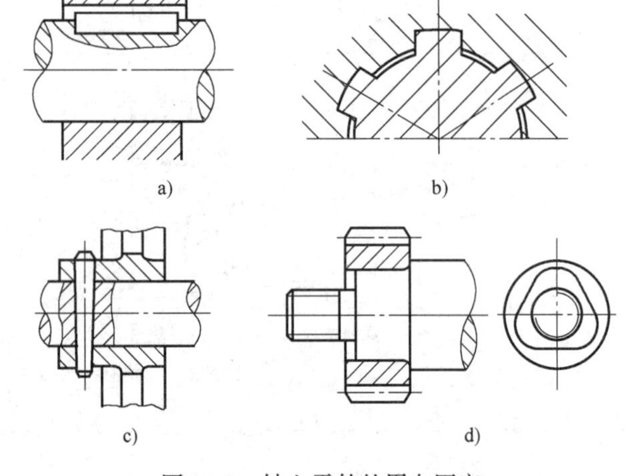

图 11-8　轴上零件的周向固定

a）键联接　b）花键联接　c）销联接　d）成形联接

11.3.4　轴的结构工艺性

为使轴上零件容易装拆，在轴端和各轴段端部都应有 45°的倒角。同一根轴上所有圆角半径和倒角的大小应尽可能一致，以减少刀具规格和换刀次数。

轴上需磨削的轴段应设计出砂轮越程槽，需车制螺纹的轴段应有退刀槽，如图 11-9 所示。

轴的直径除了应满足强度和刚度要求外，还应尽量采用标准直径；阶梯轴截面尺寸变化处应采用圆角过渡，圆角半径不能过小。

如图 11-10 所示，轴上沿长度方向开有几个键槽时，应将键槽安排在轴的同一条母线上。

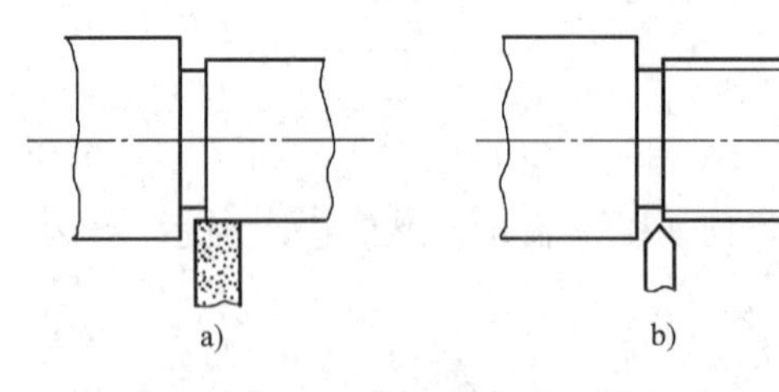

图 11-9　越程槽与退刀槽

a）砂轮越程槽　b）螺纹退刀槽

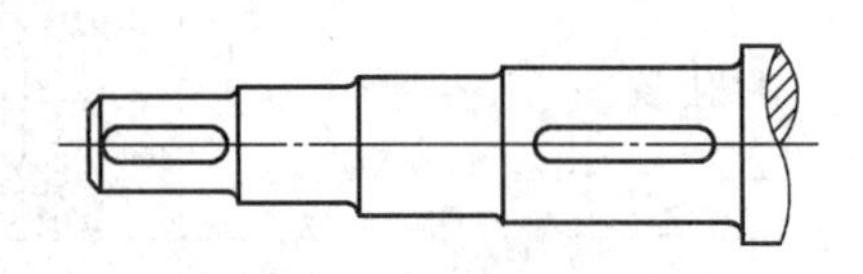

图 11-10　键槽沿轴的同一条母线布置

为便于加工定位，轴的两端面上应加工中心孔。

合理布置轴上传动件，尽量使轴减少载荷。如图 11-11 所示，在图 11-11a 中将起重机卷筒与齿轮固联成为一体，这样卷筒轴只受弯矩而不受扭矩，从而将图 11-11b 中的转轴转变成为图 11-11a 中的心轴。

当扭矩由一个传动件输入，而由若干个传动件输出时，为了减小轴上的扭矩，应将输入件放在中间。如图 11-12 所示，输入扭矩 $T_1 = T_2 + T_3$，轴上各轮按图 11-12a 布置，轴所受的最大扭矩为 $T_2 + T_3$，如果改为图 11-12b 所示的布置形式，则轴所受的最大扭矩则减小为 T_2 或 T_3。

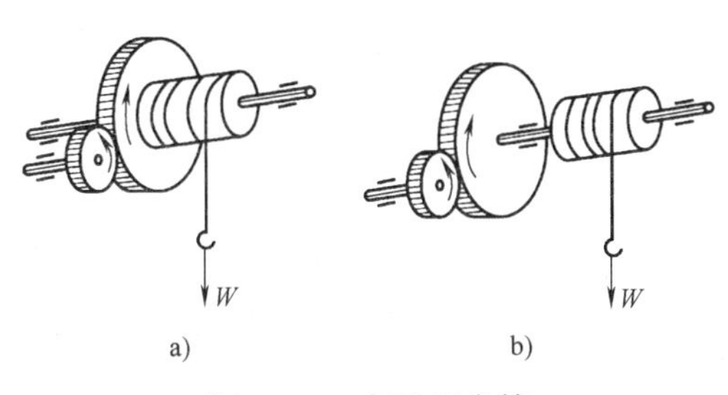

图 11-11　起重机卷筒

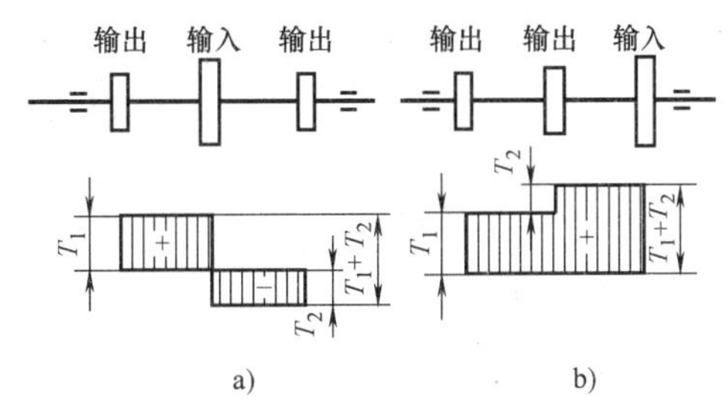

图 11-12　传动输入件的合理布置

11.3.5　提高轴疲劳强度的措施

轴大多在变应力下工作，结构设计时应特别注意减少应力集中，以提高轴的疲劳强度。轴截面尺寸突变处会造成应力集中，所以对于阶梯轴，相邻两段轴径变化不宜过大，在轴径变化处的过渡圆角半径不宜过小。如轴肩处过渡圆角的半径受结构限制难以加大时，可改用凹切圆角或过渡肩环，如图 11-13 所示。尽量不在轴面上切制螺纹和凹槽，以免引起应力集中。加工键槽时尽量使用圆盘铣刀。此外，提高轴的表面质量，降低表面粗糙度值，采用表面碾压、喷丸和渗碳淬火等表面强化方法，均可提高轴的疲劳强度。

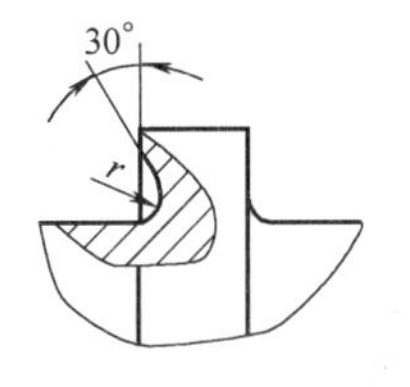

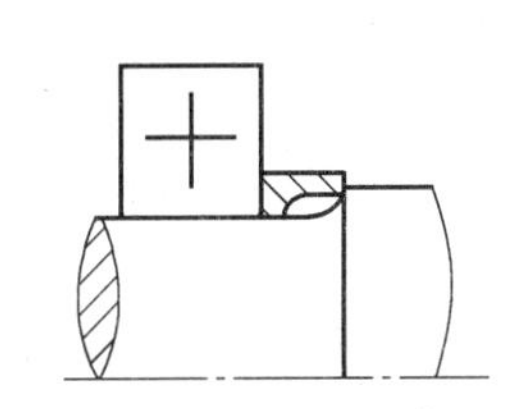

图 11-13　增大轴肩过渡圆角半径的措施

11.4　轴的强度计算

在进行轴的强度计算时，应根据轴的受载性质，采取相应的计算方法。对于只受扭矩的传动轴，按抗扭强度进行计算。对于既受弯矩又受扭矩的转轴，则可用此方法初步估算出轴的最小直径，然后待结构设计完成后，再对轴的各段按弯扭合成强度进行计算校核。

11.4.1　按抗扭强度估算最小轴径

由材料力学可知，圆轴受扭转时的强度条件为

$$\tau = \frac{T}{W_{\mathrm{T}}} = \frac{9550 \times 10^3 P/n}{0.2d^3} \leqslant [\tau]$$

式中 τ——轴的扭转切应力（MPa）；

T——扭矩（N·mm）；

W_T——抗扭截面模量（mm^3），圆截面轴的 $W_T=\frac{\pi d^3}{16}\approx 0.2d^3$；

P——轴传递的功率（kW）；

n——轴的转速（r/min）；

d——轴的直径（mm）；

$[\tau]$——许用切应力（MPa），见表 11-4。

由上式可得轴的设计计算公式为

$$d\geqslant\sqrt[3]{\frac{9550\times10^3}{0.2[\tau]}}\sqrt[3]{\frac{P}{n}}=C\sqrt[3]{\frac{P}{n}} \tag{11-1}$$

式中 C——由轴的材料并考虑弯曲影响的系数，见表 11-4。

表 11-4 常用材料的 C 值和 $[\tau]$

轴的材料	Q235, 20	35	45	40Cr、35SiMn、42SiMn、38SiMnMo、20CrMnTi
C	160 ~ 135	135 ~ 118	118 ~ 107	107 ~ 98
$[\tau]$/MPa	12 ~ 20	20 ~ 30	30 ~ 40	40 ~ 52

对于转轴，在开始设计时，往往还不知道轴上零件的位置及支点位置，无法确定轴的受力情况，只有待轴的结构设计基本完成之后，才能对其进行强度校核计算。因此一般在进行转轴的结构设计之前先按纯扭转受力对轴的最小直径进行估算。

由式（11-1）计算直径时需注意，如该处有一个键槽，可将算得的直径增大 3% ~5%；如有两个键槽，可增大 7% ~10%。

11.4.2 弯扭合成强度计算（按弯扭组合校核强度）

对于既受弯矩又受扭矩的转轴，在轴的结构设计完成后，外载荷和轴的支点位置就可确定，轴各截面的弯矩即可算出，此时可用弯扭合成强度校核。对于钢制轴，应用材料力学第三强度理论可得

$$\sigma_b=\frac{M_e}{W}=\frac{\sqrt{M^2+(\alpha T)^2}}{0.1d^3}\leqslant[\sigma_b] \tag{11-2}$$

式中 M_e——当量弯矩（N·mm），$M_e=\sqrt{M^2+(\alpha T)^2}$；

W——抗弯截面模量（mm^3），圆截面轴的 $W=\frac{\pi d^3}{32}\approx 0.1d^3$；

α——根据轴所传递的扭矩性质而定的校正系数，若为不变扭矩，则 $\alpha=0.3$，若为脉动循环扭矩，则 $\alpha\approx 0.6$，若为对称循环的扭矩，则 $\alpha=1$，当不能确切知道扭矩的性质时，按脉动循环处理；

T——扭矩（N·mm）；

M——合成弯矩（N·mm），$M=\sqrt{M_H^2+M_V^2}$，M_H 和 M_V 分别为水平面和垂直面的弯矩；

$[\sigma_b]$——许用弯曲应力，见表 11-5，$[\sigma_b]$ 的取值与轴在工作时由弯矩引起的弯曲应

力的性质有关，一般转轴因弯矩引起的弯曲应力为对称循环变应力。

校核危险截面处轴的直径 d 时，可将式（11-2）写为

$$d \geqslant \sqrt[3]{\frac{M_e}{0.1[\sigma_b]}} \tag{11-3}$$

当轴上开有键槽时，应适当增大轴径，增大比例与最小轴颈处相似。

表 11-5　轴的许用弯曲应力　　（单位：MPa）

材　料	σ_b	$[\sigma_b]_{+1}$	$[\sigma_b]_0$	$[\sigma_b]_{-1}$
碳素钢	400	130	70	40
	500	170	75	45
	600	200	95	55
	700	230	110	65
合金钢	800	270	130	75
	900	300	140	80
	1000	330	150	90
铸钢	400	100	50	30
	500	120	70	40

注：$[\sigma_b]_{+1}$、$[\sigma_b]_0$、$[\sigma_b]_{-1}$分别为材料在静应力、脉动循环应力和对称循环应力作用下的许用弯曲应力。

通过上述分析，可总结出轴的弯扭合成强度计算步骤大致如下：

1）绘制轴的受力简图，将外载荷分解到水平面和垂直面内。

2）分别求轴在水平面内的支反力 F_H 与垂直面内的支反力 F_V。

3）作出水平面内的弯矩图 M_H 和垂直面内的弯矩图 M_V。

4）计算合成各轴段弯矩 $M=\sqrt{M_H^2+M_V^2}$。

5）计算各轴段扭矩 T，绘制扭矩图。

6）计算各轴段当量弯矩 $M_e=\sqrt{M^2+(\alpha T)^2}$。

7）进行强度校核。

11.5　轴的刚度计算

轴在受载后会产生弯曲变形和扭转变形，若轴的刚度不足，则将产生过大的变形，从而影响轴上零件的正常工作，如齿轮偏载、轴承磨损等，使机床精度降低。因此在设计重要的轴时，通常要进行刚度校核计算。

1. 轴的弯曲刚度校核计算

可应用材料力学中的公式和方法算出轴的挠度 y 或偏转角 θ，并满足

$$y \leqslant [y] \text{ 或 } \theta \leqslant [\theta]$$

式中　$[y]$——许用挠度；

　　$[\theta]$——许用偏转角。

二者取值详见表11-6。

2. 轴的扭转刚度校核计算

用材料力学的公式和方法算出轴每米长的扭转角 φ，并满足

$$\varphi \leqslant [\varphi]$$

式中　$[\varphi]$——轴每米长的许用扭转角，取值详见表11-6。

表11-6　轴的许用变形量

变　形		名　称	许用变形量
弯曲变形	挠度	一般用途的转轴	$[y]=(0.0003\sim0.0005)L$（L 为轴的跨距）
		需要较高刚度的转轴	$[y]=0.0002L$
		安装齿轮的轴	$[y]=(0.01\sim0.03)m$（m 为模数）
		安装蜗轮的轴	$[y]=(0.02\sim0.05)m$
	转角	安装齿轮处	$[\theta]=0.001\sim0.002\text{rad}$
		滑动轴承处	$[\theta]=0.001\text{rad}$
		深沟球轴承处	$[\theta]=0.005\text{rad}$
		圆锥滚子轴承处	$[\theta]=0.0016\text{rad}$
扭转变形	扭转角	一般传动	$[\varphi]=0.5^\circ\sim1^\circ/\text{m}$
		精密传动	$[\varphi]=0.25^\circ\sim0.5^\circ/\text{m}$

11.6　轴的设计实例分析

轴的设计方法主要有类比法和设计计算法两种。

1. 类比法

选择与所设计轴工作条件相似的轴进行参考，设计出其结构，并画出轴的零件图。用类比法设计轴时一般不进行强度计算。

2. 设计计算法

当所设计的轴用于比较重要的传动场合，或没有合适的类比对象时，采用设计计算法设计轴，其大致步骤为：

1）根据轴的工作条件选择材料，确定许用应力。

2）按抗扭强度估算出轴的最小直径。

3）设计轴的结构，绘制出轴的结构草图。包括以下内容：

① 拟定轴上零件的装配方案，并作出结构草图。

② 根据工作要求确定轴上零件的布置和固定方式。

③ 确定各轴段的直径。

④ 确定各轴段的长度。

⑤ 根据有关参考资料确定轴的结构细节，如圆角、倒角、退刀槽等的尺寸。

4）按弯扭合成强度进行轴的强度校核。一般在轴上选取2～3个危险截面进行强度校核。如果校核发现危险截面强度不够或裕度太大，则应返回上一步骤，重新设计轴的结构。

5）修改轴的结构后再进行校核计算。

6）绘制轴的零件图。

例 11-1　设计如图 11-14 所示的斜齿圆柱齿轮减速器的输出轴。已知输入轴左端装有带轮；输出轴的输出端装有联轴器。输出轴传递的功率为 $P=10\text{kW}$，输出的转速为 $n=440\text{r/min}$，从动齿轮齿数为 63，螺旋角为 15°，法向模数 $m_n=2$，轮毂宽度为 $b=24\text{mm}$。设采用 7209C 角接触球轴承（$B=19\text{mm}$），单向传动。

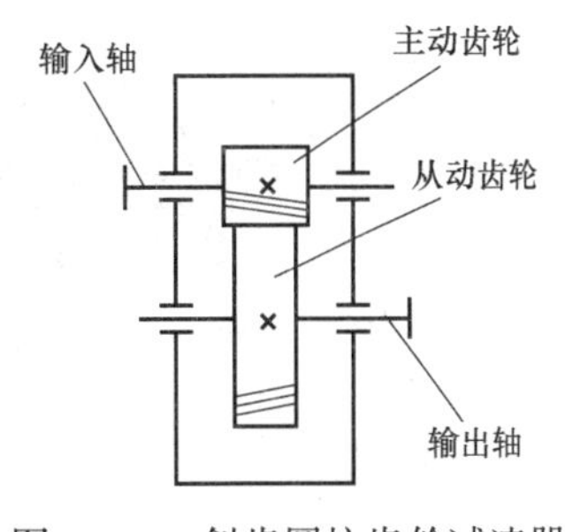

图 11-14　斜齿圆柱齿轮减速器

解　解题步骤见表 11-7。

表 11-7　例 11-1 解题步骤

设计计算和说明	结　　果
1. 根据轴的工作条件选择材料，确定许用应力 由已知条件可知此减速器传递功率属于中小功率，对材料无特殊要求，故选用 45 钢并经调质处理。由表 11-1 查得 $\sigma_b=650\text{MPa}$。因轴工作时单向转动，受对称循环弯曲应力作用，查表 11-5 得，许用弯曲应力 $[\sigma_b]=[\sigma_b]_{-1}=60\text{MPa}$	选用 45 钢并经调质处理 $[\sigma_b]=60\text{MPa}$
2. 按抗扭强度估算出轴的最小直径 根据表 11-4 得 $C=118\sim107$，再将功率 P、转速 n 代入式(11-1)得 $d\geqslant C\sqrt[3]{\dfrac{P}{n}}=(118\sim107)\times\sqrt[3]{\dfrac{10}{440}}\text{mm}=33.42\sim30.31\text{mm}$ 由于轴的最小轴颈处需安装联轴器，会有键槽存在，故将估算的直径加大 3%～5%，即为 35.1～31.2mm。考虑补偿轴的可能位移，选用弹性柱销联轴器。 由转速 n 和转矩 $T=KT=2\times9550\times\dfrac{10}{440}\text{N}\cdot\text{m}=434\text{N}\cdot\text{m}$，查设计手册中的联轴器标准，选用 LX2 弹性柱销联轴器，J 型轴孔，取其标准轴孔直径 $d=35\text{mm}$，半联轴器长度为 82mm，与轴配合的毂孔长度为 $L=60\text{mm}$，即与联轴器配合的轴身直径为 35mm	$L=60\text{mm}$ 最小轴径 $d_1=35\text{mm}$
3. 设计轴的结构，绘制出轴的结构草图 1）拟定轴上零件的装配方案，并作出结构草图。图 11-15 所示为减速器的结构草图，图中给出了减速器主要零件的相互位置关系。 图 11-15	

（续）

设计计算和说明	结　果
2）根据工作要求确定轴上零件的布置和固定方式。轴的结构形状的确定首先要确定轴上零件的装配方案，不同的装配方案会得出轴的不同结构。拟定如下零件安装及定位方案： 安装方案：因为是单级齿轮减速器，应将齿轮布置在箱体内壁的中央，轴承对称分布。装配顺序是：左端轴承、轴承盖等依次从轴的左端装入，圆柱齿轮、套筒和右轴承、轴承端盖、联轴器由轴承的右端向左装入。 定位方案：半联轴器左端用轴肩定位，依靠 A 型普通平键联接实现周向固定。齿轮布置在两轴承中间，左侧用轴环定位，右侧用套筒轴向定位；齿轮和轴选用 A 型平键进行周向固定；左轴承靠轴肩和轴承盖定位，右轴承靠套筒和轴承盖进行轴向定位。具体如图 11-16 所示。	
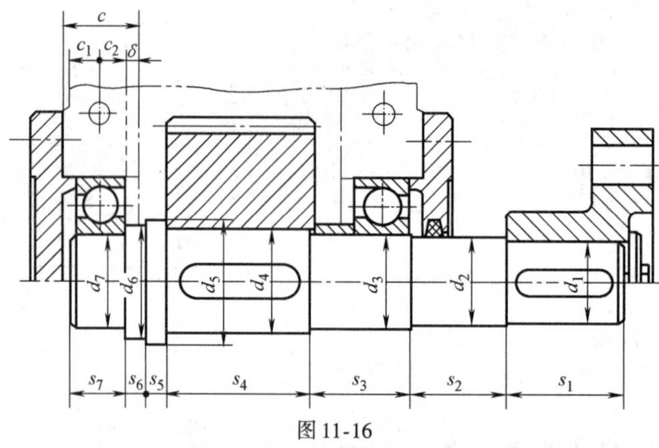 图 11-16	
3）确定各轴段的直径。从轴段 $d_1=35\text{mm}$ 开始，逐段确定各轴段的直径，如图 11-16 所示，d_2起定位作用，定位轴肩高度 $h_{\min}$ 可在 $(0.07\sim0.1)d_1$ 范围内选取，故 $d_2=d_1+2h\geqslant 35\text{mm}+2\times(2.45\sim3.5)\text{mm}=39.9\sim42\text{mm}$，取 $d_2=42\text{mm}$。d_3与轴承内圈配合，根据轴的受力选取角接触球轴承的型号为 7209C，查机械设计手册，知其内径为 45mm，外径为 85mm，宽度为 19mm，按滚动轴承的标准取 $d_3=45\text{mm}$；d_4与齿轮孔径配合，3、4 轴段之间有非定位轴肩，为了便于齿轮的安装，取 $d_4=50\text{mm}$；齿轮左侧轴肩起定位作用，由轴环高度 $h_{\min}\geqslant(0.07\sim0.1)d_4$，取 $h=4\text{mm}$，故可得 $d_5=58\text{mm}$；左轴颈直径 d_7与右轴颈直径 d_3相同，即 $d_7=d_3=45\text{mm}$；左轴颈与轴环间的轴段直径 d_6不得大于轴承内圈的高度，根据轴承型号 7209C，查机械设计手册可得 $d_{6\max}=52\text{mm}$，取 $d_6=52\text{mm}$。	各段直径 $d_1=35\text{mm}$ $d_2=42\text{mm}$ $d_3=d_7=45\text{mm}$ $d_4=50\text{mm}$ $d_5=58\text{mm}$ $d_6=52\text{mm}$
4）确定各轴段的长度。轴段长度的确定通常从安装齿轮部分的轴段开始，在确定各段具体尺寸大小时常涉及轴上零件的尺寸及减速器箱体尺寸。 图 11-15 中各轴向尺寸说明如下： a_2——大齿轮端面距箱体内壁的距离。由于箱体可能存在制造误差，故要求小齿轮距箱体内壁距离为 a_1，一般取 10～15mm。由于大齿轮一般比小齿轮窄 5～10mm，故 $a_2=a_1+(2.5\sim5)\text{mm}$，该例取 $a_1=13\text{mm}$，$a_2=17\text{mm}$。	$a_1=13\text{mm}$ $a_2=17\text{mm}$
l_2——滚动轴承端面至箱体内壁的距离，轴承采用油润滑时，$l_2=3\sim5\text{mm}$，当轴承采用脂润滑时，应设挡油环，常取 $l_2=8\sim12\text{mm}$，该例取 $l_2=5\text{mm}$。	$l_2=5\text{mm}$
l_3——轴承端盖厚与螺钉头厚之和，由轴承外径查设计手册取 $l_3=18\text{mm}$。	$l_3=18\text{mm}$
l_4——箱外旋转零件至固定零件的距离，常取 $l_4=10\sim15\text{mm}$。	$l_4=15\text{mm}$
l_5——联轴器轴孔长度，取 $l_5=82\text{mm}$。	$l_5=82\text{mm}$
B——轴承宽度，$B=19\text{mm}$。	$B=19\text{mm}$
m——指轴承端盖的止口端面到轴承座孔边缘的距离，此距离应按轴承盖的结构形式、密封形式及轴承座孔的尺寸来确定，一般 $m=(0.1\sim0.15)D$，D 为轴承外径。该例中，$m=(0.1\sim0.15)D=(0.1\sim0.15)\times85\text{mm}=8.5\sim12.75\text{mm}$，取 $m=10\text{mm}$。	$m=10\text{mm}$

（续）

设计计算和说明	结　果
L——轴承座孔的长度。$L=B+l_2+m$，或 $L=\delta+c_1+c_2+(5\sim10)\text{mm}$，取二者较大值。$\delta$ 指下箱座壁厚，可由传动齿轮中心距查设计手册得，一般铸造箱体的壁厚不小于 8mm，该例题中暂取 $\delta=8\text{mm}$；c_1、c_2 为轴承旁联接螺栓到箱体外壁及箱边的尺寸，可根据轴承座旁联接螺栓的直径查设计手册得，根据题中给定条件，此处初步选择联接螺栓为 M12，则查设计手册可得 $c_1=20\text{mm}$，$c_2=16\text{mm}$；为加工轴承座孔端面方便，轴承座孔的端面应高于箱体的外表面，一般可取两者的差值为 5～10mm。 综上所述，可求得：$L=\delta+c_1+c_2+(5\sim10)\text{mm}=(8+20+16+5\sim10)\text{mm}$，取 $L=50\text{mm}$，两轴承支点间的跨距为 $l=b+2a_2+2l_2+B=(24+2\times17+2\times5+19)\text{mm}=87\text{mm}$。 箱外传力零件（即联轴器）距轴承支点的距离为 $l_1=(L-l_2-B/2)+l_3+l_4+l_5/2=[(50-5-19/2)+18+15+82/2]\text{mm}=109.5\text{mm}$ 根据以上尺寸可以确定轴各段尺寸如下： 与传动件（如齿轮、带轮、联轴器等）相配合的轴段长度，一般略小于传动件轮毂宽度。根据齿轮宽度为 24mm，取轴头长为 $s_4=22\text{mm}$，以保证套筒与轮毂端面贴紧定位；联轴器轴孔长度为 60mm，故取此段圆柱形轴伸长度为 $s_1=58\text{mm}$；由图 11-16 可得 $s_2=L-l_2-B+l_3+l_4=(50-5-19+18+15)\text{mm}=59\text{mm}$；结合图 11-15 可得 $s_3=a_2+l_2+B+2\text{mm}=43\text{mm}$；轴环宽度 $s_5\approx1.4h=5.6\text{mm}$，取 $s_5=6\text{mm}$；又因为 $s_5+s_6=a_2+l_2$，求得 $s_6=16\text{mm}$，$s_7=B=19\text{mm}$。 5）根据有关参考资料确定轴的结构细节。为方便轴上零件的装配，在轴的两端及 d_3、d_4 轴段需加工倒角。为了便于加工，这些倒角尺寸相同，均为 C2；左端支承轴承的轴颈为了磨削到位，应留有砂轮越程槽，根据轴颈尺寸查国标，可知此处砂轮越程槽的尺寸规格为 2mm×0.3mm	$L=50\text{mm}$ 两轴承支点间的跨距为 $l=87\text{mm}$ 联轴器距轴承支点距离为 $l_1=109.5\text{mm}$ 各轴段长度： $s_1=58\text{mm}$ $s_2=59\text{mm}$ $s_3=43\text{mm}$ $s_4=22\text{mm}$ $s_5=6\text{mm}$ $s_6=16\text{mm}$ $s_7=19\text{mm}$
4. 按弯扭合成强度进行轴的强度校核 轴在工作时，与齿轮和联轴器之间无相对转动，故以轴、齿轮及联轴器作为研究对象，进行受力分析。设轴承的支反力作用点分别为 A、B，齿轮的齿宽中点位于轴上 C 点。 1）绘制轴的受力简图，将外载荷分解到水平面和垂直面内。 计算齿轮受力： 转矩为 $T_2=9.55\times10^6\dfrac{P}{n}=9.55\times10^6\times\dfrac{10}{440}\text{N}\cdot\text{mm}=217045.5\text{N}\cdot\text{mm}$ 齿轮圆周力为 $$F_{t2}=\frac{2T_2}{d_2}=\frac{2T_2}{m_nz_2/\cos\beta}=\frac{2\times217045.5}{2\times63/\cos15^\circ}\text{N}=3327.8\text{N}$$ 齿轮径向力为 $F_{r2}=F_{t2}\dfrac{\tan\alpha_n}{\cos\beta}=F_{t2}\dfrac{\tan20^\circ}{\cos15^\circ}\text{N}=1253.9\text{N}$ 齿轮轴向力为 $F_{a2}=F_{t2}\tan\beta=F_{t2}\tan15^\circ\text{N}=891.7\text{N}$ 绘制轴的受力简图如图 11-17a 所示，可将 F_{t2} 分解到水平面内，而将 F_{r2} 与 F_{a2} 分解到垂直面内。 2）分别求轴在水平面内的支反力 F_H（图 11-17b），与垂直面内的支反力 F_V（图 11-17d）。 水平平面支承反力为 $$F_{HA}=F_{HB}=\frac{F_{t2}}{2}=\frac{3327.8}{2}\text{N}=1663.9\text{N}$$ 垂直平面支承反力为 $$F_{VA}=\frac{F_{r2}\dfrac{l}{2}-F_{a2}d_2/2}{l}=\left(\frac{1253.9}{2}-891.7\times\frac{2\times63/\cos15^\circ}{2\times87}\right)\text{N}=-41.5\text{N}$$ $$F_{VB}=F_{r2}-F_{VA}=[1253.9-(-41.5)]\text{N}=1295.4\text{N}$$ 3）作出水平面内的弯矩图 M_H（图 11-17c）和垂直面内的弯矩图 M_V（图 11-17e）。	$T_2=217045.5\text{N}\cdot\text{mm}$ $F_{t2}=3327.8\text{N}$ $F_{r2}=1253.9\text{N}$ $F_{a2}=891.7\text{N}$ $F_{HA}=F_{HB}=1663.9\text{N}$ $F_{VA}=-41.5\text{N}$ $F_{VB}=1295.4\text{N}$

（续）

设计计算和说明	结　　果
图 11-17 在水平面内，C 截面处的弯矩为 $$M_{HC}=F_{HA}\frac{l}{2}=1663.9\times\frac{87}{2}\text{N}\cdot\text{mm}=72379.7\text{N}\cdot\text{mm}$$ 在垂直面内，C 截面左侧的弯矩为 $$M'_{VC}=F_{VA}\frac{l}{2}=-41.5\times\frac{87}{2}\text{N}\cdot\text{mm}=-1805.3\text{N}\cdot\text{mm}$$ 在垂直面内，C 截面右侧的弯矩为 $$M''_{VC}=F_{VB}\frac{l}{2}=1295.4\times\frac{87}{2}\text{N}\cdot\text{mm}=56349.9\text{N}\cdot\text{mm}$$ 4）计算合成各轴段弯矩 $M=\sqrt{M_H^2+M_V^2}$。 C 截面左侧的合成弯矩为 $$M'_C=\sqrt{M_{HC}^2+M'^2_{VC}}=\sqrt{72379.7^2+1805.3^2}\text{N}\cdot\text{mm}=72402.2\text{N}\cdot\text{mm}$$ C 截面右侧的合成弯矩为 $$M''_C=\sqrt{M_{HC}^2+M''^2_{VC}}=\sqrt{72379.7^2+56349.9^2}\text{N}\cdot\text{mm}=91728.6\text{N}\cdot\text{mm}$$ 合成弯矩图如图 11-17f 所示。 5）计算各轴段扭矩 T，绘制扭矩图（图 11-17g）。 取 $\alpha=0.6$，则 $\alpha T=0.6\times217045.5\text{N}\cdot\text{mm}=130227.3\text{N}\cdot\text{mm}$ 6）计算各轴段当量弯矩（$M_e=\sqrt{M^2+(\alpha T)^2}$）。	$M_{HC}=72379.7\text{N}\cdot\text{mm}$ $M'_{VC}=-1805.3\text{N}\cdot\text{mm}$ $M''_{VC}=56349.9\text{N}\cdot\text{mm}$ $M'_C=72402.2\text{N}\cdot\text{mm}$ $M''_C=91728.6\text{N}\cdot\text{mm}$ $\alpha T=130227.3\text{N}\cdot\text{mm}$ $M'_{eC}=72402.2\text{N}\cdot\text{mm}$ $M''_{eC}=159289.9\text{N}\cdot\text{mm}$ $\sigma_b=12.7\text{MPa}\leqslant[\sigma]=60\text{MPa}$ 所以，轴的强度足够

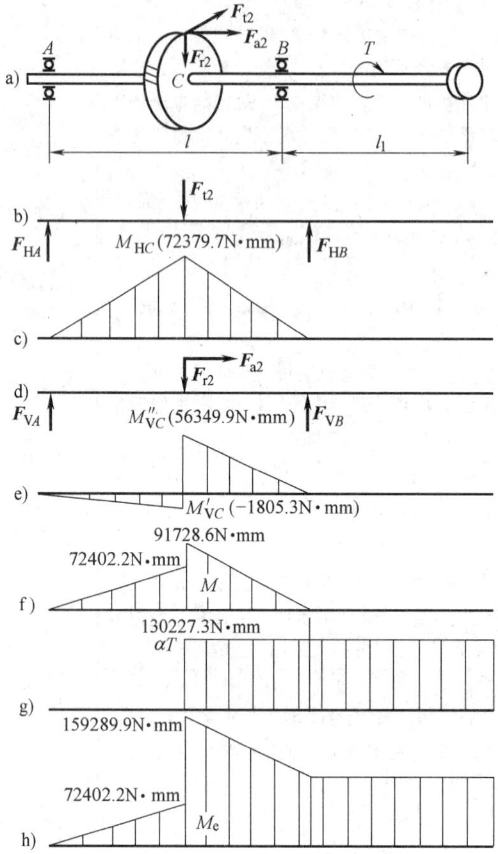

（续）

设计计算和说明	结　　果
C 截面左侧的当量弯矩为 $M'_{eC}=\sqrt{M'^2_C+(\alpha T)^2}=\sqrt{72402.2^2+0^2}\text{N}\cdot\text{mm}=72402.2\text{N}\cdot\text{mm}$ C 截面右侧的当量弯矩为 $M''_{eC}=\sqrt{M''^2_C+(\alpha T)^2}=\sqrt{91728.6^2+130227.3^2}\text{N}\cdot\text{mm}=159289.9\text{N}\cdot\text{mm}$ 由此可绘制出当量弯矩图，如图 11-17h 所示。 7）进行强度校核。由上述分析可以看出，轴在截面 C 处的弯矩和扭矩最大，故该截面为轴的危险截面，由式（11-2）按弯扭合成强度条件对轴进行校核。 $\sigma_b=\frac{M_e}{W}=\frac{\sqrt{M^2+(\alpha T)^2}}{0.1d^3}=\frac{M''_{eC}}{0.1d^3}=\frac{159289.9}{0.1\times50^3}\text{MPa}=12.7\text{MPa}\leqslant[\sigma_b]$ 所以轴的强度符合要求	
5. 绘制轴的零件图（略）	

小　　结

1. 基本知识点

轴是各种机器的重要零件之一，用来支承旋转的机械零件（如齿轮、带轮等），并传递动力和运动。一切做回转运动的传动零件都必须安装在轴上进行动力和运动的传递。本章主要介绍轴的功能和分类，轴的材料选择和支反力计算，轴的结构设计、轴的失效形式及其强度、刚度校核计算等问题，重点是轴的设计问题，其包括轴的结构设计和强度计算。结构设计是合理确定轴的形状和尺寸，它除应考虑轴的强度和刚度外，还要考虑使用、加工和装配等方面的许多因素。轴的强度计算使轴具有可靠的工作能力，其计算方法在材料力学中已经介绍过。对于初学者，轴的结构设计较难掌握，因此，轴的结构设计是本章讨论的重点。

2. 本章的重点和难点

本章的重点和难点是轴的设计。轴的设计包含两大内容：轴的结构设计、轴的强度计算。轴的大致设计过程为：选择合适的材料；按抗扭强度估算轴的最小直径；轴的结构设计；强度计算或校核；绘制轴的工作图。

在进行轴的结构设计时，应综合考虑轴和轴上零件的定位、轴上零件的调整和装拆、如何加工、能否减少应力集中等因素。

轴强度计算的大致步骤为：将轴上外载荷分解到水平面和垂直面内；求轴在水平面内与垂直面内的支反力；作水平面内和垂直面内的弯矩图；计算合成弯矩，作合成弯矩图；计算扭矩，绘制扭矩图；计算当量弯矩，作当量弯矩图；进行强度校核。

在学习轴的强度计算前，应让学生提前复习材料力学有关知识。

思考与习题

11-1　按所受载荷不同，轴可分为哪三种？试分析自行车的前轴、后轴和中轴各属于何种轴。

11-2　轴的常用材料有哪些？如何选择？

11-3　设计轴的结构时，应考虑哪些问题？

11-4　轴上零件常用的轴向和周向固定各有哪些方法？各有何特点？

11-5　图 11-18 所示为三种轴的结构设计方案，试分析在以下三种条件下，分别选哪种结构方案。

1）毛坯为重要的合金钢，要求应力集中小，成本低。

2）轴向力大，要求轴向定位精确，安装方便，且单件小批生产。

3）用于一般减速器的传动轴，大批生产。

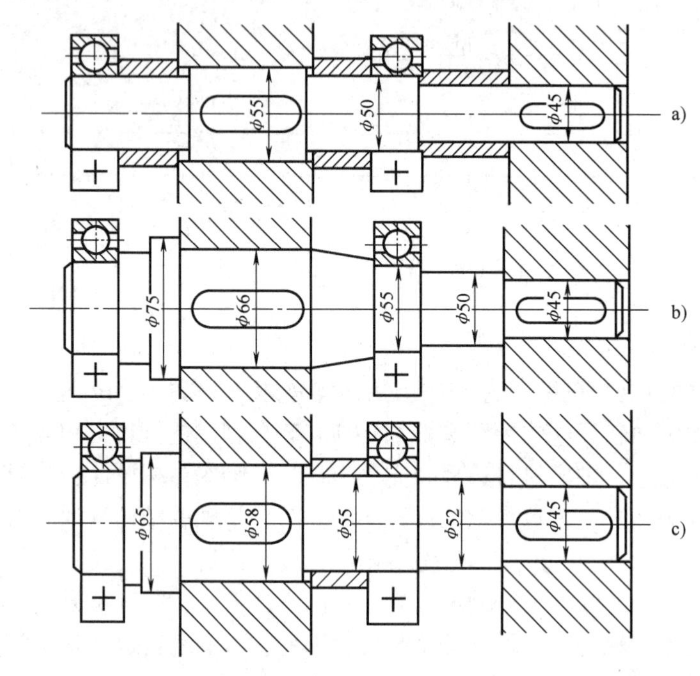

图 11-18　题 11-5 图

11-6　在齿轮减速器中，为什么低速轴的直径要比高速轴的直径大得多？

11-7　在轴的弯扭合成强度校核中，α 表示什么？为什么要引入？

11-8　已知某传动轴传递的功率为 37kW，转速 $n=900$r/min，如果轴上的许用扭转切应力为 40MPa，试求该轴的最小直径。

11-9　某二级展开式齿轮减速器的中间轴，其结构尺寸及弯矩和扭矩如图 11-19 所示，轴的材料为 45 钢调质，表面粗糙度 $Ra=1.6\mu$m，单向转动，载荷平稳。请按弯扭合成强度条件校核轴的强度。

11-10　已知一单级直齿圆柱齿轮减速器，由电动机拖动，电动机功率为 $P=13$kW，转速 $n_1=970$r/min，齿轮模数 $m=4$mm，齿数 $z_1=18$，$z_2=82$，若支承间跨距 $l=180$mm（齿轮位于跨距中央），轴的材料用 45 钢调质，试计算输出轴危险截面处的直径 d。

11-11　已知某传动装置中，一个轮轴上安装零件的位置及尺寸如图 11-20 所示，试设计此轴各段直径长度。

11-12　按示例①所示，指出图 11-21 所示轴系结构的其他错误，并改正。

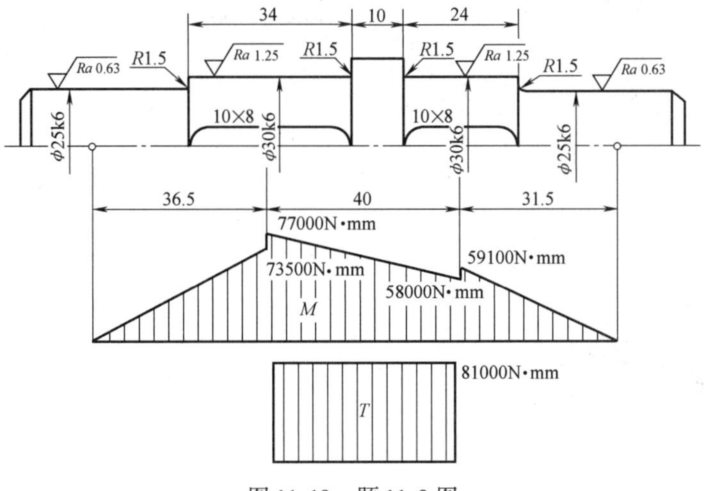

图 11-19　题 11-9 图

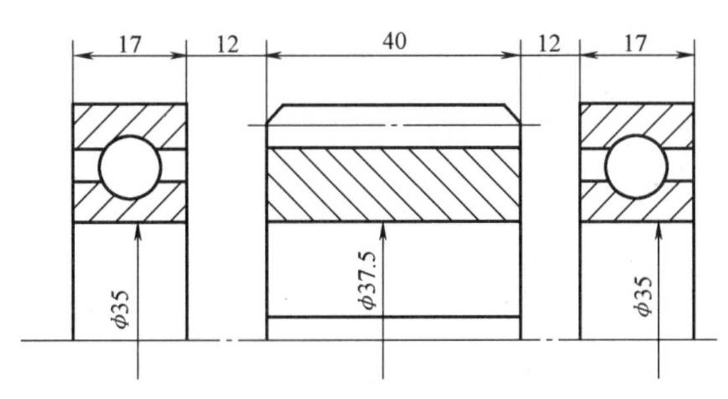

图 11-20　题 11-11 图

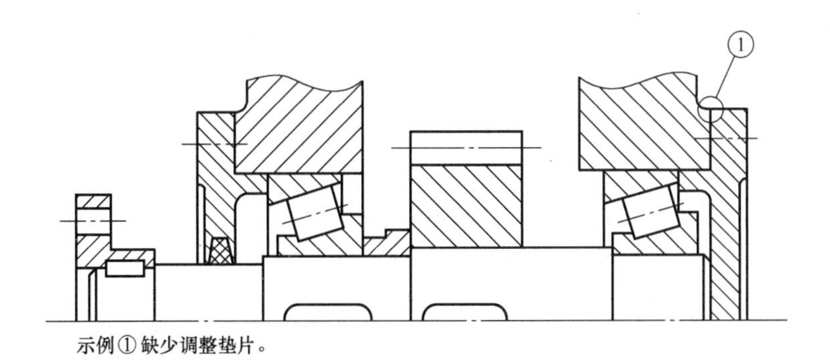

示例① 缺少调整垫片。

图 11-21　题 11-12 图

第12章 轴　承

1. 掌握轴承的结构、类型和适用场合。
2. 熟悉滚动轴承的代号，会选择滚动轴承。
3. 掌握滚动轴承的寿命计算方法。
4. 能合理地进行滚动轴承的组合设计、使用与维护。
5. 了解滑动轴承的结构与应用。

12.1 轴承的作用和分类

轴承是当代机械设备中一种举足轻重的零部件，其主要功用是支承轴及轴系零件，在机械传动过程中用来降低轴与支承间的摩擦和磨损，保持轴的轴线空间位置固定。

轴承按工作时运动副元素摩擦性质的不同，可分为滚动摩擦轴承和滑动摩擦轴承两大类，分别简称为滚动轴承和滑动轴承。按其承受载荷方向的不同分为向心轴承、推力轴承和向心推力轴承。

滚动轴承是依靠元件间的滚动接触来支承转动零件的，所以其摩擦阻力较小，机械效率较高，润滑和维护方便，并且已经标准化，在机械中应用广泛。但它的径向尺寸、振动和噪声较大，抗冲击能力差，高速重载时轴承寿命较短，影响了其在某些特殊场合的应用。

在滑动摩擦下运转的轴承称为滑动轴承，依据其工作表面间摩擦状态的不同，又可分为液体摩擦滑动轴承和非液体摩擦滑动轴承。滑动轴承主要用于滚动轴承难以满足支承要求的场合，如高速度、高精度、大冲击、轴承结构要求剖分式、长寿命等场合，具体有发电机组、内燃机组、球磨机、自动化办公设备、高速高精度机床、铁路机车、具有腐蚀性的流体中等。

12.2 滚动轴承的结构、类型和特点

常用的滚动轴承已标准化，并由专业工厂大量制造及供应，因此设计者的任务是根据具体工作条件，正确选定轴承的类型和计算所需的尺寸，进行必要的工作能力计算，以及与轴承的安装、调整、润滑、密封等有关的轴承组合设计等。

12.2.1　滚动轴承的结构

滚动轴承的基本结构如图12-1所示，它由内圈、外圈、滚动体和保持架四部分组成。内圈和轴颈之间形成紧配合，工作时与轴一起旋转；外圈装在轴承座中，相对轴承座位置固定，起支承作用。但也有外圈旋转、内圈固定或内外圈以不同转速转动的情况。内、外圈上加工有滚道，工作时，滚动体在内、外圈的滚道中滚动，形成滚动摩擦副并传递载荷。

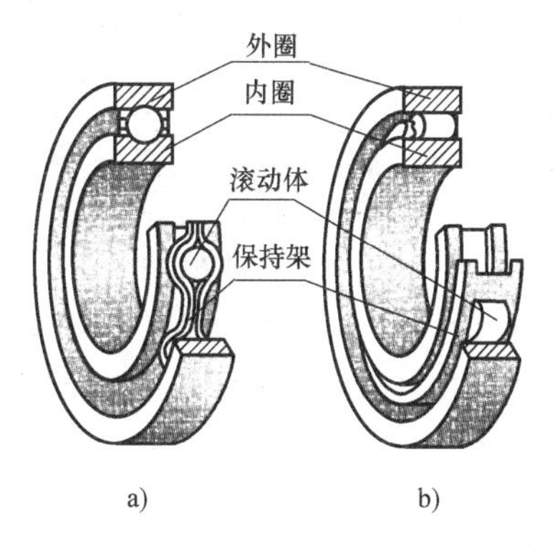

图12-1　滚动轴承的结构
a）深沟球轴承　b）圆柱滚子轴承

滚动体是轴承中不可或缺的重要元件，滚动轴承常用的滚动体如图12-2所示，有球、短圆柱滚子、圆锥滚子、鼓形滚子、滚针五种。当内、外圈做相对回转时，内、外圈上的滚道可限制滚动体的轴向位移。滚动体与内、外圈之间是点或线接触，表面接触应力大，一般用强度高、耐磨性好的轴承钢（如GCr15、GCr15SiMn等）制成，热处理后硬度应在60HRC以上，工作表面经过磨削抛光。

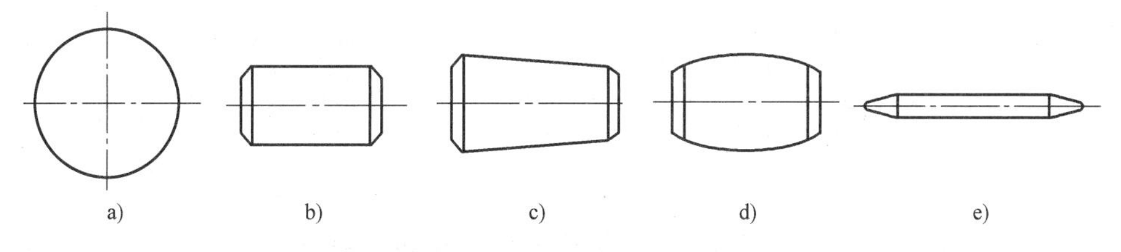

图12-2　常用的滚动体形状
a）球　b）短圆柱滚子　c）圆锥滚子　d）鼓形滚子　e）滚针

保持架用于将滚动体均匀地隔开，以避免相邻滚动体在接触处产生较大的相对滑动速度而引起磨损，改善轴承内部的载荷分配。

保持架多用低碳钢冲压而成，也有用黄铜、塑料等制成的。由于一般轴承的这些元件都经过150℃的回火处理，所以当轴承的工作温度不高于120℃时，零件的硬度不会下降。

12.2.2　滚动轴承的类型和特点

滚动轴承有多种类型，用以适应各种机械装置的具体要求。滚动轴承按结构特点的不同有多种分类方法，各类轴承分别适用于不同载荷、转速及特殊需要的场合。

1. 按滚动体的形状不同可分为球轴承和滚子轴承

按滚动体的形状不同，滚动轴承可分为球轴承和滚子（图12-2b、c、d、e）轴承。球轴承的滚动体为球，球与滚道表面的接触为点接触；滚子轴承的滚动体为滚子，滚子与滚道表面的接触为线接触。按滚子的形状不同又可分为圆柱滚子轴承、滚针轴承、圆锥滚子轴承和调心滚子轴承。相对来讲球轴承制造方便，价格低，运转时摩擦损耗少，转速高，但承载能力和抗冲击能力不如滚子轴承高。在外廓尺寸相同的条件下，滚子轴承的承载能力大约是球轴承的1.5～3倍。

2. 按所能承受载荷的方向或公称接触角的不同可分为向心轴承和推力轴承

图12-3中角α为滚动体与套圈接触处的公法线与轴承径向平面之间的夹角，称为公称

接触角。它表明了轴承承受轴向载荷和径向载荷的能力分配关系，是轴承的性能参数。α 越大，滚动轴承承受轴向载荷的能力越大。按公称接触角的不同或载荷方向的不同，滚动轴承可分为向心轴承和推力轴承。各类轴承的公称接触角见表 12-1。

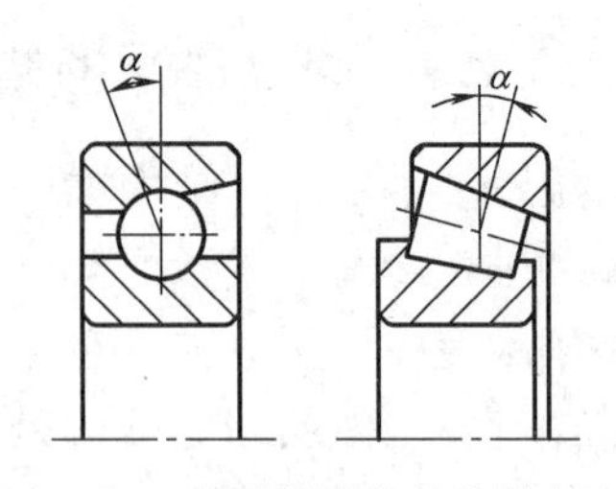

图 12-3　滚动轴承的公称接触角

向心轴承又可分为径向接触轴承和向心角接触轴承。径向接触轴承主要承受径向载荷，有些可承受较小的轴向载荷；向心角接触轴承能同时承受径向载荷和轴向载荷。

推力轴承又可分为推力角接触轴承和轴向接触轴承。推力角接触轴承主要承受轴向载荷，也可以承受较小的径向载荷；轴向接触轴承只能承受轴向载荷。

表 12-1　各类轴承的公称接触角

轴承种类	向心轴承		推力轴承	
	径向接触	向心角接触	推力角接触	轴向接触
公称接触角 α	$\alpha=0°$	$0°<\alpha\leqslant45°$	$45°<\alpha<90°$	$\alpha=90°$
图例(以球轴承为例)		α	α	α

3. 按照轴承工作时是否可以调心可分为刚性轴承和调心轴承

由于安装误差或轴的变形等都会引起轴承内、外圈发生相对倾斜，此轴承内、外圈轴线之间相对倾斜时所夹的锐角 θ 称为偏移角，如图 12-4 所示。由于这类轴承具有自动调心作用，故称为调心轴承。调心轴承能补偿由于加工、安装误差和轴的变形造成的偏斜角，使轴承保持正常工作。所谓可否调心，是指是否允许其内、外圈之间存在一定范围的角位移。

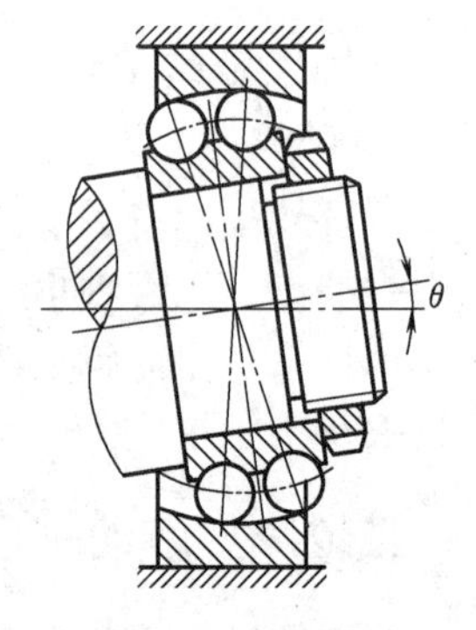

图 12-4　调心轴承

4. 按滚动体的列数不同可分为单列、双列及多列轴承

各类轴承的结构形式不同，分别适用于不同的载荷、转速和工作条件。表 12-2 中列出了常用滚动轴承的类型与性能特点。

表 12-2　常用滚动轴承的类型与性能特点

轴承类型名称及国标编号	类型代号	结构示意及结构简图	承载方向	性能特点及应用
调心球轴承 GB/T 281—2013	1			滚动体为双列球，外圈滚道是以轴承中心为中心的球面，实现自动调心。适用于多支承点、变形较大以及难以对中的轴。主要承受径向载荷及少量的轴向载荷。工作中允许内、外圈轴线间有 2°～3°的偏移角，一般不宜承受纯轴向载荷

（续）

轴承类型名称及国标编号		类型代号	结构示意及结构简图	承载方向	性能特点及应用
调心滚子轴承 GB/T 288—2013		2	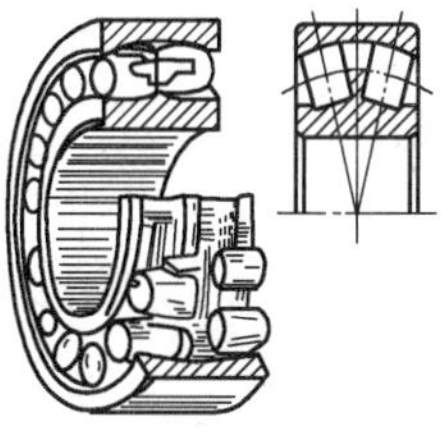	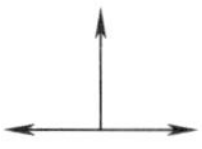	滚动体为双列鼓形滚子，外圈滚道是以轴承中心为中心的球面，实现自动调心。能承受较大的径向载荷和少量的轴向载荷，抗振动、冲击。但加工要求高，用于其他轴承不能胜任的重载且需调心的场合。工作中允许内、外圈轴线间有1.5°～2.5°的偏移角
圆锥滚子轴承 GB/T 297—2015		3	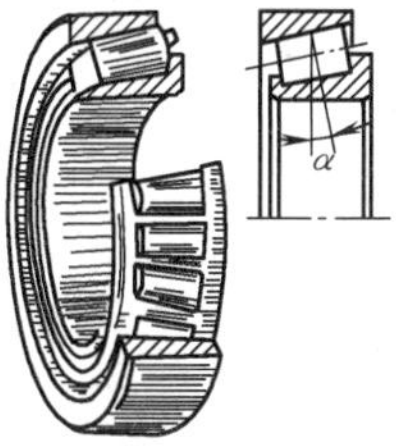		能同时承受较大的径向载荷和轴向载荷。内外圈可分离，游隙可调，装拆方便，适用于要求刚性较大的轴，一般成对使用。在同一支承点使用两个相反方向安装的圆锥滚子轴承时，可以通过预紧提高轴承刚度。价格相对较高。允许偏移2′
推力球轴承	单向推力球轴承	5	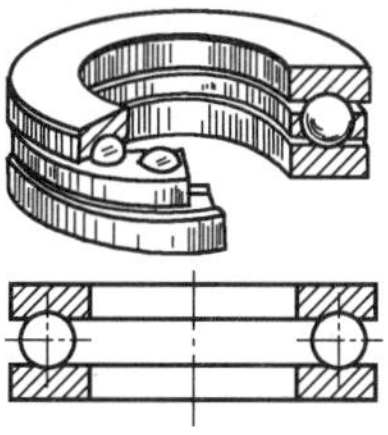		仅承受轴向载荷，载荷作用线必须与轴线重合。推力轴承的套圈不分内、外圈，而分轴圈与座圈，或统称“垫圈”。轴圈、座圈、滚动体是分离的。用于轴向载荷大和转速不高的场合。不允许有角位移。 推力球轴承分为单列和双列。 单列（51000型）只能承受单向轴向载荷，双列（52000型）可承受双向轴向载荷
	双向推力球轴承	5	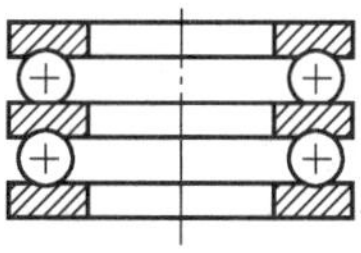		
深沟球轴承 GB/T 276—2013		6	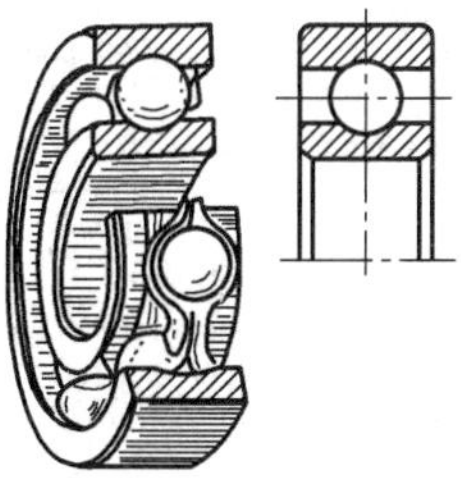		主要承受径向载荷及少量双向轴向载荷，动摩擦系数最小，极限转速高。适用于刚性较大和转速较高的轴，在转速较高、轴向载荷不大、不能用推力轴承时，可用其代替承受纯轴向载荷。结构紧凑，重量轻，批量生产，应用最广，价格低。工作中允许内、外圈轴线间有8′～16′的偏移角
角接触球轴承 GB/T 292—2007		7	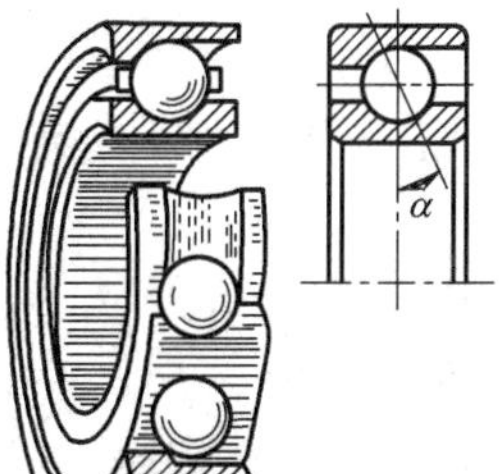 α		能同时承受径向载荷和轴向载荷，或承受较大的单向轴向载荷。公称接触角α有15°（C型）、25°（AC型）和40°（B型）三种。α越大，轴向承载能力也越大。极限转速高，通过预紧提高轴承刚度。通常成对使用，可分别装在两个支承点或同一支承点上。用于刚性较大而跨距不大的轴。工作中允许内、外圈轴线间有2′～10′的偏移角

（续）

轴承类型名称及国标编号	类型代号	结构示意及结构简图	承载方向	性能特点及应用
圆柱滚子轴承 GB/T 283—2007	N	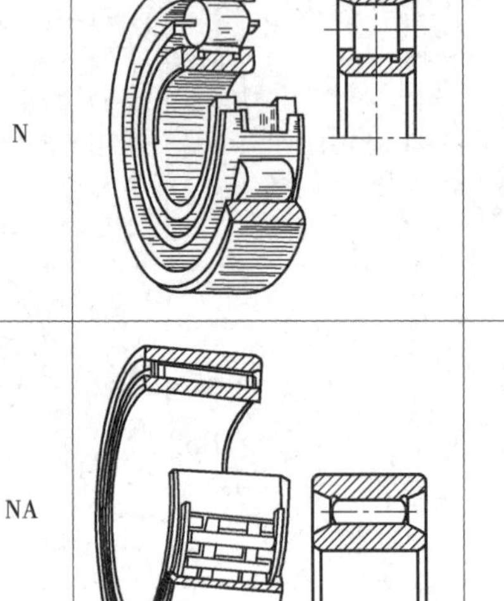	↑	滚动体是圆柱滚子，径向承载能力是相同内径深沟球轴承的 1.5～3 倍，不能承受轴向载荷。耐冲击，内、外圈可分离，但各轴线允许的偏转角很小，当要求轴能做轴向游动时，这是一种理想的支承结构。基本结构形式为 N 型，另有内圈无挡边的 NU 型和内圈单挡边的 NJ 型
滚针轴承 GB/T 5801—2006	NA		↑	在内径相同的情况下，与其他轴承相比，其外径最小，因而特别适用于径向尺寸受限制的场合，其基本型号为 NA 型，还有无内圈的 HK、BK 型和无内、外圈有保持架的 K 型。这类轴承不允许有轴线偏移角，极限转速低

12.3 滚动轴承的代号及类型选择

12.3.1 滚动轴承的代号

滚动轴承的种类和尺寸规格繁多，为了便于组织生产和选用，国家标准 GB/T 272—1993 规定：每一个滚动轴承用一组特定形式的字母和数据来表示滚动轴承的类型、尺寸、结构特点及精度等级、技术性能等，这组规定的数据称为滚动轴承代号，并打印在滚动轴承端面上。

滚动轴承的代号由基本代号、前置代号和后置代号组成。其代表内容和排列的顺序见表 12-3。

表 12-3 滚动轴承代号的构成

前置代号	基本代号				后置代号							
成套轴承分部件代号	类型代号	尺寸系列代号		内径代号	内部结构代号	密封防尘结构代号	保持架及材料代号	特殊轴承材料代号	公差等级代号	游隙代号	多轴承配置代号	其他代号
		宽度系列代号	直径系列代号									

1. 基本代号

基本代号用于表明滚动轴承的基本类型、结构和尺寸，是轴承代号的基础。一般最多为五位数字，或由 4 位数字和字母组成。

（1）类型代号　用数字或字母表示，常用轴承的类型代号参见表 12-2。

（2）宽（高）度系列代号　一般用一位数字表示，有时也可省略。轴承的宽度系列代号指：内径和直径系列都相同的轴承，在宽度方面的变化系列（对于推力轴承，是指高度系列）。多数轴承在宽度代号为 0 时通常省略（在调心滚子轴承和圆锥滚子轴承中不可省略），推力轴承按7、9、1、2的顺序，高度依次增大。具体代号见表12-4。

表12-4　轴承的宽（高）度系列代号

轴承类别	向心轴承(宽度系列)					推力轴承(高度系列)		
宽度(高度)系列	特宽	宽	正常	窄	特窄	特低	低	正常
代号	3,4 5,6	2	1	0	8	7	9	1,2①

① 为双向推力轴承高度系列。

(3) 直径系列代号　轴承的直径系列代号用一位数字表示。内径相同的轴承，配有不同的外径和宽度尺寸（对于推力轴承，是指高度系列），以适应不同的载荷要求。这种内径相同而外径不同所构成的系列称为直径系列，其代号见表12-5。图12-5所示为深沟球轴承的不同直径系列的对比。外径尺寸依次递增，轴承的承载能力也相应增大。

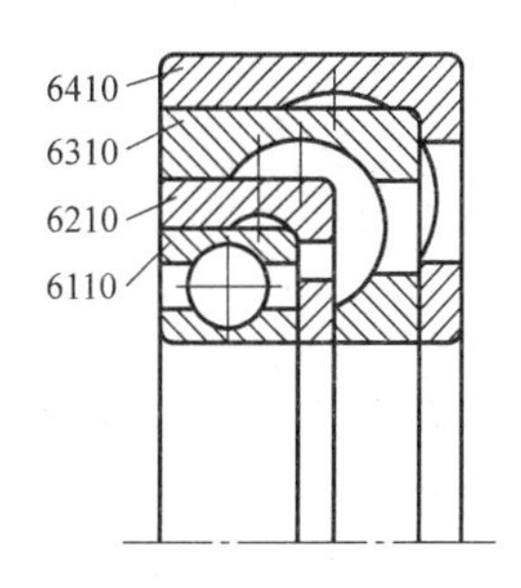

图12-5　轴承直径系列的对比

(4) 内径代号　一般用基本代号右起第一、二位数字表示，表示方法见表12-6。

内径小于10mm、大于或等于500mm和等于22mm、28mm、32mm的轴承，其内径表示法可查阅GB/ T 272—1993。

表12-5　轴承的直径系列代号

轴承类别	向心轴承						推力轴承				
直径系列	超轻	超特轻	特轻	轻	中	重	超轻	特轻	轻	中	重
代号	8,9	7	0,1	2	3	4	0	1	2	3	4

表12-6　滚动轴承的内径代号

内径代号	00	01	02	03	04 ~ 96
轴承内径/mm	10	12	13	17	内径代号 ×5

2. 后置代号

轴承的后置代号用以表示轴承的内部结构、公差等级、游隙等，它处于基本代号之后，用字母和数字等表示。后置代号的种类很多，下面介绍几种常用后置代号。

(1) 内部结构代号　内部结构代号用字母表示，紧随在基本代号后面。内部结构常用代号见表12-7。

表12-7　轴承内部结构常用代号

轴承类型	代　号	含　义	示　例
角接触球轴承	B	$\alpha=40°$	7210B
	C	$\alpha=15°$	7210C
	AC	$\alpha=25°$	7210AC
圆锥滚子轴承	B	接触角α加大	2310B
圆柱滚子轴承	E	加强型	N207E

(2) 密封防尘与外部形状变化代号　如“-Z”表示轴承一面带防尘盖，“N”表示轴承外圈上有止动槽。代号示例有6210-Z、6210N。

(3) 公差等级代号　轴承的公差等级分为2、4、5、6、6x和0级，共6个级别，精度依次降低。其代号分别为/P2、/P4、/P5、/P6、/P6x和/P0。公差等级中，6x级仅适用于圆锥滚子轴承；0级为普通级，在轴承代号中省略不表示。代号示例有6203、6203/P6、30210/P6x。

(4) 游隙代号　游隙指滚动体与内、外圈滚道之间的最大间隙，如图12-6所示。将一个套圈固定，另一个套圈沿径向或轴向的最大移动量分别称为径向游隙、轴向游隙。轴承的游隙分为1、2、0、3、4和5组，共六个游隙组别，游隙依次由小到大。游隙是指轴承在无载荷作用时，一个套圈相对另一个套圈在某一个方向的可移动距离。常用的游隙组别是0游隙组，在轴承代号中省略不表示，其余的游隙组别在轴承代号中分别用符号/C1、/C2、/C3、/C4、/C5表示。代号示例有6210、6210/C4。

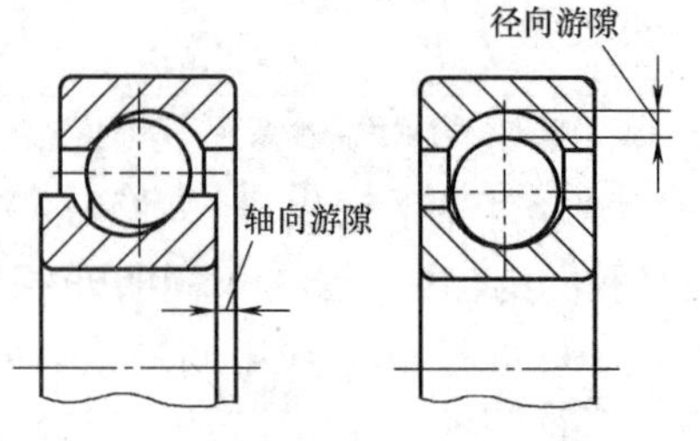

图12-6　滚动轴承的游隙

3. 前置代号

前置代号表示成套轴承的分部件，用字母表示。当轴承的某些分部件具有特殊性时，在基本代号前加上相应的字母。代号及其含义可查阅机械设计手册。

例12-1　试分析下列滚动轴承代号6203、7210C、32315/P6的含义。

解

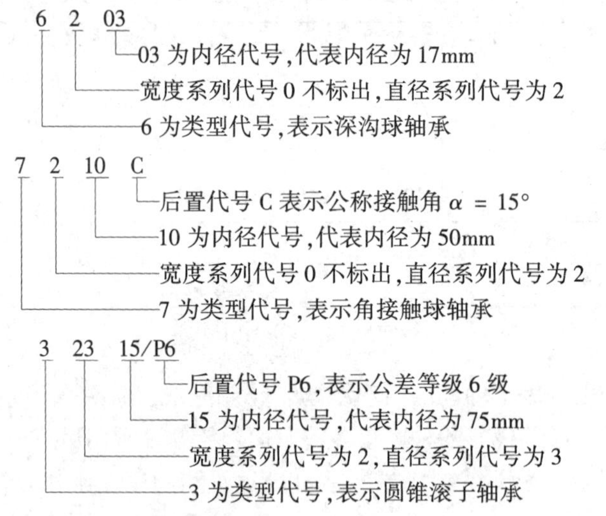

12.3.2　滚动轴承类型的选择原则

滚动轴承已经标准化，在一般的机械设计中，只需根据工作要求正确地选择，便可通过外购而直接使用。选择滚动轴承时，首先是选择轴承的类型。而滚动轴承类型的选择，应根据轴承所承受的载荷大小、方向和性质、转速的高低、轴承的组合结构、装拆方便性和经济性等因素，具体可参考以下几方面：

1. 轴承工作载荷的大小、方向和性质

(1) 载荷大小和性质　滚子轴承中滚动体和套圈之间是线接触，球轴承中滚动体和套圈是点接触，所以滚子轴承比球轴承的承载能力和抗冲击能力强，因此，轻载和中等载荷时应选用球轴承；重载或有冲击载荷时，应选用滚子轴承，但此时应保证两端轴承支座的同轴度和轴有足够的刚度。

（2）载荷方向　纯径向载荷时，可选用深沟球轴承、圆柱滚子轴承或滚针轴承等；纯轴向载荷时，可选用推力轴承；既有径向载荷又有轴向载荷时，若轴向载荷不太大，可选用深沟球轴承或接触角较小的角接触球轴承、圆锥滚子轴承，若轴向载荷较大，可选用接触角较大的这两类轴承，若轴向载荷很大，而径向载荷较小时，可选用推力角接触轴承，也可以采用向心轴承和推力轴承的组合结构来分别承担径向载荷与轴向载荷。

2. 轴承工作转速

选择轴承类型时应注意其允许的极限转速 $n_{\lim}$。轴承的工作转速应低于极限转速。

1）当轴承的工作转速较高且旋转精度要求较高时，应选用球轴承。

2）当工作转速较高而轴向载荷不大时，可采用角接触球轴承或深沟球轴承。

3）对于高速运转的轴承，为减小滚动体施加于外圈滚道的离心力，应优先选用外径和滚动体直径较小的轴承。

推力轴承的极限转速较低。

3. 轴承的装卸性能及调心性能

在轴承座没有剖分面而必须沿轴向安装和拆卸轴承部件时，应选取内、外圈可分离轴承，如圆锥滚子轴承、圆柱滚子轴承等。

受加工、装配误差及受力变形等影响，轴在工作时将产生弯曲变形，尤其在支点跨距大、刚性差等场合下变形更大，应选用调心轴承，并应保证所选用轴承的相对角位移小于该类型轴承的允许值。深沟球轴承可允许内、外圈有较小的相对倾斜角，而滚动轴承对轴线倾斜非常敏感，故不允许在多支点、轴承座分别安装及轴刚度较差的场合使用。

4. 经济性

轴承类型不同，其价格也不同，深沟球轴承价格最低，滚子轴承比球轴承价格高，向心角接触轴承比径向接触轴承价格高。公差等级越高，价格也越高。在满足使用要求的前提下，应尽量选用价格低廉的轴承。

轴承类型确定后，接下来确定轴承的型号。在具体设计时，首先根据经验或类比的方式初步确定轴承的尺寸系列，然后针对轴承的工作条件和相应的失效形式进行强度或寿命的校核计算。

12.4　滚动轴承的受载分析、失效形式及计算准则

12.4.1　滚动轴承的受载分析

滚动轴承尺寸的选择取决于轴承承受的载荷、对轴承寿命的要求以及可靠性的要求等。

以深沟球轴承为例来分析轴承工作时的受载情况。图 12-7 所示为轴承工作的某一瞬间，径向载荷 F_r 通过轴颈作用于内圈，位于上半圈的滚动体不受此载荷作用，而由下半圈的滚动体将载荷传到外圈上。假设内、外圈为刚体，不变形，滚动体为弹性体，且

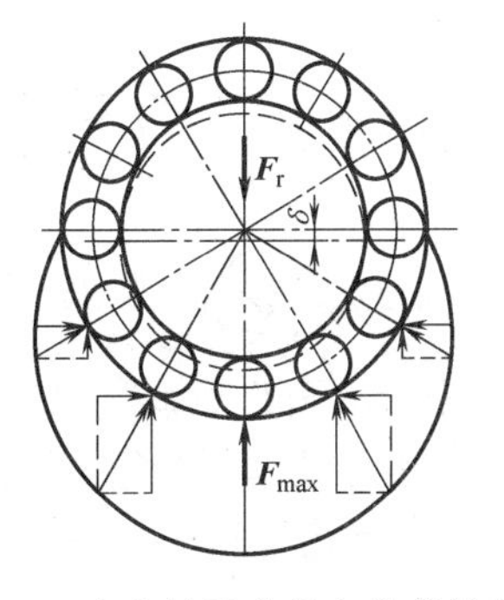

图 12-7　向心轴承中径向载荷的分布

变形在弹性范围内。这时在载荷 F_r 的作用下，内圈会沿载荷 F_r 的方向下移一段距离 δ，上半圈的滚动体不承载。下半圈滚动体的受载大小随变形量的增大而增大。处于 F_r 作用线最下位置的滚动体承载最大，而远离作用线的各滚动体，其承载逐渐减小。当内圈随轴转动时，内、外圈与滚动体的接触点不断发生变化，其表面接触应力随着位置的不同做脉动循环变化，所以轴承元件受到脉动循环的接触应力。

12.4.2 滚动轴承的失效形式和设计准则

1. 主要失效形式

滚动轴承的失效形式主要有三种：疲劳点蚀、塑性变形和磨损。

1）疲劳点蚀。滚动轴承工作过程中，滚动体和内、外圈不断地转动，滚动体与滚道接触表面受交变接触应力的作用，因此在工作一段时间后，接触表面就会产生疲劳裂纹，并逐渐扩展到表面，从而形成疲劳点蚀，使轴承旋转精度下降，产生噪声、冲击和振动，致使轴承失效。疲劳点蚀是正常运转条件下轴承的一种主要失效形式。

2）塑性变形。当滚动轴承转速很低或只做间歇摆动时，一般不会产生疲劳点蚀。但若承受很大的静载荷或冲击载荷，轴承各元件接触处的局部应力可能超过材料的屈服强度，从而在滚动体或滚道表面上将发生不均匀的塑性变形，形成凹坑而失效。过大的永久变形会使轴承在运转中产生剧烈的振动和噪声，降低了轴承的旋转精度。

3）在多粉尘或润滑不良的条件下，滚动体和套圈的工作面产生磨损。磨损后使游隙增大，精度降低，温度升高，最终导致轴承失效。

此外，轴承工作时如果速度过高还会出现胶合、表面发热甚至滚动体回火。其他还有因安装、拆卸、维护不当引起的元件断裂、锈蚀、化学腐蚀等失效。

2. 设计准则

1）对于一般转速的轴承（$10\text{r/min} < n < n_{\lim}$），如果轴承的制造、保存、安装、使用等条件均为良好，则其最主要的失效形式是疲劳点蚀破坏。一般情况下，应进行轴承的寿命计算。

2）对于低速轴承（$n < 10\text{r/min}$）或只做摆动的滚动轴承，可近似地认为轴承各元件是在静应力作用下工作的，其失效形式为塑性变形，应进行以不发生塑性变形为准则的静强度计算。载荷较大或有冲击载荷的回转轴承，也应进行静强度计算。

3）对于高速轴承，除疲劳点蚀外，主要还有由于工作表面的过热而引起的磨损、烧伤失效，除需要进行寿命计算外，还应验算极限转速。

12.5 滚动轴承的寿命计算和静强度计算

12.5.1 轴承的基本额定寿命和基本额定动载荷

1. 滚动轴承的基本额定寿命 L_{10}

（1）轴承的寿命　轴承中任一元件出现疲劳点蚀前运转的总转数或在一定转速下工作的小时数，称为轴承的寿命。

（2）轴承的基本额定寿命　大量实验表明：一批同样型号、同样材料的轴承，即使在完全相同的条件下工作，由于材料的不均匀程度、工艺及精度等差异，它的寿命也是不相同的，相差可达几倍、几十倍。为此，选择轴承时不能以单个轴承寿命作为计算依据，为此引入基本额定寿命的概念。基本额定寿命是指一批同型号的轴承在相同的工作条件下运转，其中10%的轴承发生点蚀破坏，而90%的轴承不发生点蚀破坏前的转数（以10^6为单位）或工作小时数作为轴承的寿命，并把这个寿命叫做基本额定寿命，以L_{10}表示。对单个轴承而言，基本额定寿命意味着有90%的可能性达到或超过该寿命。

2. 基本额定动载荷 *C*

轴承的寿命与所受载荷的大小有关，工作载荷越大，轴承的寿命就越短。国家标准规定，基本额定寿命$L_{10}=10^6$r时，轴承所能承受的最大载荷称为基本额定动载荷C，单位为牛顿（N）。

基本额定动载荷是衡量轴承承载能力的主要指标，轴承的C越大，表明它抗疲劳点蚀的能力越强。

对于向心轴承，这一载荷指的是纯径向载荷，并称为径向基本额定动载荷，常用C_r表示。

对于推力轴承，这一载荷指的是纯轴向载荷，并称为轴向基本额定动载荷，常用C_a表示。

各种轴承的基本额定动载荷值可查阅相关的轴承标准或《机械设计手册》。

12.5.2　滚动轴承的寿命计算

大量实验研究基础上得出的滚动轴承所受的当量动载荷P与基本额定寿命L_{10}之间的关系曲线如图12-8所示。

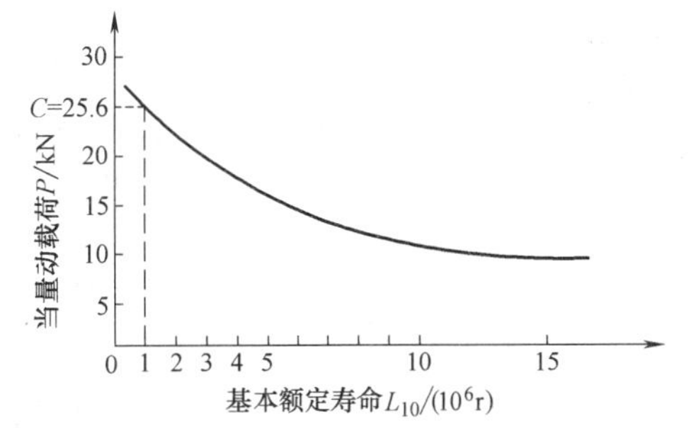

图12-8　滚动轴承载荷-寿命曲线

该曲线说明载荷越大，轴承的寿命越短。通过实验得出，当轴承承受载荷为P时，其相应的基本额定寿命L_{10}与该轴承的基本额定动载荷C之间存在如下关系：

$$P^{\varepsilon}L_{10}=C^{\varepsilon}$$

即

$$L_{10}=\left(\frac{C}{P}\right)^{\varepsilon}$$

式中　L_{10}——轴承的基本额定寿命（10^6r）；

C——轴承的基本额定动载荷（N）；

ε——轴承寿命指数，对球轴承，$\varepsilon=3$，对滚子轴承，$\varepsilon=10/3$；

P——当量动载荷（N）。

一般常用小时数L_h表示轴承寿命。若轴承转速记为n，$L_{10}=60nL_h$，则可得

$$L_h=\frac{10^6}{60n}\left(\frac{C}{p}\right)^{\varepsilon} \tag{12-1}$$

式中　L_h——用小时数表示的轴承寿命（h）；

n——转速（r/min）。

轴承在工作过程中，其工作温度高于100℃时对基本额定动载荷 C 会产生影响，故引入温度系数 f_t（见表12-8）；冲击、振动对轴承的寿命也会产生影响，使轴承的寿命降低，引入载荷系数 f_P（见表12-9）。考虑到这两方面的因素，在实际工作情况下的轴承寿命计算公式为

$$L_h = \frac{10^6}{60n}\left(\frac{f_t C}{f_P P}\right)^{\varepsilon} \geqslant L_h' \tag{12-2}$$

式中　L_h'——轴承预期寿命（h），可根据机器的具体要求或参考表12-10确定。

如果设计时要求轴承达到规定的预期寿命 L_h'，则在已知当量动载荷 P 和转速 n 的条件下，可按下式算出轴承应当具有的基本额定动载荷 C'，应使 C' 小于所选轴承的 C 值，即

$$C' = \frac{f_P P}{f_t}\left(\frac{60nL_h'}{10^6}\right)^{1/\varepsilon} \leqslant C \tag{12-3}$$

式（12-2）和式（12-3）分别用于不同情况。当轴承型号已定时，可用式（12-2）校核轴承的寿命，要求 $L_h \geqslant L_h'$；型号未定时，可根据轴承的载荷 P、转速 n 和预期寿命 L_h'，用式（12-3）求出轴承应当具有的基本额定动载荷 C'，查轴承标准或手册选出所需轴承型号，要求 $C' \leqslant C$。

表12-8　温度系数 f_t

轴承工作温度/℃	≤100	125	150	175	200	225	250	300
温度系数 f_t	1	0.95	0.90	0.85	0.80	0.75	0.70	0.60

表12-9　载荷系数 f_P

载荷性质	f_P	举　例
无冲击或有轻微冲击	1.0～1.2	电机、汽轮机、通风机、水泵
中等冲击或惯性力	1.2～1.8	车辆、机床、动力机械、传动装置、起重机、冶金设备、减速机等
强烈冲击	1.8～3.0	破碎机、轧钢机、球磨机、振动筛、石油钻机、农业机械、工程机械

表12-10　轴承预期寿命推荐值 L_h'

使用情况	机器种类	要求寿命/h
不经常使用的仪器和设备	门窗启闭装置，汽车方向指示器等	300～3000
间断使用的机械，若因轴承故障而中断使用时，不会引起严重后果	一般手工操作机械，轻便手提式工具，悬臂起重机、农业机械、装配起重机、使用不频繁的机床、自动送料装置	3000～8000
间断使用的机械，若因轴承故障而中断使用时，能引起严重后果	发电站辅助机械、农业用电动机、流水作业线自动传送装置、升降机、传动带运输机、车间起重机	8000～14000
每天工作8h的机械（利用率不高）	一般齿轮传动装置、固定电动机、压碎机、起重机、一般机械	10000～24000
每天工作8h的机械（利用率较高）	机床、木材加工机械、连续使用的起重机、鼓风机、印刷机械、分离机、离心机	20000～30000
24h连续运转的机械	空气压缩机、水泵、矿山卷扬机、轧机齿轮装置、纺织机械	40000～50000
24h连续运转，因而中断工作能引起严重后果的机械	纤维造纸机械、电站主要设备、矿井水泵、给排水装置、船舶螺旋桨轴、矿用通风机	≈100000

12.5.3　滚动轴承的当量动载荷计算

上述滚动轴承的基本额定动载荷是在向心轴承只受径向载荷，推力轴承只受轴向载荷的特定条件下确定的。实际上，轴承往往承受着径向载荷和轴向载荷的联合作用，因此，需要将该实际联合载荷转化为一假想的等效当量动载荷 P 来处理，在此载荷作用下，轴承的工作寿命与轴承在实际工作载荷下的寿命相同。当量动载荷的计算公式为

$$P = XF_r + YF_a \tag{12-4}$$

式中　F_r、F_a——轴承的径向载荷、轴向载荷（N）；

　　X、Y——径向载荷系数和轴向载荷系数，可由表12-11查取。

1）对于只承受径向载荷 P 的径向接触轴承，$P = F_r$。

2）对于只承受轴向载荷 P 的轴向接触轴承，$P = F_a$。

表12-11　深沟球轴承、角接触球轴承、圆锥滚子轴承的径向载荷系数 X 和轴向载荷系数 Y

轴承类型		相对轴向载荷 F_a/C_{0r}	判断系数 e	$F_a/F_r>e$		$F_a/F_r\leq e$	
				Y	X	Y	X
单列深沟球轴承 60000		0.014	0.19	2.30	0.56	0	1
		0.028	0.22	1.99			
		0.056	0.26	1.71			
		0.084	0.28	1.55			
		0.11	0.30	1.45			
		0.17	0.34	1.31			
		0.28	0.38	1.15			
		0.42	0.42	1.04			
		0.56	0.44	1.00			
单列角接触球轴承 70000	$\alpha=15°$	0.015	0.38	1.47	0.44	0	1
		0.029	0.40	1.40			
		0.058	0.43	1.30			
		0.087	0.46	1.23			
		0.12	0.47	1.19			
		0.17	0.50	1.12			
		0.29	0.55	1.02			
		0.44	0.56	1.00			
		0.58	0.56	1.00			
	$\alpha=25°$	—	0.68	0.87	0.41	0	1
	$\alpha=40°$	—	1.14	0.57	0.35	0	1
圆锥滚子轴承 30000		—	查机械设计手册	查机械设计手册	0.40	0	1

例12-2　某减速器齿轮轴需要选用一对相同的深沟球轴承支承，如图12-9所示。轴的支承处直径为60mm，轴的转速 $n=1250\text{r/min}$，工作时两轴承的径向载荷分别为 $F_{r1}=6\text{kN}$、$F_{r2}=5.5\text{kN}$，轴向载荷分别为 $F_{a1}=0$、$F_{a2}=2\text{kN}$，常温下工作，有轻微

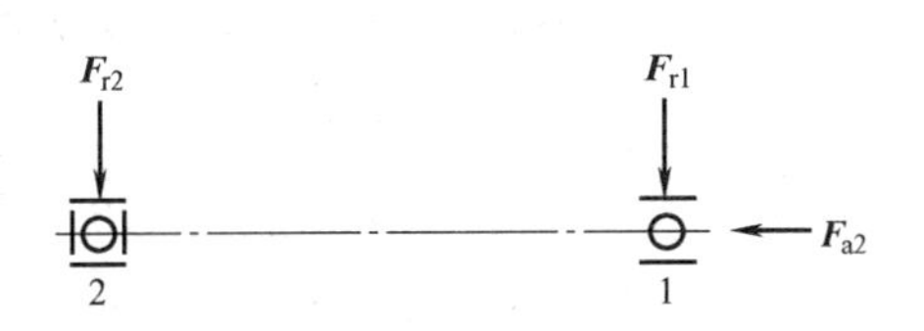

图12-9　轴承布置图

冲击。要求预期寿命 $L'_h = 12000\text{h}$，请确定轴承的型号。

解 解题过程见表 12-12。

表 12-12 例 12-2 解题过程

设计计算和说明	结 果
由于要求两轴承型号相同,因此在同样工作条件下应按承受较大当量动载荷的条件选取轴承型号。根据工作条件查表 12-9 取载荷系数 $f_P = 1.2$,查表 12-8 得温度系数 $f_t = 1.0$。深沟球轴承寿命指数 $\varepsilon = 3$	
1. 计算轴承 1 的当量动载荷 轴承 1 仅承受径向载荷作用,所以 $P_1 = F_{r1} = 6\text{kN}$	$P_1 = 6\text{kN}$
2. 计算轴承 2 的当量动载荷 轴承 2 同时承受径向载荷和轴向载荷的作用,其当量动载荷应按下式计算,即 $P_2 = XF_{r2} + YF_{a2}$ 径向载荷系数 X 和轴向载荷系数 Y 必须在确定了判断系数 e 后才可选出。而要确定判断系数 e,必须知道轴承的基本额定静载荷 C_0,因此,可根据轴径要求试选几种型号,进行寿命计算,比较后选取一种型号。 根据轴径 $d = 60\text{mm}$,轴承型号应是"6××12",由轴承标准可知满足条件的有 6012、6212、6312 和 6412 等,首先取一个中间型号进行计算,建立比较依据。这里初选深沟球轴承 6312,查轴承标准知:$C_r = 81.8\text{kN}$、$C_0 = 51.8\text{kN}$。 $\frac{F_{a2}}{C_0} = \frac{2}{51.8} = 0.039$ 查表 12-11,用线性插入法求判断系数 e $e = 0.22 + (0.056 - 0.039) \times \frac{0.26 - 0.22}{0.056 - 0.028} = 0.244$ 由于 $\frac{F_{a2}}{F_{r2}} = \frac{2}{5.5} = 0.364 > e = 0.244$,所以查表 12-11 知径向载荷系数 $X = 0.56$。 线性插入法求径向载荷系数 Y。 $Y = 1.71 + (0.26 - 0.244) \times \frac{1.99 - 1.71}{0.26 - 0.22} = 1.82$ 所以 $P_2 = XF_{r2} + YF_{a2} = (0.56 \times 5.5 + 1.82 \times 2)\text{kN} = 6.72\text{kN}$	$P_2 = 6.72\text{kN}$
3. 确定轴承型号 因为 $P_2 > P_1$,所以按 P_2 计算,轴承 6312 的工作寿命为 $L_{h2} = \frac{10^6}{60n}\left(\frac{f_t C}{f_P P_2}\right)^{\varepsilon} = \frac{10^6}{60 \times 1250} \times \left(\frac{1 \times 81800}{1.2 \times 6720}\right)^3 \text{h} = 13917\text{h}$ 轴承 6312 的工作寿命大于要求预期寿命 $L'_h = 12000\text{h}$,可以满足工作要求。若取 6212 轴承时,工作寿命小于 12000h;若取 6412 轴承时,工作寿命太大,故选用深沟球轴承 6312。 也可以由式(12-3)求出轴承应当具有的基本额定动载荷,并由此条件查机械设计手册来确定轴承型号	选用深沟球轴承 6312

12.5.4 角接触轴承的轴向载荷计算

向心角接触轴承（3 类、7 类）在受到径向载荷作用时，由于其存在接触角 α，将产生使轴承内、外圈分离的附加的内部轴向力 S（图 12-10），其值按表 12-13 所列公式计算，其方向由轴承外圈宽边所在端面，指向外圈窄边所在端面。

为了保证这类轴承正常工作，通常成对使用。成对布置的方式有两种：外圈窄边相对的安装称为正装（图12-11a），外圈宽边相对的安装称为反装（图12-11b）。

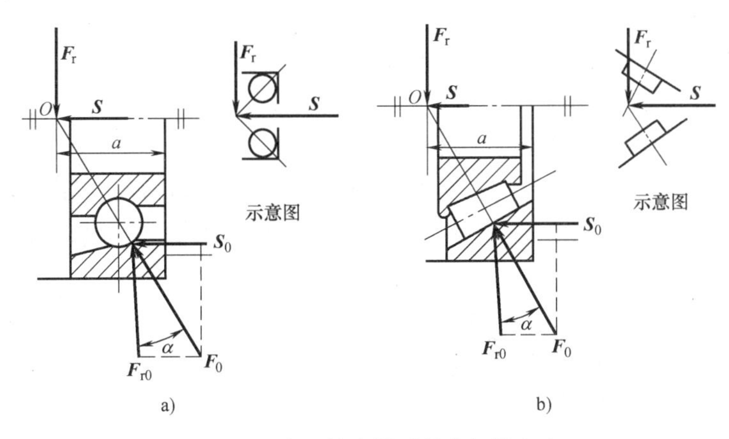

图12-10　向心推力轴承的内部轴向力

a）角接触球轴承　b）圆锥滚子轴承

表12-13　内部轴向力 S 的计算公式

圆锥滚子轴承(30000型)	角接触球轴承		
	$\alpha=15°$(70000型)	$\alpha=25°$(70000AC型)	$\alpha=40°$(70000B型)
$S=F_r/(2Y)$	$S=eF_r$	$S=0.68F_r$	$S=1.14F_r$

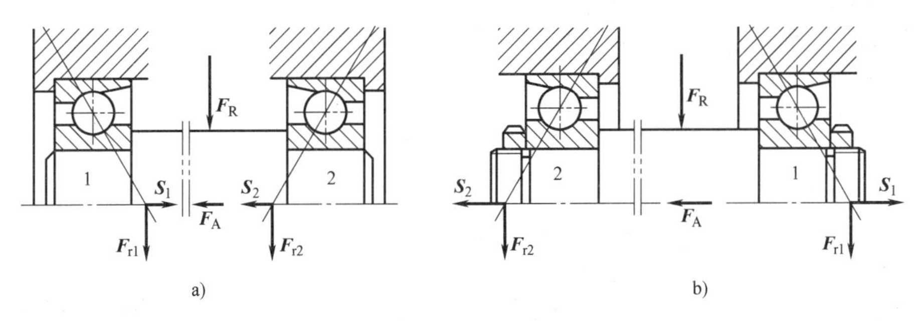

图12-11　向心角接触轴承成对布置方式

a）正装　b）反装

由于向心角接触轴承产生内部轴向力，故在计算其当量动载荷时，式（12-3）中轴承所受的轴向载荷 F_a 并不等于整个轴系上的轴向外力 F_A，而应根据整个轴上所有轴向受力（轴向外力 F_A、内部轴向力 S_1、S_2）之间的平衡关系确定两个轴承最终受到的轴向载荷 F_{a1}、F_{a2}。下面以正装情况为例进行分析。设派生轴向力的方向与外加轴向力 F_A 方向一致的轴承标为2，另一端轴承标为1。取轴和与其相配合的轴承内圈为分离体，如达到轴向平衡，应满足

$$F_A+S_2=S_1$$

如果按表12-13中的公式计算求得的 S_1、S_2 不满足上述关系，则会出现如下两种情况：

1）当 $F_A+S_2>S_1$ 时，轴有向左移动的趋势，使左端轴承1压紧，右端轴承2放松。为使其保持平衡，轴承座要通过轴承1的外圈施加一个附加的轴向力来阻止轴的移动，即轴承1所受的总轴向力 F_{a1} 必须与 F_A+S_2 相平衡，即 $F_{a1}=F_A+S_2$；而被放松的轴承2只受其内部轴向力的影响，即 $F_{a2}=S_2$。

2）当 $F_A + S_2 < S_1$ 时，轴有向右移动的趋势，使右端轴承2压紧，左端轴承1放松。同样道理，压紧端轴承2的轴向力为 $F_{a2} = S_1 - F_A$；放松端轴承1所受的轴向载荷 $F_{a1} = S_1$。

由此可总结出计算向心角接触轴承轴向载荷 F_a 的步骤如下：

1）确定轴承内部轴向力 S_1、S_2 的方向（由外圈宽边指向窄边，即正装时相向，反装时背向），并按表12-13所列公式计算内部轴向力的值。

2）判断轴向合力 $S_1 + S_2 + F_A$（计算时各带正负号）的指向，确定被"压紧"和被"放松"的轴承。正装时，轴向合力指向的一端为紧端；反装时，轴向合力指向的一端为松端。

3）松端轴承的轴向载荷仅为其本身的内部轴向力；紧端轴承的轴向载荷则为除去本身的内部轴向力后其余各轴向力的代数和。

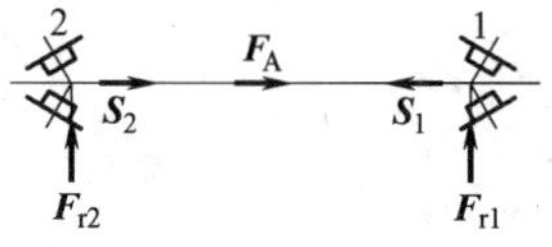

例12-3 某工程机械传动中轴承组合形式如图12-12所示。已知：轴向力 $F_A = 2000\text{N}$，径向力 $F_{r1} = 4000\text{N}$，$F_{r2} = 5000\text{N}$，转速 $n = 1500\text{r/min}$。中等冲击，工作温度低于100℃，要求轴承使用寿命 $L_h = 5000\text{h}$。问：30310轴承是否适用？

图12-12 轴承布置形式

解 解题过程见表12-14。

表12-14 例12-3解题过程

设计计算和说明	结　果
1. 计算轴承所受轴向载荷 F_a。 查机械设计手册知，对30310轴承，$C = 130000\text{N}$，$Y = 1.7$，$e = 0.35$。 查表12-13得 $S_1 = F_{r1}/(2Y) = 4000\text{N}/(2\times1.7) = 1176.5\text{N}$ $S_2 = F_{r2}/(2Y) = 5000\text{N}/(2\times1.7) = 1470.6\text{N}$ 由于 $S_2 + F_A = (1470.6 + 2000)\text{N} = 3470.6\text{N} > S_1$ 可知轴承1被"压紧"，轴承2被"放松"，故 $F_{a1} = S_2 + F_A = (1470.6 + 2000)\text{N} = 3470.6\text{N}$ $F_{a2} = S_2 = 1470.6\text{N}$	$F_{a1} = 3470.6\text{N}$ $F_{a2} = 1470.6\text{N}$
2. 计算当量动载荷 P 轴承1：$F_{a1}/F_{r1} = 3470.6/4000 = 0.8677 > e$ 查表12-11得 $X_1 = 0.4$，$Y_1 = 1.7$ $P_1 = X_1 F_{r1} + Y_1 F_{a1} = (0.4\times4000 + 1.7\times3470.6)\text{N} = 7500\text{N}$ 轴承2：$F_{a2}/F_{r2} = 1470.6/5000 = 0.294 < e$ 查表12-11得 $X_2 = 1$、$Y_2 = 0$，故 $P_2 = X_2 F_{r2} + Y_2 F_{a2} = (1\times5000 + 0\times1470.6)\text{N} = 5000\text{N}$	$P_1 = 7500\text{N}$ $P_2 = 5000\text{N}$
3. 验算基本额定动载荷 C 由于工作温度不超过100℃，查表12-8得温度系数 $f_t = 1.0$；由载荷中等冲击，查表12-9得载荷系数 $f_P = 1.6$；滚子轴承寿命指数 $\varepsilon = 10/3$。将各参数值代入式(12-3)可求得所需的基本额定动载荷，因 $P_1 > P_2$，所以按 P_1 进行验算： $C' = \frac{1.6\times7500}{1.0}\times\sqrt[\frac{10}{3}]{\frac{60\times1500\times5000}{10^6}}\text{N} = 75014\text{N}$ $C' < C = 130000\text{N}$ 所以采用一对30310圆锥滚子轴承寿命是足够的	30310轴承适用

12.5.5　滚动轴承的静强度计算

对于转速很低（$n \leqslant 10\mathrm{r/min}$）、基本不转或摆动的轴承，其主要失效形式是过大的塑性变形，因此，设计时应按静强度来选择轴承的尺寸。对于虽然转速较高但承受重载或冲击载荷的轴承，除必须进行寿命计算外，还应进行静强度验算。

国家标准规定：当受载最大的滚动体与套圈滚道接触中心处产生与下列计算接触应力相当的径向静载荷或中心轴向静载荷为基本额定静载荷 C_0，调心球轴承为4600MPa，其他类型的深沟球轴承为4200MPa，向心滚子轴承为4000MPa，推力球轴承为4200MPa，推力滚子轴承为4000MPa。基本额定静载荷值可查阅轴承标准。轴承在工作时不会出现过大的塑性变形需满足的静强度条件为

$$P_0 \leqslant \frac{C_0}{S_0} \tag{12-5}$$

式中　S_0——轴承静强度安全系数，可根据表12-15选取；

P_0——当量静载荷。

表12-15　静强度安全系数 S_0

旋转条件	载荷条件	S_0	使用条件	S_0
连续旋转轴承	普通载荷	1.0~2.0	高精度旋转的场合	1.5~2.5
	冲击载荷	2.0~3.0	振动、冲击的场合	1.2~2.5
不旋转及做摆动运动的轴承	普通载荷	0.5	普通旋转精度的场合	1.0~1.2
	冲击、不均匀载荷	1.0~1.5	允许有变形量的场合	0.3~1.0

当量静载荷是一个假想的静载荷，在该载荷的作用下，承载最大的滚动体与内圈或外圈滚道接触处的总的塑性变形量，与实际复合载荷作用下所产生的塑性变形量相等。当量静载荷的计算方法如下：

1）$\alpha=0°$的向心滚子轴承为 $P_0=F_\mathrm{r}$。

2）$\alpha=90°$的推力轴承为 $P_0=F_\mathrm{a}$。

3）深沟球轴承和 $\alpha\neq0°$ 的向心滚子轴承为：$\begin{cases}P_0=X_0F_\mathrm{r}+Y_0F_\mathrm{a}\\P_0=F_\mathrm{r}\end{cases}$，计算后取二者中较大值。

式中　X_0、Y_0——静径向载荷系数和静轴向载荷系数，可查机械设计手册。

12.6　滚动轴承组合设计

正确选用轴承类型和型号之后，为了保证轴与轴上旋转零件正常运行，还应正确地进行轴承部件的组合设计，以解决轴承的轴向固定、轴系组件的轴向固定和调整、轴承的润滑与密封、轴承的配合与装拆等一系列问题。

12.6.1　轴承套圈的轴向固定

轴在正常工作时，应使轴承在轴或机座上相对固定。为了防止轴向窜动，同时考虑热胀

冷缩，应当允许轴承有一定的轴向移动。轴承在轴上的固定由内圈与轴的锁紧和外圈与座孔的固定来实现。

1. 轴承内圈的固定方式

轴承内圈常用的轴向固定方式如图 12-13 所示，其中图 12-13a 利用轴肩单向固定，能承受较大的单向轴向力；图 12-13b 利用轴肩和轴用弹性挡圈进行双向固定，挡圈能承受的轴向力不大；图 12-13c 利用轴肩和轴端挡板进行双向固定，挡板能承受中等的轴向力，多用于轴径 $d>70$mm 的场合；图 12-13d 利用轴肩和圆螺母、止动垫圈进行双向固定，能承受较大的轴向力。

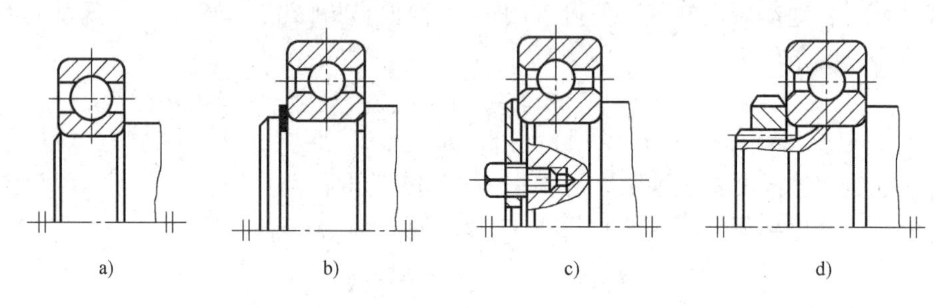

图 12-13　内圈的轴向固定

a）轴肩　b）轴肩和弹性挡圈　c）轴肩和轴端挡板　d）轴肩和圆螺母、止动垫圈

2. 轴承外圈的固定方式

外圈常用的轴向固定方式如图 12-14 所示。在图 12-14a 中采用轴承端盖进行单向固定，可承受单向轴向力；图 12-14b 采用机座凸台和弹性挡圈双向固定，可承受双向轴向力；图 12-14c 采用嵌入轴承外圈止动槽里的止动环来紧固；图 12-14d 用机座凸台固定，可承受单向轴向力。

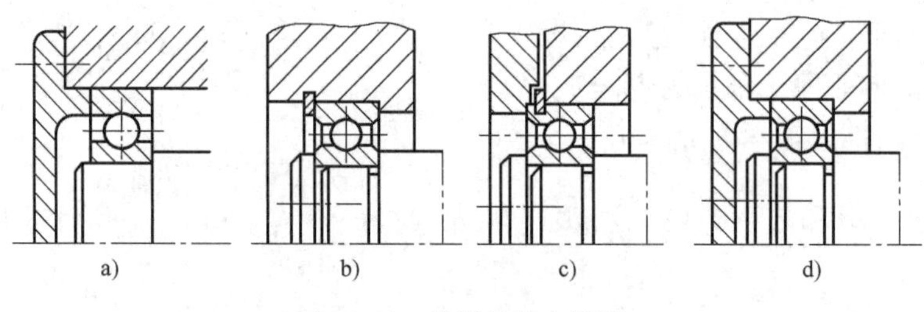

图 12-14　外圈的轴向固定

12.6.2　轴承套圈的周向固定和配合

轴承套圈的周向固定，靠外圈和轴承座孔（或回转零件）、内圈与轴颈之间的配合来保证。由于滚动轴承是标准件，所以内圈与轴的配合采用基孔制，外圈与座孔的配合采用基轴制。

当内圈旋转、外圈固定时，内圈与轴颈之间应采用较紧的配合，轴颈的公差带常选为 r6、n6、m6、k6、j6 等；外圈与轴承座孔之间应选较松的配合，常用的轴承座孔公差带为 G7、H7、J7、K7、M7 等。具体的滚动轴承配合种类和公差应根据轴承类型、转速、工作条件以及载荷大小、方向和性质来确定，详细资料可参考有关机械设计手册。

12.6.3　轴系组件的轴向固定

轴系组件必须满足轴向定位可靠、准确的要求，并要考虑轴在工作中受热伸长时其伸长量能够得到补偿。常用轴系组件的轴向固定方式有以下三种：

1. 两端单向固定

如图 12-15 所示，在轴的两个支承点上，采用两个深沟球轴承，分别利用轴肩、轴承端盖固定轴承内圈、外圈。两个支承各限制轴系一个方向的轴向移动，对整个轴系而言，两个方向都受到了定位。为补偿轴的热伸长，在一个轴承外圈和轴承端盖之间，留有轴向补偿间隙 c，通常取 $c=0.2\sim0.3$mm。间隙量可用调整轴承盖与机座端面间的垫片厚度来控制。这种形式结构简单，安装调整方便，适用于支承跨距较小（$l<300$mm）和温差不大的场合。

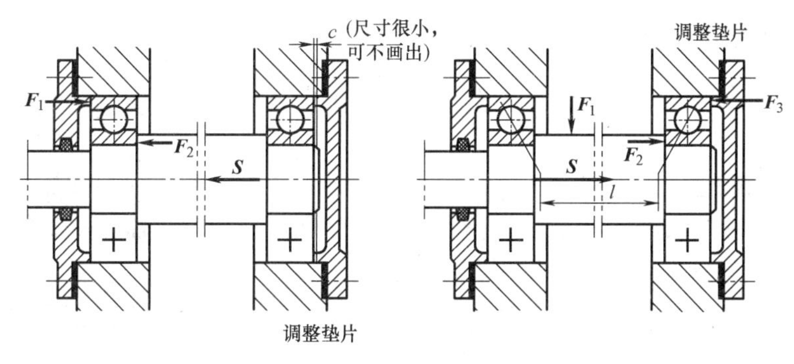

图 12-15　两端单向固定

2. 一端双向固定、一端游动

如图 12-16 所示，一个支承点处的轴承内、外圈双向固定，另一个支承点处的轴承可以轴向游动，以适应轴的热伸长。这种固定方式适用于跨距较大（跨距大于 300mm）、工作温度较高（$t>70$℃）的轴。图 12-16a 中游动端为深沟球轴承，其内圈双向固定，在轴承外圈与端盖间留适当间隙 c（$c=2\sim3$mm），以补偿轴的热膨胀。若游动端选用圆柱滚子轴承，如图 12-16b 所示，由于轴承的内圈和滚动体可以相对于外圈做轴向移动，所以轴承内、外圈均应双向固定，以免发生过大错位。

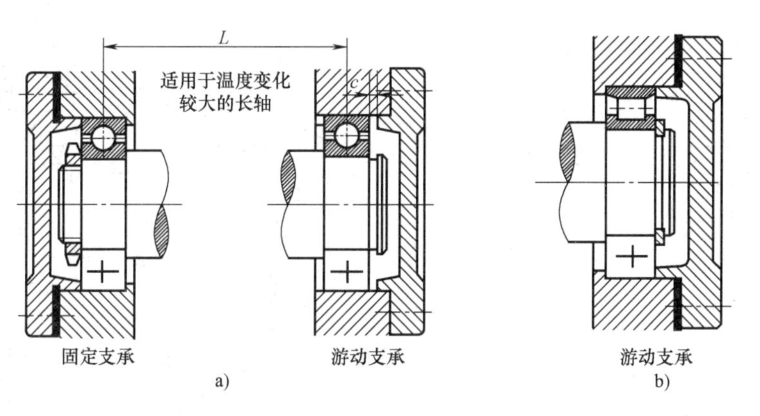

图 12-16　一端双向固定、一端游动

3. 两端游动

轴系的固定方式除以上两种外，在一些特殊场合还会用到两端游动的布置方式。如图 12-17 所示的人字齿轮轴，由于人字齿轮本身的相互轴向限位作用，若两轮的轴向位置都固定，将会发生干涉以至于卡死现象，所以通常将大齿轮轴设计成两端固定支承结构，而小齿轮轴两端的支承结构都是游动的。啮合传动时，小齿轮轴能自动轴向调位，使两轮接触均匀。

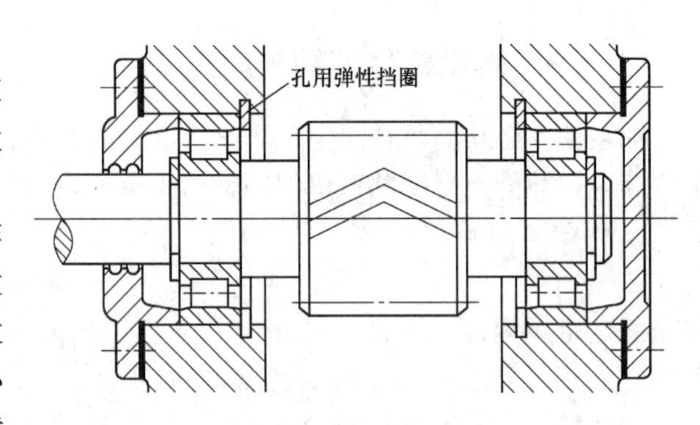

图 12-17　两端游动

12.6.4　滚动轴承组合结构的调整

为了使轴上零件具有准确的工作位置，保证轴承中有正常的游隙，要求轴承组合结构的轴向位置可以调整。

1. 轴承间隙的调整

轴承间隙的大小直接影响轴的旋转精度、轴承的载荷分布以及轴承的寿命等，故轴承间隙必须能够调整。轴承间隙调整的常用方法有：

1）调整垫片（图 12-15、图 12-16 中的黑粗线）。通过增减垫片厚度使轴承获得所需的间隙。

2）调整环（图 12-18a）。在端盖与轴承间设置不同厚度的调整环来进行调整。调整环的厚度在安装时配作。

3）可调压盖（图 12-18b）。利用调整螺钉将压盖推到合适的位置后拧紧锁紧螺母即可。

2. 轴承组合结构的轴向调整

为保证机器的正常工作，装配时必须使轴上零件处于正确位置，如蜗轮的中间平面应通过蜗杆轴线，相互啮合的两个锥齿轮的锥顶要重合等，为此，轴应能做必要的轴向调整。图 12-19 所示小锥齿轮支承结构中，为了便于调整锥齿轮轴的位置，可将确定其轴向位置的轴

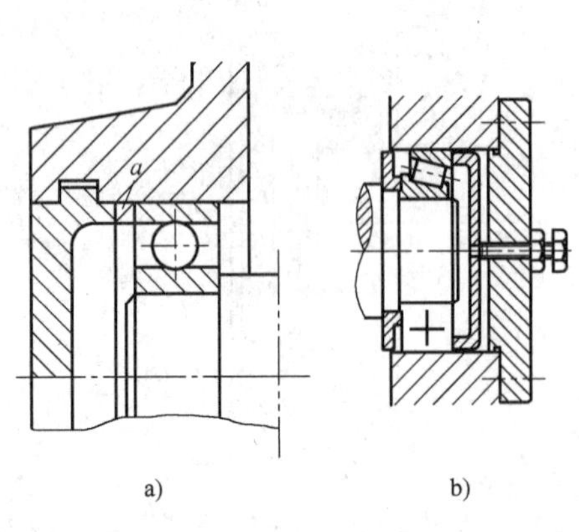

图 12-18　轴向间隙的调整方法

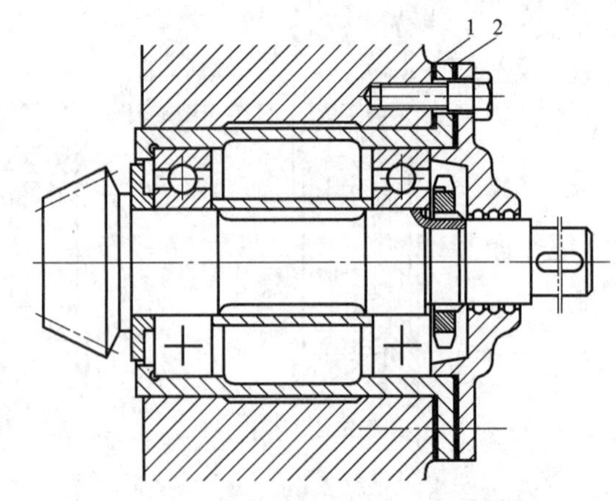

图 12-19　轴承组合结构的调整

承装在一个套杯中，套杯装在机座孔中。通过增减套杯端面与机座之间垫片 1 的厚度，即可调整小锥齿轮轴的轴向位置，从而达到两锥齿轮锥顶共点的要求，而通过调整端盖与套杯间的垫片 2 可调整轴承的内部间隙。

3. 轴承的预紧

滚动轴承的旋转精度主要取决于轴承装置的刚性大小。对于成对并列安装使用的角接触球轴承和圆锥滚子轴承，常在安装时，采用适当的方法使轴承滚动体和内、外套圈之间产生一定的预变形，以保持轴承内、外圈均处于压紧状态，使轴承带负游隙运行，从而提高轴承刚度及运转精度、减少振动和噪声，这就是滚动轴承的预紧。常用的预紧装置有：夹紧一对圆锥滚子轴承的外圈而预紧（图 12-20a）；夹紧一对磨窄后的外圈而预紧（图 12-20b）；用长度不等的两套筒控制预紧力而预紧（图 12-20c）；用弹簧预紧（图 12-20d）。

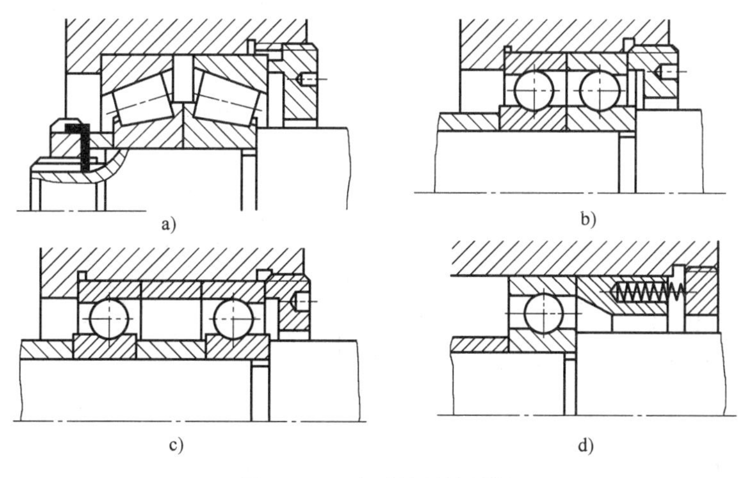

图 12-20　滚动轴承的预紧

12.6.5　滚动轴承的安装与拆卸

1. 滚动轴承的安装

滚动轴承是精密部件，装拆必须规范，否则会使轴承的精度降低，甚至损坏轴承和其他零件，因此轴承组合设计时，应考虑轴承装拆方便。装拆的基本要求是不能通过滚动体传递装拆压力，以免在轴承工作表面上形成压痕，影响正常工作，装拆力要对称、均匀地作用在座圈端面上。对中、小型轴承，可用小锤轻轻均匀敲击辅助套圈而装入（图 12-21a）；对大型尺寸的轴承，可用压力机压套。用压力机通过装配管给轴承的内圈（图 12-21b）或外圈（图 12-21c）或内外圈（图 12-21d）施压，将轴承压套到轴颈上，或是将轴承压套到轴承座孔内。对于精度要求较高或尺寸较大的轴承，可将轴承放入油池中加热至 80 ~ 100℃ 预热或用干冰将轴颈冷却后再安装。

2. 滚动轴承的拆卸

为了定期检修，需要经常拆卸轴承。一般应用专用的拆卸工具或压力机拆卸轴承。

拆卸轴承一般采用压力机（图 12-22a）或钩爪器（图 12-22b）等拆卸工具。为便于拆卸滚动轴承，轴上定位轴肩的高度应小于轴承内圈的高度，同理，轴承外圈也要留出足够的拆卸高度 h（h 值不得小于内圈或外圈高度的 1/3 ~ 1/2）和必要的拆卸空间，或是在轴承

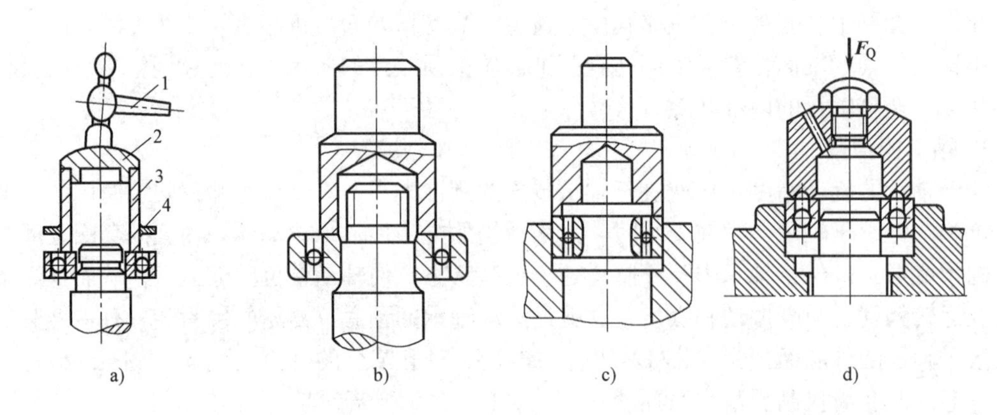

图 12-21 滚动轴承的安装

1—锤子 2—托杯 3—装配管 4—防护片

座孔上设置拆卸螺钉用螺孔（图 12-22c）。

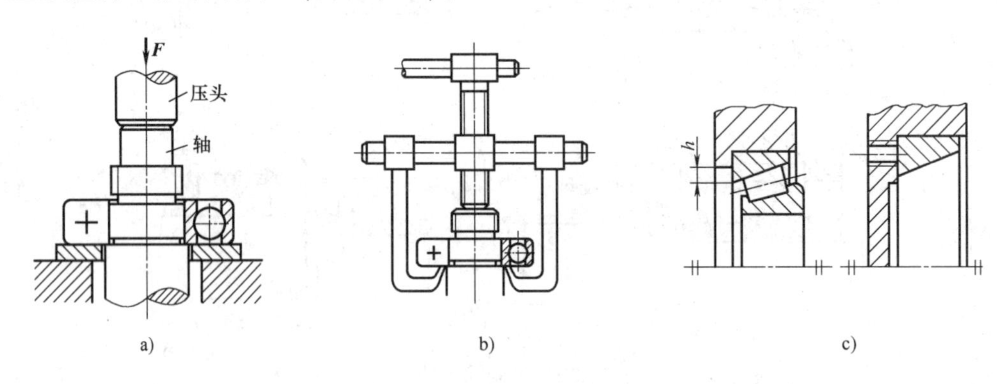

图 12-22 滚动轴承的拆卸

12.6.6 轴承的润滑

根据轴承实际工作条件，选择合适的润滑方式，可以避免滚道与滚动体表面直接接触，减少摩擦和磨损，延长使用寿命，并可起到冷却、吸振、防锈及降低噪声等作用。常用的润滑剂有润滑油、润滑脂和固体润滑剂。

1. 润滑剂的种类

凡是能降低摩擦力的介质都可作为润滑材料，润滑材料又称润滑剂。按照物理形态的不同，润滑剂可分为气体、液体、半固体和固体四种。一般机械中常用的是液体润滑剂和半固体润滑剂。液体润滑剂也叫润滑油，以矿物油为主，也有动植物油、合成油及各种乳剂，其主要性能指标是运动黏度。半固体润滑剂也叫润滑脂，是由润滑油加稠化剂制成的膏状稳定混合物，其主要性能指标是针入度（稀稠程度）。固体润滑剂利用一些物质可以形成固体膜，从而起到减小摩擦的作用，常见的有二硫化钼、石墨、聚四氟乙烯等。

2. 润滑剂的选用

润滑剂的选用是以机械工作时的运动速度为依据的。

滚动轴承常用润滑剂有润滑油和润滑脂两种。在选用润滑剂时主要考虑：轴承的工作温度、载荷、转速、工作环境等因素。具体选择时可按速度因素（轴颈 d 与轴承工作转速 n 的乘积）dn 由表12-16选取。

表12-16　各种润滑方式下轴承的允许 dn 值　（单位：10^4mm · r/min）

轴承类型	脂润滑	油润滑			
		油浴、飞溅润滑	滴油润滑	压力循环喷油润滑	油雾润滑
深沟球轴承	16	25	40	60	>60
调心球轴承	16	25	40		
角接触球轴承	16	25	40	60	>60
圆柱滚子轴承	12	25	40	60	>60
圆锥滚子轴承	10	16	23	30	
调心滚子轴承	8	12		25	
推力球轴承	4	6	12	15	

1）当 $dn<(1.5\sim3)\times10^5$ mm · r/min 时，一般用润滑脂。脂润滑不易流失，故便于密封和维护，且一次充填润滑脂可运转较长时间。对于不便经常添加润滑剂的场合，或不允许润滑油流失导致污染产品的工业机械来说，这种润滑方式十分适宜。润滑脂的填充量通常不超过轴承空间的1/3 ～ 1/2，否则会导致摩擦温升过高。

2）当 $dn>(1.5\sim3)\times10^5$ mm · r/min 或 dn 值不大但具有润滑油油源时。润滑油的主要性能指标是黏度，可按 dn 值及工作温度由图12-23确定润滑油的黏度，然后再根据黏度查手册选择润滑油牌号。通常，轴承载荷大、工作温度高时选用黏度大的润滑油；反之，用黏度小的润滑油。

3. 润滑方法和装置

为了保证轴承工作时的良好润滑状态，不但要正确选用润滑剂，还要合理选择润滑方法和安装正确的润滑装置。润滑方法有间歇式和连续式，对应于不同的润滑剂有不同的润滑装置。润滑方式可按轴承类型与 dn 值选取，见表12-16。

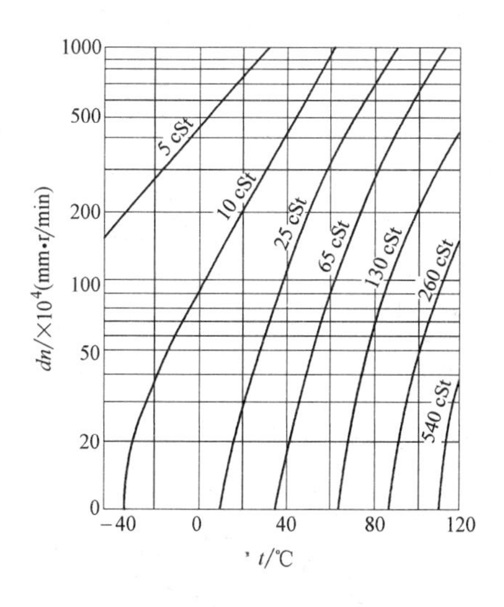

图12-23　润滑油黏度的选择

（1）采用润滑油　用液体油润滑也称稀油润滑，根据工作时的要求可用间歇式或连续式。常用的油润滑方式有：

1）油浴润滑。把轴承局部浸入润滑油中，油面不得高于最低滚动体的中心（图12-24），此法不适于高速，因为搅动油液剧烈时要造成很大的能量损失，以致引起油液和轴承的严重过热。

2）飞溅润滑。这是闭式齿轮传动装置中轴承的常用润滑方法。利用齿轮传动把润滑齿轮的油甩到四周壁面上，再通过适当的沟槽把油引进轴承中去。

3）滴油润滑。适用于需要定量供应润滑油的轴承部件，滴油量应适当控制，过多的油量将引起轴承温度的升高。为使滴油通畅，常使用黏度较小的15号全损耗系统用油。

4）喷油润滑 它是用油泵将油增压，通过油管或机壳内特制的油孔，经喷嘴把油喷射到轴承中去，流过轴承后的润滑油，经过过滤冷却后再循环使用。润滑时喷嘴应对准内圈和保持架之间的间隙，以保证油能进入高速转动的轴承。这种方法适用于转速高、载荷大，要求润滑可靠的轴承。

5）油雾润滑。油雾润滑可以避免其他润滑方法由于供油过多，油的内摩擦增大而升高轴承的工作温度。润滑油在油雾发生器中变成油雾，有利于冷却轴承。当轴承滚动体的线速度很高时，常用此润滑方法。

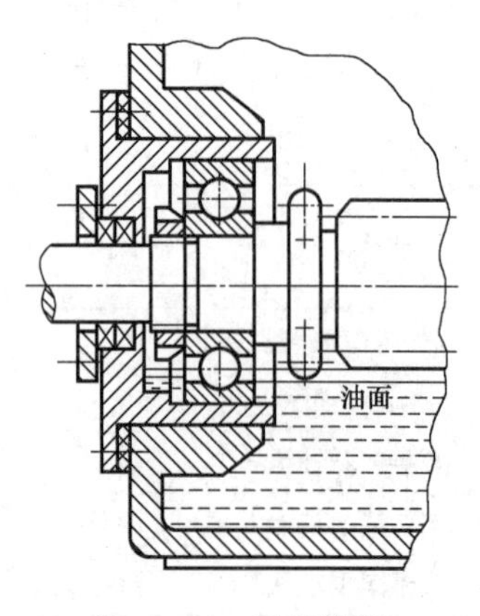

图 12-24 油浴润滑

间歇式加油一般用手工油壶或油枪按一定周期进行加油，适用于轻载、低速、不重要部位等。对于高速或重载下工作的轴承，必须连续供油。如图 12-25 所示，连续式供油的方法和装置主要有油杯滴油（图 12-25a）、浸油（图 12-25b，轴承部分浸入油池）、飞溅（图 12-25c 和图 12-25d，利用运动零件将油池中的油溅到轴承上）和压力循环（图 12-25e，用油泵向轴承喷油）。

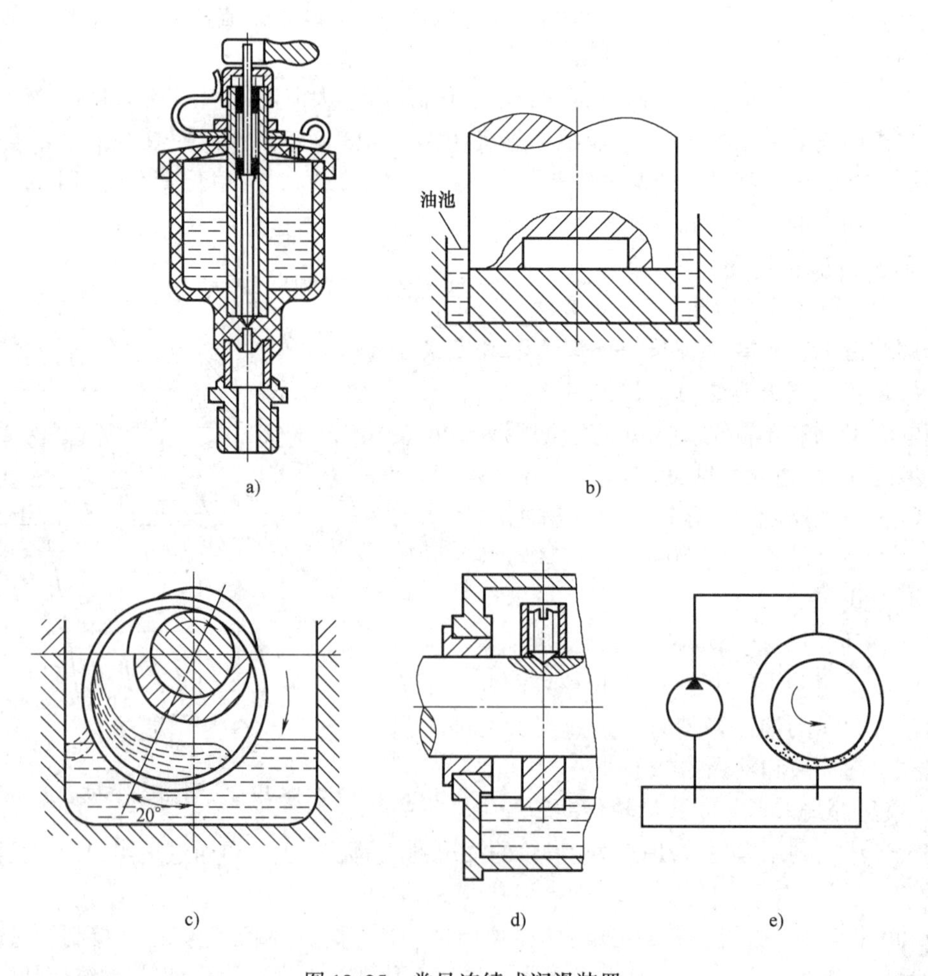

图 12-25 常见连续式润滑装置

（2）采用润滑脂　润滑脂只能间歇式供给，定期用油脂枪将润滑脂通过油杯或油嘴压注到轴承部位，油杯或油嘴一般安装在轴承的上部，工作时轴承运动发热，油脂受热会自动向轴承渗透，图 12-26 所示为润滑脂装置，其中图 12-26a 所示是旋套式注油油杯，图 12-26b 所示是压配式压油油杯，图 12-26c 所示是旋盖式油杯。

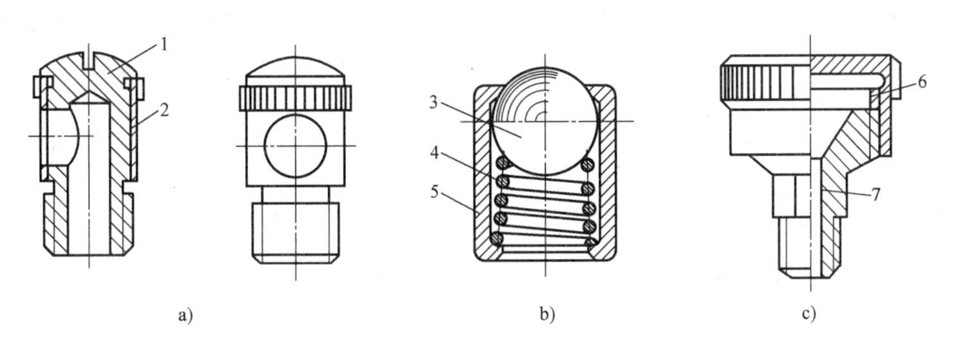

图 12-26　润滑脂装置

1、5、7—杯体　2—旋套　3—钢球　4—弹簧　6—旋盖

12.6.7　轴承的密封

滚动轴承密封的目的：防止灰尘、水分和杂质等进入轴承，同时也阻止润滑剂的流失。良好的密封可保证机器正常工作，降低噪声，延长有关零件的寿命。密封方式分接触式密封和非接触式密封。

1. 接触式密封

接触式密封即在轴承盖内放置弹性材料（如毛毡、橡胶或皮革等）与转动轴直接接触而起密封作用。由于密封件直接与轴接触，工作时摩擦、磨损严重，只适用于低速场合。接触式密封主要有：

（1）毡圈密封　在轴承盖上开梯形槽，将毛毡按标准制成环形或带形，放置在梯形槽中与轴密合接触，如图 12-27 所示。毡圈密封主要用于脂润滑的场合，结构简单，但摩擦系数较大，只用于圆周速度小于 4～5m/s，且工作温度不高于 90℃ 的场合。

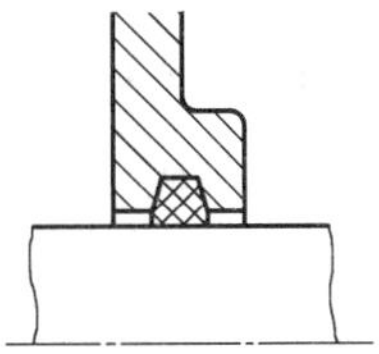

图 12-27　毡圈密封

（2）皮碗式密封　如图 12-28 所示，在轴承盖中，放置一个用耐油橡胶制成的唇形密封圈（有的具有金属骨架，有的没有骨架，皮碗是标准件），靠弯折了的胶弹力附加的环形螺旋弹簧的扣紧作用而紧套在轴上，以起到密封作用。图 12-28 中密封唇朝里，目的是防漏油；若密封唇朝外，则主要目的是防灰尘、杂质进入；如果同时采用两个密封圈相背安装，既能防止润滑油泄漏，又能防止灰尘杂物的侵入。适用于圆周速度小于 10m/s 的场合。

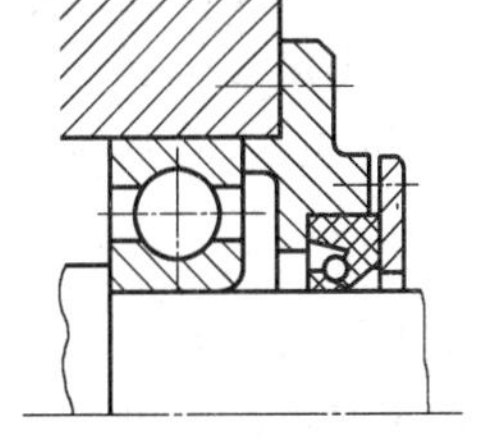

图 12-28　皮碗式密封

2. 非接触式密封

使用非接触式密封可以避免接触面间的滑动摩擦。常用的非接触式密封有以下几种：

（1）间隙式密封 靠轴与轴承盖的通孔壁之间留出约为 0.1～

0.3mm 的间隙或沟槽来进行密封，如图 12-29 所示。间隙越小越长，效果越好；开有油沟时（图 12-29b）效果更好。缝隙或油沟内通常填充有润滑脂，这样既可以防止润滑脂外泄，又可以防尘。此密封方式结构简单，适用于转速小于 5m/s、脂润滑的场合，要求环境干燥清洁。

（2）迷宫式密封　将旋转件与静止件之间间隙做成迷宫（曲路）形式，在间隙中填充润滑油或润滑脂，以加强密封效果。图 12-30a 所示为轴向曲路，因考虑到轴要伸长，轴向间隙应大些，取 1.5 ~ 2mm；图 12-30b 所示为径向曲路，径向间隙不大于 0.1 ~ 0.2mm。这种密封效果可靠，但结构复杂，制造、安装不便，常用于高速场合。该密封方式可用于脂润滑或油润滑，其工作温度不能高于密封用脂的滴点。

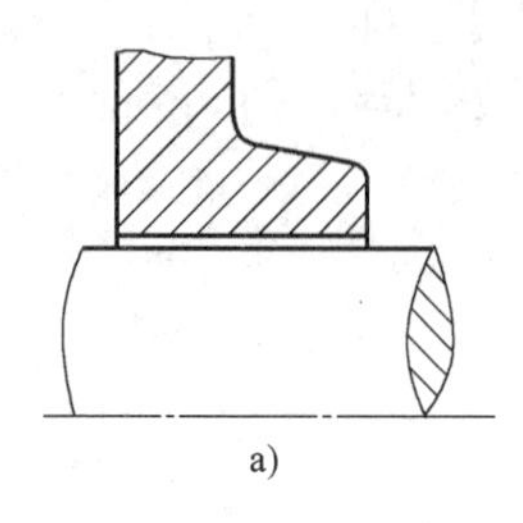
a)

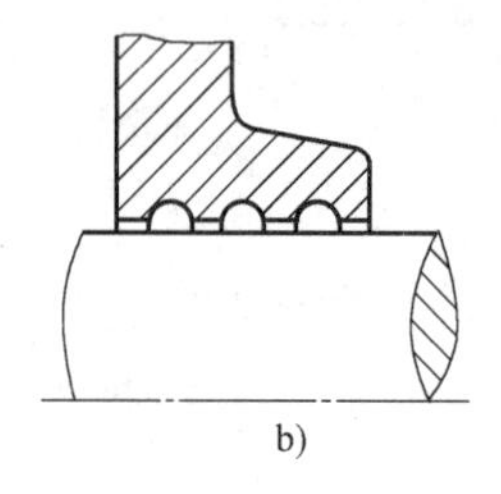
b)

图 12-29　间隙式密封

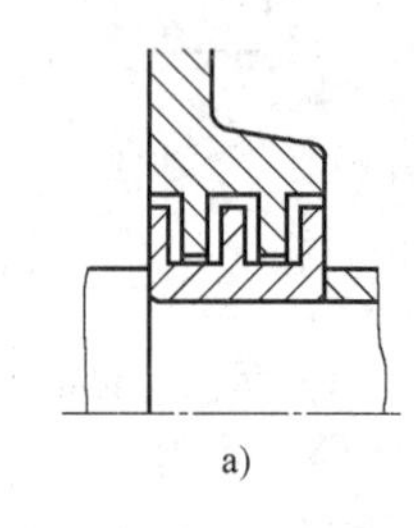
a)

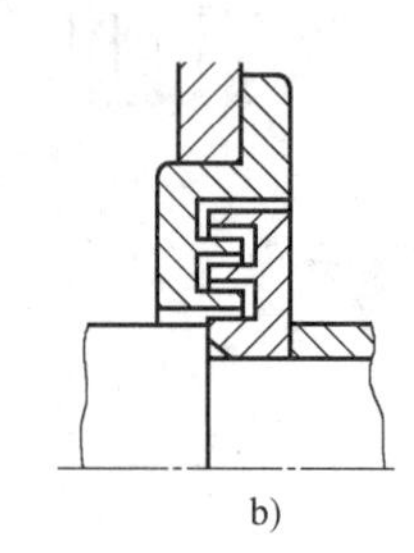
b)

图 12-30　迷宫式密封

12.7　滑动轴承

12.7.1　滑动轴承的应用、类型及选用

因为滑动轴承具有一些滚动轴承不能替代的特点，所以在许多情况下，如航空发动机附件、内燃机、铁路机车、金属切削机床、轧钢机和射电望远镜等机械中，都广泛采用滑动轴承。

1. 滑动轴承的应用

滑动轴承应用于工作转速特别高、对轴的支承位置要求特别精确的场所（如组合机床的主轴承），承受巨大的冲击与振动负荷的场合（如曲柄压力机上的主轴承），装配工艺要求轴承剖分的场合，以及其他要求径向尺寸小，不适宜采用滚动轴承的场合。

2. 滑动轴承的类型及选用

根据轴承所承受负荷方向的不同，可将滑动轴承分为三类：①向心轴承（主要承受径向负荷）；②推力轴承（主要承受轴向负荷）；③向心推力轴承（同时承受径向负荷和轴向负荷）。

根据轴承工作时润滑状态的不同，可将滑动轴承分为液体摩擦轴承和非液体摩擦轴承两大类。摩擦表面完全被润滑油隔开的轴承称为液体摩擦轴承。根据液体油膜形成原理的不同，又可分为液体动压摩擦轴承（简称动压轴承）和液体静压摩擦轴承（简称静压轴承）。

利用油的黏性和轴颈的高速转动，将润滑油带入摩擦表面之间，建立起具有足够压力的油膜，从而将轴颈与轴承孔的相对滑动表面完全隔开的轴承，称为动压轴承。这种轴承适用于高速、重载、回转精度高和较重要的场合。

用油泵将润滑油以一定压力输入轴颈与轴承孔两表面之间，强制用油的压力将轴颈顶起，从而将轴颈与轴承的摩擦表面完全隔开的轴承，称为静压轴承。这种轴承在转速极低的设备（如巨型天文望远镜）和重型机械中应用较多。

摩擦表面不能被润滑油完全隔开的轴承称为非液体摩擦轴承。这种轴承主要用于低速、轻载和要求不高的场合。

12.7.2　滑动轴承的结构形式

1. 向心滑动轴承的结构形式

（1）整体式　整体式向心滑动轴承既可将轴承与机座做成一体，也可由轴承座1和整体轴套4组成（图12-31）。轴承座常用铸铁制造，底座用螺栓与机架联接，顶部设有装润滑油的油杯孔2及螺纹孔3。轴承套用减摩材料制成，压入轴承座孔内，其上开有油孔，内表面上开有油沟5，以输送润滑油。这种轴承结构简单，制造方便，造价低。但轴承只能从轴端部装入或取出，拆装不便；而且轴承磨损后，无法调整轴承间隙，只能更换轴套，因而多用于轻载、低速或间歇工作的简单机械上。

（2）剖分式　剖分式滑动轴承主要由轴承座1，上、下轴瓦2和轴承盖3组成（图12-32）。上、下两部分由螺栓4联接。轴承盖上装有润滑油杯5。轴承的剖分面常制成阶梯形，以便安装时定位，并防止上、下轴瓦错动。在剖分面间，可装若干薄垫片，当轴瓦磨损后，可用取出适当的垫片或重新刮瓦的方法来调整轴承间隙。轴承座和轴承盖一般用铸铁制造，在重载或有冲击时可用铸钢制造。这种轴承装拆方便，易于调整间隙，应用较广；缺点是结构复杂。设计时注意使径向负荷的方向与轴承剖分面垂线的夹角不大于35°，否则应采用倾斜剖分式，如图12-33所示。

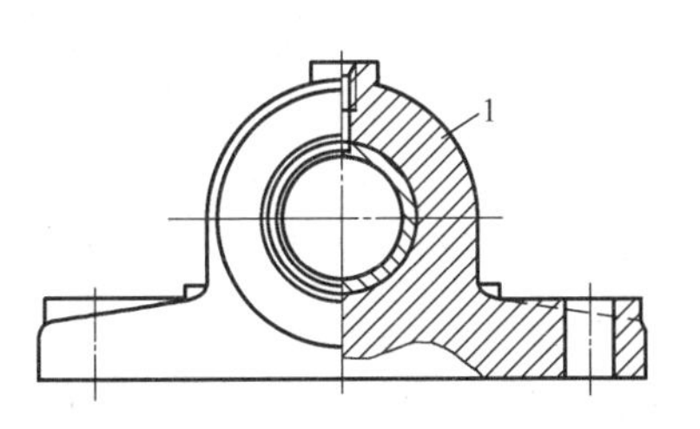

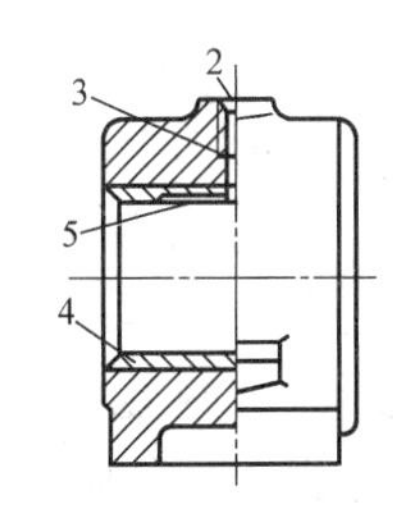

图12-31　整体式向心滑动轴承

1—轴承座　2—油杯孔　3—螺纹孔　4—整体轴套　5—油沟

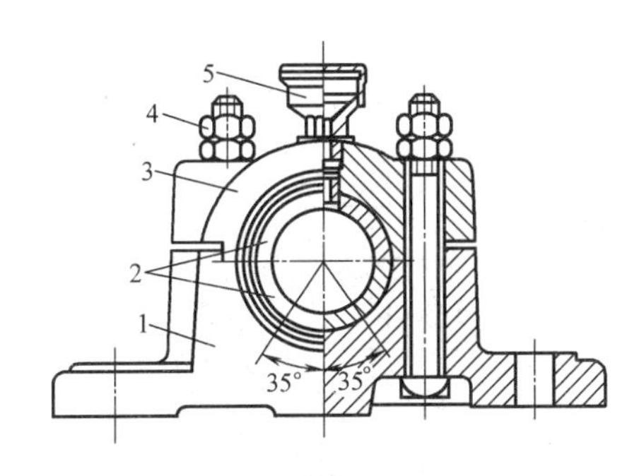

图12-32　剖分式滑动轴承

1—轴承座　2—上、下轴瓦　3—轴承盖　4—螺栓　5—润滑油杯

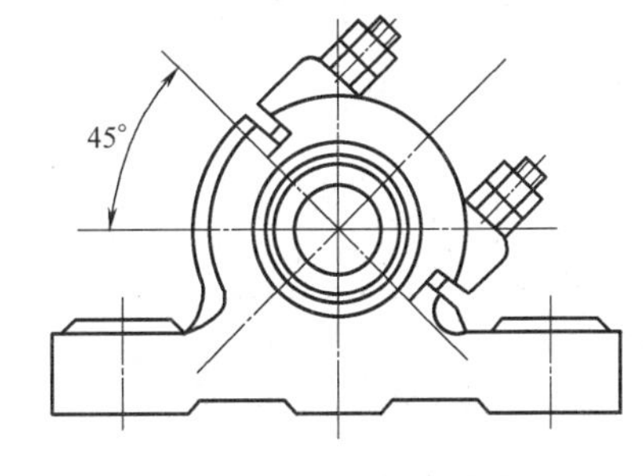

图12-33　倾斜剖分式

（3）间隙可调式　转动间隙可调式滑动轴承具有锥形轴套，利用轴套上两端的圆螺母可使轴套做轴向移动，从而调节轴承的间隙，如图12-34所示。此类轴承常用于一般机床的主轴支承。

（4）自动调心式　对于宽径比（轴承宽度B与轴颈直径d之比B/d）>1.5的滑动轴

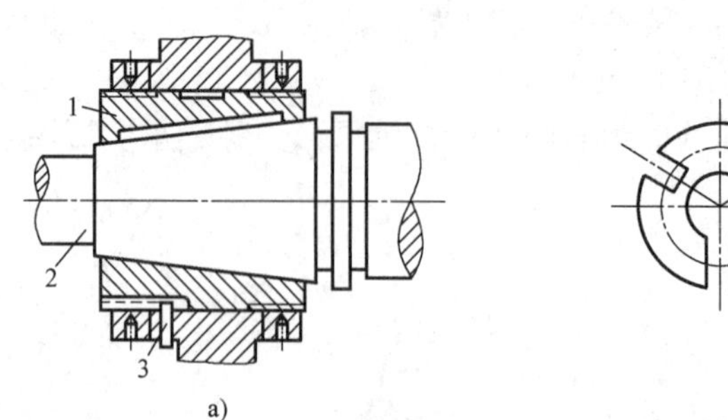

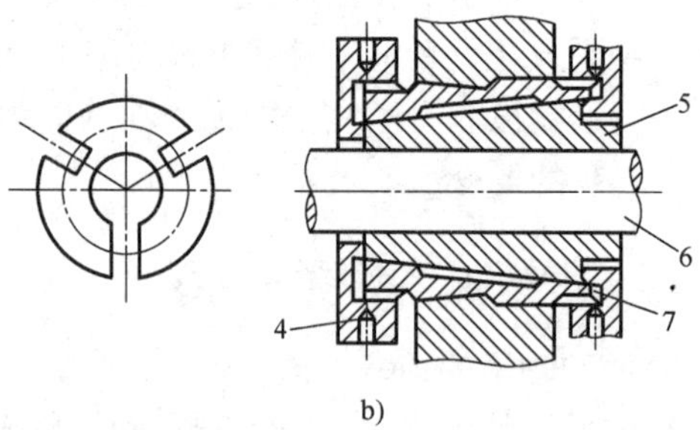

图 12-34　带锥形表面轴套的滑动轴承

a）内锥式　b）外锥式

1、5—轴套　2、6—轴　3—销　4、7—螺母

承，为避免因轴的挠曲或轴承孔的同轴度较低而造成轴与轴瓦端部边缘产生局部接触，可采用自动调心式滑动轴承，如图 12-35 所示。其轴瓦外表面做成球状，与轴承盖及轴承座的球形内表面相配合。当轴颈倾斜时，轴瓦自动调心，以避免轴颈与轴瓦的局部磨损。轴的刚度过小或两轴承座孔难以保证同心时，一般采用调心轴承。

2. 推力滑动轴承的结构形式

普通推力滑动轴承主要由轴承座和止推轴颈组成，按照轴颈轴线位置的不同又可分为立式和卧式两类。

图 12-36 所示的立式轴端推力滑动轴承由轴承座 1、衬套 2、轴瓦 3 和止推瓦 4 组成，止推瓦底部制成球面，可以自动复位，避免偏载。销钉 5 用来防止轴瓦转动。轴瓦 3 用于固定轴的径向位置，同时也可承受一定的径向负荷。润滑油靠压力从底部注入，并从上部油管流出。按照轴颈结构的不同，普通推力滑动轴承可分为实心式、空心式、单环式和多环式几种，如图 12-37 所示。推力轴承的工作表面可以是轴的端面或轴上的环形平面。其中实心轴颈端面上因中心与边缘的磨损不均匀，造成止推面上压力分布不均匀，以至中心部分压强极高，因此应用不多。一般机器中通常采用空心式及单环式结构。轴向载荷较大时可采用多环式结构，多环式结构还可承受双向的轴向负荷。

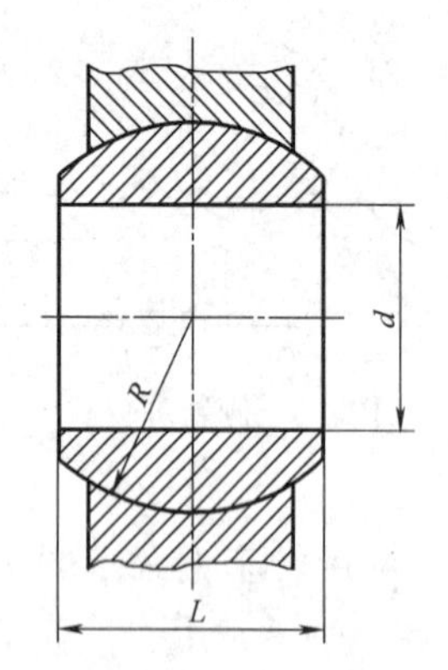

图 12-35　自动调心式滑动轴承

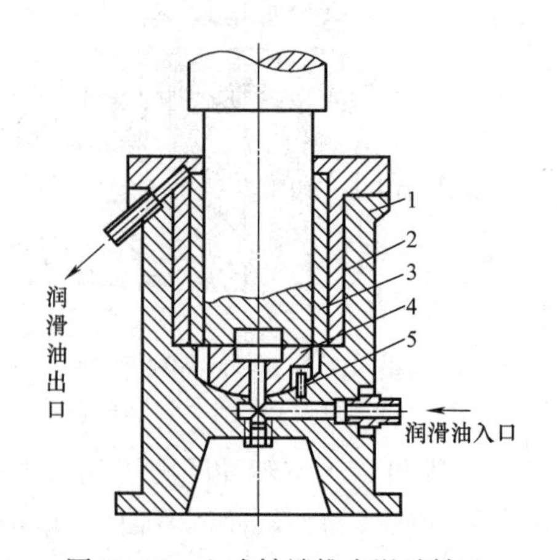

图 12-36　立式轴端推力滑动轴承

1—轴承座　2—衬套　3—轴瓦　4—止推瓦　5—销钉

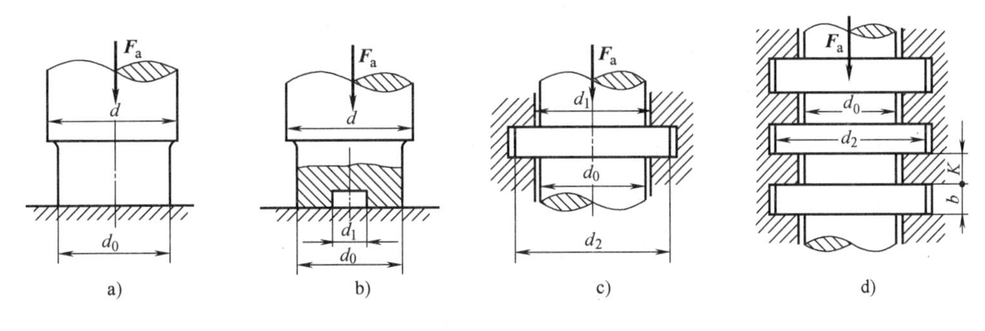

图 12-37　推力滑动轴承的轴颈结构简图

a）实心式　b）空心式　c）单环式　d）多环式

12.7.3　轴瓦结构和轴承材料

1. 轴瓦的结构

轴瓦是轴承上直接与轴颈接触的零件，是轴承的重要组成部分。其结构是否合理，对滑动轴承的性能有很大影响。轴瓦的结构有整体式和剖分式两种。整体式轴瓦（又称轴套）分光滑轴套（图 12-38a）和带油沟轴套（图 12-38b）两种。剖分式轴瓦（图 12-39）由上、下两半轴瓦组成，它的两端凸肩可以防止轴瓦的轴向窜动，并承受一定的轴向力。

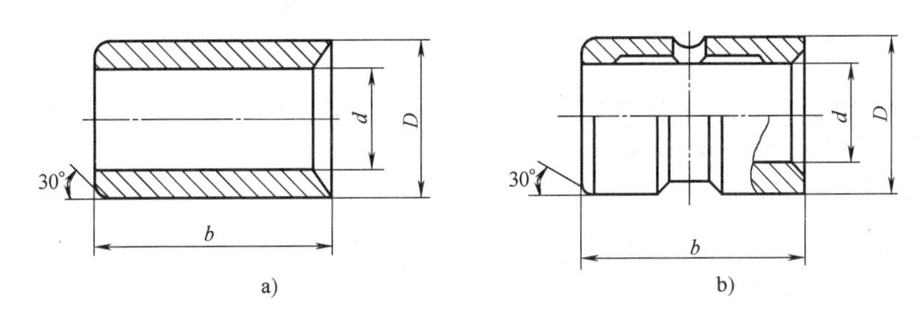

图 12-38　整体式轴瓦

为了润滑轴承的工作表面，一般都在轴瓦上开设油孔、油沟和油室。油孔用来供应润滑油，油沟用来输送和分布润滑油，而油室则可使润滑油沿轴向均匀分布，并起贮油和稳定供油的作用。油孔一般开在轴瓦的上方，并和油沟一样开在非承载区，以免破坏油膜的连续性而影响承载能力。常见的油沟形式如图 12-40 所示。油室可开在整个非承载区，当负荷方向变化或轴颈经常正反转时，也可开在轴瓦两侧。油沟和油室的轴向长度应比轴瓦宽度短，以免油从两端大量流失。

为了改善表面的摩擦性质。常在轴瓦内表面浇注一层很薄（0.5～6mm）的减摩材料（如轴承合金），称为轴承衬（图 12-41），做成双金属轴瓦。三金属轴瓦是在钢背和轴承衬材料之间再加一个中间层。为使轴承衬能牢固地贴合在轴瓦表面上，常在轴瓦上制造一些沟槽。

2. 轴承的材料

轴承的材料主要指与轴颈直接接触的轴瓦和轴承衬的材料。轴承的主要失效形式是磨损、胶合及因材料强度不足而出现的疲劳点蚀，因此根据轴承的工作情况，要求轴承材料具

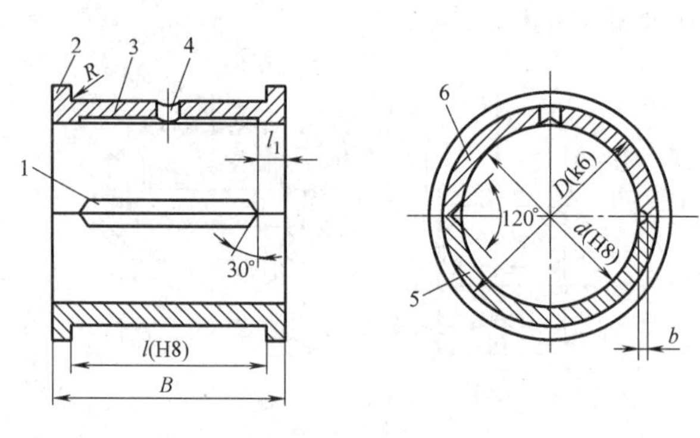

图 12-39　剖分式轴瓦

1—油室　2—凸肩　3—油沟　4—油孔　5—下瓦　6—上瓦

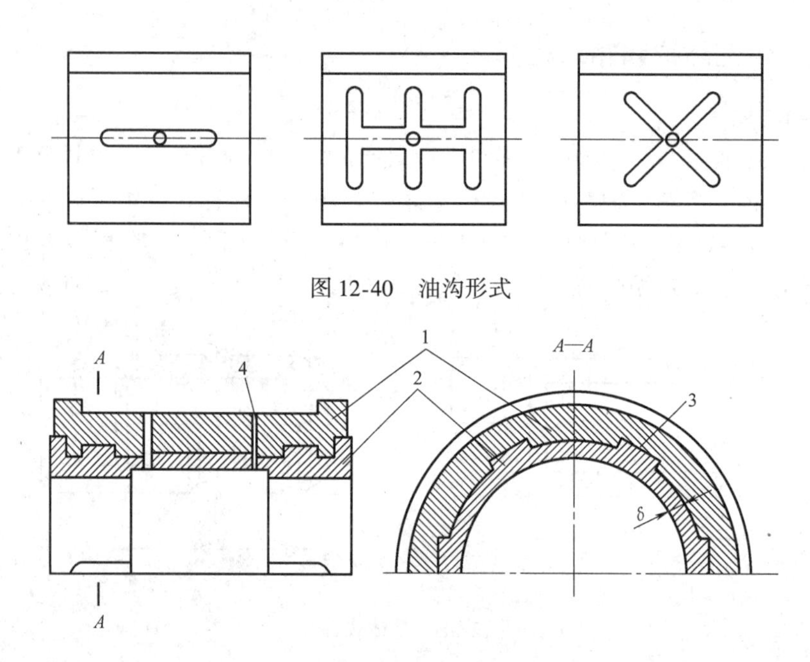

图 12-40　油沟形式

图 12-41　双金属轴瓦

1—基本金属轴瓦　2—轴承衬　3—轴向沟槽　4—周向沟槽

备下述性能：1）良好的减摩性和高的耐磨性；2）良好的抗胶合性；3）良好的抗压、抗冲击和疲劳强度性能；4）良好的顺应性和嵌藏性（顺应性是指材料产生弹性变形和塑性变形以补偿对中误差及适应轴颈产生的几何误差的能力；嵌藏性是指材料嵌藏污物和外来微粒，防止刮伤轴颈以致增大磨损的能力）；5）良好的磨合性（磨合性是指新制造、装配的轴承经短期磨合后，消除摩擦表面的平面度，而使轴瓦和轴颈表面相互吻合的性能）；6）良好的导热性、耐蚀性；7）良好的润滑性和工艺性等。

常用的轴承材料分为三大类：

（1）金属材料　金属材料主要有铜合金、轴承合金、铝基合金和减摩铸铁等。

1）铜合金。铜合金是传统的轴瓦材料，其中铸锡锌青铜和铸锡磷青铜的应用较为普遍。中速、中载的条件下多用铸锡锌青铜；高速、重载多用铸锡磷青铜；高速、冲击或变载时用铅青铜。

2）轴承合金（又称巴氏合金）。锡（Sn）、铅（Pb）、锑（Sb）、铜（Cu）的合金统称为轴承合金，它分为锡基轴承合金和铅基轴承合金两大类。轴承合金的强度、硬度和熔点低，价格昂贵，因此，不便单独做成轴瓦，通常将其浇注在钢、铸铁或铜合金的轴瓦基体上作为轴承衬来使用。它主要用于制造承受重载、高速的重要轴承，如汽车、内燃机中滑动轴承的轴承衬。

3）铸铁。铸铁性脆，磨合性差，但价廉，适用于制造低速、不受冲击的轻载轴承或不重要的轴承。

（2）粉末冶金材料　粉末冶金材料是将金属粉末加石墨经压制、烧结而成的轴承材料，具有多孔结构，其孔隙占总容积的15%～30%，使用前先在热油中浸渍数小时，使孔隙中充满润滑油。用这种方法制成的轴承，称为含油轴承。工作时，由于轴颈旋转产生挤压和抽吸作用，孔隙中的油便渗出而起润滑作用；不工作时，由于孔隙的毛细管作用，油又被吸回孔隙中贮存起来。所以，这种轴承在相当长的时期内具有自润滑作用。这种材料的强度和韧性较低，适用于中、低速，平稳无冲击及不宜随意添加润滑剂的轴承。常用的粉末冶金材料有铁-石墨和青铜-石墨两种。

（3）非金属材料　非金属材料主要有塑料、尼龙、橡胶、石墨和硬木等。这些材料的优点是摩擦系数小，抗压强度和疲劳强度较高，耐磨性、磨合性和嵌藏性好，可以采用水或油来润滑。缺点是导热性差，容易变形，用水润滑时会吸水膨胀。其中尼龙用于低负荷的轴承上，而橡胶主要用于以水作为润滑剂且比较脏污之处；塑料主要用于低速、轻载场合，或不宜及不便进行润滑的场合。

12.7.4　滑动轴承的润滑

滑动轴承常用的润滑剂主要是润滑油，润滑脂、固体润滑剂也有使用。选择时以工作载荷、相对滑动速度、工作温度和特殊工作环境等作为依据。

1. 润滑油

润滑油最常用，黏度是选择润滑油最重要的参考指标。选择润滑油时，应考虑如下基本原则：

1）在压力大、温度高、载荷冲击变动大时，应选用黏度大的润滑油。

2）滑动速度高时，容易形成油膜（转速高时），为减少摩擦，应选用黏度较低的润滑油。

2. 润滑脂

稠度大，不易流失，承载能力大，但稳定性差，摩擦功耗大，流动性差，无冷却效果，适于低速重载且温度变化不大，难以连续供油的场合。选择原则如下：

1）轻载高速时选针入度大的润滑脂，反之选针入度小的润滑脂。

2）所用润滑脂的滴点应比轴承的工作温度高约20～30℃，如滴点温度较高的钙基或复合钙基。

3）在有水淋或潮湿的环境下应选择防水性强的润滑脂——铝基和钙基润滑脂。

3. 固体润滑剂

轴承在高温、低速、重载情况下工作，不宜采用润滑油或脂时，可采用固体润滑剂在摩擦表面形成固体膜，常用的有石墨、聚四氟乙烯、二硫化钼和二硫化钨等。

小　结

本章主要介绍了轴承的分类和作用；轴承的结构、特点、代号及类型选择；滚动轴承的寿命计算、组合设计；滑动轴承、轴瓦的结构。

1. 主要内容

1）轴承的分类。轴承按运动元件间的摩擦性质分为滚动轴承和滑动轴承两大类；按滚动体的形状可分为球轴承和滚子轴承；按照轴承承受的主要载荷方向或轴承公称接触角 α 的不同，可分为向心轴承和推力轴承。掌握常用滚动轴承的基本类型，熟记滚动轴承的代号。

2）滚动轴承的结构特点。滚动轴承一般由外圈、内圈、滚动体和保持架四部分组成。通常内圈与轴颈之间采用过盈配合，使内圈与轴一起转动；外圈则安装在机座或零件的轴承孔内，起支承作用。

3）类型不同的滚动轴承具有不同的性能特点，要根据实际工作情况，按工作载荷的性质、转速高低、装配结构及经济性要求进行选择。

4）滚动轴承常见的失效形式主要有三种：疲劳点蚀、塑性变形和磨损；采用的计算准则是：接触疲劳承载能力计算和静强度计算。

5）滚动轴承的基本额定寿命是指一批相同的轴承，在同一条件下运转，其中10%的轴承产生疲劳点蚀时所达到的总转数 L_{10}（单位：10^6r），或是在一定转速 n 下的小时数 L_h（单位：h）；其基本额定寿命为 $L_{10} = 10^6$r 时它所能够承受的极限载荷称为基本额定动载荷，用 C 表示；滚动轴承的当量动载荷是将工作载荷折算成与实验条件载荷相当的假想载荷，用 P 表示。

2. 本章重点与难点

（1）重点　滚动轴承类型的选择（包括寿命计算）是本章重点内容之一。在选用轴承时首先应确定轴承类型，其根据是负荷的大小、方向和性质，转速的高低，工作温度以及调心要求等工作情况。然后通过结构设计和计算或类比的方法确定轴承的型号。滚动轴承的寿命计算主要是额定动负荷的计算，首先初定轴承的型号，将所承受的载荷折算成当量动负荷，并通过轴承工作条件以及额定寿命的额定动载荷折算，与该轴承的额定动载荷比较，最终确定轴承的型号。

滚动轴承组合结构设计是本章另一个重点内容。在轴承部件组合设计中应解决的设计内容有：支承结构的形式；轴向间隙、轴向位置以及轴承内部游隙的调整；轴承内、外圈的固定方法；滚动轴承的装拆和配合；滚动轴承的润滑与密封等。

（2）难点

1）滚动轴承的当量载荷计算，尤其是角接触轴承的轴向力的计算。

由于向心角接触轴承承受纯径向载荷时，要产生内部轴向力，因而在计算向心角接触轴承所承受的轴向力时，要同时考虑两个支承点轴承的派生轴向力以及所有的作用在轴上的外部轴向载荷。为此，在计算轴向力之前，应先按轴承压力中心确定轴的支承点，并以此求出轴支承点的约束反力，即轴承的径向载荷。

2）根据使用要求合理地进行滚动轴承的组合设计。

思考与习题

12-1　滑动轴承的润滑状态有哪几种？滑动轴承的常用材料有哪些？

12-2　滑动轴承和滚动轴承各适用于哪些场合？

12-3　轴承润滑的作用是什么？

12-4　滚动轴承由哪些基本的零件组成？其各自的功用是什么？

12-5　滚动轴承有哪些基本的类型？各自的特点是什么？

12-6　滚动轴承的寿命设计计算中的基本思想是什么？

12-7　什么情况下需要进行滚动轴承的静强度计算？

12-8　轴承的密封有哪些主要方法？其各有什么特点？

12-9　说明下列滚动轴承代号的含义：7210B，6203/P6，7210AC，N210E，51210，30316。

12-10　一深沟球轴承6304承受一径向力 $F_r=4kN$，载荷平稳，转速 $n=960r/min$，室温下工作，试求该轴承的基本额定寿命，并说明能达到或超过此寿命的概率。若载荷变为 $F_r=2kN$，轴承的基本额定寿命是多少？

12-11　某深沟球轴承需在径向载荷 $F_r=7150N$ 作用下，以 $n=1800r/min$ 的转速工作3800h。试求此轴承应有的基本额定动载荷 C。

12-12　机器主轴采用深沟球轴承，主轴直径为 $d=40mm$，转速 $n=3000r/min$，轴承所受径向载荷 $F_r=2400N$，轴向载荷 $F_a=800N$，预期寿命 $L_h'=8000h$，请选择该轴承的型号。

12-13　如图12-42所示，轴支承在一对7209AC角接触球轴承上，$F_r=3000N$，内部轴向力 $S=0.68F_r$，求两轴承各受多大径向力和轴向力。

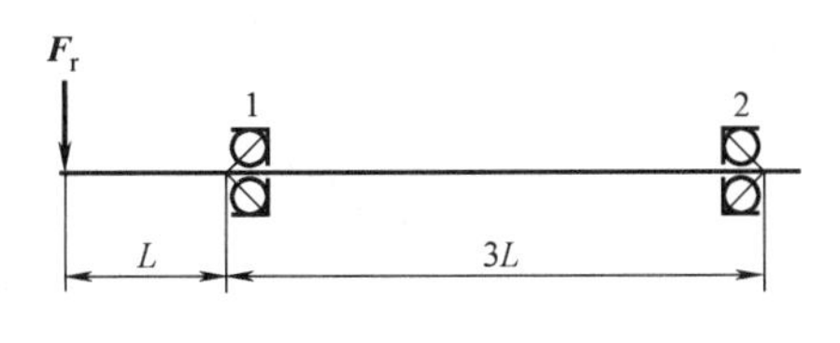

图12-42　题12-13图

12-14　找出图12-43中的错误（轴承为油润滑）。

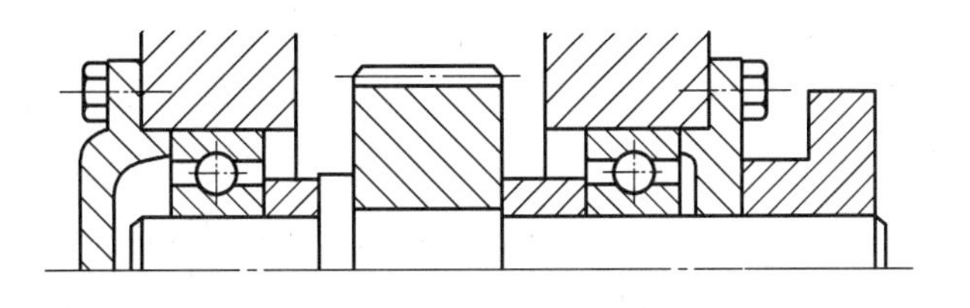

图12-43　题12-14图

第13章 机械联接

学习目标

1. 了解螺纹的分类、特点和应用。
2. 熟悉螺纹联接的受力分析和强度计算方法。
3. 了解螺纹联接的预紧和防松。
4. 掌握键联接的类型及选用原则，能进行普通平键的选择和强度校核。
5. 了解销联接的类型和选用原则。
6. 了解联轴器及离合器的类型、特点及功用，掌握联轴器的选择方法。

在机械设备的制造、装配、安装、运输等过程中，常需要将组成机器的零部件以一定的方式组合成一个整体，这就需要联接。将两个或两个以上的零件连成一个整体的方式称为联接。按照被联接零件之间在工作时是否有相对运动，联接可分为机械静联接和动联接。导向平键和导向花键、铰链等（被联接的零部件之间可以有相对运动）都是动联接。而箱盖与箱座之间所用的螺栓联接、销联接等（被联接零部件不允许产生相对运动）则属于静联接，本章主要讨论静联接。

联接按是否可拆又分为两大类，一类是可拆联接：允许多次装拆，不会破坏或损伤联接中的任何一个零件的联接，如键联接、螺纹联接和销联接等；另一类是不可拆联接：即必须破坏联接的某一部分才能拆开的联接，如焊接、铆接、粘接联接等。过盈联接既可做成可拆联接，也可做成不可拆联接，一般宜用作不可拆联接。这是因为过盈量稍大时，拆卸后配合面受损，虽还能使用，但承载能力将大大下降。过盈量小时，该联接可多次使用，比如滚动轴承内圈与轴的配合。本章主要介绍可拆联接。

13.1 螺纹联接

螺纹联接是应用极为广泛的一种可拆联接，其结构简单，装拆方便，联接可靠，适用范围广。螺纹联接件大多已经标准化，设计者主要是根据螺纹联接的工作要求，选择合适的螺纹类型、联接方式与结构及确定螺纹联接的尺寸。螺纹联接要满足两个基本要求：

1）不断裂，即要求有足够的强度；

2）不松动，即要求使用时联接可靠，有防松措施。

13.1.1　螺纹的常用类型、特点及主要参数

1. 螺纹的类型

根据螺纹在螺杆轴向剖面上的轮廓形状不同，分为三角形螺纹、矩形螺纹、梯形螺纹、锯齿形螺纹和管螺纹等，如图13-1所示。三角形螺纹主要用于联接，其余螺纹多用于传动。

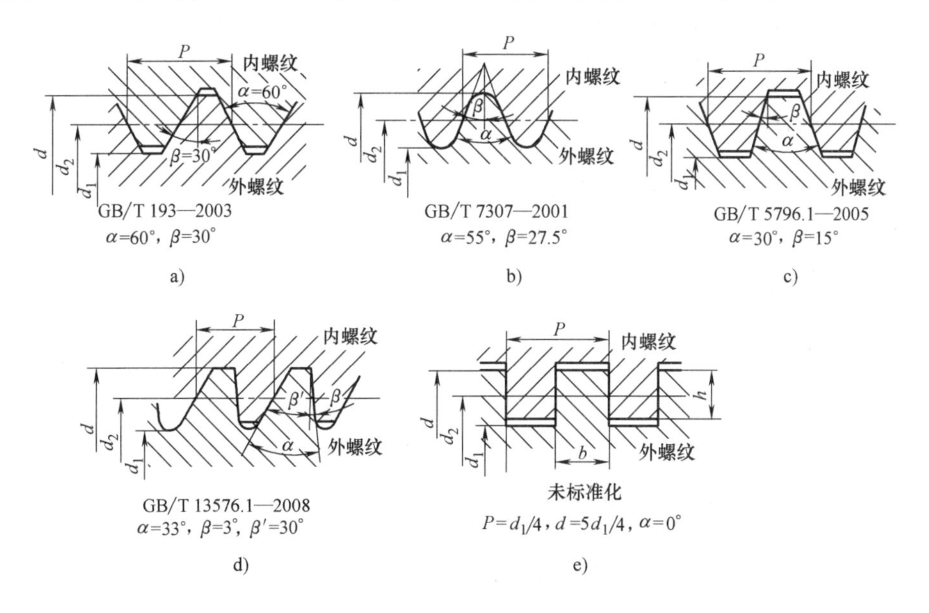

图13-1　螺纹的类型

a）普通螺纹　b）管螺纹　c）梯形螺纹　d）锯齿形螺纹　e）矩形螺纹

根据螺纹线绕行的方向不同，螺纹分为右旋螺纹（图13-2a）和左旋螺纹（图13-2b）。常用的螺纹为右旋，只有在特殊情况下才用左旋。根据螺旋线的数目不同，螺纹又可以分为单线（图13-2a）、双线（图13-2b）和多线螺纹，双线螺纹有两条螺旋线，线头相隔180°，多线螺纹加工制造较困难，线数一般不超过4条。单线螺纹常用于联接，也可用于传动；多线螺纹则主要用于传动。

在圆柱体外表面上形成的螺纹称为外螺纹，在圆柱内表面上形成的螺纹称为内螺纹。

根据采用的标准制度的不同，螺纹分为米制螺纹和英制螺纹。我国除管螺纹外，一般都采用米制螺纹。凡牙型、大径和螺距等都符合国家标准的螺纹，称为标准螺纹。牙型角为60°的三角形圆柱螺纹，称为普通螺纹。对于同一公称直径的普通螺纹，按螺距大小不同，分为粗牙普通螺纹和细牙普通螺纹，一般联接多采用粗牙普通螺纹；细牙螺纹的螺距小，升角也小，小径较大，故自锁性能好，对螺杆强度的削弱较小，适用于联接薄壁零件及用作微调装置。

标准螺纹的基本尺寸可查阅有关标准或手册。

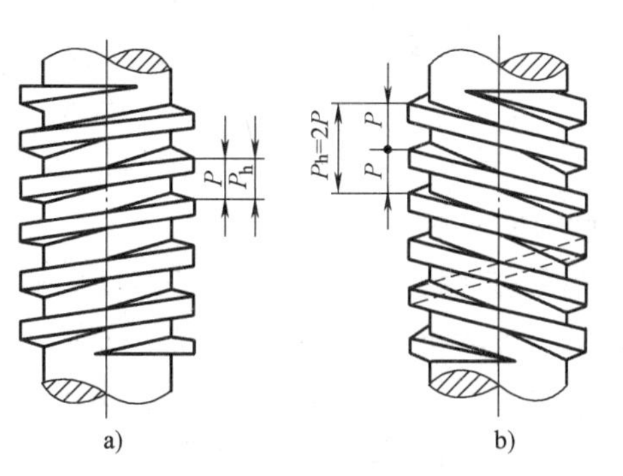

图13-2　螺纹的旋向和线数

2. 螺纹的主要参数

圆柱普通螺纹的主要几何参数如图 13-3 所示。

大径 d——与外螺纹牙顶或内螺纹牙底相重合的假想圆柱的直径，也是螺纹的公称直径。

小径 d_1——与外螺纹牙底或内螺纹牙顶相重合的假想圆柱的直径，强度计算时常作为螺杆危险截面的计算直径。

中径 d_2——螺纹牙宽度和牙槽宽度相等处的假想圆柱的直径，近似等于螺纹的平均直径：$d_2 \approx \frac{1}{2}(d+d_1)$。

螺距 P——螺纹相邻两牙在中径线上对应点间的距离。

导程 P_h——同一条螺旋线上的相邻两牙在中径线上对应点间的轴向距离，称为导程。导程与螺距的关系为

$$P_h = nP$$

式中　n——螺纹线数。

升角 λ——螺纹中径圆柱面上螺旋线展开后与底面的夹角，如图 13-4 所示，又称导程角，其计算式为

$$\lambda = \arctan\frac{P_h}{\pi d_2} = \arctan\frac{nP}{\pi d_2} \tag{13-1}$$

牙型角 α——螺纹轴向截面内，螺纹牙型两侧边间的夹角，如图 13-3 所示。

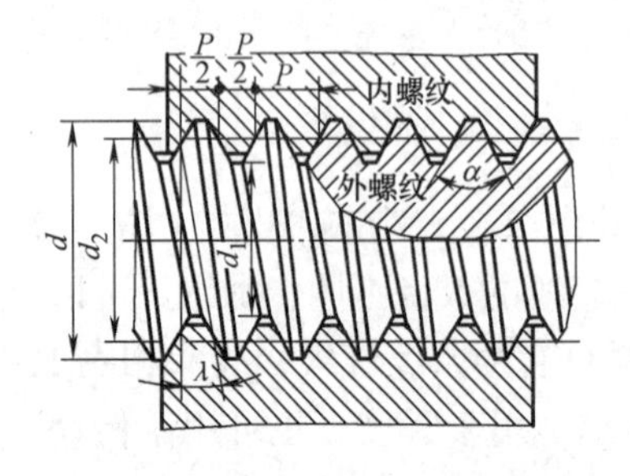

图 13-3　普通螺纹的主要几何参数

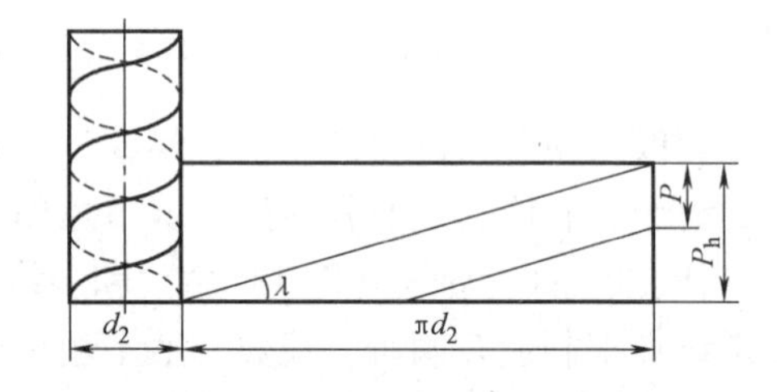

图 13-4　螺纹牙型两侧边间的夹角

3. 螺纹的特点和应用

普通螺纹的牙型角 $\alpha=60°$，当量摩擦系数大，自锁性能好，螺纹牙根部的强度较高，广泛应用于联接零件。

55°非密封管螺纹为牙型角 $\alpha=55°$ 的寸制细牙三角形螺纹，公称直径（以英寸为单位）以管子的孔径表示，螺距以每英寸的螺纹牙数表示，常用于低压条件下工作的管子联接，高压条件下工作的管子联接应采用圆锥管螺纹，它与圆柱管螺纹相似，但螺纹分布在锥度为1:16的圆锥管壁上。

矩形螺纹的效率高，多用于传动。但对中性差，牙根强度低，精确制造有困难。梯形螺纹的效率虽较矩形螺纹低，但加工方便，对中性好，牙根强度高，故广泛用于传动。锯齿形螺纹兼有矩形螺纹效率高和梯形螺纹牙根强度高的优点，但只能用于承受单向载荷的传动。

在上述各种螺纹中，矩形螺纹因为螺纹副磨损后不能补偿增大的间隙，并且实现精加工也比较困难，故未纳入标准，应用也很少，其他几种螺纹都已标准化。

13.1.2 螺纹联接的常用类型、特点及应用

1. 螺纹联接的基本类型

螺纹联接是利用螺纹联接件将被联接件联接起来构成的一种可拆联接，在机械中应用较广。它的结构简单，工作可靠，装拆方便。螺纹联接的类型很多，设计时可根据装拆的次数、被联接件的厚度和强度以及机构的尺寸等具体条件来选用。常用的有四种基本类型：螺栓联接、双头螺柱联接、螺钉联接和紧定螺钉联接，其结构尺寸及应用场合见表 13-1。

表 13-1 螺纹联接的类型、结构尺寸及应用场合

类型	构　造	特点、应用	主要尺寸关系
螺栓联接	普通螺纹联接 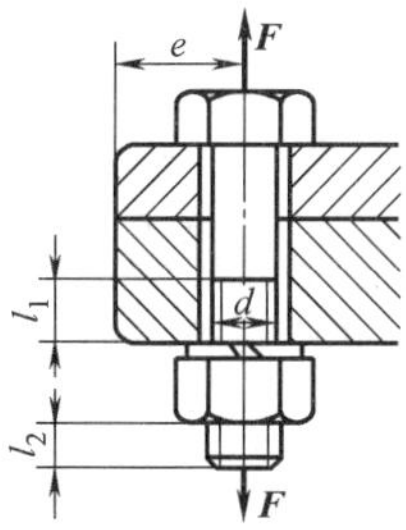	被联接件无须切制螺纹，使用不受被联接件材料的限制。构造简单，装拆方便，成本低，应用广。 常用于被联接件不太厚和便于加工出通孔的场合	螺纹余留长度 l_1： 普通螺栓联接： 静载荷：$l_1 \geq (0.3 \sim 0.5)d$ 变载荷：$l_1 \geq 0.75d$ 冲击、弯曲载荷：$l_1 \geq d$ 铰制孔螺栓联接：l_1尽可能小于螺纹伸出长度 l_2，即 $l_1 \leq l_2 \approx (0.2 \sim 0.3)d$ 螺栓轴线到被联接件边缘的距离 $e = d + (3 \sim 6)$ mm
	铰制孔螺栓联接 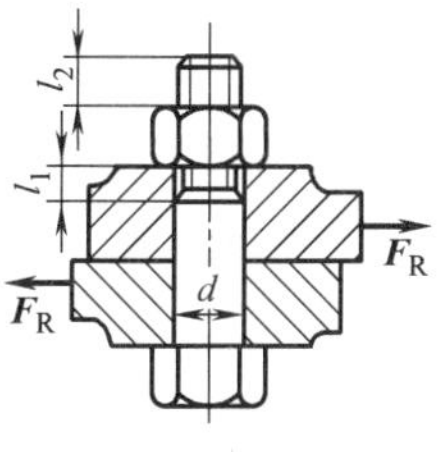	孔与螺栓杆之间没有间隙，采用基孔制过渡配合，孔的加工精度较高。用螺栓杆承受横向载荷或精确固定被联接件的相互位置	
双头螺柱联接	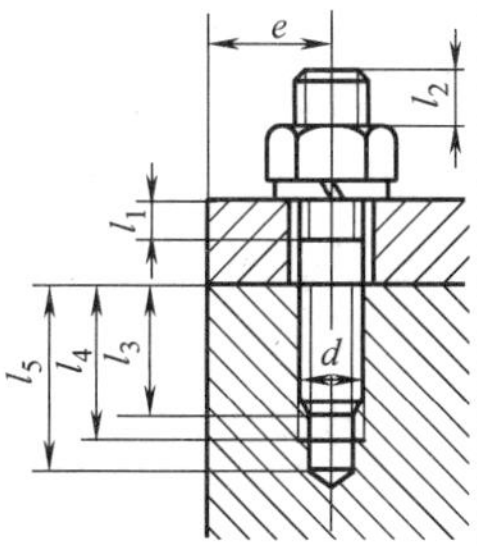	双头螺柱的两端都有螺纹，其一端紧固地旋入被联接件之一的螺纹内，另一端则穿过另一被联接件的光孔与螺母旋合而将两被联接件联接。 它用于被联接件之一较厚，有气密性要求不允许有通孔，且需经常拆卸的场合。 拆卸时只需拧下螺母，即可将两被联接件分开	螺纹拧入深度 l_3，当螺纹孔零件为钢或青铜：$l_3 \approx d$ 铸铁：$l_3 \approx (1.25 \sim 1.5)d$ 合金：$l_3 \approx (1.5 \sim 2.5)d$ 螺纹孔深度 $l_4 \approx l_3 + (2 \sim 2.5)P$ 钻孔深度 $l_5 \approx l_4 + (0.5 \sim 1)d$ l_1、l_2、e 同上
螺钉联接	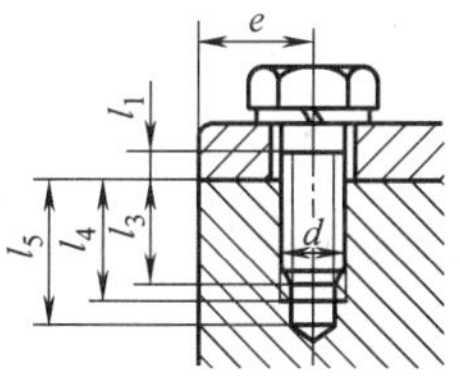	该种联接不用螺母，而且能有光整的外露表面，其联接结构简单，常用于被联接件之一较厚不便加工通孔、受力不大且不需经常装拆的场合	l_1、l_3、l_4、l_5、e 同上

（续）

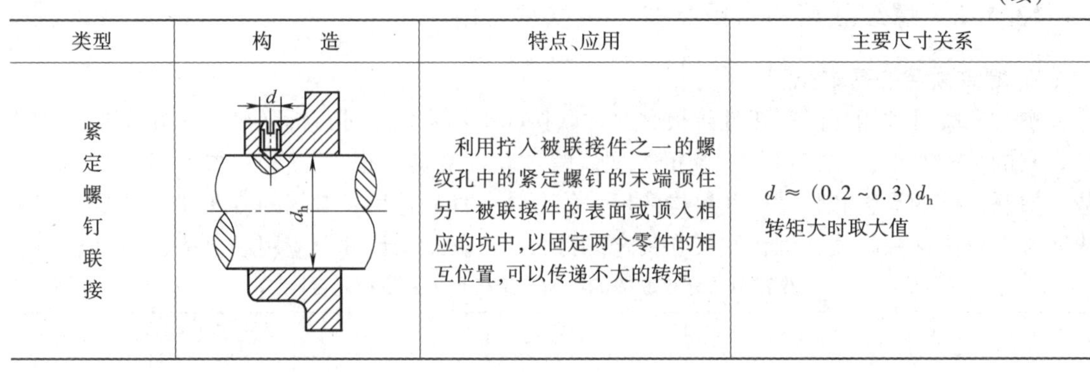

类型	构　造	特点、应用	主要尺寸关系
紧定螺钉联接		利用拧入被联接件之一的螺纹孔中的紧定螺钉的末端顶住另一被联接件的表面或顶入相应的坑中，以固定两个零件的相互位置，可以传递不大的转矩	$d\approx(0.2\sim0.3)d_h$ 转矩大时取大值

2. 螺纹联接的预紧和防松

（1）螺纹联接的预紧　按螺纹联接装配时是否拧紧，螺纹联接分为松联接和紧联接。实际使用中绝大多数螺栓联接都是紧螺栓联接，装配时需要拧紧，使螺栓受到拉伸和被联接件受到压缩。这种在承受工作载荷之前就使螺栓受到的拉伸力叫预紧力。预紧的目的是增加联接刚度、紧密性和提高防松能力，但过大的预紧力会在装配或偶然过载时拉断联接件，因此，既要保证联接所需要的预紧力，又不能使联接件过载。一般规定，拧紧后螺纹联接件的预紧力不得超过其材料屈服强度 σ_s 的 80%。

在拧紧螺母时，需要克服螺纹副相对扭转的阻力矩 T_1 和螺母与支承面之间的摩擦阻力矩 T_2，即拧紧力矩 $T=T_1+T_2$，对于常用的钢制 M10 ~ M68 的粗牙普通螺纹，拧紧力矩 T 可以近似按式（13-2）所列的经验公式计算，即

$$T\approx0.2F_0d \tag{13-2}$$

式中　T——拧紧力矩（N·mm）；

F_0——预紧力（N）；

d——螺纹的公称直径（mm）。

为确保合适的预紧力大小，应按计算值控制拧紧力矩 T。一般螺栓联接可凭经验控制；重要螺栓联接，通常要采用测力矩扳手或定力矩扳手来控制。同时也要注意，由于摩擦系数不稳定和加在扳手上的力有时难以准确控制，也可能使螺栓拧得过紧，甚至拧断，因此对于重要螺栓联接，不宜选用小于 M12 的螺栓（与螺栓强度级别有关）。为避免拧紧应力过大降低螺栓强度，在装配时应控制拧紧力矩。对于不控制拧紧力矩的螺栓联接，在计算时应该取较大的安全系数。

对于重要螺栓联接，应根据联接的紧密要求、载荷性质、被联接件刚度等工作条件，决定所需拧紧力矩大小，以便装配时控制。

（2）螺纹联接的防松　联接用螺纹标准件都能满足自锁条件，在静载荷和温度不变的情况下，这种自锁性可以防止螺母松脱；拧紧螺母后，螺母与被联接件支承面间的摩擦力也有助于防止螺母松脱。如果温度变化较大、承受振动或冲击载荷等都会使螺纹副间的摩擦阻力出现瞬时消失或减小的现象。这种现象多次出现，联接螺母就会逐渐松脱，使联接失效，造成事故。所以设计时必须按照工作条件、工作可靠性、结构特点等考虑设置防松装置。螺纹联接防松的根本问题在于要防止螺纹副的相对转动，防松的方法很多，按其工作原理不同可分为三类：摩擦防松、机械防松、其他防松。常用螺纹防松方法见表 13-2。

表 13-2　常用螺纹防松方法

防松原理	防松方法	
摩擦防松：这种防松方法是设法使螺纹副间产生附加的摩擦力，即使螺杆上的轴向外载荷减小，甚至消失，也能保证螺纹副间的正压力（附加摩擦力）依然存在，从而防止螺母相对螺栓转动。这种正压力通过螺纹副沿轴向或径向张紧来产生	弹簧垫圈防松（轴向压紧）	双螺母防松（轴向压紧）
		上螺母 下螺母 螺栓
	弹簧垫圈材料为弹簧钢，装配后垫圈被压平，其反弹力使螺纹副之间保持压紧力和摩擦力。这种方法结构简单，使用方便，但在冲击、振动很大的情况下，防松效果不十分可靠，一般用于不太重要的联接	两个螺母对顶拧紧，螺杆旋合段受拉而螺母受压，使螺纹副轴向张紧，从而达到防松的目的。这种防松方法用于平稳、低速和重载的联接。其缺点是在载荷剧烈变化时不十分可靠，而且螺杆加长，增加一个螺母，结构尺寸变大，增加了重量，也不经济
	自锁螺母防松（径向压紧）	尼龙圈锁紧螺母（径向压紧）
	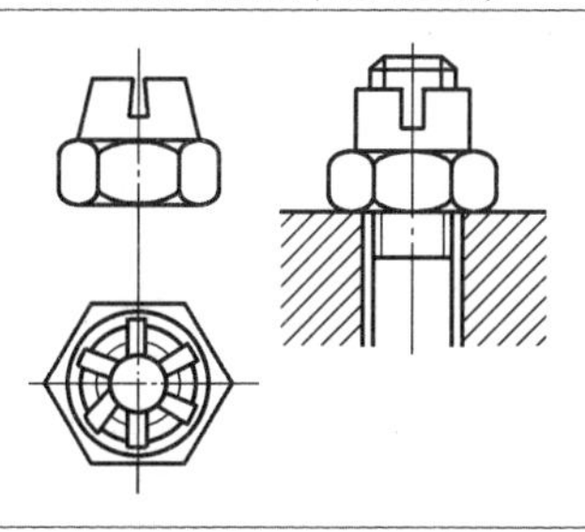	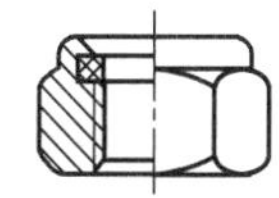
	螺母一端制成非圆形收口或开缝后径向收口。当螺母拧紧后，收口胀开，利用收口的弹力使螺纹副径向张紧，达到防松的目的。这种防松方法简单、可靠，可多次装拆而不降低防松能力，一般用于重要场合	螺母中嵌有尼龙圈，拧上以后尼龙圈内孔被胀大，箍紧螺栓，横向压紧螺纹。尼龙弹性好，与螺纹牙接触紧密，摩擦大。但不宜用于频繁装拆和高温的场合

防松原理	防松方法		
机械防松：利用便于更换的防松元件，直接防止螺纹副的相对运动	槽形螺母与开口销防松	止动垫圈防松	串联钢丝防松
		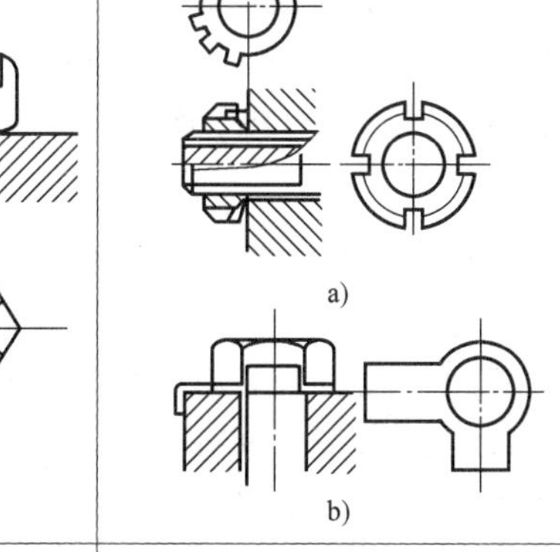	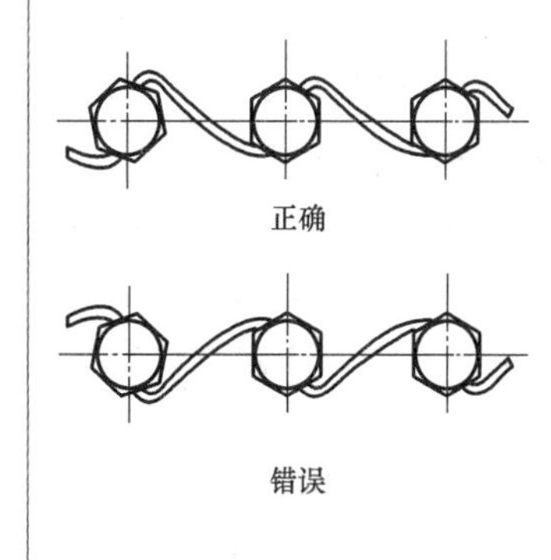
	将螺母拧紧后，把开口销插入螺母槽与螺栓尾部孔内，并将开口销尾部扳开，阻止螺母与螺栓的相对转动。它防松可靠，一般用于受冲击或载荷变化较大的联接	图a所示为圆螺母用止动垫圈，它具有几个外翅和一个内翅。将内翅嵌入螺栓（或轴）的轴向槽内，旋紧螺母，将一个外翅弯入螺母的缺口中，这种联接防松可靠。图b所示为双耳式止动垫圈防松，垫圈的一边弯起贴在螺母的侧面上，另一边弯起贴在联接件的侧壁上，以防止螺母松脱。常用于轴上螺纹的防松	用低碳钢丝穿入各螺钉头部的孔内，将各螺钉串联起来，使其相互止动，达到防松的目的。使用时必须注意钢丝的穿入方向，用于螺钉组联接，防松可靠，但装拆不便

（续）

防松原理	防松方法		
	冲点法	焊接法	粘接法
破坏螺纹副的不可拆防松：如果联接不需拆卸，可在螺母拧紧后破坏螺纹副，使螺母不能转动，从而达到防松的目的。这种方法一般用于永久性联接，方法简单可靠	螺母拧紧后，利用冲头在螺栓尾部与螺母旋合的末端冲2～3点	将螺母与螺栓焊在一起，防松可靠，但不能拆卸	涂粘接剂 用粘合剂涂于螺纹旋合表面，拧紧螺母待粘合剂固化，即将螺栓与螺母粘接在一起。这种方法简单有效，并能保证密封；但时间长了，其防松能力就差，需要拆开重新涂胶

13.1.3 螺栓联接的强度计算

1. 工作情况和失效形式分析

联接两个零件时，常常同时使用若干个螺栓，称为螺栓组。但在进行强度计算时，根据对螺栓组的受力分析，可求出螺栓组中受力最大的螺栓，从而使整个螺栓组的强度计算简化成受力最大的单个螺栓的强度计算，所以单个螺栓联接的强度计算是螺纹联接设计的基础。对构成整个联接的螺栓组而言，所受的载荷一般包括轴向载荷、横向载荷、弯矩和转矩等，但对其中每个具体螺栓来说，所受载荷主要是轴向力或横向力。前者的失效形式多为螺纹部分的断裂（实践表明，螺栓的疲劳断裂常发生在螺纹根部，即截面面积较小及有应力集中的地方）或塑性变形，如果螺纹的制造精度很低或联接经常装拆时，也可能发生螺纹牙的损坏，其设计准则为必须保证螺栓有足够的抗拉强度；后者在工作时，螺栓接合面处受剪，并与被联接孔相互挤压，其失效形式为螺杆被剪断、螺杆和孔壁的贴合面被压溃等，其设计准则是保证联接的挤压强度和螺栓的抗剪强度。

螺栓联接的强度计算主要是根据联接的类型、联接的装配情况（是否预紧）和载荷状态等条件，确定螺栓的受力；然后按相应的强度条件计算螺栓危险截面的直径（螺纹小径）或校核其强度。螺栓联接的其他部分和螺母、垫圈的结构尺寸，则是根据等强度条件及使用经验规定的，通常都不需要进行强度计算，可按螺纹的公称直径（螺纹大径）直接从标准中查找或选定。

螺栓联接强度计算的方法，对双头螺柱和螺钉联接也适用。

2. 普通螺栓联接的强度计算

（1）松螺栓联接　松螺栓联接在装配时，螺母无须拧紧，因此工作载荷未作用以前，联接件除自重外并不受力。图13-5所示吊钩尾部的螺纹联接就是典型的松联接。当承受工作载荷 F 时，螺栓杆受拉，

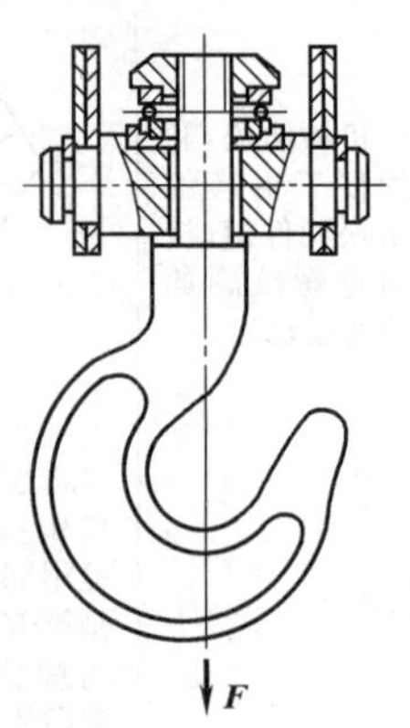

图13-5　起重吊钩的松螺栓联接

其危险截面的抗拉强度条件为

$$\sigma=\frac{F}{\pi d_1^2/4}\leqslant[\sigma] \tag{13-3}$$

式中　F——螺栓承受的轴向工作载荷（N）；

d_1——螺纹小径（mm）；

$[\sigma]$——许用拉应力（N/mm^2），见表 13-3。

由式（13-3）可得设计公式为

$$d_1\geqslant\sqrt{\frac{4F}{\pi[\sigma]}} \tag{13-4}$$

求得满足条件的螺纹小径 d_1，再从机械设计手册中查出公称直径 d 及螺母、垫圈等尺寸。

（2）紧螺栓联接　使用普通螺栓联接时，多数需要预先拧紧。需要拧紧的螺栓联接称为紧螺栓联接。

紧螺栓联接强度计算按所承受的工作载荷分为以下三种情况：

1）只受预紧力的紧螺栓联接。螺栓拧紧后，其螺纹部分一方面因预紧力 F_0 而受到拉伸，另一方面又因螺纹中的摩擦阻力矩的作用受到扭转，使螺栓螺纹部分处于拉伸与扭转的复合应力状态。实际计算时，为了简化计算，对 M10 ~ M68 的钢制普通螺栓，只按抗拉强度计算，并将预紧力增大 30% 来考虑切应力的影响。螺栓危险截面处的强度条件为

$$\frac{1.3F_0}{\pi d_1^2/4}\leqslant[\sigma] \tag{13-5}$$

式中　d_1——螺纹小径（mm）；

$[\sigma]$——紧螺栓联接的许用应力（MPa），见表 13-3。

由式（13-5）得设计公式为

$$d_1\geqslant\sqrt{\frac{5.2F_0}{\pi[\sigma]}} \tag{13-6}$$

表 13-3　一般机械用螺栓联接的许用应力与安全系数

类　型	许用应力	载荷性质			安全系数
普通螺栓联接(受拉)	许用拉应力 $[\sigma]=\frac{\sigma_s}{S}$	松联接			$S=1.2\sim1.7$
		紧螺栓联接	控制预紧力	静载荷	$S=1.2\sim1.5$
				变载荷	$S=1.25\sim2.5$
			不控制预紧力		S 查表 13-4
铰制孔用螺栓联接(受剪及受挤)	许用切应力 $[\tau]=\frac{\sigma_s}{S_\tau}$ 许用挤压应力 $[\sigma_p]=\frac{\sigma_s}{S_p}$(钢) $[\sigma_p]=\frac{R_m}{S_p}$	紧螺栓联接	被联接件材料为钢时	静载荷	$S_\tau=2.5$, $S_p=1.25$
				变载荷	$S_\tau=3.5\sim5$ $S_p=1.5$
				静载荷	$S_p=2.0\sim2.5$
			被联接件材料为铸铁时	变载荷	$S_p=2.5\sim3$

注：R_m、σ_s—材料的抗拉强度和屈服强度，见表 13-5。

2）承受横向工作载荷的紧螺栓联接。如图 13-6 所示，承受横向工作载荷 F 作用的紧

螺栓联接中，螺栓与螺栓孔之间有间隙，它依靠联接在接合面间产生的摩擦力来承受工作载荷。在施加横向外载荷 F 的前后，螺栓所受轴向拉力以及接合面之间的正压力不变，等于预紧力 F_0。为防止接合面间产生相对滑移，由预紧力 F_0 所产生的摩擦力应不小于横向工作载荷 F，即

表 13-4　紧螺栓联接的安全系数 *S*（不控制预紧力）

材料	静载荷			变载荷	
	M6～M16	M16～M30	M30～M60	M6～M16	M16～M30
碳素钢	4～3	3～2	2～1.3	10～6.5	6.5
合金钢	5～4	4～2.5	2.5	7.5～5	5

表 13-5　螺纹联接件常用材料的力学性能

钢号	Q215A	Q235A	35	45	40Cr
抗拉强度 R_m/MPa	335～410	375～460	540	650	750～1000
屈服强度 σ_s/MPa（$d \leqslant 16 \sim 100$mm）	215	235	320	360	650～900

注：螺栓直径 d 较小时，取偏高值。

$$ZfmF_0 \geqslant K_f F \tag{13-7}$$

因此，螺栓所需的预紧力为

$$F_0 \geqslant \frac{K_f F}{Zfm} \tag{13-8}$$

式中　Z——螺栓的数目；

f——接合面之间的摩擦系数，可查表 13-6；

m——接合面的数目；

K_f——可靠性系数，一般取 1.1～1.3。

当 $f=0.15$、$K_f=1.2$、$m=1$、$Z=1$ 时，代入式（13-8）可得 $F_0=\dfrac{1.2F}{0.15\times1\times1}=8F$。

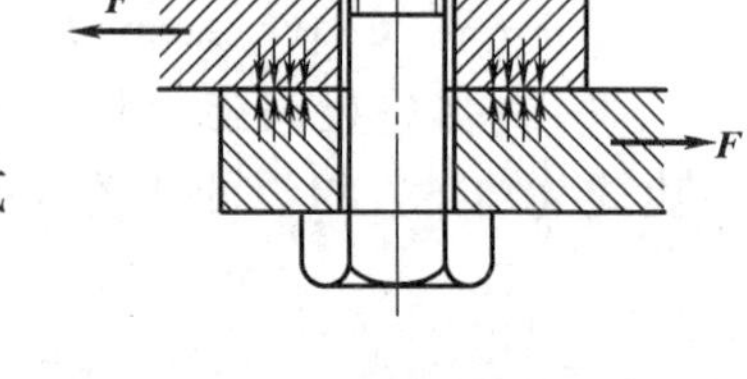

图 13-6　承受横向载荷的紧联接

从上式可见，当承受横向外载荷 F 时，要使联接不发生滑动，螺栓上要承受 8 倍于横向外载荷的预紧力，这样设计出的螺栓结构笨重、尺寸大、不经济，尤其在冲击、振动载荷的作用下，联接更不可靠，因此应设法避免这种结构，可以采用减载装置（如减载销、减载键、减载套筒等）或采用新结构。

求出 F_0 后，可按式（13-5）进行强度校核。

表 13-6　联接接合面间的摩擦系数 *f*

被联接件	表面状态	f
钢或铸铁零件	干燥的加工表面	0.10～0.16
	有油的加工表面	0.06～0.10
钢结构	喷砂处理	0.45～0.55
	涂富锌漆	0.35～0.40
	轧制表面、用钢丝刷清理浮锈	0.30～0.35
铸铁对榆杨木(或混凝土、砖)	干燥表面	0.40～0.50

3）承受轴向静载荷的紧螺栓联接。这种受力形式的紧螺栓联接应用最广，也是最重要

的一种螺栓联接形式。这种紧螺栓联接常见于对紧密性要求较高的压力容器中，如气缸、液压缸中的法兰联接。工作载荷作用前，螺栓只受预紧力 F_0，接合面受压力 F_0 作用（图13-7a）；工作时，在轴向工作载荷 F 的作用下，接合面有分离趋势，该处压力由 F_0 减为 F_0'，F_0'称为残余预紧力，F_0'同时也作用于螺栓，因此螺栓所受总拉力 F_Σ 应为轴向工作载荷 F 与残余预紧力 F_0'之和（图13-7b）。即

$$F_\Sigma = F + F_0' = (1 + K)F \tag{13-9}$$

若容器内流体的压力为 p，凸缘上直径为 D_0 的圆周上共分布 Z 个螺栓，则每个螺栓平均承受的轴向工作载荷 $F = \pi D^2 p/(4Z)$。为了保证联接的紧固性与紧密性，以防止联接受载后结合面出现缝隙，残余预紧力 F_0'应大于零。对于有紧密性要求的联接（如压力容器），$K = 1.5 \sim 1.8$，对于一般的紧固联接，承受静载荷时，$K = 0.2 \sim 0.6$；承受动载荷时，$K = 0.6 \sim 1.0$。

故承受轴向工作载荷的紧螺栓联接，其强度校核与设计计算式分别为

$$\sigma = \frac{1.3F_\Sigma}{\pi d_1^2/4} \leqslant [\sigma] \tag{13-10}$$

$$d_1 \geqslant \sqrt{\frac{5.2F_\Sigma}{\pi[\sigma]}} \tag{13-11}$$

式中　F_Σ——轴向总载荷（N）；

d_1——螺纹的小径（mm）；

$[\sigma]$——螺栓材料的许用应力（MPa），见表13-3。

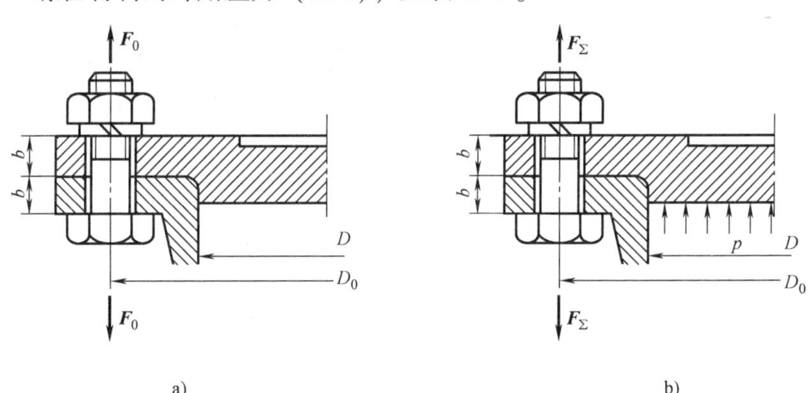

图13-7　受轴向工作载荷的紧螺栓联接

a）工作载荷作用前　b）工作载荷作用后

3. 铰制孔用螺栓联接

采用普通螺栓联接承受横向载荷需要较大的预紧力，而图13-8所示的铰制孔用螺栓联接中，由于螺栓杆部与通孔间没有间隙，横向载荷 F 直接由杆部承受，可以有效减小最大预紧力。螺栓光杆与孔壁之间的接触表面受挤压；在联接件接合面处，螺栓光杆则受到剪切，因此，铰制孔用螺栓联接必须进行挤压强度和抗剪强度计算。

螺栓抗剪强度条件为

$$\tau = \frac{4F}{m\pi d_0^2} \leqslant [\tau] \tag{13-12}$$

螺栓挤压强度条件为

$$\sigma_p = \frac{F}{d_0\delta_{min}} \leqslant [\sigma_p] \tag{13-13}$$

式中　F——横向载荷（N）；

d_0——螺栓受剪处直径（mm）；

m——受剪面的数目；

$[\tau]$——螺栓许用切应力（MPa），查表 13-3；

$[\sigma_p]$——螺栓的许用挤压应力（MPa），查表 13-3；

δ_{min}——螺栓杆与孔壁挤压面间的最小接触高度（mm）。

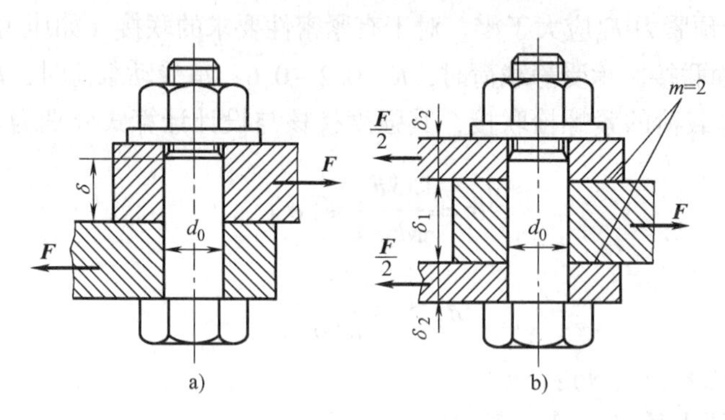

图 13-8　铰制孔用螺栓联接

a）$m=1$　b）$m=2$

例 13-1　如图 13-7 所示的压力容器中，已知气缸直径 $D=280$mm，气缸压力 $p=0\sim0.8$MPa，螺栓数 $Z=10$，缸盖厚度为 $\delta=20$mm，装配时不控制预紧力。试确定该压力容器盖上联接所用的螺栓直径。

解　设计步骤及结果见表 13-7。

表 13-7　例 13-1 解题过程

设计计算和说明	结　果
1. 选择螺栓材料 该联接属受剪工作载荷的紧螺栓联接，较重要，选择螺栓材料为 45 钢，由表 13-5 查得，$\sigma_s=360$MPa	选择螺栓材料为 45 钢
2. 计算单个螺栓承受的工作载荷 F $F=\frac{\pi D^2}{4Z}p=\frac{\pi\times280^2}{4\times10}\times0.8\text{N}=4924\text{N}$	$F=4924$N
3. 单个螺栓承受的总工作载荷 F_Σ 由于压力容器有紧密性要求，选取 $K=1.5$，由式(13-9)可知，总工作载荷为 $F_\Sigma=(1+K)F=2.5\times4924\text{N}=12310\text{N}$	$F_\Sigma=12310$N
4. 确定螺栓直径 d 初步选择螺栓直径 $d=16$mm，由表 13-4 取安全系数 $S=3$；查表 13-5 取 $\sigma_s=360$MPa，由表 13-3 可知许用拉应力为 $[\sigma]=\sigma_s/S=360\text{MPa}/3=120\text{MPa}$ 由式(13-11)可知 $d_1\geqslant\sqrt{\frac{5.2F_\Sigma}{\pi[\sigma]}}=\sqrt{\frac{5.2\times12310}{\pi\times120}}\text{mm}=13.03\text{mm}$ 查螺纹标准 GB/T 196—2003 可知，选用公称直径 $d=16$mm 的螺栓合适	选用螺栓直径为 $d=16$mm

13.1.4　螺栓组联接的结构设计

一般情况下，机器设备中螺栓联接都是成组使用的，如何尽可能地使各个螺栓接近均匀地承受载荷，是设计、安装螺栓联接时要解决的主要问题。因此，全面考虑受力、装拆、加工、强度等方面的因素，合理布置同组内各个螺栓的位置是十分重要的。在结构设计时，应考虑以下几方面的问题：

1）螺栓组的布置应尽可能对称，以便接合面受力比较均匀。一般都将接合面设计成轴对称的简单几何形状，如圆形、环形、矩形和三角形等，如图13-9所示。并应使螺栓组的对称中心与接合面的形心重合，从而保证接合面受力比较均匀。

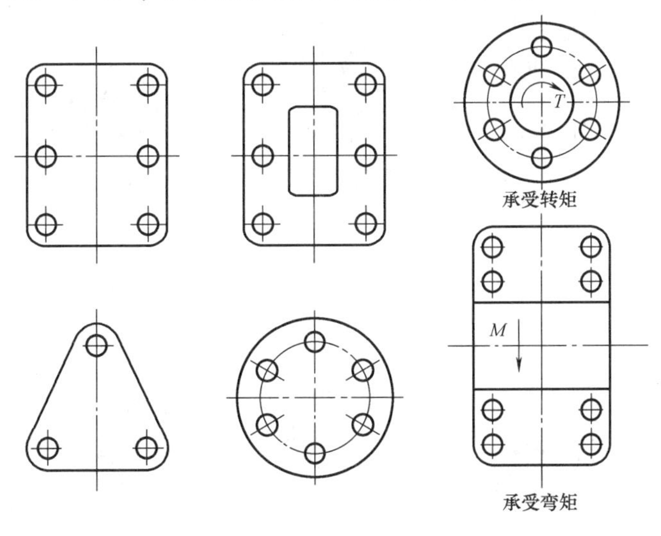

图13-9　螺栓组联接接合面的常用形状

2）螺栓的布置应使各螺栓的受力合理。对于铰制孔用螺栓联接，不要在平行于工作载荷的方向上成排地布置八个以上的螺栓，以免载荷分布过于不均。当螺栓联接承受弯矩和转矩时，还需要将螺栓尽可能地布置在靠近接合面边缘，以减少螺栓中的载荷（正确见图13-9，错误见图13-10）。如果普通螺栓联接受到较大的横向载荷，则可用套筒、键和销等零件来分担横向载荷，以减小螺栓的预紧力和结构尺寸，如图13-11所示。

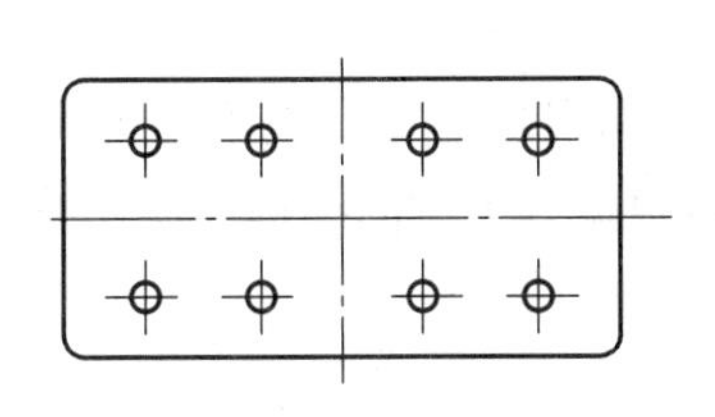

图13-10　受弯矩或转矩时螺栓的错误布置

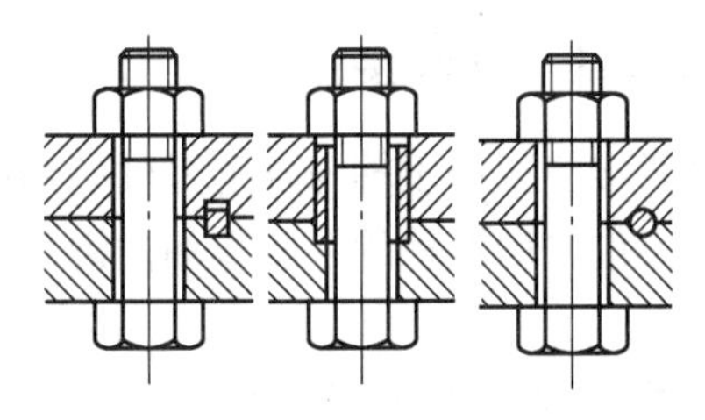

图13-11　减载装置

3）分布在同一圆周上的螺栓数，应取为3、4、6、8等易于等分的数目，以便于加工。

4）在一般情况下，为了安装方便，同一组螺栓中不论其受力大小，均采用同样的材料和尺寸（螺栓直径、长度）。

5）螺栓布置要有合理的距离。在布置螺栓时，螺栓中心线与机体壁之间、螺栓相互之间的距离，要根据扳手活动所需的空间大小来决定，如图 13-12 所示。扳手空间的尺寸可查有关手册。

6）避免承受附加弯曲应力。引起附加弯曲应力的因素很多，除因制造、安装上误差及被联接件的变形等因素外，螺栓、螺母支承面不平或倾斜，都可能引起附加弯曲应力。支承面应为加工面，为了减少加工面，常将支承面做成凸台或凹坑（沉孔）。为了适应特殊的支承面（倾斜的支承面、球面），可采用斜垫圈和球面垫圈。为了保证螺栓联接的装配精度，可采用带有腰环的螺栓等，如图 13-13 所示。

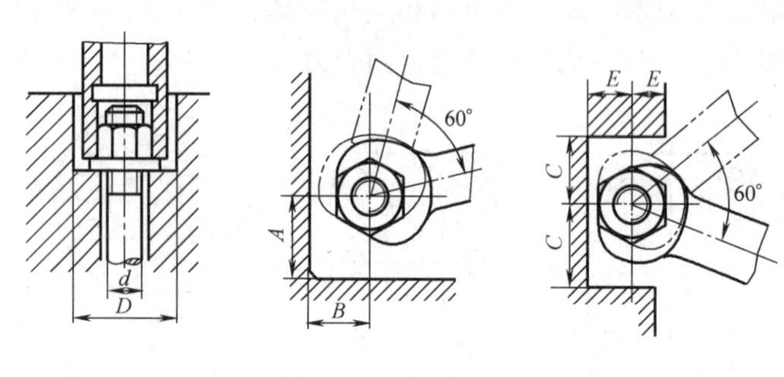

图 13-12　扳手空间

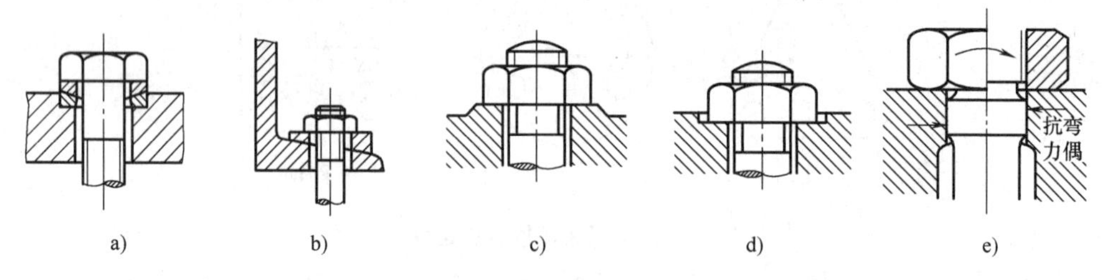

图 13-13　减少或避免承受附加弯曲应力的措施

a）球面垫圈　b）斜垫圈　c）凸台　d）沉孔　e）腰环螺栓

13.2　键、销联接

13.2.1　键联接

键联接主要用于轴与轴上零件的周向固定并传递转矩；有些兼作轴上零件的轴向固定或起轴上零件轴向滑动的导向作用。键是标准件，设计时应根据各类键的结构和应用特点进行选择。

1. 键联接的类型、特点和应用

键是标准件，按结构特点及工作原理，键联接可分为平键联接、半圆键联接和楔键联接、切向键联接等。

（1）平键联接　如图 13-14 所示，平键的两侧面为工作表面，靠键与键槽间的挤压力传递扭矩。平键联接由于结构简单、装拆方便、对中较好，广泛用于传动精度要求较高的场合。按用途不同将平键分为普通平键、导向平键和滑键。

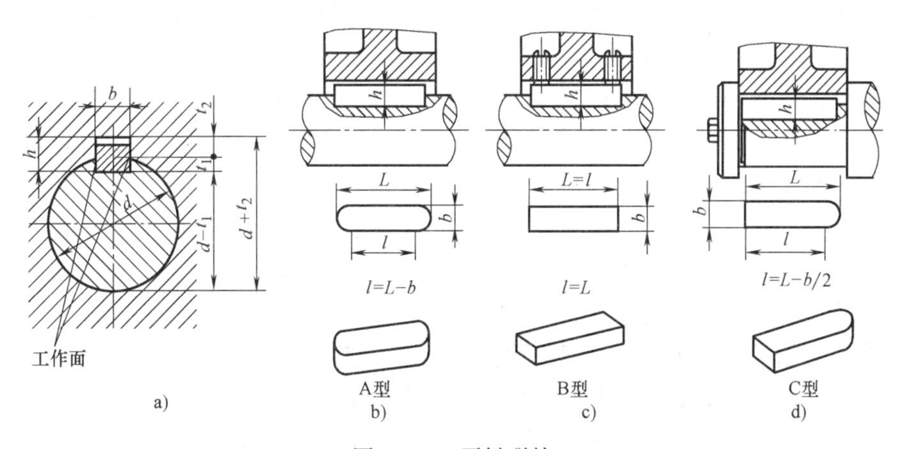

图 13-14 平键联接

1）普通平键。如图 13-14 所示，按结构不同，普通平键分为圆头（A 型）、平头（B 型）和单圆头（C 型）三种。A 型键定位好，应用广泛，但对轴强度削弱较大。C 型键主要用于轴端与轮毂的联接。使用 A、C 型键时，轴上键槽用立铣刀加工，端部应力集中较大。B 型键的轴上键槽用盘铣刀加工，轴上应力集中较小，但键在键槽中的轴向固定不好，故尺寸较大的 B 型键要用紧定螺钉压紧。普通平键用于轴毂间无相对轴向移动的静联接。

2）导向平键和滑键。导向平键（图 13-15）是加长的普通平键，有圆头（A 型）和平头（B 型）两种。导向平键用螺钉固定在轴上，轮毂可沿键做轴向移动。为拆卸方便，在键的中部制有起键用的螺孔。由于长的导向平键制造困难，适用的移动距离不可太大，常用于如变速箱中的滑移齿轮等场合。当轴上零件移动距离较大时，可用滑键联接（图13-16）。滑键固定在轮毂上，轮毂带着滑键在轴上键槽中做轴向移动，故需要在轴上加工长键槽。导向键和滑键都用于动联接。

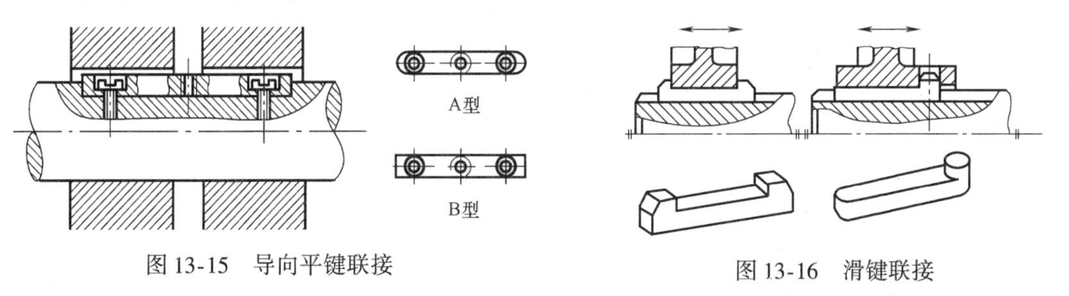

图 13-15 导向平键联接　　图 13-16 滑键联接

（2）半圆键联接　图 13-17 所示为半圆键，键的底面为半圆形。工作时靠两侧面传递转矩。键在槽中能绕几何中心摆动，以适应轮毂上键槽的斜度。半圆键联接的优点是键槽的加工工艺性好，安装方便，结构紧凑；但轴上键槽较深，对轴的强度削弱较大，主要用于轻载时锥形轴头与轮毂的联接。

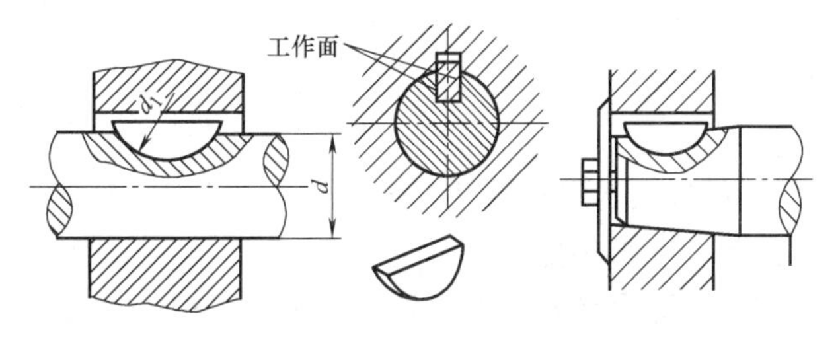

图 13-17 半圆键联接

（3）楔键　如图 13-18 所示，楔键的上、下面为工作面，分别与轮毂和轴上键槽底面紧贴。键的上表面与轮毂键槽底面均有1:100的斜度，装配时需把键打紧，使键楔紧在轴和毂之间，靠楔紧产生的摩擦力传递转矩和单向的轴向力。

楔键分为普通楔键（图13-18a、b）和钩头楔键（图13-18c），前者又分为圆头（A型）和平头（B型）两种。圆头普通楔键是放入式（放入轴上键槽后打紧轮毂）的，其他楔键都是打入式（先将轮毂装到适当位置再将键打紧）的。

键楔联接的主要缺点是键楔紧后迫使轴上零件与轴产生偏斜或偏心，故受冲击、振动或变载荷作用时，楔键联接容易松动。楔键联接只适用于对中性要求不高、载荷平稳、低速运转的场合，如农业机械、建筑机械等。

（4）切向键联接　图13-19所示为切向键。由一对斜度为1:100的普通楔键组成的切向键联接只用于静联接。装配时，把两个键从轮毂的两端打入并楔紧，因此会影响到轴与轮毂的对中性；工作时，靠工作面的挤压和轴与轮毂间的摩擦力传递较大的转矩，但只能传递单向转矩。若要传递双向转矩，则需用两对相隔120°～130°的切向键（图13-19b）。由于切向键对轴的强度削弱较大，因此常用于直径大于100mm的轴上。切向键能传递较大转矩，但对中性差。适用于对中性要求不高、载荷很大、大直径轴的联接。

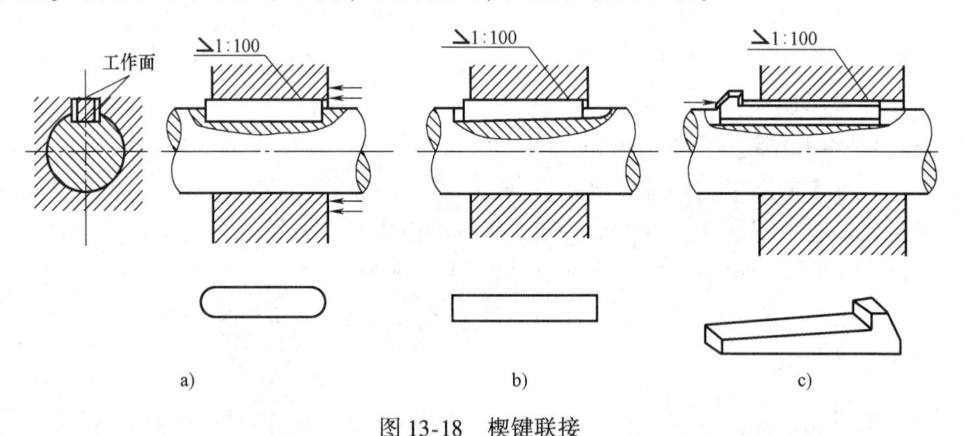

图13-18　楔键联接

a）A型普通楔键联接　b）B型普通楔键联接　c）钩头楔键联接

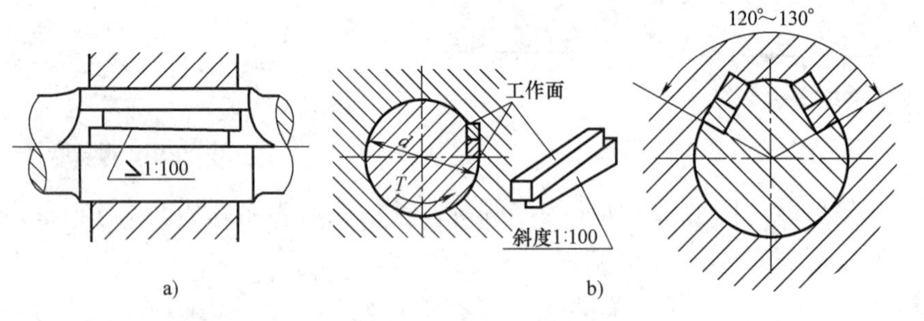

图13-19　切向键联接

2. 平键的选择和强度校核

（1）平键类型的选择　首先根据键联接的结构特点、使用要求和工作条件，如对中性的要求、传递转矩的大小、轮毂是否要求轴向固定或需要沿轴向滑移及滑移的距离大小等因素，综合考虑，选择键的类型。

（2）键的尺寸选择　平键是标准件，其主要尺寸为宽度b、高度h与公称长度L，根据

轴径 d 从标准中选取键的剖面尺寸 $b\times h$（见表 13-8）。键的长度 L 一般按轮毂宽度 B 选取，一般 $L=B-(5\sim10)\text{mm}$，并应符合标准值。

（3）平键联接的强度校核　键联接的主要失效形式是键、轴和轮毂中强度较弱的工作面的压溃（静联接）或过度磨损（动联接）。除非有严重的过载，否则一般不会出现键的剪断。因此设计时，静联接验算挤压强度，动连接按压强进行条件性计算。

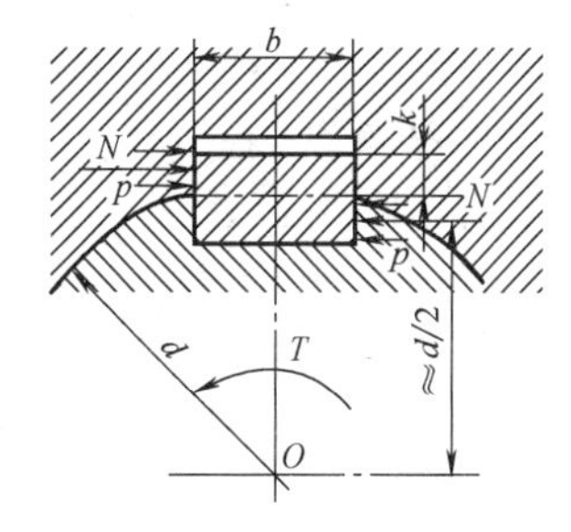

图 13-20　平键联接受力情况

如图 13-20 所示，假定载荷在键的工作面上均匀分布，并假设 $k=h/2$，则普通平键联接的挤压强度条件为

$$\sigma_{\mathrm{p}}=\frac{4T}{dhl}\leqslant[\sigma_{\mathrm{p}}] \tag{13-14}$$

动联接主要考虑磨损，其条件为限制工作面上的压强小于许用压强，即

$$p=\frac{4T}{dhl}\leqslant[p] \tag{13-15}$$

式中　T——轴传递的转矩（N·mm）；

d——轴的直径（mm）；

h——键的高度（mm）；

l——键的工作长度（mm），对 A 型平键，$l=L-b$，对 B 型平键，$l=L$，对 C 型平键，$l=L-0.5b$；

$[\sigma_{\mathrm{p}}]$（或 $[p]$）——键联接中的许用挤压应力（或许用压强 $[p]$，单位为 MPa），计算时应取联接中较弱材料的值，见表 13-9。

表 13-8　普通平键、键槽的尺寸与公差（摘自 GB 1095～1096—2003）（单位：mm）

键尺寸 $b\times h$	键长度 L	键槽											
		宽度 b						深度				半径 r	
		基本尺寸	极限偏差					轴 t_1		毂 t_2			
			正常联接		紧密联接	松联接		基本尺寸	极限偏差	基本尺寸	极限偏差		
			轴 N9	毂 JS9	轴和毂 P9	轴 H9	毂 D10					min	max
4×4	8～45	4	0 −0.030	±0.015	−0.012 −0.042	+0.030 0	+0.078 +0.030	2.5	+0.1 0	1.8	+0.1 0	0.08	0.16
5×5	10～56	5						3.0		2.3		0.16	0.25
6×6	14～70	6						3.5		2.8			
8×7	18～90	8	0 −0.036	±0.018	−0.015 −0.051	+0.036 0	+0.098 +0.040	4.0	+0.2 0	3.3	+0.2 0		
10×8	22～110	10						5.0		3.3		0.25	0.40
12×8	28～140	12	0 −0.043	±0.0215	−0.018 −0.061	+0.043 0	+0.120 +0.050	5.0		3.3			
14×9	36～160	14						5.5		3.8			
16×10	45～180	16						6.0		4.3			
18×11	50～200	18						7.0		4.4			
20×12	56～220	20	0 −0.052	±0.026	−0.022 −0.074	+0.052 0	+0.149 +0.065	7.5		4.9		0.40	0.60
22×14	63～250	22						9.0		5.4			
25×14	70～280	25						9.0		5.4			
28×16	80～320	28						10.0		6.4			
L 系列	6,8,10,12,14,16,18,20,22,25,28,32,36,40,45,50,56,63,70,80,90,100,110,125,140,160,180,200,220,250,280,320,360,400,450,500												

13 PROJECT

如果单键强度不够，可将圆头键改为平头键，也可适当增加轮毂宽和键长，或用间隔180°的两个键。考虑到载荷分布的不均匀性，双键联接的强度可按1.5个键计算。

表13-9　键联接材料的许用应力 [σ_p]（压强 [p]）　　（单位：MPa）

许用应力（压强）	联接性质	键或轴、毂材料	载荷性质		
			静载荷	轻微冲击	冲击
[σ_p]	静联接	钢	120~150	100~120	60~90
		铸铁	70~80	50~60	30~45
[p]	动联接	钢	50	40	30

例13-2　已知齿轮减速器输出轴与齿轮间用键联接，传递的转矩 $T=700\text{N}\cdot\text{m}$，轴的直径 $d=60\text{mm}$，轮毂宽 $B=85\text{mm}$，载荷有轻微冲击，齿轮材料为铸钢，轴和键的材料为45钢。试设计该键联接。

解　设计步骤及结果见表13-10。

表13-10　例13-2解题过程

设计计算和说明	结　果
1. 键的类型与尺寸选择 齿轮传动要求齿轮与轴对中性好，以免啮合不良，故选用A型平键联接。根据轴的直径 $d=60\text{mm}$ 及轮毂长度 $B=85\text{mm}$，由表13-8查得键的尺寸为：$b=18\text{mm}$、$h=11\text{mm}$、$L=70\text{mm}$	选择键的型号为 GB/T 1096—2003 键 18×11×70
2. 验算键联接的挤压强度 A型平键有效工作长度 $l=L-b=(70-18)\text{mm}=52\text{mm}$。由表13-9查得许用挤压应力 [$\sigma_p$] $=100\sim120\text{MPa}$，由式(13-14)得键的挤压应力为 $\sigma_p=\frac{4T}{dhl}=\frac{4\times700\times10^3}{60\times11\times52}\text{MPa}=81.6\text{MPa}<[\sigma_p]$ 故所选键联接强度足够	$\sigma_p=81.6\text{MPa}<[\sigma_p]$ 合格
3. 相配合的键槽尺寸 由表13-8查得轴槽深 $t_1=7.0\text{mm}$，毂槽深 $t_2=4.4\text{mm}$。根据所得尺寸，绘制键槽工作图（图略）	

13.2.2　花键联接

花键联接是由轴向均布多个键齿的花键轴和多个键槽的花键毂构成的联接，如图13-21所示。其优点是：齿数多，承载能力强；且槽较浅，应力集中小，对轴和毂的强度削弱较小，对中性和导向性好，广泛应用于定心精度要求高和载荷较大的场合。但其加工需要专用设备，精度要求高，成本较高。花键已标准化，按齿形不同，常用的花键分为矩形花键和渐开线花键。

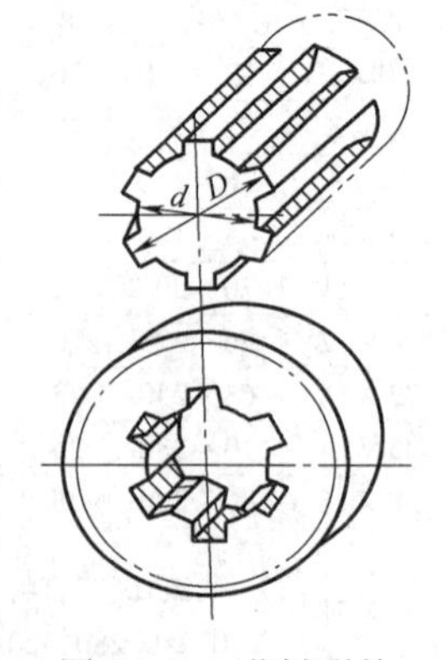

图13-21　花键联接

1. 矩形花键

矩形花键（图13-22）的键齿面为矩形，按齿数和尺寸不同，矩形花键分轻、中两个系列。轻系列的承载能力较小，多用于静联接或轻载联接，中系列用于载荷较大的静联接或动联接。矩形花键联接采用小径定心，其定心精度高。花键轴和孔可采用热处理后再磨削的加工方法。

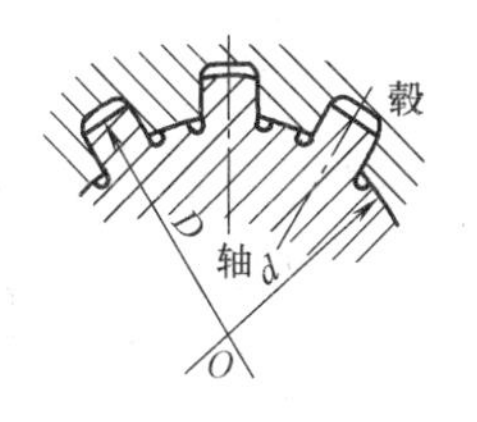

图 13-22　矩形花键

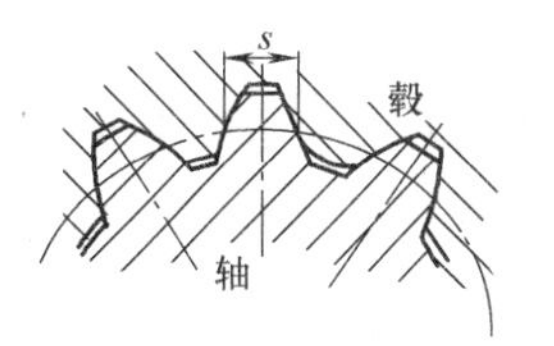

图 13-23　渐开线花键

2. 渐开线花键

渐开线花键（图 13-23）的键齿面为渐开线，其分度圆压力角 α 有 30°和 45°两种。渐开线花键加工工艺与齿轮相同，易获得较高精度，齿根较厚，强度较高，受载时齿上有径向分力，能起自动定心作用，有利于保证同轴度，适用于载荷较大、尺寸较大的联接，如起重运输机械、矿山机械等。

$\alpha=45°$的渐开线花键齿数多、模数小，不易发生根切，多用于轻载、薄壁零件和较小直径的联接。

13.2.3　销联接

销联接主要用于固定零部件之间的相互位置（定位销），如图 13-24 所示；也可用于轴与轴上零件的联接并传递不大的载荷，如图 13-25 所示；还可作为过载剪断元件。

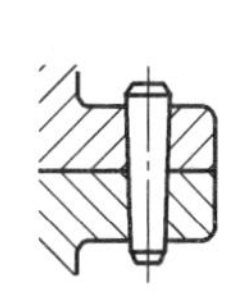
图 13-24　定位销

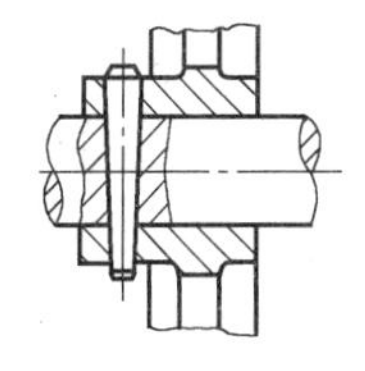
图 13-25　联接销

销按形状不同可分为圆柱销、圆锥销和开口销等。圆柱销（图 13-26a）靠微量的过盈与铰制的销孔配合，不宜多次装拆，以免降低牢固性和定位精度。圆锥销有 1:50 的锥度，以小端直径为标准值，靠锥面的挤压作用固定在铰光的孔中，定位精度高，自锁性能好，装拆方便。图 13-27a 所示为开尾圆锥销，适用于有冲击、振动的场合。开口销（图 13-27b）结构简单，工作可靠，装拆方便，是一种防松零件，不能用于定位。

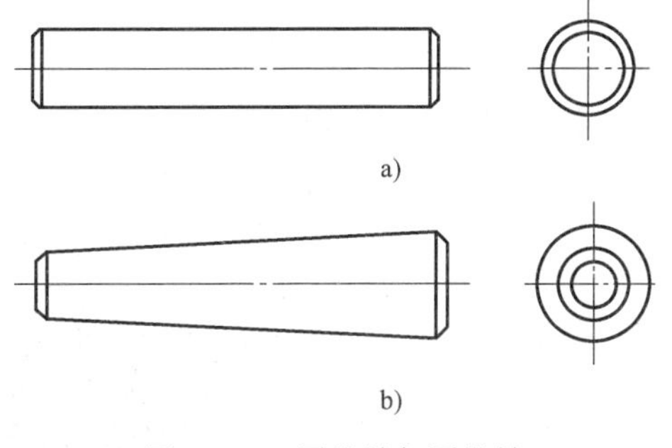

图 13-26　圆柱销与圆锥销

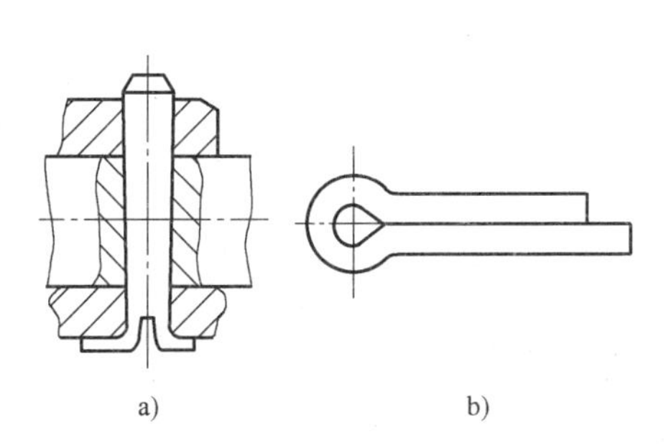

图 13-27　开尾圆锥销与开口销

销是标准件，销的类型按工作要求选择。用于联接的销，可根据联接的结构特点按经验确定直径，必要时再进行强度校核；定位销一般不受载荷或受很小载荷，其直径按结构确定，数目不得少于两个；安全销直径按销的剪切强度计算。

13.3 联轴器与离合器

联轴器和离合器都是用来联接两轴，使两轴一起转动并传递转矩的装置。所不同的是，联轴器只有在停车时才能用拆卸的方法把两轴分开，而离合器却可在机器的工作中随时方便地完成所联接两轴的接合和分离。例如，汽车、摩托车都有离合器，有时发动机工作，而汽车没有动，就是因为离合器处于分离状态。

联轴器、离合器大多已标准化、系列化。设计时只需参考手册，根据工作要求选择合适的类型，再按轴的直径、计算转矩和转速确定联轴器和离合器的型号和结构尺寸，必要时再对其主要零件进行强度验算。本节主要介绍联轴器和离合器的结构、性能、适用场合及选用等方面的内容。

13.3.1 联轴器

1. 联轴器的功用及要求

联轴器是把不同部件中的两根轴联接成一体，以传递运动和转矩的机械传动装置。由于制造、安装的误差，机器运转时零件受载变形，基础下沉，回转零件的不平衡，温度的变化和轴承的磨损等，都会使两轴线的位置发生偏移，不能严格保持对中。轴线的相对位移如图13-28所示。如果这些位移得不到补偿，将会在轴、轴承、联轴器上引起附加载荷，从而使机器的工作状况恶化，导致机器振动加剧、轴和轴承过度磨损、机械密封失效等现象，因此，要求联轴器具有补偿一定范围内两轴线相对位移量、缓冲吸振的能力。

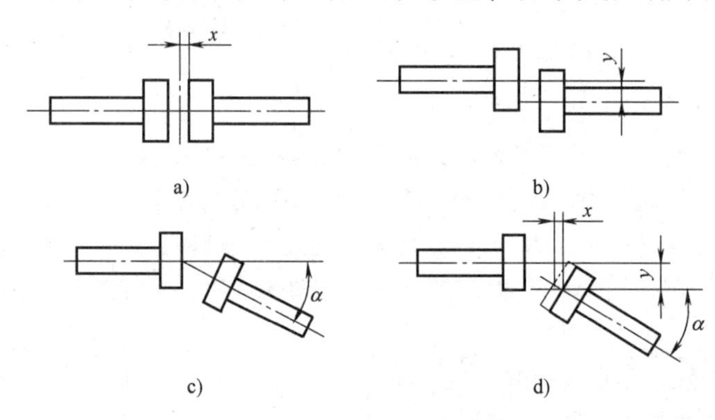

图13-28 轴线的相对位移

a）轴向位移x b）径向位移y c）角位移α d）综合位移x、y、α

2. 联轴器的分类及应用

联轴器的种类很多，根据联轴器对所联接两轴的相对位移是否有补偿能力可分为固定式联轴器（无补偿能力）和可移式联轴器（有补偿能力）两大类。固定式联轴器用在两轴轴线严格对中，并在工作时不允许两轴有相对位移的场合。可移式联轴器允许两轴线有一定的安装误差，并能补偿被联接两轴的相对位移和相对偏斜。可移式联轴器按补偿位移的方法不同又分为两类：利用联轴器工作零件之间构成的动联接来实现位移补偿的称为刚性可移式联轴器（也称无弹性元件联轴器），利用联轴器中弹性元件的变形来补偿位移的称为弹性可移式联轴器。弹性可移式联轴器简称为弹性联轴器，刚性可移式联轴器和固定式联轴器统称为刚性联轴器。

（1）固定式联轴器　常用的固定式联轴器有凸缘联轴器和套筒联轴器。

1）凸缘联轴器。凸缘联轴器是把两个带凸缘的半联轴器分别用键与两轴联接，并用螺栓将两个半联轴器组成一体，以传递运动和转矩，如图 13-29 所示。按对中方式不同，这种联轴器有两种主要结构形式。图 13-29a 中两个半联轴器采用普通螺栓联接，螺栓与螺栓孔间有间隙，用一个半联轴器上的凸肩和另一个半联轴器上的凹槽相配合来对中，依靠两半联轴器圆盘接合面的摩擦传递转矩；图 13-29b 中两个半联轴器采用铰制孔螺栓联接，用铰制孔螺栓对中，靠螺栓承受剪切和挤压来传递转矩，因而传递的转矩较大，但要铰孔，加工复杂。前者对中精度较高，但在装拆时需将轴做轴向移动。

凸缘联轴器结构简单，使用方便，成本低，可传递较大转矩，但不能缓冲减振，并且对两轴对中性的要求很高。主要用于载荷平稳和两轴严格对中的场合，是固定式联轴器中应用最广泛的一种。

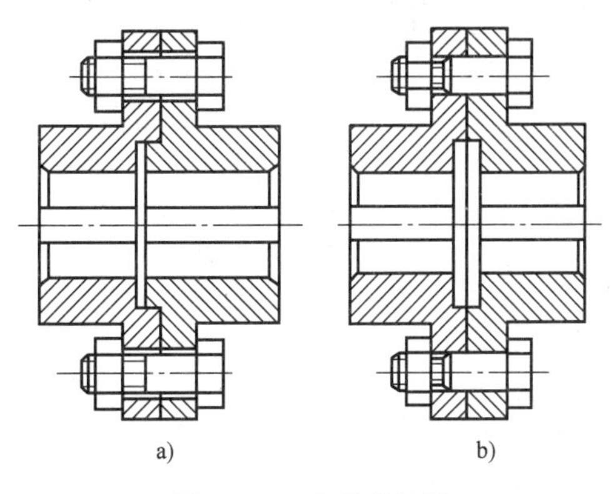

图 13-29　凸缘联轴器
a）普通螺栓联接　b）铰制孔螺栓联接

2）套筒联轴器。套筒联轴器是用键、销钉或过盈配合等联接方式将套筒与两轴联接起来，以传递转矩。该联轴器结构简单，加工容易，径向尺寸小，但装拆时需要一轴做轴向移动。一般用于两轴直径小、同轴度要求较高、载荷不大、工作平稳的场合，如图 13-30 所示。

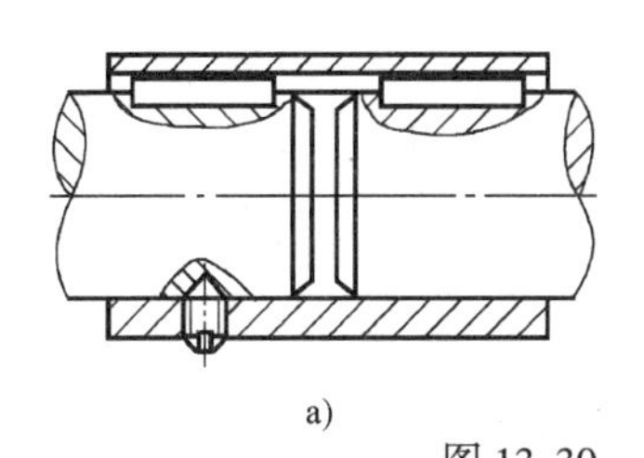

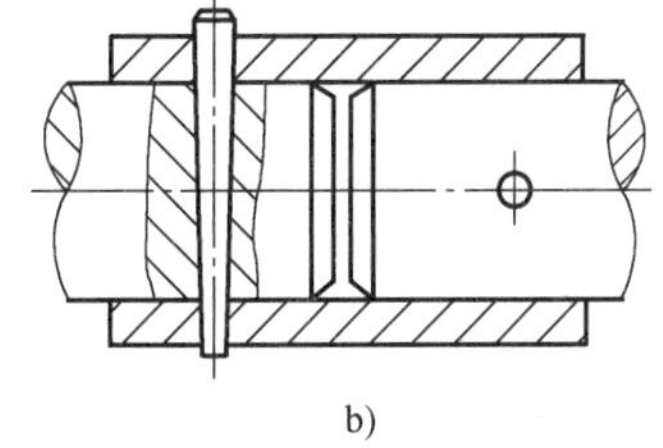

图 13-30　套筒联轴器
a）键联接的套筒联轴器　b）销联接的套筒联轴器

（2）可移式联轴器

1）刚性可移式联轴器。刚性可移式联轴器组成零件间构成动联接（即有相对滑动），故可补偿被联接两轴间的相对位移量，但无弹性元件，不能缓冲和减振。所以只用于低速、轻载的场合。可移式刚性联轴器的种类较多，如滑块联轴器、万向联轴器和齿式联轴器等。

① 滑块联轴器。如图 13-31 所示，滑块联轴器是由两个开有凹槽的半联轴器 1、3 和一个两面都有凸牙的中间滑块 2 组成的。两个半联轴器用键或过盈配合分别装在主动轴和从动轴上，中间滑块 2 的凸牙嵌在两个半联轴器的凹槽中采用间隙配合构成动联接，使两轴连在一起。由于凸牙可在凹槽中滑动，故可补偿安装及运转时两轴间的相对位移和偏斜。

因为半联轴器与中间盘组成移动副，不能相对转动，故主动轴与从动轴的角速度应相等，在两轴间有相对位移的情况下工作时，中间盘就会产生很大的离心力，从而增大载荷及磨损，故其工作转速不宜过大。为了减少摩擦及磨损，使用时应从中间盘的油孔中定期注油进行润滑。

滑块联轴器的结构简单，尺寸紧凑，适用于小功率、高转速且无剧烈冲击轴的联接。

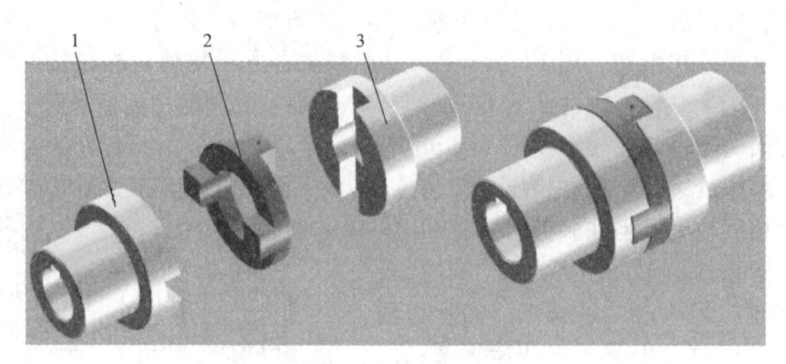

图 13-31　滑块联轴器

1、3—半联轴器　2—中间滑块

② 齿式联轴器。齿式联轴器由两个带有外齿的内套筒 1、4 和两个带有内齿及凸缘的外套筒 2、3 组成，如图 13-32 所示。安装时两个内套筒分别用键与两轴相联接，两个外套筒用螺栓联接，并通过内外齿的啮合传递转矩。内、外齿数相等，通常为 30 ~ 80 个。由于啮合齿间留有较大的齿侧间隙，外齿轮的齿顶做成球面（球心位于轴线上），所以齿式联轴器有良好的补偿位移的能力。

齿式联轴器能够传递很大的转矩和补偿较大的综合位移，且工作可靠，但结构复杂，制造成本高。常用于起动频繁、经常正反转工作的重型机械中。

③ 万向联轴器。万向联轴器由两个叉形接头 1、3 与一个十字元件 2 组成，如图 13-33a 所示。十字元件与两个叉形接头分别组成活动铰链，两叉形半联轴器均能绕十字元件的轴线转动，从而使联轴器两轴的轴线夹角 α 达 40° ~ 45°。但其夹角过大时效率显著降低。这种联轴器也称为单万向联轴器。

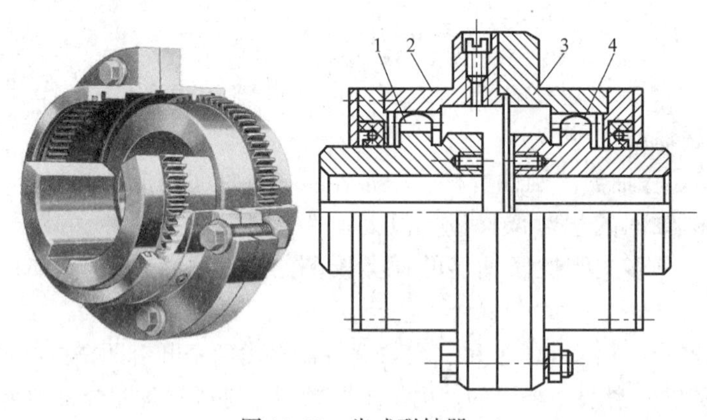

图 13-32　齿式联轴器

1、4—内套筒　2、3—外套筒

使用单万向联轴器时，若两轴轴线不重合，当主动轴匀速转动时，从动轴则做规律性的变速转动，且产生附加动载荷。为了改善这种情况，常将两个相同规格的万向联轴器成对使用，使两次角速度变化的影响相互抵消，达到主动轴和从动轴同步转动的目的，如图13-33b所示。双万向联轴器安装时必须满足：主动轴、从动轴与中间轴的夹角必须相等，即$\alpha_1=\alpha_2$；其次使中间轴 M 两端叉形平面必须位于同一平面内，如图 13-34 所示。这样就可以使输入轴和输出轴的瞬时角速度相等。中间轴的转速是变化的，但其惯性小，由此引起的动载荷不致造成显著危害。

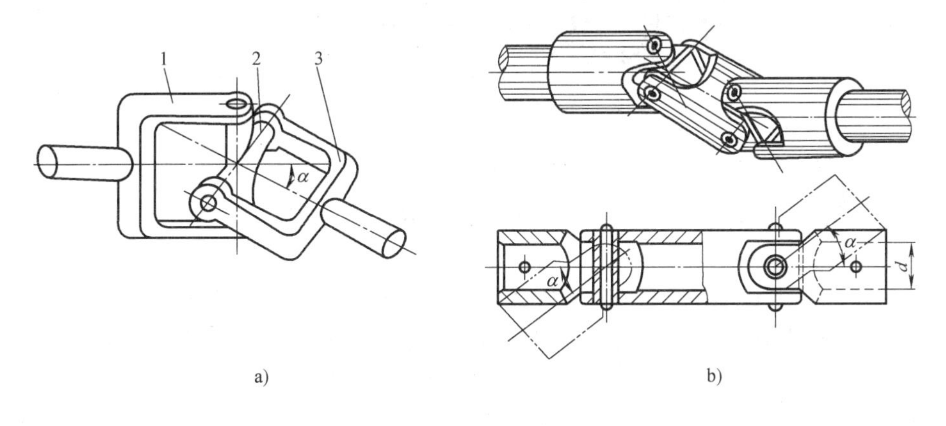

图 13-33　万向联轴器

1、3—叉形接头　2—十字元件

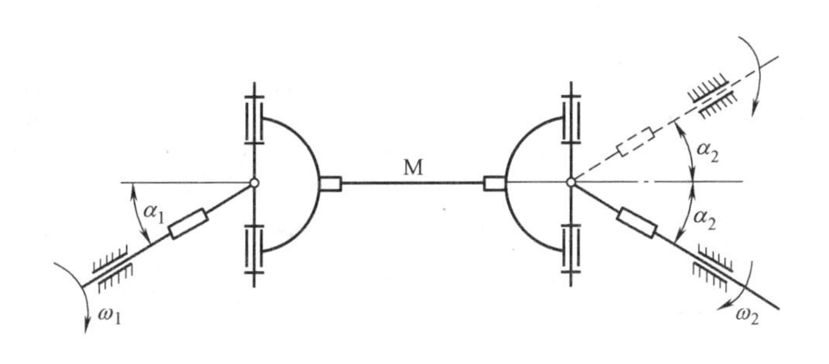

图 13-34　双万向联轴器

万向联轴器能补偿较大的角位移，结构紧凑，使用、维护方便，广泛应用于汽车、工程机械等的传动系统中。其材料常用合金钢。

2）弹性联轴器。弹性联轴器是利用联轴器中的弹性元件的变形来补偿两轴间的相对位移，并有缓冲吸振的能力，故弹性联轴器广泛用于经常正反转、起动频繁的场合。常用的弹性联轴器主要有两种类型：弹性套柱销联轴器、弹性柱销联轴器。

① 弹性套柱销联轴器。弹性套柱销联轴器的构造与凸缘联轴器相似，只是用套有弹性套的柱销代替了联接螺栓，如图 13-35 所示。弹性套的变形可以补偿两轴线的偏移，并且具有缓冲和吸振的作用。允许轴向位移为 2 ~ 7.5mm，径向位移为 0.2 ~ 0.7mm，偏角位移为 30′ ~ 1°30′。柱销材料多采用 45 钢。为补偿较大的轴向位移，安装时在两轴间留有一定的间隙；为了便于更换易损件，应留有一定的距离。弹性套柱销联轴器可按标准（GB/T 4323—2002）选用，必要时应验算联轴器的承载能力。

弹性套柱销联轴器制造容易，装拆方便，成本较低；但弹性套易磨损，寿命较短。它适

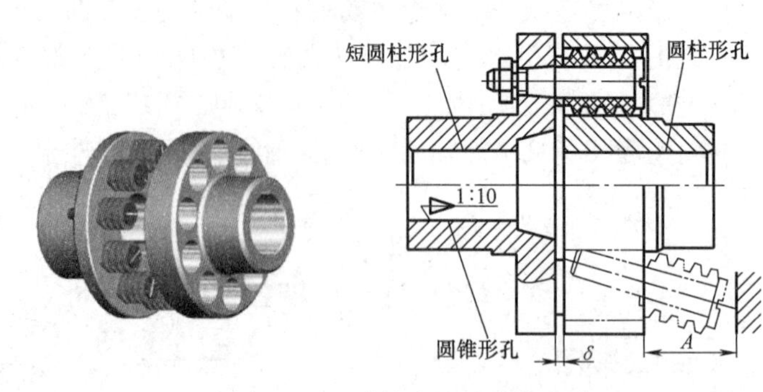

图 13-35　弹性套柱销联轴器

用于联接载荷平稳、需正反转或起动频繁、传递中小转矩的轴，多用于电动机的输出与工作机的联接上。

② 弹性柱销联轴器。弹性柱销联轴器是用尼龙柱销代替弹性套柱销将两个半联轴器联接起来的，在半联轴器的外侧，采用螺钉固定挡板，防止柱销脱落，如图 13-36 所示。这种联轴器比弹性套柱销联轴器传递转矩的能力更大，结构更简单，维修安装、制造更方便，耐久性更好，且具有吸振和补偿轴向位移及微量径向位移和角位移的能力。其允许径向位移为 0.1～0.25mm。由于尼龙柱销对温度较敏感，故使用温度限制在 －20～＋70℃的范围内。弹性柱销可用于经常正反转、起动频繁、转速较高的场合。

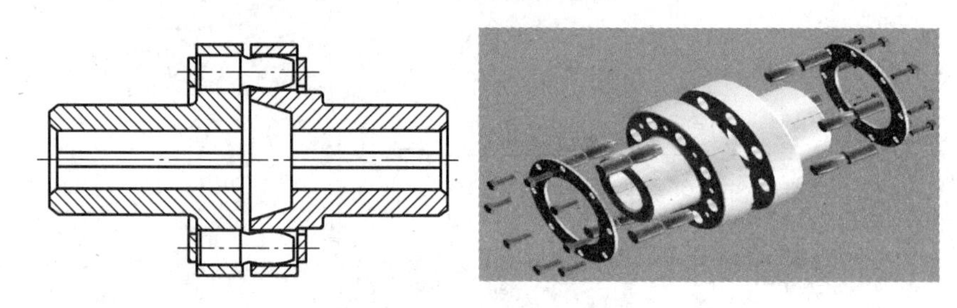

图 13-36　弹性柱销联轴器

3. 联轴器的选用

联轴器大多已标准化或规格化（见有关手册）。一般机械设计者的任务主要是选用，而不是设计。通常先根据使用要求和工作条件确定合适的类型，再按转矩、轴径和转速选择联轴器的尺寸型号，必要时应校核其薄弱件的承载能力。

（1）类型选择　在选择联轴器类型时主要考虑的因素有：

1）联轴器传递载荷的大小和性质及对缓冲减振的要求。若载荷平稳，传递载荷大，转速稳定，同轴性好，无相对位移的，选用刚性联轴器；载荷变化大，要求缓冲减振或同轴度不易保证的，应选用有弹性元件的可移式联轴器。

2）联轴器工作转速的高低。对于高速传动轴，因速度高引起的离心力大，故对高速传动应选用齿式联轴器，而不宜用存在偏心的滑块联轴器。

3）两轴对中性要求。如果两轴能精确对中，轴的刚度较高时，可选用刚性凸缘联轴器；若对中困难，两轴刚度较低时，可选用具有补偿能力的弹性柱销联轴器；当两轴间的径向位移较大，转速较低时，可选用滑块联轴器；角位移较大或相交两轴的联接，可选用万向联轴器等。

4）联轴器的制造、安装、维护和成本。在满足使用性能要求的前提下，应选用装拆方便、维护简单、制造成本低的联轴器。

（2）尺寸的选择　尺寸的选择即是确定联轴器的型号。类型确定后，可根据所需传递的计算转矩 T_C、转速 n 和被联接件的直径确定其结构尺寸，从联轴器标准中选取适合的型号。

1）联轴器的计算转矩。考虑机械在起动、制动、变速时的惯性力和工作过程中冲击载荷等因素的影响，在选择和校核联轴器时，应以计算转矩 T_C 为依据。计算转矩 T_C 可按下式计算，即

$$T_C = KT \tag{13-16}$$

式中　T_C——计算转矩（N·m）；

T——工作转矩（N·m）；

K——工作情况系数，见表13-11，一般刚性联轴器选用较大的值，挠性联轴器选用较小的值。

2）选择联轴器尺寸型号。根据计算转矩选择联轴器型号，所选型号联轴器必须同时满足

$$T_C \leqslant T_n, n \leqslant [n]$$

式中　T_n——联轴器的额定转矩；

$[n]$——联轴器的许用转速。

表13-11　工作情况系数 K

原动机	工作机械	K
电动机	带式输送机、鼓风机、连续转动的金属切削机床 链式运输机、刮板运输机、螺旋运输机、离心泵、木工机械 往复运动的金属切削机床 往复式泵、往复式压缩机、球磨机、破碎机、冲剪机 起重机、升降机、轧钢机	1.25~1.5 1.5~2.0 1.5~2.0 2.0~3.0 3.0~4.0
涡轮机	发电机、离心泵、鼓风机	1.2~1.5
往复式发动机	发电机 离心泵 往复式工作机	1.5~2.0 3~4 4~5

3）协调轴孔直径。通常情况下，每一型号联轴器适用的直径均有一个范围。标准中或者给出轴径的最大和最小值，或者给出适用直径的尺寸系列，被联接两轴直径应当在此范围之内。一般情况下，被联接两轴的直径是不同的，两个轴端的形状也可能是不同的，但所选联轴器的孔径、长度及结构形式应能分别与两轴相配。

例13-3　某起重机用电动机经减速器驱动，已知电动机的功率 $P=11\text{kW}$，转速 $n=960\text{r/min}$，电动机轴和减速器输入轴的直径均为 $d=42\text{mm}$，试选择联接电动机和减速器之间的联轴器型号。

解 设计步骤及结果见表 13-12。

表 13-12 例 13-3 解题过程

设计计算和说明	结 果
1. 选择联轴器类型 因带式运输机应尽量传动平稳，为缓和振动和冲击，选择弹性套柱销联轴器	弹性套柱销联轴器
2. 求计算转矩 由表 13-11 查取 $K=3.5$，按式（13-16）计算 $T_C=KT=K\times9550\dfrac{P}{n}=3.5\times9550\times\dfrac{11}{960}\text{N}\cdot\text{m}=383\text{N}\cdot\text{m}$ 3. 选择联轴器型号 按计算转矩、转速和轴径，由 GB/T 4323—2002 选用 LT7 型弹性套柱销联轴器，主、从动端均为 Y 型轴孔，A 型键槽，标记为：LT7 联轴器 YA 42×112 GB/T 4323—2002。查表得该联轴器有关数据：额定转矩 $T_n=500\text{N}\cdot\text{m}$，许用转速 $[n]=3600\text{r/min}$，轴径 40～48mm。 满足 $T_C\leqslant T_n$，$n\leqslant[n]$。 故所选联轴器适用	选用： LT7 联轴器 YA 42×112 GB/T 4323—2002

13.3.2 离合器

离合器的作用是将联接的两轴不论在停车或运转中都能随时接合或分离。常用于传动系统的起动、变速或换向等场合。对离合器的基本要求为：工作可靠，离合迅速而平稳，操纵灵活，调节和修理方便；结构简单，重量轻，尺寸小；有良好的散热能力和耐磨性。

离合器的种类很多，按离合的实现过程不同可分为操纵式离合器与自动离合器。操纵式离合器通过人力或机械、气动、液压或电磁等的动力操纵使两轴接合或分离；而自动离合器通常是将某些元素（如力、速度等）设定一定值，在运动过程中当达到或不满足这些设定值时，自动实现分离或接合。按其工作原理的不同，离合器又可分为牙嵌离合器和摩擦式离合器两类。

1. 牙嵌离合器

牙嵌离合器的结构如图 13-37 所示，它由两个端面带牙的半离合器组成，接合时靠它们牙齿的嵌合传递转矩。主动半离合器用平键与主动轴联接，从动半离合器用导向键（或花键）与从动轴联接。主动半离合器上安装有对中环，以保证两个半离合器对中。操纵时，通过操纵杆拨动滑环，使两个半离合器的牙面嵌入（接合）或分开（分离）。

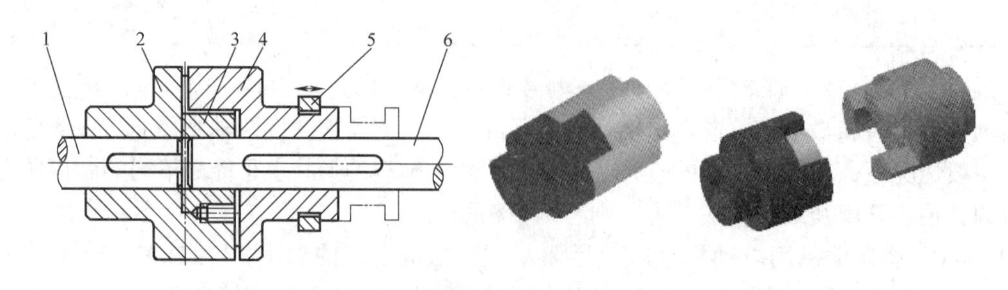

图 13-37 牙嵌离合器

1—主动轴 2—主动半离合器 3—对中环 4—从动半离合器 5—滑环 6—从动轴

牙嵌离合器结构简单，外廓尺寸小，能传递较大的转矩，适用于要求主、从动轴严格同步的高精度机床。但牙嵌离合器只宜在两轴不回转或转速差很小时进行接合，否则牙齿可能会因受撞击而折断。

2. 摩擦离合器

摩擦离合器是靠摩擦盘接触面间产生的摩擦力来传递转矩的。摩擦离合器可在任何转速下实现两轴的接合或分离。

摩擦离合器的形式有多种，常见的有圆盘式（包括单盘式和多盘式）和圆锥式（包括单圆锥式和双圆锥式）。

（1）单盘式摩擦离合器　图13-38所示的单盘式摩擦离合器由主动摩擦盘、从动摩擦盘和滑环组成。主动摩擦盘靠轴肩与普通平键固定在主动轴上，从动摩擦盘靠导向平键可在从动轴上做轴向移动，操纵环可以使摩擦盘沿轴向移动。工作时轴向压力 F_A 使两圆盘的工作表面产生摩擦力来传递转矩。摩擦离合器在正常的接合过程中，从动轴转速从零逐渐加速到主动轴的转速，因而两摩擦面间不可避免地会发生相对滑动。这种相对滑动要消耗一部分能量，并引起摩擦片的磨损和发热。单片式摩擦离合器多用于转矩在2000N·m以下的轻型机械，如包装、纺织机械等。

（2）多盘式摩擦离合器　图13-39所示为有多组摩擦片的多盘式摩擦离合器。主动轴、外壳和一组外摩擦片相联接，共同组成主动部分。外摩擦片的外缘有凸齿（图13-39b）插入外壳上的内齿槽内，使其可以沿外壳的内槽移动，并与外壳一起转动，其内孔不与任何零件接触。从动轴、套筒和一组内摩擦片组成从动部分，内摩擦片（图13-39c）可以沿套筒上的槽滑动，其外缘不与任何零件接触，随从动轴一起转动。滑环由操纵机构控制，当滑环向左移动时，使杠杆绕支点顺时针转动，通过压板将两组摩擦片压紧，离合器实现接合，此时从动轴随主动轴转动；滑环向右移动，通过压杆下面的弹簧片使压杆逆时针转动，两组摩擦片间压力消失，则实现主、从动轴的分离。摩擦片间的压力由调整螺母来调节。

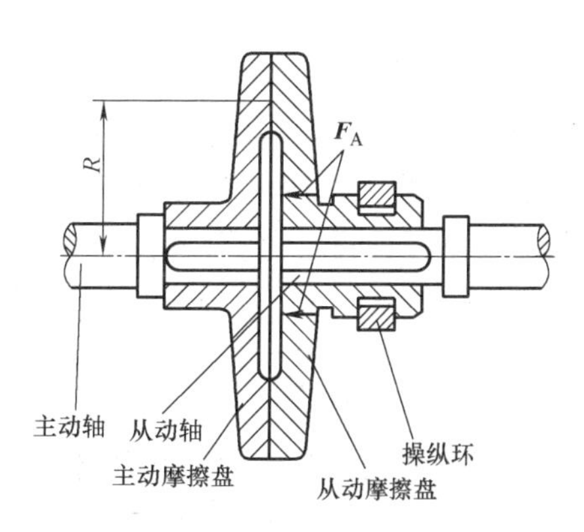

图13-38　单盘式摩擦离合器

多盘式摩擦离合器的优点主要体现在以下几方面：

1）在任何不同转速条件下两轴都可以进行接合。

2）过载时摩擦面间将发生打滑，可以防止损坏其他零件。

3）接合及分离过程平稳，冲击和振动较小。

其缺点是：结构复杂，成本较高；接合和分离过程中盘片间有相对滑动，会产生摩擦，消耗能量而发热。

牙嵌离合器和摩擦离合器都属于操纵离合器。

3. 超越离合器

超越离合器是一种自动离合器，只能传递单向的运动和转矩，反方向时能自动分离，所以又称为定向离合器。

图13-40是目前应用最广泛的滚柱式超越离合器，由星轮1、外环2、滚柱3和弹簧顶

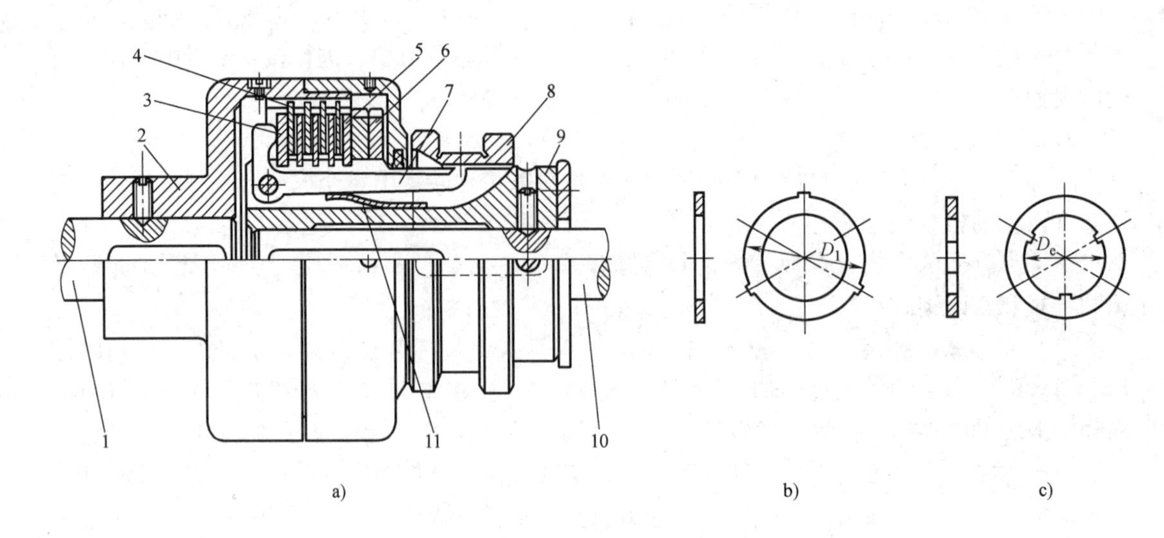

图 13-39　多盘式摩擦离合器

1—主动轴　2—外壳　3—压板　4—外摩擦片　5—内摩擦片　6—调整螺母　7—杠杆　8—滑环　9—套筒　10—从动轴　11—弹簧片

杆 4 组成。星轮 1 与主动轴相联，当其顺时针回转时，滚柱 3 受摩擦力作用滚向狭窄部位被楔紧，带动外环 2 随星轮 1 同向回转，离合器接合。星轮 1 逆时针回转时，滚柱 3 被推到楔形空间的宽敞部分而不再楔紧，不能带动外环转动，离合器处于分离状态。如果主动星轮顺时针回转，外环从另外动力源同时获得转向相同但转速较大的运动时，从动件的转速超过主动件，主动件的回转对从动件没有影响，离合器处于分离状态；反之，当外环转速低于主动星轮时，主动件能带动外环转动。这种现象称为超越作用。超越离合器的滚柱一般为 3 ~ 8 个。弹簧起均载作用。

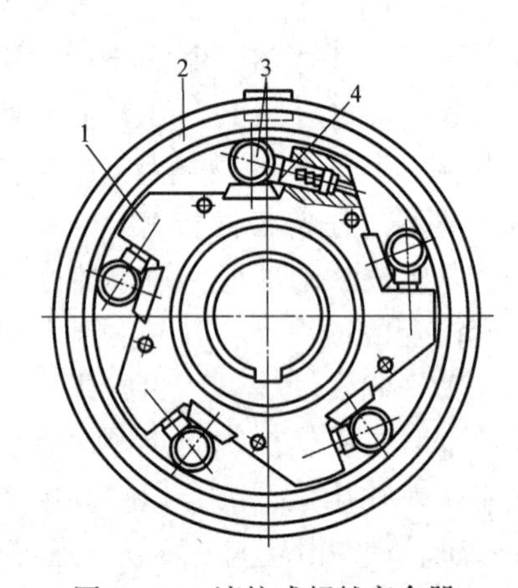

图 13-40　滚柱式超越离合器

1—星轮　2—外环　3—滚柱　4—弹簧顶杆

超越离合器尺寸小，接合和分离平稳，可用于高速传动，广泛应用于运输机械中。

离合器的选择与联轴器相同，首先是根据离合器的工作条件确定类型，然后根据轴径和传递转矩的大小查手册选用具体型号。

小　　结

本章主要介绍了螺纹联接的类型、预紧、防松、螺纹的计算；键的种类、特点、普通平键的计算和选择；联轴器和离合器的功用、类型和特点。

联接是指将两个或两个以上的零件组合成一体的结构。按组成联接件的相对位置是否变动，联接可分为静联接和动联接；联接还可分为可拆联接、不可拆联接和过盈联接。

1. 螺纹联接

（1）螺纹的主要参数　大径 d、小径 d_1、升角 λ、中径 d_2、螺距 P、导程 P_h、导程与螺距的关系为 $P_h = nP$（n 为螺纹线数）。

（2）螺纹联接的基本类型及预紧和防松　螺纹联接的基本类型有螺栓联接、双头螺柱联接、螺钉联接和紧定螺钉联接等。螺纹联接预紧的目的是增加联接刚度、紧密性和提高防松能力。螺纹防松装置是为防止螺纹副产生相对运动，按其原理不同可分为三类：利用摩擦力防松、机械防松和破坏螺纹副的不可拆防松。

2. 轴毂联接

轴毂联接是指将轴与轴上的传动零件（齿轮、带轮、联轴器等）联接在一起，实现周向固定并传递转矩。常用的轴毂联接有键联接和销联接等。

3. 联轴器和离合器

联轴器与离合器的功用是将轴与轴（或轴与旋转零件）联成一体，使它们共同转动以传递运动和转矩。联轴器和离合器是机械传动中的通用部件，而且大部分已经标准化。在实际应用中，应尽量按标准选取。

思考与习题

13-1　螺纹的主要参数有哪些？螺距与导程有何不同？

13-2　常用螺纹有哪些类型？其中哪些用于联接？哪些用于传动？

13-3　螺纹联接的基本类型有哪些？各用于何种场合？有什么特点？

13-4　为什么大多数螺纹联接都要预紧？预紧力如何控制？

13-5　螺纹联接为什么要考虑防松问题？常用的防松方法有哪些？

13-6　键联接有哪些类型？它们是怎样工作的？

13-7　在工程实际中，一般采用左螺纹还是右螺纹？

13-8　普通平键的截面尺寸和长度如何确定？如果一根轴上有两个键，应该怎样布置？

13-9　联轴器和离合器有何功用？试比较它们的异同点。

13-10　齿轮与轴的平键联接。已知轴径 $d = 60\text{mm}$，传递力矩 $T = 800\text{N}\cdot\text{m}$，载荷有轻微冲击，齿轮轮毂长度 $B = 85\text{mm}$，联接件材料均为钢。1）确定键的类型和尺寸并标记；2）校核键联接的强度。

13-11　电动机与减速器之间用联轴器相联，载荷平稳，电动机功率 $P = 15\text{kW}$，转速 $n = 960\text{r/min}$；两外伸轴径 d 均为35mm，长度为70 mm。试选择联轴器。

参 考 文 献

[1] 牛玉丽. 机械设计基础 [M]. 北京：中国轻工业出版社，2006.

[2] 杨黎明. 机构选型与运动设计 [M]. 北京：国防工业出版社，2007.

[3] 张久成. 机械设计基础 [M]. 北京：机械工业出版社，2006.

[4] 韩玉成，王少岩. 机械设计基础 [M]. 北京：电子工业出版社，2009.

[5] 陈静. 机械设计基础 [M]. 北京：人民邮电出版社，2007.

[6] 周玉丰. 机械设计基础 [M]. 北京：机械工业出版社，2009.

[7] 周玉丰，李刚. 机械设计基础 [M]. 北京：北京航空航天大学出版社，2012.

[8] 上官同英. 机械设计基础 [M]. 北京：清华大学出版社，2009.

[9] 马永林. 机械原理 [M]. 北京：高等教育出版社，2008.

[10] 曲玉峰，关晓平. 机械设计基础 [M]. 北京：北京大学出版社，中国林业出版社，2006.

[11] 张宵鹏. 机械设计同步辅导及习题全解 [M]. 徐州：中国矿业大学出版社，2007.

[12] 孙敬华. 机械设计基础 [M]. 北京：机械工业出版社，2007.

[13] 黄平，朱文坚. 机械设计基础 [M]. 广州：华南理工大学出版社，2006.

[14] 刘江南，郭克希. 机械设计基础 [M]. 长沙：湖南大学出版社，2009.

[15] 王淑坤. 机械设计基础 [M]. 成都：西南交通大学出版社，2007.

[16] 曾宗福. 机械基础 [M]. 北京：化学工业出版社，2007.

[17] 于兴芝. 机械设计基础 [M]. 北京：中国人民大学出版社，2008.

[18] 张建中. 机械设计基础 [M]. 北京：高等教育出版社，2007.

[19] 张建中. 机械设计基础 [M]. 徐州：中国矿业大学出版社，2006.

[20] 王春燕，陆凤仪. 机械原理 [M]. 北京：机械工业出版社，2011.

[21] 刘俊尧. 机械设计基础 [M]. 北京：化学工业出版社，2008.

[22] 黄劲枝. 机械设计基础 [M]. 北京：机械工业出版社，2005.

[23] 范顺成. 机械设计基础 [M]. 北京：机械工业出版社，2007.

[24] 柴鹏飞. 机械设计基础 [M]. 北京：机械工业出版社，2008.

[25] 邵刚. 机械设计基础 [M]. 北京：电子工业出版社，2007.

[26] 栾学钢. 机械设计基础 [M]. 北京：高等教育出版社，2006.

[27] 柳建安，丁敬平. 机械设计基础 [M]. 长沙：国防科技大学出版社，2008.

[28] 郭桂萍，王德佩. 机械设计基础 [M]. 北京：北京航空航天大学出版社，2010.

[29] 上官同英，熊娟. 机械设计基础 [M]. 上海：复旦大学出版社，2010.

[30] 陈立德. 机械设计基础课程设计指导书 [M]. 4版. 北京：高等教育出版社，2013.

[31] 李绍鹏，刘冬敏. 机械制图 [M]. 上海：复旦大学出版社，2011.

[32] Harris T A，等. 滚动轴承分析 [M]. 罗继伟，等译. 5版. 北京：机械工业出版社，2009.

[33] 王宁侠. 机械设计 [M]. 北京：机械工业出版社，2011.

[34] 张永宇，陆宁. 机械设计基础 [M]. 北京：清华大学出版社，2009.